I0043731

BIBLIOTHÈQUE COLONIALE INTERNATIONALE
Institut colonial international. — Bruxelles

10me SÉRIE

LES Droits de Chasse dans les Colonies et la Conservation de la Faune indigène

TOME II

INSTITUT COLONIAL INTERNATIONAL
36, RUE VEYDT, BRUXELLES

BRUXELLES
Établissements Généraux d'Imprim.,
successeurs de Ad. Mertens,
14, rue d'Or, 14.

PARIS
AUGUSTIN CHALLAMEL
rue Jacob, 17.

LONDRES
LUZAC & Co
Great Russel street, 46, W. C.

BERLIN
A. ASHER & Co
56, Unter den Linden, W.

LA HAYE
Librairie Nationale et Étrangère,
successeur de Belinfante Frères
Kneuterdijk, 3.

1911

PUBLICATIONS

DE

L'INSTITUT COLONIAL INTERNATIONAL

36, rue Veydt, à Bruxelles

BIBLIOTHÈQUE COLONIALE INTERNATIONALE

20 fr. le volume.

1re Série. — **La Main-d'œuvre aux Colonies.** Documents officiels sur le contrat de travail et le louage d'ouvrage aux Colonies.

Tome I. — Colonies allemandes. — État Indépendant du Congo. — Colonies françaises. — Indes orientales néerlandaises. — 1895.

Tome II. — Inde britannique. — Colonies anglaises. — 1897.

Tome III. — Colonies françaises *(suite)*. — Surinam. — 1898.

2e Série. — **Les Fonctionnaires coloniaux.**

Tome I. — Espagne. — France. — 1897.

Tome II. — Pays-Bas. — État Indépendant du Congo. — Inde britannique. — 1897.

Tome III *(Premier supplément)*. — France. — Pays-Bas. — Angleterre. — Allemagne. — 1910.

3e Série. — **Le Régime foncier aux Colonies**

Tome I. — Inde britannique. — Colonies allemandes. — 1898.

Tome II. — État Indépendant du Congo. — Colonies françaises. — 1899.

Tome III. — Tunisie. — Érythrée. — Philippines. — 1899.

Tome IV. — Indes orientales néerlandaises. — 1899.

Tome V. — Lagos. — Sierra-Leone. — Gambie. — Natal. — Bornéo septentrional britannique. — Cap de Bonne-Espérance. — Rhodésie. — Basutoland. — Iles Salomon. — Iles Fidji. — Côte-d'Or. — 1902.

Tome VI *(Premier supplément)*. — Colonies françaises — Indes orientales néerlandaises. — Colonies allemandes. — 1905.

4e Série. — **Le Régime des protectorats.**

Tome I. — Indes orientales néerlandaises. — Protectorats français en Asie et en Tunisie. — 1899.

Tome II. — Les protectorats français en Afrique et en Océanie. — 1899.

5e Série. — **Les Chemins de fer aux Colonies et dans les pays neufs.**

Tome I. — Rapport de la Commission spéciale nommée à Berlin. Conclusions des rapporteurs. — Questionnaire. — Réponses au questionnaire. — 1900.

Tome II. — Congo. — Indian Midland Railway. — The Southern Mahratta Railway. — Usambara. — Sud-Ouest Brésilien. — Chili. — Transsibérien. — Inde portugaise. — 1900.

Tome III. — Tunisie. — Algérie. — Sénégal. — Soudan. — Indes orientales néerlandaises. — Transvaal. — Angola. — 1900.

Compte rendu de la session tenue à Londres en mai 1903. — Discussion de la question du « Régime foncier aux Colonies ». — Discussion de la question « Des Rapports Politiques entre la Métropole et les Colonies ». — Discussion de la question « De l'Enseignement Colonial ». — Rapport de M. G.-K. Anton : « **Le régime foncier aux colonies anglaises** ». — Rapport de M. Arthur Girault : « **Des rapports politiques entre Métropole et colonies** ». — Rapport de M. J. Chailley : « **La législation qui convient aux colonies** ». — Rapport de M. Henri Froidevaux : « **L'enseignement colonial général. Constitution, organisation, état actuel** ». — Rapport de Sir Alfred Lyall : « **Rapport sur l'irrigation dans l'Inde** ». — Rapport de M. Paul de Valroger : « **Régime minier des Guyanes anglaise, française et hollandaise** ».

Compte rendu de la session tenue à Wiesbaden en mai 1904. — Discussion de la question : « **La meilleure manière de légiférer pour les colonies** ». — Discussion de la question : « **Le régime minier aux colonies** ». — Discussion de la question : « **Les différents systèmes d'irrigation aux colonies** ». — Discussion de la question : « **De la constitution et de l'organisation du capital aux colonies** ». — Rapport de M. Paul de Valroger : « **Les législations minières des colonies anglaises, françaises et allemandes d'Afrique et de l'Etat Indépendant du Congo** ». — Rapport de M. J. W. Post : « **L'irrigation aux Indes orientales néerlandaises** ». — Rapport de M. le Dr Julius Scharlach : « **La constitution et l'organisation du capital aux colonies** ». — Note sur **l'hydraulique en Algérie et en Tunisie**.

Compte rendu de la session tenue à Rome en avril 1905. — Discussion de la question : « **Des Irrigations** ». — Discussion de la question : « **Le Régime minier aux Colonies** ». — Discussion de la question : « **De l'Enseignement colonial** ». — Discussion de la question : « **L'Emigration** ». — Résumé du **Rapport de la Commission Anglo-Indienne sur les irrigations**. — Rapport : 1° **Sur l'utilisation de l'eau dans les pays sous-tropicaux**; 2° **Sur les modes d'irrigation dans les parties arides de l'Afrique du Sud**, par M. Th. Rehbock. — Rapport sur **Les irrigations aux Etats-Unis d'Amérique et aux îles Hawaï**, par M. O.-P. Austin. — Rapports sur le **Régime des irrigations en Extrême-Orient**, par M. A. de Pouvourville. — Note sommaire sur les **Irrigations en Italie**, préparée par les soins du Ministère de l'Agriculture. — Rapport sur l'**Enseignement colonial italien**, par M. L. Nocentini. — Rapport sur l'**Enseignement colonial en Belgique**, par M. F. Cattier. — Notes sur la **Législation et les statistiques comparées de l'émigration et de l'immigration**, par M. L. Bodio. — Rapport sur les **Lois organiques des Colonies néerlandaises**, par M. le Dr C. Th. van Deventer. — Note sur le **Décret organique du Gouvernement local de l'Etat Indépendant du Congo**, par M. C. Janssen. — Rapport complémentaire sur la **Constitution et l'organisation du capital pour les colonies**, par M. le Dr J. Scharlach. — Rapport sur le **Crédit à accorder aux indigènes**, par M. A. Zimmermann. — Note sur la **Formation des fonctionnaires de l'ordre judiciaire dans les Indes Orientales néerlandaises**, par M. le Dr C. Pijnacker-Hordijk.

Compte rendu de la session tenue à Bruxelles en juin 1907. — Discussion de la question : **Les différents systèmes d'Irrigation.** — Discussion de la question : **De l'assistance intercoloniale au point de vue du maintien de l'ordre.** — Discussion de la question : **Recrutement des magistrats de l'ordre judiciaire aux colonies.** — Discussion de la question : **Constitution et organisation du capital aux colonies.** — Discussion de la question : **Le crédit à accorder aux indigènes.** — Discussion de la question : **De l'utilisation des organismes politiques indigènes pour l'administration des colonies intertropicales.** — Rapport sur les **Mesures à employer par l'Etat pour développer le crédit, l'industrie et le commerce chez les indigènes des Indes Néerlandaises,** par M. J. H. Abendanon. — Rapport sur l'**Assistance intercoloniale au point de vue du maintien de l'ordre,** par M. Enrico Catellani.

— Rapport sur l'**Utilisation des organismes politiques indigènes pour l'administration des colonies intertropicales**, par M. F. Cattier. — **Note sur l'utilisation des organismes politiques indigènes aux Indes orientales Néerlandaises,** par M. J. C. Van Eerde. — Rapport sur l'**Utilisation des organismes politiques indigènes pour l'administration de l'Etat Indépendant du Congo,** par M. C. Janssen. — Rapport sur l'**Enseignement colonial général,** par M. Henri Froidevaux.

Compte rendu de la session tenue à Paris en juin 1908. — Discussion de la question : **Le crédit à accorder aux indigènes.** — Discussion de la question : **Des conditions de recrutement des fonctionnaires coloniaux, y compris ceux de l'ordre judiciaire et de la surveillance de leur action aux colonies.** — Discussion de la question : **La meilleure manière de légiférer pour les colonies.** — Discussion de la question : **De la constitution et de l'organisation du capital aux colonies.** — Discussion de la question : **Les maladies tropicales.** — Discussion de la question : **La valeur, la nature et la méthode de l'enseignement aux indigènes.** — Rapport de M. Karl von der Heydt sur **les Banques coloniales.**— Rapport de M. Arthur Girault sur **la Surveillance à exercer sur les fonctionnaires aux colonies.**— Rapport du Prince Auguste d'Arenberg sur **Les résultats de la lutte engagée contre le Paludisme, la fièvre jaune et la maladie du sommeil.** — Rapport du R. P. Piolet sur l'**Utilisation des organismes politiques indigènes pour l'administration de la colonie de Madagascar.** — Rapport de M. A. L. d'Almada Negreires sur **l'Organisation judiciaire dans les colonies portugaises.**

Compte rendu de la session tenue à La Haye, en juin 1909. — Discussion de la question : **De l'enseignement aux indigènes.** — Discussion de la question : **De l'acclimatement de la race blanche dans les colonies tropicales.** — Discussion de la question : **De l'utilisation des organismes politiques indigènes pour l'administration des colonies intertropicales.** — Discussion de la question : **De l'organisation de la lutte contre l'opium et l'alcool dans les diverses colonies.** — Discussion de la question : **De l'organisation du crédit à accorder aux indigènes au point de vue industriel et commercial.** — Rapport de M. C. Th. van Deventer sur **l'organisation de la lutte contre l'opium et l'alcool en Extrême-Orient, aux Indes Orientales Néerlandaises, à Suriname et à Curaçao.**— Rapport de M. Camille Janssen sur **le régime des boissons alcooliques dans la colonie du Congo belge.** — Rapport de M. Carlo Rossetti sur **l'organisation de la lutte contre l'alcool dans la colonie d'Erythrée et au Soudan Anglo-Egyptien.** — Rapport de M. J. H. Abendanon sur **l'organisation du crédit aux indigènes au point de vue industriel et commercial.** — Rapport de M. Marcel Morand sur **l'importance de l'islamisme pour la colonisation européenne.** — Rapport de M. le Dr Snouck-Hurgronje sur **l'importance de l'islamisme pour la colonisation européenne aux Indes Orientales Néerlandaises.**— Rapport de M. H. Soeyer sur **la force exécutoire des jugements métropolitains dans les colonies et des jugements coloniaux dans la métropole** (1).

Compte rendu de la session tenue à Brunswick, en avril 1911.

Tome I. — Discussion de la question : **De l'acclimatement de la race blanche dans les pays tropicaux.** — Discussion de la question : **De l'utilisation des organismes politiques indigènes pour l'administration des colonies intertropicales.** — Discussion de la question : **De l'organisation de la lutte contre l'alcool dans les diverses colonies.** — Discussion de la question : **Des banques coloniales et de l'organisation du crédit aux indigènes au point de vue industriel et commercial.** — Discussion de la question : **Du recrutement des fonctionnaires coloniaux y compris ceux de l'ordre judiciaire** — Discussion de la question : **Quelle doit être l'attitude des Gouvernements vis-à-vis des missions ?** — Dis-

(1). Les autres rapports déposés sur la question de l'*Enseignement aux indigènes* se trouvent reproduits dans le Tome I de la 9me série de la Bibliothèque Coloniale Internationale.

cussion de la question : **De la condition des métis et de l'attitude des Gouvernements à leur égard.** — Rapport de la Commission chargée de l'étude de la question : **De l'acclimatement de la race blanche dans les pays tropicaux.** — Notes sur **l'utilisation des organismes politiques indigènes dans les colonies tropicales : Congo belge, Inde Britannique, Nouvelle Guinée allemande, Samoa, Togo.**

TOME II. — Rapport de M. le Dr C. Th. van Deventer sur **l'organisation de la lutte contre l'alcool dans les diverses colonies.** — Rapport de M. le Comte A. de Pouvourville sur **l'opium et l'alcool en Indo-Chine.** — Rapport de M. le Comte de Penha Garcia, sur **La lutte contre l'alcool dans les colonies portugaises.** — Rapports de M. le Dr J. H. Abendanon sur **Le crédit à accorder aux indigènes.** — Rapport de M. A. Girault sur **Le recrutement des fonctionnaires coloniaux de l'ordre judiciaire.** — Rapport de MM. E. Vohsen et C J. Hasselman sur la question : **Quelle doit être l'attitude des Gouvernements vis-à-vis des missions ?** — Rapport de M. E Moresco sur **La condition des métis et l'attitude des Gouvernements à leur égard.** — Rapports de M. Carlo Rossetti sur **Les lois pour la conservation de la faune indigène en Afrique** et sur **La conservation de la faune indigène aux pays neufs.** — Rapport de M. G. de Laveleye sur **Le régime monétaire aux colonies.**

Publications éditées sous les Auspices de l'Institut Colonial International

M. le professeur Dr **G. K. Anton** : « **LE RÉGIME FONCIER AUX COLONIES** », précédé d'une préface de M. **J. Chailley.** — **Indes Orientales néerlandaises.** — **Politique domaniale et agraire dans l'Etat Indépendant du Congo.** — **Colonies françaises.** — **Colonies anglaises** . . . . 1 vol., 415 pages. fr. 10.00.

RECUEIL INTERNATIONAL DE LÉGISLATION COLONIALE, paraissant tous les deux mois. Abonnement annuel : 20 francs pour l'Union postale. Direction : rue Veydt, 36, à Bruxelles; Administration : rue d'Or, 14, à Bruxelles.

COMITÉ DE DIRECTION : MM. Camille Janssen (Belgique), C. Th. van Deventer (Pays-Bas), Arthur Girault (France), G. K. Anton (Allemagne), Arthur Berriedale Keith (Grande-Bretagne), Comte de Penha Garcia (Portugal), Carlo Rossetti (Italie).

LES DROITS DE CHASSE DANS LES COLONIES

ET

LA CONSERVATION DE LA FAUNE INDIGÈNE

BIBLIOTHÈQUE COLONIALE INTERNATIONALE
Institut colonial international. — Bruxelles

10me SÉRIE

LES Droits de Chasse dans les Colonies et la Conservation de la Faune indigène

TOME II

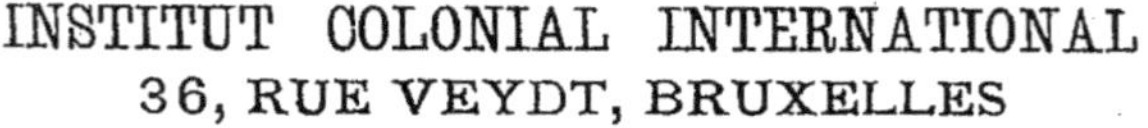

INSTITUT COLONIAL INTERNATIONAL
36, RUE VEYDT, BRUXELLES

BRUXELLES
Établissements Généraux d'Imprim., successeurs de Ad. Mertens,
14, rue d'Or, 14.

PARIS
AUGUSTIN CHALLAMEL
rue Jacob, 17.

LONDRES
LUZAC & Co
Great Russel street, 46, W. C.

BERLIN
A. ASHER & Co
56, Unter den Linden, W.

LA HAYE
Librairie Nationale et Étrangère.
successeur de Belinfante Frères
Kneuterdijk, 3.

1911

Les lois pour la conservation de la faune indigène dans la Zone Africaine visée par la Convention internationale de Londres

par M. Carlo ROSSETTI

Membre associé.

Nous publions, dans les pages qui suivent, les lois actuellement en vigueur dans la zone africaine visée par la Convention internationale de Londres de 1900.

Cette zone, limitée au nord par le 20e parallèle de latitude nord et au sud par une ligne qui suit la frontière septentrionale de l'Afrique allemande du sud-ouest jusqu'à sa rencontre avec le Zambèse, et de là le cours de ce fleuve jusqu'à son embouchure, comprend deux États indépendants, un *condominium* et un grand nombre de colonies et de protectorats appartenant à sept différentes puissances européennes, c'est-à-dire :

États indépendants :
- Libéria ;
- Abyssinie.

Condominium :
- Soudan anglo-égyptien (nº 1).

Colonies italiennes :
- Érythrée (nº 2) ;
- Somalie italienne (nº 3).

Colonie belge :
- Congo belge (nº 4).

Colonies et protectorats anglais :

Somalie anglaise (nº 5);
Zanzibar (nº 6);
Afrique orientale anglaise (nº 7);
Ouganda (nº 8);
Nyassaland (nº 9);
Rhodésie nord-occidentale;
Rhodésie nord-orientale (nº 10);
Niger septentrional (nº 11);
Niger mériodional (nº 12);
Sierra Leone (nº 13);
Côte d'Or (nº 14);
Gambie (nº 15).

Colonies et protectorats français :

Somalie française;
Congo français (nº 16);
Afrique occidentale française (nº 17).

Colonies portugaises :

Guinée;
Angola (nº 18);
Mozambique (nº 19).

Colonies et protectorats allemands :

Togo;
Cameroun (nº 20);
Afrique orientale allemande (nº 21).

Colonies et protectorats espagnols :

Rio Muni;
Fernando Poo.

En tout, vingt-neuf pays différents; nous publions ici, pour vingt-et-un d'entre eux, les lois qui les concernent et qui ont pour objet la protection de la faune.

Quant aux autres pays, j'ai déjà donné sur l'un, la Rhodésie nord-occidentale, les dispositions législatives le concernant, dans un précédent rapport; pour deux autres, l'Abyssinie et la République de Libéria, il n'existe aucune loi régissant cette matière; il y a bien eu quelques proclamations de l'Empereur d'Éthiopie relativement à la défense de la chasse aux jeunes éléphants, mais il n'est guère possible de les prendre au sérieux.

Pour la Somalie française, je possède une note du Gouverneur déclarant qu'il n'y existe pas de lois sur ce sujet.

Enfin, pour les autres pays — Guinée, Togo, Rio Muni et Fernando Poo — il ne m'a pas été possible de trouver les dispositions législatives relatives au sujet qui nous occupe; il est probable que dans la plupart des cas elles n'existent pas.

Bien que je ne me sois épargné aucune peine et malgré l'efficace et obligeante coopération de notre Secrétaire général, je ne prétends pas que la législation recueillie dans les pages qui suivent représente absolument « l'état actuel » de la législation des pays qui sont l'objet de cette étude.

Pour réunir toutes les lois publiées ici, il a fallu un travail de deux années et le dépouillement d'une correspondance considérable, comme le comprendra certainement quiconque se serait livré par hasard à ce genre de travaux.

Étant donnée la rapidité avec laquelle les gouvernements coloniaux — libres comme ils le sont en majeure partie de tout obstacle parlementaire — ont coutume de modifier leurs dispositions législatives, il n'y aurait pas lieu de s'étonner si quelques-unes des lois rapportées ci-après avaient déjà été, au moment de la publication de ce recueil, substituées par d'autres lois nouvelles.

Cependant, je crois que ce fait influerait bien peu sur l'utilité que ce recueil pourra avoir, utilité qui consiste plutôt à montrer avec quel esprit la question de la conservation de la faune indigène est considérée par les divers gouvernements intéressés, qu'à donner à la lettre les dispositions actuellement en vigueur.

Je me fais un devoir de remercier ici, pour l'obligeance dont ils ont fait preuve à mon égard en répondant si courtoisement aux questions que je leur ai adressées, les bureaux des Hauts Commissaires de l'Ouganda et de l'Afrique orientale anglaise, du Commissaire de la Somalie anglaise, du Gouverneur de la Côte Française des Somalies et de l'Agent et Consul anglais à Zanzibar.

Quant aux lois relatives aux colonies allemandes et françaises et au Congo Belge, je les ai obtenues de notre Secrétaire général, et je suis redevable de celles de la Somalie italienne et des colonies portugaises, à notre collègue, le Directeur Central des affaires coloniales du royaume d'Italie, Comm. Giacomo Agnesa : à eux aussi je réitère mes remerciements.

C. R.

SOUDAN ANGLO-ÉGYPTIEN

SOUDAN ANGLO-EGYPTIEN

ORDONNANCE DE 1908

sur la protection des animaux sauvages.

Une ordonnance sur la protection des animaux sauvages et des oiseaux.

Par la présente est stipulé ce qui suit :

Titre et entrée en vigueur.

1. La présente ordonnance portera le titre de « Ordonnance de 1908 sur la protection des animaux sauvages » et entrera en vigueur immédiatement.

Abrogations.

2. L'ordonnance de 1903 sur la protection des ani-

ANGLO-EGYPTIAN SUDAN

THE PRESERVATION OF WILD ANIMALS
ORDINANCE 1908.

An Ordinance for the preservation of Wild Animals and Birds.

It is hereby enacted as follows :—

Short Title and Commencement.

1. This Ordinance may be cited as the « Preservation of Wild Animals Ordinance 1908 » and shall commence immediately.

Repeals.

2. The Preservation of Wild Animals Ordinance 1903 is hereby repealed except in so far as it repeals former Ordinances.

maux sauvages est abrogée par la présente, sauf en tant qu'elle abroge de précédentes ordonnances.

Interprétation.

3. Dans la présente ordonnance, à moins de stipulation contraire dans le contexte : les termes « chasser », « capturer », « tuer » et « blesser » comprennent respectivement la tentative de chasser, capturer, tuer ou blesser ou l'aide prêtée à ces fins;

les termes « l'agent préposé » signifient tout agent autorisé par le Gouverneur Général à délivrer les permis mentionnés ci-dessous;

le terme « notifié » signifie publié dans la *Sudan Gazette;*

les termes « la présente ordonnance » comprennent toute réglementation ou pièce quelconque notifiée ou prescrite en vertu des stipulations de la présente ordonnance et actuellement en vigueur;

Interpretation.

3. In this Ordinance unless there is something repugnant in the context :—

the words « hunt », « capture » « kill » and « injure » include respectively attempting or aiding to hunt, capture, kill and injure;

the words « the licensing officer » denote any officer authorized by the Governor General to grant licences hereunder;

the word « notified » means notified in the *Sudan Gazette;*

the words « this Ordinance » include any regulation or matter notified or prescribed under the provisions of this Ordinance and for the time being in force;

the word « order » means order published in the *Sudan Gazette.*

Classification of Animals and Birds.

4. (1) For the purpose of this Ordinance, wild animals and

le terme « ordre » signifie ordre publié dans la *Sudan Gazette*.

Classification des animaux et oiseaux.

4. (1) En vertu de la présente ordonnance les animaux sauvages et les oiseaux sont classés en quatre catégories dénommées respectivement ci-après : 1re catégorie, 2e catégorie, 3e catégorie et 4e catégorie.

(2) Les catégories 1, 2 et 3 comprendront respectivement tels animaux et tels oiseaux que le Gouverneur y classera de temps à autre par un ordre et la 4e catégorie comprendra tous les animaux sauvages et tous les oiseaux non compris dans les catégories 1, 2 et 3.

(3) Tout ordre semblable peut stipuler que tel animal ou tel oiseau sera classé dans telle catégorie pour telle partie du Soudan et dans une autre ou plusieurs autres catégories dans d'autres parties du Soudan.

(4) Le Gouverneur Général peut en tout temps, par un

---

birds are divided into four classes, hereinafter called respectively Class 1, Class 2, Class 3, and Class 4.

(2) Class 1, Class 2, and Class 3 shall comprise respectively such animals and birds as the Governor General shall from time to time prescribe by order, and Class 4 shall include all wild animals and birds not comprised in classes 1, 2 and 3.

(3) Any such order may provide that any animal or bird shall be included in one class in one part of the Sudan and in another or other classes in another or other parts of the Sudan.

(4) The Governor General may at any time by order remove any animal or bird from any class or include any animal or bird in any class.

Certain animals and birds absolutely protected.

5. (1) No person other than a native of the Sudan, whether the holder of a licence or not, shall kill, injure or capture any ani-

ordre, transférer tel animal ou tel oiseau d'une catégorie dans une autre ou classer tel animal ou tel oiseau dans n'importe quelle catégorie.

Animaux et oiseaux complètement protégés.

5. (1) Nulle personne autre qu'un indigène du Soudan, qu'elle soit ou non porteur d'un permis, ne peut tuer, blesser ni capturer aucun animal ni oiseau classé dans la catégorie 1, sauf cependant qu'il est permis de chasser et de capturer des autruches, mais uniquement en vue d'en faire l'élevage.

Pénalités.

(2) Toute personne tuant, blessant ou capturant un animal ou un oiseau en contravention à la présente section sera passible d'une amende n'excédant pas 100 livres E ou d'un emprisonnement de trois mois au maximum.

Délivrance et conditions des permis.

6. (1) Les permis de chasser, capturer et tuer les ani-

---

mal or bird included in Class 1, provided that it shall be lawful to hunt and capture ostriches for the purpose of ostrich farming but not otherwise.

Penalties.

(2) Any person killing, injuring or capturing any animal or bird in contravention of this section shall be liable to a fine not exceeding £E. 100, or to imprisonment for a period not exceeding three months.

Issue and provisions of licences.

6. (1) Licences for the hunting, capturing and killing of wild animals and birds included in Class 2 and Class 3 respectively may be granted by the licensing officer in his discretion to any person

maux sauvages et les oiseaux classés respectivement dans les catégories 2 et 3 peuvent être délivrés par l'agent préposé, à sa discrétion, à toute personne qui en fera la demande. Ces permis seront de deux espèces et dénommés respectivement permis A et permis B.

(2) Aucune personne, autre qu'un indigène du Soudan, ne chassera, ne capturera ni ne tuera aucun animal ou aucun oiseau classé dans la catégorie 2, à moins d'être porteur d'un permis A.

(3) Aucune personne, autre qu'un indigène du Soudan, ne chassera, ne capturera ni ne tuera aucun animal ou aucun oiseau classé dans la catégorie 3, à moins d'être porteur d'un permis A ou d'un permis B.

(4) Le Gouverneur Général peut prescrire de temps à autre, dans un ordre, les termes et conditions auxquels les permis A et B peuvent être délivrés, les périodes durant lesquelles ils seront valables et les droits dont ils seront taxés ainsi que le nombre d'animaux et d'oiseaux de chacune des espèces classées respectivement

---

applying for the same. Such licences shall be of two kinds called respectively licence A and licence B.

(2) No person, other than a native of the Sudan, shall hunt, capture or kill any animal or bird included in Class 2, unless he is the holder of a licence A.

(3) No person, other than a native of the Sudan, shall hunt, capture or kill any animal or bird included in Class 3, unless he is the holder either of a licence A or of a licence B.

(4) The Governor General may from time to time by order prescribe the terms and conditions upon which licences A and B may be issued, and the periods for which they shall remain in force, and the fees which shall be payable in respect of them, and the numbers of animals and birds of each species comprised in classes 2 and 3 respectively which may be killed or captured by

dans les catégories 2 et 3 qui peuvent être tués ou capturés par les porteurs de permis A et B durant la validité de ces derniers et, le cas échéant, les droits supplémentaires qui seront à payer par les porteurs de permis pour tout spécimen de chaque espèce capturé ou tué par le porteur en vertu de son permis.

(5) Sauf ce qui est prévu aux sous-sections (6) et (9) de la présente section, aucun permis A ou B ne sera délivré de façon à être valable concurremment avec un autre permis délivré précédemment au même porteur de permis.

(6) L'acceptation d'un permis A ou B sera considérée comme constituant de la part du porteur un engagement de se conformer aux dispositions de la présente ordonnance. Aucun permis ne sera transmissible. Si un permis est perdu ou détruit, un duplicata peut en être obtenu, moyennant la preuve que l'original a été perdu ou détruit et le payement à l'agent préposé d'un droit de 25 Pt.

(7) Les chasseurs, traqueurs et autres aides portant

---

the holders of licences A and B during the currency thereof, and the additional fees, if any, which shall be paid by the holders of licences in respect of each specimen of any species captured or killed by him under his licence.

(5) Except as provided in subsections (6) and (9) of this section, no licence A or B shall be issued so as to run concurrently with any licence previously issued to the same licence holder.

(6) The acceptance of a licence A or B shall be held to constitute an agreement by the holder thereof that he agrees to conform to the provisions of this Ordinance. No licence shall be transferable. If an original licence be lost or destroyed, a duplicate licence may be obtained, on proof of such loss or destruction, and payment to the licensing officer of a fee of Pt. 25.

(7) Huntsmen, beaters and other assistants bearing firearms for the personal use of the holder of a licence A or of a licence B or

des armes à feu pour l'usage personnel du titulaire d'un permis A ou d'un permis B ou l'aidant d'une autre manière à chasser, capturer ou tuer un animal ou oiseau que le porteur d'un permis de ce genre est autorisé en vertu de celui-ci à chasser, capturer ou tuer, seront couverts, en agissant ainsi, par ce permis; mais la présente sous-section ne peut être comprise de façon à autoriser tout chasseur, traqueur ou autre aide, qui n'est pas personnellement porteur d'un permis à cette fin, de faire usage d'une arme à feu pour la poursuite d'un animal ou d'un oiseau quelconque.

Compte à rendre des animaux tués.

(8) Tout porteur d'un permis A ou d'un permis B tiendra une liste de tous les animaux ou oiseaux, capturés ou tués par lui, de chacune des espèces classées dans la catégorie 2 ou dans la catégorie 3 et de toute autre espèce mentionnée sur son permis. Cette liste indiquera la date et l'endroit où chaque animal ou oiseau a été capturé

---

otherwise aiding him to hunt, capture or kill any animal or bird, which such licence holder is authorised by his licence to hunt, capture or kill shall be covered while so acting by such licence, but this subsection shall not be taken to authorise any huntsmen, beater or other assistant, who is not personally the holder of a licence in this behalf, to use any firearm in the pursuit of any animal or bird.

Rendering account of Animals Killed.

(8) Every holder of a licence A or of a licence B shall keep an account of all animals and birds captured or killed by him of any species included in Class 2 or Class 3 and of any other species mentioned in his licence. This account shall give the date and place of capture or killing of each animal or bird captured or killed and the sex of each such animal. Every such licence holder shall produce

ou tué ainsi que le sexe de chacun de ces animaux. Tout porteur de permis produira cette liste en même temps que son permis sur toute réquisition d'un agent officiel du gouvernement du Soudan et fournira une copie de cette liste, signée par lui, à l'agent préposé, à l'expiration de son permis ou avant de quitter le Soudan, si son départ a lieu avant, et aussi, sur réquisition de l'agent préposé, à tel autre jour qui peut être indiqué sur le permis ou encore à tel ou tels autres moments et de telle manière qui pourraient être notifiés ou que l'agent préposé pourrait imposer.

Substitution du permis A au permis B.

(9) A toute époque, un permis B non expiré peut, de l'assentiment de l'agent préposé, être échangé contre un permis A moyennant payement de la différence entre les droits exigés respectivement pour ces permis, mais le permis substitué au premier cessera d'être valable le jour où celui-ci serait venu à expiration.

---

such account together with his licence whenever called upon to do so by any official of the Sudan Government, and shall deliver a copy of such account signed by himself to the Licensing Officer upon the expiration of his licence or before his departure from the Sudan, which ever first happens, as also if required by the Licensing Officer upon such other day as may be specified in the licence or at such other time or times and in such manner as may be notified or as the Licensing Officer may require.

Substitution of Licence A for Licence B.

(9) At any time, while a licence B continues in force, it may with the leave of the Licensing Officer be exchanged for a licence A on payment of the difference between the fees chargeable for such licences respectively, but the substituted licence shall expire upon the day when the original licence would have expired.

Pénalités.

(10) Toute personne chassant, tuant, capturant ou blessant un animal sauvage ou un oiseau en contravention aux sous-sections (2) ou (3) de la présente section ou à un ordre promulgué en vertu de la présente section ou aux conditions d'un permis obtenu par elle, ou tolérant l'usage d'armes à feu, pour la poursuite d'un animal ou d'un oiseau, de la part d'indigènes du Soudan ou d'autres personnes qui ne sont pas porteurs de permis obtenus en vertu de la présente ordonnance, ou refusant de produire son permis ou la liste susmentionnée quand réquisition lui en est faite, ou omettant de fournir une copie de cette liste de la manière et au moment où elle devrait le faire en vertu des stipulations de la sous-section (8) de la présente section, ou produisant une liste ou une copie de liste inexacte, sera passible d'une amende n'excédant pas 100 livres E ou d'un emprisonnement ne dépassant pas trois mois.

Penalties.

(10) Any person hunting, killing, capturing or injuring any wild animal or bird in contravention of subsections (2) or (3) of this section, or of any order made under this section, or of the conditions of any licence issued to him, or abetting the use of firearms in the pursuit of any animal or bird by natives of the Sudan or other persons who are not the holders of licences issued under this Ordinance, or refusing to produce his licence or such account as aforesaid when called upon to do so, or omitting to deliver a copy of such account in such manner and at such time as he ought to do under the provisions of « subsection (8) hereof », or producing an inaccurate account or copy of account shall be liable to a fine not exceeding £E. 100 or to imprisonment for a term not exceeding 3 months.

Exceptions.

7. Malgré tout ce que contient la présente ordonnance, le propriétaire ou occupant d'un champ cultivé, ou toute personne autorisée par lui peut capturer, blesser ou tuer tout animal sauvage ou oiseau causant un dommage sérieux à sa propriété, si ce dommage ne peut être évité d'une autre manière; et malgré tout ce que contient la présente ordonnance, aucune personne ne sera réputée avoir contrevenu à la présente ordonnance pour avoir tué ou blessé un animal quelconque pour sa propre défense ou celle d'autrui.

Catégorie IV.

8. Toute personne peut chasser, capturer et tuer tout oiseau ou animal quelconque classé dans la catégorie IV.

Droits des indigènes du Soudan.

9. (1) Des permis de chasser, capturer ou tuer un

Exceptions.

7. Notwithstanding anything in this Ordinance contained, the owner or occupier of any cultivated land, or any person authorised by him may capture, injure or kill any wild animal or bird causing serious damage to his property, if such damage cannot otherwise be averted; and notwithstanding anything in this Ordinance contained, no person shall be deemed to have committed an offence under this Ordinance by reason of his having killed or injured any animal in defence of himself or any other person.

Class IV.

8. Any person may hunt, capture and kill any of the birds and animals included in class IV.

Rights of Natives of the Sudan.

9. (1) Licences for the hunting, capturing or killing of a spe-

nombre déterminé d'animaux et d'oiseaux classés dans la Catégorie 1 peuvent être délivrés, dans des cas spéciaux, aux indigènes du Soudan uniquement. Tout permis de ce genre ne sera délivré qu'avec l'approbation du Gouverneur Général et sera dénommé permis C. Le droit payable du chef d'un permis C sera fixé par le Gouverneur de la province dans laquelle le permis est délivré.

(2) Aucun indigène du Soudan qui n'est pas porteur d'un permis C ne chassera, ne tuera ni ne capturera un animal ou un oiseau classé dans la Catégorie 1, sauf qu'il sera loisible aux indigènes du Soudan de chasser et de capturer des autruches en vue de l'élevage mais pas autrement.

(3) Aucun indigène du Soudan ne pourra, si ce n'est moyennant une autorisation écrite du Gouverneur de la province, faire usage d'une arme à feu pour la poursuite d'un animal ou d'un oiseau classé dans la catégorie 1 ou dans la catégorie 2 ou dans la catégorie 3, que cet indigène soit ou non porteur d'un permis C.

---

cified number of animals and birds included in Class I may be issued in special cases to natives of the Sudan only. Each such licence shall be issued only with the approval of the Governor General and shall be known as licence C. The fee payable in respect of a licence C shall be decided by the Governor of the Province in which it is issued.

(2) No native of the Sudan not being a holder of a licence C shall hunt, kill or capture any animal or bird included in Class I, provided that it shall be lawful for natives of the Sudan to hunt and capture ostriches for the purpose of ostrich farming but not otherwise.

(3) No native of the Sudan shall, except with the written permission of the Governor of the Province, employ any firearm in the pursuit of any animal or bird included in Class 1 or Class 2 or Class 3, whether such native shall be the holder of a licence C or not.

Il est entendu néanmoins qu'un indigène peut, aux fins visées à la section 7 de la présente ordonnance, faire usage d'une arme à feu autorisée ou prêtée conformément à la section 14 de la « Arms Ordinance 1907 ».

(4) Sous réserve des restrictions ci-dessus, tout indigène du Soudan peut chasser, tuer ou capturer tout animal sauvage ou oiseau.

(5) Tout indigène du Soudan agissant en contravention aux sous-sections (2) ou (3) de la présente section sera passible d'une amende n'excédant pas £E. 10 ou d'un emprisonnement d'une durée n'excédant pas trois mois.

(6) Tout indigène du Soudan trouvé en possession d'un animal ou d'un oiseau classé dans la catégorie 1, vivant ou mort, ou d'une partie quelconque d'un de ces animaux ou d'un de ces oiseaux, sera réputé avoir tué ou capturé cet animal ou cet oiseau, à moins que le contraire ne soit établi.

Vente de peaux, cornes, etc. de certains animaux.

10. (1) Le Gouverneur Général peut de temps à autre défendre par un ordre, la vente et l'achat, dans le

---

Provided nevertheless that a native may for the purpose mentioned in Section 7 of this Ordinance use a licenced firearm or one lent him in accordance with Section 14 of the Arms Ordinance 1907.

(4) Subject to the above restrictions any native of the Sudan may hunt, kill or capture any wild animal or bird.

(5) Any native of the Sudan acting in contravention of subsection (2) or (3) of this section shall be liable to a fine not exceeding £E. 10 or to imprisonment for a period not exceeding three months.

(6) Any native of the Sudan who is found in possession of any animal or bird included in Class 1, living or dead, or of any part of such animal or bird shall be deemed to have killed or captured such animal, unless the contrary be shown.

Soudan ou dans une partie quelconque du Soudan, des peaux, cornes, chairs ou dépouilles quelconques des animaux ou des oiseaux spécifiés dans cet ordre.

(2) Nulle personne ne pourra exposer ou offrir en vente, ni recueillir, ni garder pour des fins commerciales de ces peaux, cornes, chairs ou autres dépouilles.

(3) Toute personne agissant en contravention aux dispositions de la présente section sera passible d'une amende n'excédant pas £E. 10 ou d'un emprisonnement d'une durée n'excédant pas trois mois ; et toutes ces peaux, cornes et dépouilles ainsi achetées ou vendues ou offertes en vente ou recueillies pour des fins commerciales seront passibles de confiscation.

(4) Toute personne trouvée en possession de ces peaux, cornes, chairs ou dépouilles sera reputée les avoir recueillies pour des fins commerciales, à moins que le contraire ne soit établi.

Droits sur les peaux dont la vente est permise.

11. (1) La vente et l'achat de peaux, de cornes, de chairs

Sale of Hides, Horns, etc. of certain animals.

10. (1) The Governor General may from time to time by order prohibit in the Sudan or any part of the Sudan the sale and purchase of the hides, horns or flesh or any trophies of any of the animals or birds specified in such order.

(2) No person shall expose or offer for sale or collect or keep for trade purposes any such hides, horns, flesh or other trophies.

(3) Any person acting in contravention of this section shall be liable to a fine not exceeding £E. 10 or to imprisonment for a period not exceeding three months; and all such hides, horns and trophies so purchased or sold or offered for sale or collected for trade purposes shall be liable to confiscation.

(4) Any person found in possession of such hides, horns, flesh

ou autres dépouilles d'animaux sauvages et d'oiseaux autres que ceux mentionnés dans un ordre quelconque promulgué en vertu de la sous-section (1) de la section 10 de la présente ordonnance sont autorisés dans le Soudan.

(2) Tels droits *ad valorem*, que le Gouverneur Général établira de temps à autre par un ordre, seront payés pour toutes peaux, cornes ou chairs ou autres dépouilles introduites dans la principale ville ou dans le principal village de chaque province ou Merkaz, pour des fins commerciales ou en vue d'être exportées du Soudan.

(3) Toutes peaux, cornes, chairs et dépouilles de ce genre introduites dans une ville ou dans un village susmentionnés seront réputées y être apportées pour des fins commerciales, à moins que le contraire ne soit établi.

(4) Le droit en question ne devra être payé qu'une fois pour chaque article et tout agent officiel, recevant le montant de ce droit, remettra à la personne qui en effectue le payement, si elle le demande, un passavant qui l'auto-

---

or trophies shall be deemed to have collected the same for trade purposes, unless the contrary is shown.

Duties on hides permitted to be sold.

11. (1) The sale and purchase of hides, horns, flesh or other trophies of wild animals and birds other than those mentioned in any order made under subsection (1) of section 10 of this Ordinance are permitted in the Sudan.

(2) Such advalorem duties as the Governor General shall from time to time prescribe by order shall be paid in respect of any such hides, horns, flesh or other trophies brought into the principal town or village of any Providence or Merkaz for purposes of trade or exported from the Sudan.

(3) All such hides, horns, flesh and trophies brought into any such town or village as aforesaid shall be deemed to be brought there for the purpose of trade, unless the contrary be shown.

risera à transporter l'article pour lequel le droit aura été acquitté, dans toute autre localité sans devoir y payer un droit ultérieur quelconque.

(5) Le porteur d'un permis délivré en vertu de la présente ne sera cependant pas tenu au payement des dits droits du chef de l'exportation des peaux, cornes ou autres dépouilles acquises par lui en vertu de son permis et tout voyageur quittant la contrée sera autorisé à emporter, en franchise des droits susdits, des peaux et cornes, ou autres dépouilles de ce genre, mais au nombre de cinq au plus, moyennant la déclaration, si la demande en est faite, que ces articles ne sont pas emportés pour des fins commerciales.

(6) Aussi longtemps que les défenses d'éléphant, la corne de rhinocéros et les plumes d'autruche seront soumises à un droit du Gouvernement, elles seront indemnes de tout droit prévu par la présente section ou perçu en vertu d'un ordre promulgué conformément à la présente section.

---

(4) The said duty shall only be paid once in respect of each article, and every official receiving payment of such duty, shall if required give to the person making such payment a pass, which shall authorise him to take the article in respect of which duty has been paid into any other place without paying any further duty.

(5) The holder of a licence issued hereunder shall nevertheless not be liable for the said duties in respect of the export of hides horns or other trophies obtained by him under his licence, and any traveller leaving the country will be permitted to take with him free of the said duties not more than five in number of such hides, horns or other trophies upon making a declaration, if demanded, that they are not so taken for trade purposes.

(6) So long as elephant tusks, rhinoceros horn and ostrich feathers remain subject to royalty, they shall remain free from the payment of any duty under this section or any order made under this section.

Pénalités.

(7) Toute personne à défaut de payement ou essayant de se soustraire au payement du droit imposé par un ordre quelconque en vertu de la présente section sur des peaux, cornes, chairs ou autres dépouilles, sera passible d'une amende n'excédant pas trois fois le montant du droit et les peaux, cornes, chairs ou autres dépouilles en question seront passibles de confiscation.

Taxe d'exportation sur les animaux vivants.

12. (1) Une taxe d'exportation, au taux que le Gouverneur Général fixera de temps à autre par un ordre, sera perçue sur chaque spécimen vivant, exporté du Soudan, de toute espèce d'animal ou d'oiseau mentionnée dans cet ordre.

(2) La dite taxe d'exportation ne sera pas perçue sur les animaux ou sur les oiseaux exportés par le porteur d'un permis délivré en vertu de la présente conformément aux termes de ce permis.

Penalties.

(7) Any person, failing to pay or attempting to evade the duty imposed by any order under this section upon any hides, horns, flesh or other trophies, shall be liable to a fine not exceeding three times the amount of the duty, and the said hides, horns, flesh or other trophies shall be liable to confiscation.

Export tax on living animals.

12. (1) An export tax, at such rate as the Governor General shall from time to time by order prescribe, shall be levied on each living specimen exported from the Sudan of any animal or bird specified in such order.

(2) The said export tax shall not be levied in respect of animals or birds exported by the holder of a licence issued hereunder in accordance with the terms of such licence.

(3) Toute personne à défaut de payement ou essayant de se soustraire au payement du droit dont est frappé par la présente section un animal ou un oiseau, sera passible d'une amende n'excédant pas trois fois le montant du droit et l'animal ou l'oiseau en question sera passible de confiscation.

Asiles et Réserves.

13. (1) Un ou des asiles pour le gibier seront constitués de temps à autre par un ordre; ils comprendront telle ou telles régions qui seront spécifiées dans cet ordre.

Nul ne pourra chasser, capturer ni tuer, dans un asile ainsi constitué, un animal ou un oiseau classé actuellement dans les catégories 2 et 3, si ce n'est les indigènes du Soudan résidant dans le même asile et porteurs de permis A ou B délivrés en vertu de la présente ordonnance et qui sont agents ou mandataires officiels du Gouvernement du Soudan ou des Gouvernements ou Armées Britanniques ou Égyptiens, qui occupent un poste dans le même

---

(3) Any person failing to pay or attempting to evade the duty imposed by this section on any animal or bird shall be liable to a fine not exceeding three times the amount of the duty, and the said animal or bird shall be liable to confiscation.

Sanctuaries and Reserves.

13. (1) A sanctuary or sanctuaries for game shall from time to time be constituted by order comprising such district or districts as shall be specified in the order.

No person shall hunt, capture or kill any animal or bird for the time being included in classes 2 and 3 in any sanctuary so constituted, except natives of the Sudan residing in the same sanctuary and holders of A or B licences issued under this Ordinance, who are officers or officials of the Sudan Government or of the British or Egyptian Governments or Armies and who are stationed in the

asile et auxquels des permis spéciaux auront été délivrés à cette fin par l'Intendant en chef du Département de la protection du gibier.

(2) Une ou des réserves seront constituées de temps à autre par un ordre; elles comprendront telle ou telles régions qui seront spécifiées dans cet ordre.

Nul ne pourra chasser, capturer ni tuer, dans une réserve ainsi constituée, un animal ou un oiseau classé actuellement dans les catégories 2 et 3, si ce n'est les indigènes du Soudan résidant dans la même réserve et porteurs de permis A ou B délivrés en vertu de la présente ordonnance, auxquels des permis spéciaux auront été délivrés à cette fin par l'Intendant en chef du Département de la protection du gibier et qui sont, soit des personnes résidant dans la même réserve, soit des agents ou des mandataires officiels du Gouvernement du Soudan ou des agents ou mandataires officiels des Gouvernements ou Armées Britanniques ou Égyptiens de service au Soudan.

---

same sanctuary and to whom special permits for that purpose shall have been granted by the Superintendent, Game Preservation Department.

(2) A reserve or reserves shall from time to time be constituted by order comprising such district or districts as shall be specified in the order.

No person shall hunt, capture or kill any animal or bird for the time being included in classes 2 and 3 in any reserve so constituted, except natives of the Sudan residing in the same reserve and holders of A or B licences issued under this Ordinance to whom special permits for that purpose shall have been issued by the Superintendent Game Preservation Department, and who are either persons residing in the same reserve or are officers or officials of the Sudan Government or are officers or officials of the British or Egyptian Governments or Armies and are serving in the Sudan.

(3) Le Gouvernement Général peut de temps à autre déterminer les périodes pendant lesquelles et les conditions auxquelles des permis spéciaux, dont il est question plus haut, pourront être délivrés, par l'Intendant en chef du Département de la Protection du Gibier, aux porteurs de permis susmentionnés.

Pénalités.

(4) Quiconque chassera, capturera ou tuera un animal ou un oiseau sauvage dans un district constitué, par un ordre en vertu de la présente, en asile ou en réserve, contrevenant ainsi aux prescriptions de la présente section ou à un ordre quelconque promulgué par le Gouverneur Général en vertu de la présente section ou contrevenant aux conditions d'un permis spécial qui peut lui avoir été délivré, ou quiconque agira d'une autre façon quelconque en contravention aux dispositions de la présente section ou à un des ordres susdits ou encore aux conditions d'un

---

(3) The Governor General may from time to time prescribe the periods for which and the conditions subject to which such special permits as aforesaid may be granted by the Superintendent Game Preservation Department to such licence holders as abovementioned.

Penalties.

(4) Any person who shall hunt, capture or kill any wild animal or bird in any district hereafter by order constituted a sanctuary or reserve, contrary to the provisions of this section, or of any order made by the Governor General under this section, or contrary to the conditions of any special permit which may have been granted to him, or otherwise acts in contravention of this section, or any such order as aforesaid, or the conditions of any such special permit as aforesaid shall be liable to a fine not exceeding £.E. 100, or to imprisonment for a term not exceeding three months.

permis spécial comme il est dit plus haut, sera passible d'une amende n'excédant pas £E. 100, ou d'un emprisonnement pour une durée n'excédant pas trois mois.

Circonscription de validité des permis.

14. Moyennant application des dispositions de la section précédente, tout permis A ou tout permis B sera valable pour tout le territoire du Soudan, avec cette restriction qu'aucun permis ne sera valable dans une partie du Soudan où, en vertu d'une ordonnance ou d'un Règlement actuellement en vigueur, il est défendu au porteur de permis de passer et qu'aucun permis ne sera valable dans une partie du Soudan où, pour passer, il faut une autorisation spéciale, à moins que le permis ne soit endossé à cette fin par l'autorité par laquelle pareille permission est délivrée.

Défense de déplacer les œufs d'autruche.

15. (1) Nulle personne, qu'elle soit ou non porteur d'un permis, ne pourra, sans permission écrite d'un agent pré-

---

Local extent of licences.

14. Subject to the provisions of the last preceding section every licence A or licence B shall be valid throughout the Sudan save that no licence shall be valid in any part of the Sudan, to which under any Ordinance or Regulations for the time being in force it is unlawful for the licence holder proceed to, and that no licence shall be valid in any part of the Sudan proceed towhich special permission is required, unless endorsed to that effect by the authority by which such permission is granted.

Ostrich eggs not to be removed.

15. (1) No person, whether he is the holder of a licence or not shall, without the written permission of a licensing officer, remove or disturb or injure the eggs of an ostrich or of any other bird

posé déplacer, déranger ou abîmer des œufs d'autruche ou de quelqu'autre oiseau qui peut de temps à autre être mentionné dans un ordre promulgué à cette fin.

Défense de tirer étant à bord d'un steamer.

(2) Nul ne peut, étant à bord d'un steamer, qu'il soit arrêté ou en marche, ou à bord d'une barge ou d'un bateau attaché à un steamer, tirer des coups de feu sur un oiseau ou sur un animal quelconque excepté sur un lion, un léopard ou un crocodile, et, uniquement dans le Bahr El Ghazal et ses dépendances, sur un hippopotame.

Défense d'utiliser du poison ou des explosifs pour pêcher.

(3) Nul ne fera usage de poison, de dynamite ou d'un autre explosif quelconque pour la capture du poisson.

Pénalités.

(4) Toute personne contrevenant aux dispositions de la présente section sera passible d'une amende n'excédant pas 5 livres E. ou, à défaut de payement, d'un emprisonnement pour une durée n'excédant pas un mois.

---

which may from time to time be mentioned in any order made for that purpose.

Shooting from a Steamer forbidden.

(2) No person shall shoot from a steamer either at rest or in motion or from any barge or boat attached to a steamer, at any bird or at any animal, except the lion, leopard and crocodile, and, in the Bahr El Ghazal and its tributaries only, the hippopotamus.

Poison & Explosives not to be used on fish.

(3) No person shall use any poison or dynamite or any other explosive for the taking of any fish.

Penalties.

(4) Any person acting in contravention of this section shall be liable to a fine not exceeding £E. 5, or in default of payment to imprisonment for a term not exceeding one month.

Permis spéciaux dans des vues scientifiques.

16. (1) Le Gouverneur Général ou tout agent autorisé par lui peut, par un endossement spécial sur un permis, autoriser la capture d'un nombre déterminé d'animaux et d'oiseaux classés dans la catégorie 1.

(2) Le Gouverneur Général peut accorder la dispense d'observer les dispositions de telles sections de la présente ordonnance qu'il jugera opportun, excepté de la sous-section 1 de la section 13, à toute personne qui demande semblable dispense en vue d'études scientifiques.

(3) Toute autorisation ou dispense accordée en vertu de la présente peut être retirée en tout temps.

Confiscation d'ivoire de femelle et de petit ivoire.

17. Toute défense d'éléphant pesant moins de 10 livres ou moins de tel autre poids qui peut être notifié de temps à autre et tout ivoire de femelle sont passibles de confiscation.

Special licences for scientific purposes.

16. (1) The Governor General or any officer authorised by him may by special endorsement on a licence permit the capture of a stated number of animals and birds included in Class I.

(2) The Governor General may dispense from the observance of such sections of this Ordinance as he thinks proper, except subsection 1 of section 13, any person who requires such dispensation for the purpose of scientific study.

(3) Any permission or dispensation given hereunder may be withdrawn at any time.

Confiscation of Cow and Small Ivory.

17. All elephant tusks weighing less than 10 lbs or such other weight as may be notified from time to time and all cow ivory are liable to be confiscated.

Pouvoirs du Gouverneur Général et des Gouverneurs des provinces.

18. (1) Le Gouverneur Général peut de temps à autre, par un ou plusieurs ordres, exercer tout ou partie des pouvoirs suivants :

(a) régler toute matière ou faire toute chose que la présente ordonnance laisse à ses soins de régler ou de faire ;

(b) déterminer une ou plusieurs périodes closes durant lesquelles aucun animal ou oiseau sauvage mentionné dans cet ordre ne pourra être chassé, capturé ou tué ni sa chair vendue ou offerte en vente ;

(c) défendre ou limiter l'usage de filets, trébuchets ou autres moyens de capture destructifs ;

(d) étendre ou restreindre l'une ou l'autre des dispositions de la présente ordonnance de façon à y comprendre ou à en exclure tout animal ou oiseau sauvage mentionné dans cet ordre ;

(e) rapporter, modifier ou suspendre tels ordres.

Powers of Governor General & Governors of Provinces.

18. (1) The Governor General may from time to time by order or orders exercise all or any of the following powers (that is to say) :—

(a) prescribe or do any matter or thing which is left by this Ordinance to be prescribed or done ;

(b) declare a close time or close times during which any wild animal or bird specified in such order shall not be hunted, captured or killed nor the flesh thereof sold or offered for sale ;

(c) forbid or restrict the use of nets, pitfalls or other destructive modes of capture ;

(d) extend or limit any of the provisions of this Ordinance so as to include therein or exclude therefrom any wild animal or bird specified in such order ;

(e) revoke, alter or suspend any such orders.

(2) Les Gouverneurs des provinces peuvent, par voie d'avis publié, défendre ou limiter, dans leurs provinces respectives, l'usage de filets, trébuchets ou autres moyens de capture destructifs et rapporter, modifier ou suspendre tout avis de ce genre.

(3) Lors de la publication d'un ordre ou d'un avis de ce genre, la présente ordonnance ainsi que tout ordre ou avis semblables auront leurs effets comme si la matière contenue dans cet ordre ou dans cet avis avait été incorporée dans la présente ordonnance.

Droits à payer par les contrevenants.

19. Les personnes contrevenant à la présente ordonnance en chassant, capturant ou tuant un animal ou un oiseau sauvage classé dans la catégorie 2 ou dans la catégorie 3, sans permis ou avec un permis insuffisant, seront tenues à payer tous les droits qui auraient dû être acquittés par elles pour l'obtention d'un permis suffisant pour pouvoir chasser, capturer ou tuer cet animal ou cet oiseau,

---

(2) Governors of Provinces may by public notice forbid or restrict the use within their respective provinces of nets, pitfalls or other destructive modes of capture and revoke, alter, or suspend any such notice.

(3) Upon the publication of any such order or notice this Ordinance and any such order or notice shall take effect as if the matter contained in such order or notice had been incorporated in this Ordinance.

Fees Payable by persons contravening.

19. Persons contravening this Ordinance by hunting, capturing or killing any wild animal or bird included in class 2 or class 3 without a licence or with an insufficient licence shall be liable for all the fees which would have been payable by them for the taking out of a sufficient licence for the hunting, capturing or

le tout sans préjudice de l'amende ou de l'emprisonnement dont une contravention de ce genre est passible.

Juridiction appelée à connaître des contraventions.

20. Les contraventions à l'une des dispositions de la présente ordonnance peuvent être jugées par le tribunal d'un magistrat de 2e classe suivant le Code de procédure criminelle ou par tout autre tribunal d'une juridiction plus élevée et par procédure sommaire ou autrement.

Confiscation de permis.

21. Le permis de toute personne reconnue coupable d'une contravention quelconque à la présente ordonnance pourra être confisqué par ordre de l'agent préposé.

Confiscation de dépouilles, etc.

22. (1) Tous animaux et oiseaux, les peaux, cuirs, cornes, défenses, plumes, dépouilles, œufs, chairs ou carcasses des animaux ou oiseaux capturés, tués, pris, vendus, achetés, exposés ou offerts en vente ou recueillis

---

killing of such animal or bird in addition to any fine or imprisonment which may be awarded for such contravention.

Court for trying offences.

20. Offences against any of the provisions of this Ordinance may be tried by the Court of a Magistrate of the 2nd class under the Code of Criminal Procedure or by any higher Court and either summarily or otherwise.

Forfeiture of licences.

21. The licence of any person convicted of any offence under this Ordinance shall be liable to be forfeited by the order of a licensing officer.

Confiscation of trophies etc.

22. (1) All animals and birds and all hides, skins, horns, tusks,

et gardés pour être vendus en contravention à la présente ordonnance seront passibles de confiscation.

(2) Toute chose qui, en vertu de la présente section ou d'une autre section de la présente ordonnance est passible de confiscation, peut être saisie, sans aucun jugement, par ou sur l'ordre de l'Intendant en chef du Département de la protection du gibier, ou de tout autre magistrat suivant le Code de procédure criminelle, ou de tout agent commissionné des Armées Britannique ou Égyptienne qui a le commandement d'une station de police ou d'une patrouille, ou d'un inspecteur ou d'un assesseur des douanes, ou d'un agent ou d'un mandataire officiel ayant la charge d'un poste de douane.

(3) Toute personne lésée par une confiscation de ce genre peut en appeler devant la juridiction d'un magistrat de la première ou de la seconde classe, suivant le Code de procédure criminelle.

L'interjection d'un appel de ce genre sera considérée

---

feathers, trophies, eggs, flesh and carcases of any animal or bird captured, killed, taken, sold, purchased, exposed or offered for sale or collected or kept for sale in contravention of this Ordinance shall be liable to confiscation.

(2) Anything which under this or any other section of this Ordinance is liable to confiscation may be seized by or by order of the Superintendent of the Game Preservation Department or any Magistrate under the Code of Criminal Procedure or any commissioned officer of the British or Egyptian Armies who is in command of any police post station or patrol or an inspector or assessor of customs or any officer or official in charge of a customs station without any adjudication.

(3) Any person aggrieved by any such confiscation may appeal against it to the court of a magistrate of the first or second class under the Code of Criminal Procedure.

The hearing of such an appeal shall be regarded as a proceeding

comme un acte relevant du Code de procédure criminelle et même, si le jugement du tribunal ne comporte aucune condamnation à un emprisonnement pour une durée excédant deux mois, il pourra en être appelé dans les mêmes conditions et de la même manière que d'un jugement de tribunaux similaires en matière criminelle ordinaire suivant le même Code.

(Signé) REGINALD WINGATE,
Gouverneur Général.

Le Caire,
le 20 octobre 1908.

---

under the Code of Criminal Procedure and notwithstanding that the judgment of the court does not contain any sentence of imprisonment for a term exceeding two months there shall be a right of appeal from it in the same cases and manner as there is from the judgment of similar courts in ordinary criminal proceedings under the same code.

(Signed) REGINALD WINGATE,
Governor General.

Cairo,
20 October, 1908.

ORDRE

édicté en exécution de l'ordonnance sur la protection des animaux sauvages, 1908.

Exerçant les pouvoirs que nous confèrent les sections 4, 6, 10, 11, 12 et 13 de l'ordonnance susvisée et tout autre pouvoir que nous possédons en cette matière, Nous, Lieutenant-Général Sir Francis Reginald Wingate, K. C. B., K. C. M. G., D. S. O., Gouverneur Général du Soudan, ordonnons et prescrivons par le présent ordre ce qui suit :

1. Dans le présent ordre, le terme « Ordonnance » signifie l'ordonnance sur la protection des animaux sauvages, 1908.

2. (Voir section 4 de l'ordonnance).

Aux fins de l'ordonnance, les catégories 1; 2 et 3 mentionnées à la section 4 comprendront respectivement les différentes espèces d'animaux et d'oiseaux désignés respectivement dans les parties I, II et III du premier tableau

---

ORDER

Issued under The Preservation of Wild Animals Ordinance 1908.

In exercise of the powers conferred upon me by Sections 4, 6, 10. 11, 12, and 13 of the above mentioned Ordinance and of every other power enabling me in this behalf, I, Lieutenant General Sir Francis Reginald Wingate, K. C. B., K. C. M. G., D. S. O., Governor General of the Sudan, do hereby order and prescribe as follows :—

1. In this Order the term « the Ordinance » means the Preservation of Wild Animals Ordinance 1908.

2. (See section 4 of the Ordinance).

For the purposes of the Ordinance the Classes 1, 2 and 3 mentioned in section 4 shall include respectively the several species of

ci-annexé, sous réserve, pour ce qui concerne la catégorie 1, des dispositions en faveur des autruches, contenues dans les sections 4 et 9 de l'ordonnance et moyennant que le rhinocéros sera porté à la catégorie 1 dans les provinces de Kassala et de Sennar et pour cette raison ne peut être chassé, capturé ni tué dans ces provinces, mais sera porté à la catégorie 2 pour le restant du Soudan et pour cette raison pourra être chassé, capturé ou tué dans la proportion indiquée au paragraphe suivant du présent ordre et dans la partie II du dit premier tableau.

3. (Voir section 6 de l'ordonnance).

Le nombre des animaux ou oiseaux de chacune des espèces comprises dans les catégories 2 et 3 qu'un porteur de permis peut capturer ou tuer pendant la durée d'un seul permis sera indiqué respectivement en regard de chaque espèce dans les parties II et III du premier tableau ci-annexé.

4. (Voir section 6 de l'ordonnance).

---

animals and birds respectively mentioned in Parts I, II and III of the first schedule hereto subject as to Class I to the provisions in favour of Ostrich farming contained in sections 4 and 9 of the Ordinance and provided that rhinoceros shall be included in Class 1 in the Provinces of Kassala and Sennar and therefore may not be hunted, captured or killed in those Provinces but shall be included in Class 2 in the rest of the Sudan and therefore may be hunted, captured or killed to the extent specified in the next paragraph of this order and in Part II of the said first Schedule.

3. (See section 6 of the Ordinance).

The number of animals or birds of any species included in Classes 2 and 3 which a licence holder may capture or kill during the currency of one licence shall be those respectively mentioned with regard to each such species in Parts II and III of the first schedule hereto.

4. (See section 6 of the Ordinance).

Les taxes payables pour les permis A et B délivrés conformément à l'ordonnance susvisée seront de :

Cinquante livres E. pour un permis A,

Cinq livres E. pour un permis B,

sauf quand le permis est délivré à un agent ou mandataire officiel du Gouvernement du Soudan ou des Gouvernements ou Armées Britanniques ou Égyptiens, à condition que cet agent ou mandataire officiel soit de service au Soudan ou en Égypte et, sous réserve de notre approbation pour chaque cas, à une personne résidant ordinairement au Soudan ou ayant l'intention d'y résider, auxquels cas les taxes seront de :

Six livres pour un permis A,

Une livre pour un permis B,

sauf encore que l'agent préposé peut, à sa discrétion, délivrer à toute personne un permis temporaire B, pour un ou plusieurs jours consécutifs, mais pour quatre jours au maximum, au taux de Pt. 25 pour chaque jour; toujours sous réserve que le porteur d'un permis A délivré au taux de £E. 6 payera à l'Intendant en chef du Départe-

---

The fees payable in respect of licences A and B issued under the above mentioned Ordinance shall be :—

For an « A » Licence £E. 50

For an « B » Licence £E. 5

except when issued to an officer or official of the Sudan Government or of the British or Egyptian Governments or Armies provided such officer or official be serving in the Sudan or in Egypt, and subject to my approval in each case to a person ordinarily resident in the Sudan or intending to reside there, in which cases the fees shall be :—

For Licence « A » £E. 6

For Licence « B » £E. 1

and except also that the Licensing Officer may at his discretion issue to any person a temporary licence B for one or more conse-

ment de la protection du gibier une taxe supplémentaire de £ E. 10 pour chaque éléphant tué ou capturé par lui en vertu de ce permis; moyennant encore que tout porteur d'un permis A, délivré à n'importe quel taux, payera à l'agent préposé une taxe supplémentaire de £ E. 20 pour chaque girafe tuée ou capturée par lui en vertu de ce permis. Tout porteur d'un permis A, chaque fois qu'il aura tué ou capturé un animal quelconque pour lequel il est tenu de payer une taxe supplémentaire comme il est dit plus haut, devra en aviser par écrit, à la première occasion, l'Intendant en chef du Département de la protection du gibier et versera le montant de cette taxe dans une caisse gouvernementale quelconque au crédit du département de la protection du gibier en informant l'Intendant en chef du numéro et de la date du mandat par lequel ce payement a été opéré ainsi que de l'endroit où il a été effectué, ou bien fera parvenir le montant de la taxe à l'Intendant en chef, au département de la protection du gibier, en même temps que l'avis.

5. (Voir section 6 de l'ordonnance).

---

cutive days not exceeding 4 at the rate of Pt. 25 for each day; provided always that every holder of a Licence A issued at the £E. 6 rate shall pay to the Superintendent of Game Preservation Department an additional fee of £E. 10 for every elephant killed or captured by him under such licence; provided also that every holder of Licence A issued at either rate shall pay to the Licensing Officer an additional fee of £E. 20 for every Giraffe killed or captured by him under such licence. Every holder of licence A shall report in writing to the Superintendent of Game Preservation Department, Khartoum at the first opportunity the killing or capture of any animal in respect of which he is hereby required to pay an additional fee as aforesaid and shall either pay the amount of such fee into some Government Chest to the credit of the Game Preservation Department and inform the Superinten-

Tout permis sera valable pour le terme d'un an à partir de la date de sa délivrance sauf dans le cas d'un permis temporaire qui sera valable pour les jours spécialement indiqués sur le permis.

6. (Voir section 10 de l'ordonnance).

La vente et l'achat des peaux, cornes ou chairs ou de toutes dépouilles des animaux ou des oiseaux mentionnés dans la première partie du deuxième tableau ci-annexé sont absolument interdits dans toute l'étendue du Soudan.

La vente et l'achat des peaux, cornes ou chairs ou de toutes dépouilles des animaux mentionnés dans la seconde partie du deuxième tableau ci-annexé sont interdits dans les parties du Soudan qui sont déterminées dans la seconde partie du même tableau.

7. (Voir section 11 de l'ordonnance).

Sauf l'exemption, prévue par la sous-section 5 de la section 11 de l'ordonnance, en faveur des porteurs de permis délivrés en vertu de cette ordonnance et les exemptions

---

dent of Game Preservation Department of the number and date of the order by which he paid it and the place where the payment was made or transmit the amount of the fee to the Superintendent, Game Preservation Department with the report.

5. (See section 6 of the Ordinance).

Every licence shall be valid for the period of one year from the date of issue thereof except in the case of a temporary licence which shall be valid for the particular days therein specified.

6. (See section 10 of the Ordinance).

The sale and purchase of the hides horns, or flesh or of any trophies of any of the animals and birds specified in the first part of the second schedule hereto is absolutely prohibited throughout the Sudan.

The sale and purchase of the hides or horns or flesh or of any trophies of the animals specified in the second part of the second

prévues par la sous-section 6 de la même section, un droit de 20 p. c. *ad valorem* sera payé sur les peaux d'éléphants et les peaux d'hippopotames et un droit de 10 p. c. *ad valorem* sera payé sur toutes les autres peaux, cornes, chairs ou dépouilles de tout animal ou oiseau classé dans les catégories 1, 2 et 3 dont la vente est autorisée.

Ce droit sera payé au moment et à l'endroit indiqués dans la section 11 de l'ordonnance. Ce droit s'ajoutera à tous droits de Douane qui pourraient en tout temps être payables pour l'exportation de ces articles hors du Soudan et à tous autres prélèvements qui peuvent être opérés actuellement sur ces articles en vertu de l'une des ordonnances.

Taxe d'exportation sur des animaux vivants, etc.

8. (Voir section 12 de l'ordonnance).

Une taxe d'exportation sera prélevée sur chaque spécimen vivant exporté du Soudan de toute espèce d'ani-

---

schedule hereto is prohibited in those parts of the Sudan which are specified in the second part of the same Schedule.

7. (See section 11 of the Ordinance).

Subject to the exemption contained in sub-section 5 of section 11 of the Ordinance in favour of the holders of licences issued under the Ordinance and to the exceptions contained in sub-section 6 of the same section an ad-valorem duty of 20 % shall be paid on elephant hides and hippopotamus hides and an ad-valorem duty of 10 % shall be paid on all other hides horns flesh or trophies of any animal or bird included in Class 1, 2 and 3 which may be lawfully sold.

This duty shall be paid at the time and place provided by section 11 of the Ordinance. This duty is in addition to any Customs duties which may at any time be payable on the export of any such things from the Sudan and to any Royalties which may

mal ou d'oiseau mentionné dans le troisième tableau ci-annexé, au taux fixé pour chaque espèce dans le même tableau.

Asile.

9. (Voir section 13 de l'ordonnance).

(1) Par le présent ordre la région décrite ci-après est constituée en asile pour le gibier, aux conditions établies à la section 13 de l'ordonnance, à savoir :

La région limitée au Nord par une ligne tracée de Kaka sur le Nil Blanc jusqu'à Famaka sur le Nil Bleu, à l'Est par le Nil Bleu depuis Famaka jusqu'à la frontière Abyssinienne et ensuite par la frontière avec l'Abyssinie jusqu'à la rivière Baro, au Sud par la rivière Baro jusqu'à sa jonction avec la rivière Sobat et puis par la rivière Sobat jusqu'à sa jonction avec le Nil Blanc, et à l'Ouest par le gros bras du Nil Blanc.

---

under any Or inance for the time being be leviable on any such things.

Export tax on live animals etc.

8. (See section 12 of the Ordinance).

An export tax shall be levied upon each living specimen exported from the Sudan of each species of animal or bird mentioned in the third schedule hereto at the rate specified for each species in the same schedule.

Sanctuary.

9. (See section 13 of the Ordinance).

The district hereinafter described is hereby constituted a Sanctuary for Game under the provisions of section 13 of the Ordinance, namely :—

(1) The district bounded on the North by a line drawn from Kaka on the White Nile to Famaka on the Blue Nile, on the East by the

Réserve.

(2) Par le présent ordre la région décrite ci-après est constituée en réserve pour le gibier, aux conditions établies à la section 13 de l'ordonnance, à savoir :

La région limitée au Nord par une ligne tracée de Jebelein sur le Nil Blanc jusqu'à Karkoj sur le Nil Bleu, à l'Est par le Nil Bleu entre Karkoj et Famaka, au Sud par une ligne tracée de Famaka à Kaka, et à l'Ouest par le gros bras du Nil Blanc entre Kaka et Jebelein.

10. (Voir section 13 de l'ordonnance).

Une permission spéciale accordée à tout porteur d'un permis A ou B et autorisant celui-ci à chasser, capturer ou tuer des animaux ou des oiseaux sauvages dans la réserve sera valable pour une période à déterminer sur la permission, mais n'excédant pas 30 jours (sauf quand il s'agit d'une personne résidant dans la réserve ou d'un agent ou mandataire officiel y occupant un poste).

Blue Nile from Famaka to the Abyssinian Frontier and then by the boundary with Abyssinia to the Baro River, on the South by the Baro River to its junction with the Sobat River and then by the Sobat River to its junction with the White Nile, and on the West by the main channel of the White Nile.

Reserve.

(2) The district hereinafter described is hereby constituted a reserve for game under the provisions of section 13 of the Ordinance, namely :—

The district bounded on the North by a line drawn from Jebelein on the White Nile to Karkoj on the Blue Nile, on the East by the Blue Nile between Karkoj and Famaka, on the South by a line drawn from Famaka to Kaka, and on the West by the main channel of the White Nile between Kaka and Jebelein.

10. (See section 13 of the Ordinance).

A special permit issued to any holder of a Licence A or B autho-

Une permission spéciale autorisant le porteur à chasser, capturer ou tuer des animaux ou des oiseaux sauvages, soit dans l'asile, soit dans la réserve, ne sera pas accordée au porteur d'un permis temporaire B.

PREMIER TABLEAU.

Partie I.

Catégorie 1. Animaux et oiseaux qui ne peuvent être chassés, capturés ni tués.

L'âne sauvage,
Le zèbre,
L'autruche,
Le *Balaeniceps*,
Le *Bucorax*,
Le serpentaire,
et (dans les provinces de Kassala et de Sennar seulement) le rhinocéros.

---

rising him to hunt, capture or kill wild animals or birds in the reserve shall (except in the case of a person residing in the reserve or of any officer or official stationed in the reserve) be valid for a period not exceeding 30 days to be specified in such permit.

A special permit authorising the holder thereof to hunt, capture or kill wild animals or birds either in the sanctuary or in the reserve shall not be issued to the holder of a temporary licence B.

THE FIRST SCHEDULE.

Part I.

Class 1. Animals and birds which may not be hunted, captured or killed.

Wild Ass,
Zebra,
Ostrich,
Shoe Bill *(Balaeniceps)*,
Ground Horn Bill *(Bucorax)*,

Les autruches peuvent être chassées et capturées, mais non tuées, en vue de l'élevage, mais pas autrement.

PARTIE II.

Catégorie 2. Animaux et oiseaux qui peuvent être capturés ou tués en nombre limité par le porteur d'un permis A avec indication du nombre d'animaux ou d'oiseaux de chaque espèce qui peuvent être capturés ou tués.

La girafe (moyennant payement d'une taxe supplémentaire de £E. 20) 1

Le rhinocéros (excepté dans les provinces de Kassala et de Sennar où le rhinocéros ne peut être ni tué ni capturé) 1

Le kobe à croissant de Gray *(Cobus Maria)* 1

L'élan *(Taurotragus)* 1

Le coudou *(Strepsiceros)* 1

L'oryx Beisa 1

Secretary Bird *(Serpentarius)*,
and (in Kassala and Sennar Provinces only) Rhinoceros.

Ostriches may be hunted and captured, but not killed, for the purpose of ostrich farming but not otherwise.

PART II.

Class 2. Animals and birds a limited number of which may be captured or killed by the holder of an A licence and the number of each species which may be captured or killed.

Giraffe (subject to the payment of an additional fee of £E. 20) 1

Rhinoceros (except in Kassala and Sennar Provinces in which Rhinoceros may not be killed or captured) 1

Mrs. Gray's Waterbuck *(Cobus Maria)* 1

Eland *(Taurotragus)* 1

Kudu *(Strepsiceros)* 1

Oryx Beisa 1

L'éléphant (moyennant payement d'une taxe supplémentaire de £E. 10 pour chaque éléphant en ce qui concerne les porteurs de permis A délivrés au taux de £E. 6) 2

Le buffle 3

Le kobe à croissant *(Cobus Defassa)* (mais dans les provinces de Kassala et de Sennar ainsi que sur le Nil Blanc au Nord de Kodok il ne peut en être capturé ou tué plus de deux) 4

L'antilope rouanne *(Hippotragus)* (mais dans les provinces de Kassala et de Sennar ainsi que sur le Nil Blanc au Nord de Kodok il ne peut en être capturé ou tué plus de deux) 4

Le bush buck *(Tragelaphus)* 4

Le tora hartebeest *(Bubalis Tora)* 4

L'oryx leucoryx 4

Le kobe à oreilles blanches *(Cobus Leucotis)* 4

Le kobe de l'Ouganda *(Cobus Thomasi)* 6

L'addax 6

Elephant (subject as regards holders of licences A issued under the £E. 6 rate to the payment of an additional fee of £E. 10 for each elephant) 2

Buffalo 3

Water Buck *(Cobus Defassa)* (but not more than two of these may be captured or killed in Kassala and Sennar Provinces and on the White Nile North of Kodok) 4

Roan Antelope *(Hippotragus)* (but not more than 2 of these may be killed or captured in Kassala and Sennar Provinces and on the White Nile North of Kodok) 4

Bush Buck *(Tragelaphus)* 4

Tora Hartebeest *(Bubalis Tora)* 4

Oryx Leucoryx 4

White Eared Cob *(Cobus Leucotis)* 4

Uganda Cob *(Cobus Thomasi)* 6

La gazelle Addra *(Gazella Rupicollis)* 6

L'antilope chevreuil *(Cervicapra)* (mais en dehors des provinces de Kassala et de Sennar il ne peut en être capturé ou tué plus de quatre) 8

Le Jackson's hartebeest *(Bubalis Jacksoni)* (mais en dehors de la province de Bahr-el-Ghazal il ne peut en être capturé ou tué plus de quatre) 12

PARTIE III.

Catégorie 3. Animaux et oiseaux qui peuvent être capturés ou tués en nombre limité par le porteur d'un permis A ou d'un permis B avec indication du nombre d'animaux ou oiseaux de chaque espèce qui peuvent être capturés ou tués.

L'oréotrague *(Oreotragus saltator)* 1

L'hippopotame (mais il n'y a aucune limite quant au nombre d'hippopotames qui peuvent être capturés ou tués au Sud de Kodok ou au Sud de Sennar) 4

Addax 6

Addra Gazelle *(Gazella Ruficolis)* 6

Reed Buck *(Cervicapra)* (but not more than 4 of these may be captured or killed elsewhere than in Kassala and Sennar Provinces) 8

Jackson's Hartebeest *(Bubalis Jacksoni)* (but not more than 4 of these may be captured or killed elsewhere than in the Bahr-el-Ghazal Province) 12

PART III.

Class 3. Animals and birds a limited number of which may be captured or killed by the holder of an A Licence or a B Licence and the number of each species which may be captured or killed.

Klipspringer 1

Hippopotamus (but there is no limit to the number of hip-

L'Ibex (mais il n'en peut être capturé ou tué plus de deux au Sud de Suakin) 4

Le mouton sauvage 2

Le pélican 2

L'aigrette 2

Les hérons 2

Les cigognes 2

Les marabouts 2

Les spatules *(Spoonbills)* 2

Les flamants 2

Les ibis 2

Les grues couronnées 6

*Les *Phacochères* (sangliers à verrues) 6

*Les tiangs 6

*La grande outarde 12

Autres antilopes et gazelles non spécifiées dans ce tableau, de chaque espèce 11

* *Un porteur de permis peut, au cours d'un voyage d'une*

---

popotamus which may be captured or killed South of Kodok or South of Sennar) 4

Ibex (but not more than 2 of these may be captured or killed South of Suakin) 4

Wild Sheep 2

Pelican 2

Egret 2

Herons 2

Storks 2

Marabouts 2

Spoonbills 2

Flamingoes 2

Ibis 2

Crowned Crane 6

*Wart Hog 6

*Tiang 6

durée de plus de trois mois tirer quatre exemplaires en plus de chacune de ces espèces, pour sa nourriture, dans chaque mois venant s'ajouter aux trois premiers.

DEUXIÈME TABLEAU.

PARTIE I.

Animaux et oiseaux dont il est absolument défendu de vendre et d'acheter les peaux, cornes, chairs ou dépouilles dans toute l'étendue du Soudan.

Tous les animaux et oiseaux actuellement classés dans la catégorie 1 et

Le kobe à croissant de Gray,
Le kobe à oreilles blanches,
Le coudou,
L'antilope de Jackson,
L'oryx leucoryx,
L'ibex,
Le kobe à croissant,

---

*Large Bustard 12
Other antelopes and gazelles not before specified in this Schedule .... of each species 11

**A licence holder on a trip of more than three months duration may shoot four more of each of these for food in every additional month after the first three.*

THE SECOND SCHEDULE.

PART I.

Animals and birds in respect of which the sale and purchase of the hides, horns, flesh or trophies is absolutely prohibited throughout the Sudan.

All animals and birds for the time being included in Class 1, and
Mrs. Gray's Water Buck,
White Eared Cob,
Kudu,

Toutes autres espèces de kobes,
L'antilope rouanne *(Hippotragus)*,
Le tora hartebeest,
L'oryx Beisa,
L'élan,
La girafe.

PARTIE II.

Animaux dont il est défendu de vendre et d'acheter les peaux, cornes, chairs ou dépouilles dans certaines parties seulement du Soudan.

Nom de l'animal	Régions où la défense est en vigueur
Rhinocéros Antilope chevreuil Ariel	Provinces de Kassala et de Sennar

---

Jackson's Hartebeest,
Oryx Leucoryx,
Ibex,
Water Buck,
All other species of Cob,
Roan Antelope,
Tora Hartebeest,
Oryx Beisa.
Eland.
Giraffe.

PART II.

Animals in respect of which the sale and purchase of the hides horns flesh or trophies is prohibited in certain parts only of the Sudan.

Name of Animal	Districts in which the prohibition is in force.
Rhinoceros Reed Buck Ariel	Kassala and Sennar Provinces

TROISIÈME TABLEAU.

Taxe d'exportation sur des animaux vivants.

£ E. 24 par tête.

Éléphant,
Girafe,
Rhinocéros.

£ E. 10 par tête.

Le buffle,
L'âne sauvage,
Le zèbre,
Le kobe à croissant,
Le kobe de Gray,
Le kobe d'Uganda,
Le kobe à oreilles blanches,
L'élan,
L'antilope de Jackson,

THE THIRD SCHEDULE.

Export Tax on Living Animals :—

Each £E. 24.

Elephant,
Giraffe,
Rhinoceros.

Each £E. 10.

Buffalo,
Wild Ass,
Zebra,
Water Buck,
Mrs. Gray's Water Buck,
Uganda Cob,
White Eared Cob,
Jackson's Hartebeest,
Tora Hartebeest,
Roan Antelope,
Oryx Leucoryx,
Oryx Beisa,

Le tora hartebeest,
L'antilope rouanne *(Hippotragus)*.
L'oryx leucoryx,
L'oryx Beisa,
L'addax,
Le coudou.

£ E. 5 par tête.

La gazelle Addra,
L'ibex,
Le mouton sauvage,
Le baleaniceps,
L'hippopotame.

£ E. 2 par tête.

L'autruche,
Le serpentaire.

£ E. 1 par tête.

Le lion,
Le léopard,
Le guépard.

Addax,
Kudu,
Eland.

Each £E. 5.

Addra Gazelle,
Ibex,
Wild Sheep,
Balaeniceps,
Hippopotamus.

Each £E. 2.

Ostrich,
Secretary Bird.

Each £E. 1.

Lion,
Leopard,
Cheetah.

ORDRE

promulgué en vertu de l'ordonnance sur la protection des animaux sauvages, 1908.

Attendu qu'il est opportun d'assurer dans certaines parties de la province de la Mer Rouge, une protection plus étendue à l'Ibex de Nubie,

En conséquence et exerçant les pouvoirs que nous confèrent les sections 13 à 18 de l'ordonnance de 1908 pour la protection des animaux sauvages et tout autre pouvoir que nous possédons en cette matière, Nous, Lieutenant-Général Sir Francis Reginald Wingate, K. C. B., K. C. M. G., D. S. G., Gouverneur Général du Soudan, *ordonnons* et *prescrivons* par le présent ordre que les montagnes de Karbush, Erba, Arbat et Asotriba dans la province de la Mer Rouge et les territoires entourant respectivement les susdites montagnes sur une distance de cinq milles de leurs bases à chacune d'elles et ces bases mêmes sont, par

---

ORDER

Issued under the Preservation of Wild Animals Ordinance, 1908.

Whereas it is advisible to afford greater protection in certain parts of the Red Sea Province to the Nubian Ibex,

Now, therefore, in exercise of the powers conferred upon me by Sections 13 and 18 of the Preservation of Wild Animals Ordinance, 1908, and of every other power enabling me in this behalf, I, Lieutenant General Sir Francis Reginald Wingate, K. C. B.. K. C. M. G., D. S. O., Governor General of the Sudan, do hereby order and prescribe that the mountains of Karbush, Erba, Arbat and Asotriba in the Red Sea Province and the areas respectively surrounding the aforesaid mountains for a distance of five miles from their several bases be, and the same are hereby constituted,

le présent ordre, constitués en asiles, au seul point de vue cependant de la protection de l'Ibex seulement et non des autres animaux ou oiseaux et nul ne pourra chasser, capturer ou tuer aucun Ibex, sur aucun des territoires mentionnés plus haut, si ce n'est conformément aux conditions de la section 13 de la dite ordonnance.

(Signé) Reginald Wingate,
Gouverneur Général.

Khartoum,
le 23 décembre 1908.

Régions fermées.

(Extrait de la « Gazette du Soudan », N° 143, 8 octobre 1908.)

Jusqu'à nouvel avis, les régions suivantes sont fermées aux personnes en voyage de sport ou de plaisir :

(a) La province de Kordofan au sud d'une ligne reliant

---

sanctuaries, limited nevertheless to the protection of Ibex only and not of other animals or birds, and no person shall hunt, capture or kill any Ibex in any of the areas above-mentioned, except in accordance with the provisions of Section 13 of the said Ordinance.

(Signed) Reginald Wingate,
Governor General.

Khartoum,
23rd. December, 1908.

Closed Districts.

(Extract from the Sudan Gazette, No. 143, October 8th, 1908.)

Until further notice the following districts are closed to persons travelling for sport or pleasure.

(a) The Province of Kordofan South of a line connecting

Sherkeila, Rahad, Abu Haraz, Abu Zabbut, Nahud et El Odaiya.

(b) La province de Bahr-el-Ghazal.

(c) Les régions au sud et à l'ouest d'une ligne tracée de Naseer sur le Sobat vers Fading sur le Khor Filus, ensuite vers l'embouchure de la rivière Zeraf (dans laquelle les steamers et les bateaux d'entreprises privées ne peuvent s'engager) et de là vers l'extrémité ouest du lac No.

Sauf cependant que les sportsmen et les parties de plaisir utilisant le steamer ou le bateau comme base, peuvent débarquer sur l'une ou l'autre rive du Nil supérieur au nord de Shambe et sur la rive est au sud de Shambe jusqu'à la frontière de l'Uganda, à condition de ne pas s'engager dans l'intérieur des terres à une distance de plus d'une journée de marche à partir de la rivière.

Sherkeila, Rahad, Abu Haraz, Abu Zabbut, Nahud, and El Odaiya.

(b) The Bahr el Ghazal Province.

(c) The districts South and West of a line drawn from Naseer on the Sobat to Fading on the Khor Filus, thence to the mouth of the Zeraf River (which the steamers and boats of private parties may not enter), and thence to the Western end of Lake No.

Except that sportsmen and pleasure parties using a steamer of boat as a base may land on either bank of the Upper Nile North of Shambe, and on the East bank South of Shambe as for as the boundary of Uganda, provided that they do not proceed more than a day's march inland from the river.

ORDONNANCE

sur la protection des animaux sauvages, 1908.

Ordre.

Exerçant les pouvoirs que nous confère la section 10 de l'ordonnance susvisée et tout autre pouvoir que nous possédons en cette matière, Nous, Colonel Joseph John Asser, Gouverneur Général ff. du Soudan, ordonnons par le présent ordre, ce qui suit :

La vente et l'achat de la chair ou des plumes ou de toute autre dépouille de marabouts ou d'aigrettes sont absolument interdits dans toute l'étendue du Soudan.

Et nous décidons que dans toutes les éditions futures de l'ordre promulgué en vertu de l'ordonnance susvisée et publié dans la *Sudan Gazette*, nº 114, à la date du 8 novembre 1908, les marabouts et les aigrettes seront ajoutés sur

---

THE PRESERVATION OF WILD ANIMALS ORDINANCE, 1908.

Order.

In exercise of the powers conferred upon me by section 10 of the above mentioned Ordinance and of every other power enabling me in this behalf, I, Colonel Joseph John Asser, Acting Governor General of the Sudan, do hereby order as follows :

The sale and purchase of the flesh or of the feathers or any other trophies of Marabouts or Egrets is absolutely prohibited throughout the Sudan.

And I direct that in all future editions of the Order made under the above mentioned Ordinance and published in *Sudan Gazette* Nº 114 dated the 8th day of November, 1908, Marabouts and

la liste des animaux et oiseaux contenue dans la première partie du deuxième tableau annexé au même ordre.

(Signé) J. Asser,
Gouverneur Général,ff.

Khartoum,
le 14 septembre 1910.

ORDONNANCE

sur la protection des animaux sauvages, 1908.

Ordre.

Exerçant les pouvoirs que nous confère la section 6 de l'ordonnance et tout autre pouvoir que nous possédons en cette matière, Nous, Lieutenant-Général Sir Francis Reginald Wingate, K. C. B., K. C. M. G., D. S. O., Gouver-

---

Egrets be added to the list of animals and birds contained in the first part of the second schedule to the same order.

(Signed) J. Asser,
Acting Governor General.

Khartoum,
this 14th day of September, 1910.

THE PRESERVATION OF WILD ANIMALS ORDINANCE, 1908.

Order.

In exercise of the powers conferred upon me by section 6 of the above mentioned Ordinance and of every other power enabling me in this behalf, I, Lieutenant General Sir Francis Reginald

neur Général du Soudan, ordonnons et prescrivons par le présent ordre ce qui suit :

Le paragraphe 4 de l'ordre publié, en vertu de l'ordonnance susvisée, dans la *Sudan Gazette*, nº 144, à la date du 8 novembre 1908, est amendé, par le présent ordre, par l'insertion des mots « Pour un permis A dont la validité est limitée à la seule province de la Mer Rouge, £ E. 10 » après les mots « Pour un permis A £ E. 50 ».

Et par la suppression des mots « Pour un permis A £ E. 6 », « Pour un permis B, £ E. 1 » et leur remplacement par les mots « Pour un permis A, £ E. 6. Pour un permis A dont la validité est limitée à la seule province de la Mer Rouge, £ E.2. Pour un permis B, £ E. 1. »

(Signé) Reginald Wingate,
Gouverneur Général.

Khartoum,
le 27 décembre 1910.

Wingate, K. C. B., K. C. M. G., D. S. O., Governor General of the Sudan, do hereby order and prescribe as follows :

Paragraph 4 of the order published under the above mentioned Ordinance in *Sudan Gazette* Nº 144 dated the 8th day of November 1908, is hereby amended inserting after the words « For an A licence £E. 50 » the words « For an A licence limited so as to be valid in the Red Sea Province only, £E. 10 »;

And by repealing the words « For licence A £E. 6 » « For licence B £E. 1 » and substituting therefore the words « For an A licence £E. 6. For an A licence, limited so as to be valid in the Red Sea Province only, £E. 2. For a B licence £E. 1. »

(Signed) Reginald Wingate,
Governor General.

Khartoum,
this 27th December, 1910.

COLONIE ÉRYTHRÉE

COLONIE ERYTHRÉE

VICTOR EMMANUEL III

PAR LA GRACE DE DIEU ET LA VOLONTÉ DE LA NATION
ROI D'ITALIE.

Vu les lois du 1er juillet 1890, n° 7003, — du 24 décembre 1899, n° 460, — du 29 décembre 1900, n° 442, — et du 30 juin 1901, n° 266, relatives à l'application des lois du Royaume dans l'Érythrée et à l'administration de la colonie;

Vu le décret royal du 8 décembre 1892, n° 747, pour l'organisation de la sûreté publique dans la colonie;

Vu les décrets royaux du 10 décembre 1893, n° 701 et du 2 février 1899, n° 73 pour le règlement et le tarif douanier de la colonie;

Sur la proposition de Notre Ministre, Secrétaire d'État pour les affaires étrangères;

COLONIA ERITREA

VITTORIO EMANUELE III

PER GRAZIA DE DIO E PER VOLONTÀ DELLA NAZIONE
RE D'ITALIA

Viste le leggi 1° luglio 1890, n° 7003; 24 dicembre 1899, n° 460; 29 dicembre 1900, n° 442, e 30 giugno 1901, n° 266, relative alla applicazione delle leggi del Regno nell'Eritrea e all'amministrazione della Colonia;

Visto il Regio Decreto 8 dicembre 1892, n° 747, per l'ordinamento della pubblica sicurezza nella Colonia;

Visti i Regi Decreti 10 dicembre 1893, n° 701 e 2 febbraio 1899, n° 73, per il regolamento e la tariffa doganale della Colonia;

Sur l'avis du Conseil d'État;

Entendu le Conseil des ministres;

Considérant la nécessité de réglementer la chasse aux animaux sauvages dans le territoire de l'Érythrée et d'en régler l'exportation de la colonie;

Avons décrété et décrétons :

ARTICLE PREMIER.

Faculté est donnée à notre Commissaire civil extraordinaire de prendre les dispositions opportunes, même au point de vue fiscal, soit pour réglementer l'exercice de la chasse aux animaux sauvages sur le territoire de la colonie Érythrée, soit pour en régler l'exportation de la colonie.

ARTICLE 2.

Le présent décret entrera en vigueur le 20 avril 1902.

Sulla proposta del Nostro Ministro, Segretario di Stato per gli Affari Esteri;

Udito il parere del Consiglio di Stato;

Sentito il Consiglio dei Ministri;

Ritenuta la necessità di disciplinare la caccia degli animali selvatici nel territorio eritreo e di regolarne l'esportazione dalla Colonia;

Abbiamo decretato e decretiamo:

ARTICOLO PRIMO.

È data facoltà al nostro Commissario Civile Straordinario per l'Eritrea di emanare le disposizioni opportune, anche dal punto di vista fiscale, sia per disciplinare l'esercizio della caccia degli animali selvatici nel territorio della Colonia Eritrea, sia per regolarne l'esportazione dalla Colonia.

ARTICOLO 2.

Il presente decreto andrà in vigore il 20 aprile 1902.

Mandons et ordonnons que le présent décret, revêtu du sceau de l'État, soit inséré dans le *Recueil Officiel* des lois et des décrets du royaume d'Italie et communiqué à tous ceux à qui il appartient de l'observer et de le faire observer.

Donné à Rome, le 18 avril 1902.

VICTOR EMMANUEL.

PRINETTI

ZANARDELLI.

Ordiniamo che il presente decreto, munito del sigillo dello Stato, sia inserto nella Raccolta ufficiale delle leggi e dei decreti del Regno d'Italia, mandando a chiunque spetti di osservarlo e di farlo osservare.

Dato a Roma, addì 18 aprile 1902.

VITTORIO EMANUELE.

PRINETTI

ZANARDELLI.

DÉCRET GOUVERNEMENTAL, N° 83.

Gouvernement de l'Érythrée.

NOUS, Chevalier Ferdinando Martini, Député au Parlement, Commissaire civil royal extraordinaire pour l'Érythrée;

Vu le décret royal du 18 avril 1902;

Décrétons :

Pour l'exportation de la colonie de chaque exemplaire des animaux sauvages spécifiés ci-après, il sera perçu le droit suivant :

Lion	fr.	130
Léopard		80
Éléphant		1.300
Girafe		700
Rhinocéros		1.300

DECRETO GOVERNATORIALE N° 83.

GOVERNO DELL'ERITREA

NOI, R. Commissario Civile Straordinario per l'Eritrea, Cavaliere Ferdinando Martini, Deputato al Parlamento;

Veduto il Reale Decreto 18 aprile 1902;

Decretiamo :

Per l'esportazione dalla Colonia di ciascun esemplare degli animali selvatici qui specificati sarà dovuto il seguente diritto :

Leone	L.	130
Leopardo		80
Elefante		1.300
Giraffa		700

Hippopotame ....fr.	600
Gureza et autres singes à long poil............	50
Buffle	600
Ane sauvage............................	650
Zèbre	650
Antilopes, dénommées Addax nasomaculatus, strepsiceros capensis (en arabe : nialal), taurotragus	600
Antilopes et gazelles, dénommées Damaliscus tiang, bubalis tora, jacksoni, etc. (arabe : tétal), cobus Defassa (arabe : om-hatil), hippotragus equinus (arabe : abu-araf), oryx leucoryx (arabe : ouahasc abiad), oryx Beisa (arabe : mel hal), cervicapra Bhor (arabe : Besemal), tragelaphus (arabe : om bageôl), tragelaphus Spekei, gazella Ruficollis (arabe : reil), gazella leptoceros, capra nubiana (arabe : naàl), ovis lervia (arabe : cabsc elgebel)	250

Rinoceronte ....L.	1.300
Ippopotamo	50
Gureza ed altre scimmie dal pelo lungo.............	50
Buffalo	600
Asino selvatico	650
Zebra	650
Antilopi denominate Addax nasomaculatus, strepsiceros capensis (in arabo niàlat), taurotragus	600
Antilopi e gazelle denominate Damaliscus tiang, bubalis tora, jacksoni ecc. (arabo tetal), cobus Defassa (arabo om-hatit), hippotragus equinus (arabo abu-araf), oryx leucoryx (arabo uahasc abiad), oryx Beisa (arabo met hat), cervicapra bohor (arabo besemat), tragelaphus (arabo om bageòt), tragelaphus Spekei, gazella Ruficollis (arabo reil), gazella leptoceros, capra nubiana (arabo naàl), ovis lervia (arabo cabsc el-gebel)	250

Antilopes et gazelles, dénommées ariel, madoqua, digdig, oreotragus saltator (arabe : marescioucab), ourebia montana.................fr. 10

Sangliers (phacocaerus africanus)............ 50

Orycteropus aethiopicus (arabe : abou-delef)... 50

Autruche 70

Donné à Asmara, le 10 mai 1902.

MARTINI.

Antilopi e gazelle denominate ariel, madoqua, digdig, oreotragus saltator (arabo maresciucab), ourebia montana ....L. 10

Cinghiale (phacocaerus africanus).................. 50

Orycteropus aetiopicus (arabo abu-delef)............ 50

Struzzo 70

Dato in Asmara, addì 10 maggio 1902.

MARTINI.

DÉCRET GOUVERNEMENTAL, N° 627
concernant le commerce des œufs d'autruche.

NOUS, Commandeur Ferdinando Martini, Grand Officier de l'État, Commissaire civil royal pour l'Érythrée,

Vu les actes de la Conférence Internationale de Londres à laquelle a adhéré aussi l'Italie, organisée dans le but de protéger les animaux sauvages en Afrique;

Vu l'alinéa 14 de l'art. II de la Convention formulée dans cette conférence et signée à Londres par les plénipotentiaires des États adhérents, le 19 mai 1900 :

DÉCRÉTONS :

Le commerce des œufs d'autruche est interdit sur tout le territoire de la colonie Érythrée.

Donné à Asmara, le 3 août 1900.

MARTINI.

DECRETO GOVERNATORIALE N° 627.
Circa il commercio delle uova di struzzo.

NOI, Commendatore Ferdinando Martini, Grande Ufficiale dello Stato, Regio Commissario Civile per l'Eritrea ;

Veduti gli atti della conferenza internazionale di Londra, alla quale aderì anche l'Italia, tenuta allo scopo di proteggere gli animali selvatici in Africa;

Veduto il comma 14 dell'art. II della Convenzione formulata in detta conferenza e firmata a Londra dai plenipotenziari degli Stati annuenti, il 19 maggio del 1900;

DECRETIAMO :

È proibito il commercio delle uova di struzzo in tutto il territorio della Colonia Eritrea.

Dato in Asmara, addì 3 agosto 1900.

MARTINI.

DÉCRET GOUVERNEMENTAL
du 30 mai 1903, N° 213.

Extrait du Règlement pour les Commissariats régionaux et les Résidences.

Chasse.

ARTICLE 599.

Il est défendu aux Européens, aux assimilés et aux indigènes de chasser au delà des limites de l'Érythrée sans l'autorisation spéciale du Gouvernement auquel les Commissaires régionaux et les Résidents feront les propositions opportunes. Cette autorisation est subordonnée à des conditions établies pour chaque cas en particulier.

DECRETO GOVERNATORIALE
30 maggio 1903, n° 213.

Estratto del Regolamento per i Commissariati regionali e le Residenze.

Caccia

ARTICOLO 599.

È vietato agli europei, agli assimilati, ed agli indigeni di recarsi a caccia oltre i confini dell'Eritrea senza speciale permesso del Governo a cui i Commissari regionali ed i Residenti fanno le opportune proposte. Il permesso è subordinato a condizioni stabilite volta per volta.

Les Commissaires régionaux et les Résidents veilleront à ce que personne ne transgresse la présente disposition.

ARTICLE 600.

Les Commissaires régionaux et les Résidents prendront les mesures propres à assurer la pleine exécution de la convention du 19 mai 1900 formulée à la Conférence internationale de Londres sur la protection des animaux sauvages en Afrique.

ARTICLE 601.

Conséquemment, ils prendront aussi les mesures propres à empêcher le commerce des œufs d'autruche, conformément au décret gouvernemental du 3 août 1900, nº 627; ils veilleront à l'exécution du décret gouvernemental du 10 mai 1902, nº 83, relatif aux droits dus pour l'exportation des animaux sauvages.

I Commissari regionali ed i Residenti vegliano che nessuno contravvenga alla presente disposizione.

ARTICOLO 600.

I Commissari regionali ed i Residenti vigilano a che abbia piena esecuzione la convenzione 19 maggio 1900 formulata nella conferenza internazionale di Londra sulla protezione degli animali selvatici in Africa.

ARTICOLO 601.

Conseguentemente vigilano anche a che non sia fatto commercio di uova di struzzo, com'è disposto col decreto governatoriale 3 agosto 1900 nº 627; vigilano sulla esecuzione del decreto governatoriale 10 maggio 1902 nº 83 relativo ai diritti dovuti per l'esportazione di animali selvatici.

ARTICLE 602.

La chasse aux volatiles au moyen de filets doit être autorisée. Les Commissaires régionaux et les Résidents peuvent délivrer des permis de chasse sur le territoire de leur juridiction, en prescrivant l'observation de conditions restrictives, conformément aux instructions particulières du Gouvernement.

La chasse à l'éléphant sans permis spécial est interdite. Les contrevenants, outre les peines établies dans le présent décret, encourent la confiscation des armes et du produit de la chasse.

ARTICOLO 602.

La caccia colle reti ai volatili dev'essere autorizzata. I Commissari Regionali ed i Residenti possono rilasciare permessi di caccia, sul territorio di loro giurisdizione, prescrivendo l'osservanza di condizioni restrittive, secondo le particolari istruzioni del Governo.

La caccia all'elefante è proibita senza speciale permesso. I contravventori, oltre alle pene di cui nel presente decreto, incorrono nella confisca delle armi e del prodotto della caccia.

DÉCRET GOUVERNEMENTAL, N° 217

interdisant la chasse à l'éléphant sur le territoire de la colonie.

NOUS, Chevalier Ferdinando Martini, Député au Parlement, Commissaire civil royal pour l'Érythrée.

Vu la Convention internationale de Londres, du 19 mai 1900, pour la protection des animaux en Afrique;

Vu le décret royal du 18 avril 1902, n° 131, sur les facultés concédées pour réglementer l'exercice de la chasse aux animaux sauvages sur le territoire de la colonie Érythrée;

Vu notre décret du 10 mai 1902, n° 83, sur les droits d'exportation de la colonie Érythrée dus pour certaines espèces d'animaux sauvages;

Considérant la nécessité de protéger la sécurité des citoyens et des sujets italiens, facilement exposés à des dangers dans la chasse à l'éléphant;

DECRETO GOVERNATORIALE N° 217.

Che proibisce la caccia dell'Elefante nel territorio della Colonia.

NOI, Cavaliere Ferdinando Martini, Deputato al Parlamento, Regio Commissario Civile per l'Eritrea;

Veduta la convenzione internazionale di Londra, del 19 maggio 1900, per la protezione degli animali in Africa;

Veduto il R. Decreto 18 aprile 1902, n° 131, sulle facoltà concesseci per disciplinare l'esercizio della caccia degli animali selvatici nel territorio della Colonia Eritrea;

Veduto il nostro Decreto 10 maggio 1902, n° 83, sui diritti di esportazione dalla Colonia Eritrea dovuti per talune specie di animali selvatici;

Ritenuta la necessità di tutelare la sicurezza dei cittadini e dei sudditi italiani, facilmente esposti a pericoli nella caccia all'elefante;

DÉCRÉTONS :

ARTICLE PREMIER.

La chasse à l'éléphant est interdite, jusqu'à nouvelle disposition contraire.

ARTICLE 2.

Les contrevenants européens ou assimilés seront déférés aux magistrats ordinaires et punis conformément aux termes de l'art. 434 du Code pénal.

ARTICLE 3.

Les contrevenants indigènes seront déférés aux Commissaires régionaux et aux Résidents et punis des peines traditionnelles.

ARTICLE 4.

En tout cas, le contrevenant encourra la confiscation des armes et du produit de la chasse.

DECRETIAMO :

ARTICOLO PRIMO.

La caccia all'elefante è proibita, sino a nuova contraria disposizione.

ARTICOLO 2.

I contravventori europei od assimilati saranno deferiti ai magistrati ordinari e puniti a termini dell'art. 434 del Codice Penale.

ARTICOLO 3.

I contravventori indigeni saranno deferiti ai Commissariati regionali ed ai Residenti e puniti colle pene tradizionali.

ARTICOLO 4.

In ogni caso, il contravventore incorrerà nella confisca delle armi e del prodotto delle caccia.

ARTICLE 5.

Les Carabiniers royaux, les Commissaires régionaux, les Résidents et les autorités militaires des zones de frontière sont chargés de l'exécution du présent décret.

Donné à Asmara, le 11 juin 1903.

MARTINI.

DÉCRET GOUVERNEMENTAL, Nº 581.

Règlement de la chasse aux animaux sauvages en Érythrée.

NOUS, Marquis Giuseppe Salvago Raggi, Gouverneur civil de la colonie Érythrée;

Vu le décret royal du 18 avril 1902, nº 131, par lequel il a été donné faculté au Gouverneur de la colonie de prendre les dispositions opportunes, même au point de vue

---

ARTICOLO 5.

L'Arma dei RR. Carabinieri, i Commissari regionali, i Residenti, e le autorità militari delle zone di confine, sono incaricati della esecuzione del presente decreto.

Dato in Asmara, addì 11 giugno, 1903.

MARTINI.

DECRETO GOVERNATORIALE Nº 581.

Disciplina della caccia degli animali selvatici in Eritrea.

NOI, Marchese Giuseppe Salvago Raggi, Governatore Civile delle Colonia Eritrea;

Visto il R. Decreto 18 aprile 1902, nº 131, con cui fu data facoltà al Governatore della Colonia di emanare le disposizioni

fiscal, pour réglementer l'exercice de la chasse aux animaux sauvages sur le territoire de la colonie Érythrée;

Vu les actes de la Conférence internationale de Londres, à laquelle intervint aussi l'Italie, et organisée dans le but de protéger les animaux sauvages en Afrique;

DÉCRÉTONS :

ARTICLE PREMIER.

Les territoires indiqués ci-dessous sont déclarés réserves de chasse : 1° la zone comprise entre le Gasc et le Setit; 2° la région Scetoleghedè et Asfat au nord d'Arafali; 3° la plaine de Samote au sud-est du mont Alit; 4° la plaine de Azamô au sud de la ligne tracée par les monts Dighim, Gamà, Addi Bussò et par le Mai Zabaril; 5° les monts Aighet dans le Sahel.

En vertu de nouveaux décrets, d'autres territoires pourront être déclarés réserves de chasse.

---

opportune, anche dal punto di vista fiscale, per disciplinare l'esercizio della caccia degli animali selvatici nel territorio della Colonia Eritrea;

Veduti gli atti della conferenza internazionale di Londra, alla quale intervenne anche l'Italia, tenuta allo scopo di proteggere gli animali selvatici in Africa;

DECRETIAMO :

ARTICOLO PRIMO.

I territori sottoindicati sono dichiarati riserva di caccia : 1° Zona compresa fra il Gasc ed il Setit; 2° Regione Scetoleghedè e Asfat a nord di Arafali; 3° Piana di Samote a sud-est di monte Alit; 4° Piana di Azamò a sud della linea segnata dai monti Dighim, Gamà, Addi Bussò e dal Mai Zabarit; 5° Monti Aighet nel Sahel.

Con successivi decreti altri territori potranno essere dichiarati riserve di caccia.

ARTICLE 2.

L'exercice de la chasse aux animaux sauvages est également interdit sur le restant du territoire de l'Érythrée à quiconque n'est pas muni d'un permis spécial du Gouverneur, chaque fois qu'à son jugement, sans appel, il croit opportun de l'accorder.

ARTICLE 3.

Il est défendu, sauf dans des cas exceptionnels, de chasser et de tuer les animaux compris dans le tableau I annexé aux actes de la Convention de Londres et tous ceux qui seront indiqués dans des notifications successives ou sur les permis de chasse.

ARTICLE 4.

Il est en tout cas interdit de chasser et de tuer à l'état non adulte les animaux compris dans le tableau II annexé aux actes de la Convention de Londres.

ARTICOLO 2.

È proibito l'esercizio della caccia degli animali selvatici anche nel rimanente del territorio eritreo, a coloro che non siano muniti di speciale licenza del Governatore, sempre quando a suo giudizio insindacabile egli creda opportuno di accordarla.

ARTICOLO 3.

È vietato, salvo casi eccezionali, di cacciare e di uccidere gli animali compresi nella tabella I.ª annessa agli atti della convenzione di Londra e di quegli altri, che saranno indicati in successive notificazioni o nelle licenze di caccia.

ARTICOLO 4.

È in ogni caso vietato di cacciare e di uccidere allo stato non adulto gli animali compresi nella tabella II.ª annessa agli atti della convenzione di Londra.

ARTICLE 5.

Il est également défendu de chasser et de tuer les femelles — quand elles sont accompagnées de leurs petits — des animaux compris dans le tableau III annexé aux actes de la Convention de Londres.

ARTICLE 6.

Il ne sera permis de tuer qu'en nombre très restreint les animaux compris dans le tableau IV annexé aux actes de la Convention de Londres.

ARTICLE 7.

Les détenteurs de permis sont autorisés à chasser, et quiconque, à l'occasion, à tuer — sans aucune restriction — les animaux compris dans le tableau V annexé aux actes de la Convention de Londres.

ARTICLE 8.

La concession d'un permis de chasse est subordonnée à

ARTICOLO 5.

È egualmente vietato di cacciare e di uccidere le femmine quando sono accompagnate dai propri nati, degli animali compresi nella tabella IIIe annessa agli atti della convenzione di Londra.

ARTICOLO 6.

Non potrà essere consentita che in numero ristretto l'uccisione degli animali compresi nella tabella IV[a] annessa agli atti della convenzione di Londra.

ARTICOLO 7.

Ai detentori di licenza è permesso di cacciare e a chiunque occasionalmente di uccidere senz'alcuna limitazione gli animali compresi nella tabella V[a] annessa agli atti della convenzione di Londra.

l'acceptation des conditions que le Gouverneur jugera opportun d'établir, pour chaque cas en particulier, relativement à l'époque, les modalités de la chasse, l'espèce et le nombre d'animaux à chasser, le droit proportionnel qui doit y correspondre, les pénalités pécuniaires en cas de transgression et leur mode d'application et les cautions éventuelles à exiger du requérant.

Pour les animaux capturés vivants, la restitution de la taxe proportionnelle se fera au moment du payement du droit d'exportation établi par le décret gouvernemental du 10 mai 1902, nº 83.

ARTICLE 9.

Le permis de chasse donne le droit de chasser le petit gibier non prévu dans les articles précédents, dans les localités, dans les saisons et de la manière qui seront indiquées dans le dit permis.

ARTICOLO 8.

Il rilascio della licenza di caccia è subordinato all'accettazione delle condizioni che il Governatore crederà di stabilire volta per volta intorno al tempo, alle modalità della caccia, alla specie ed al numero degli animali da cacciarsi, al diritto proporzionale da corrispondersi, alle penalità pecuniarie in caso di trasgressione e al loro modo di applicazione ed alle eventuali cauzioni da presentarsi al richiedente.

Per gli animali catturati vivi si farà luogo alla restituzione della tassa proporzionale all'atto del pagamento del diritto di esportazione stabilito col decreto governatoriale 10 maggio 1902, nº 83.

ARTICOLO 9.

La licenza di caccia dà di per sè sola [il diritto] di cacciare la piccola selvaggina non prevista nei precedenti articoli nelle

ARTICLE 10.

Le permis de chasse est personnel et ne peut être cédé. Mais il s'étend à tous ceux qui font partie de la même compagnie de chasseurs à la dépendance du détenteur du permis.

Pour chaque permis, il est dû, en plus du droit proportionnel dont il est question à l'article précédent et à établir selon le cas, et outre la taxe prescrite du port d'armes, un droit fixe de :

80 francs pour les étrangers à la colonie ;

40 francs pour ceux qui résident depuis plus d'une année dans la colonie ;

30 francs pour les fonctionnaires civils ou militaires,

ARTICLE 11.

Quiconque exerce la chasse sans le permis prescrit ou en dehors des limites de temps et de lieu qui y sont établies est, pour cela seul, punissable d'une amende de 100 francs,

---

località, nelle stagioni e nei modi che verranno indicati nella licenza stessa.

ARTICOLO 10.

La licenza di caccia è personale e non può essere ceduta. Si estende però a tutti coloro che facciano parte della stessa comitiva di caccia alla dipendenza del detentore della licenza.

È dovuto per ogni licenza, oltre il diritto proporzionale di cui all'articolo precedente, da stabilirsi caso per caso, ed oltre la prescritta tassa di porto d'armi un diritto fisso di :

80 lire per gli stranieri alla Colonia;

40 lire per i residenti in Colonia da oltre un anno;

30 lire per i funzionari civili o militari.

ARTICOLO 11.

Chiunque eserciti la caccia senza la prescritta licenza o fuori dei limiti di tempo e di luogo in essa stabiliti è, per ciò solo,

de la confiscation des armes et des munitions et du produit de la chasse.

Cette pénalité est portée au double lorsque le contrevenant est un fonctionnaire civil ou militaire ou une personne appointée par l'administration publique.

ARTICLE 12.

Quiconque contrevenant aux dispositions des articles précédents ou aux conditions établies dans le permis, est convaincu d'avoir tué ou tenté de tuer l'un des animaux désignés ci-dessous, sera puni, outre la confiscation des armes et des munitions et du produit de la chasse, d'une amende de :

1.500 francs pour chaque éléphant;
1.000 » » » girafe;
1.000 » » » rhinocéros;
750 » » » hippopotame;
750 » » » buffle;

---

punibile con un ammenda di 100 lire, e con la confisca delle armi e munizioni e del prodotto della caccia.

Detta penalità è raddoppiata quando il contravventore sia un funzionario civile o militare o comunque agli stipendi dell'amministrazione pubblica.

ARTICOLO 12.

Chiunque in contravvenzione al disposto dei precedenti articoli o alle condizioni stabilite nella licenza sia convinto di aver ucciso o tentato di uccidere uno degli animali sottoindicati sarà punito, oltre alla confisca delle armi e munizioni e del prodotto della caccia, con una multa di :

1.500 lire per ogni elefante;
1.000 » » » giraffa;
1.000 » » » rinoceronte;
750 » » » ippopotamo;
750 » » » bufalo;

750 francs pour chaque âne sauvage;
750 » » » zèbre;
500 à 100 » » antilopes et gazelles comprises dans les tableaux II, III et IV annexés aux actes de la Convention de Londres;
200 francs pour chaque autruche;
100 » » » sanglier;
100 » » » orycteropus aethiopicus.

Pour les autres animaux mentionnés aux tableaux I, II, III et IV annexés aux actes de la Convention de Londres et non prévus au précédent alinéa, l'amende sera de 20 à 200 francs.

ARTICLE 13.

Toutes les pénalités établies aux articles précédents seront augmentées jusqu'à un maximum de 2,000 francs pour toute infraction commise dans l'une des zones prévues par l'article Ier.

---

750 lire per ogni asino selvatico;
750 » » » zebra;
500 a 100 » » antilopi e gazzelle comprese nelle tabelle II[a], III[a] e IV[a] annesse agli atti della convenzione di Londra.
200 lire per ogni struzzo;
100 » » » cinghiale;
100 » » » orycteropus aethiopicus.

Per gli altri animali contemplati nelle tabelle I[a], II[a], III[a] e IV[a] annesse agli atti della convenzione di Londra e non previsti nel precedente capoverso la multa sarà da 20 a 200 lire.

ARTICOLO 13.

Tutte le penalità stabilite nei precedenti articoli saranno raddoppiate sino ad un massimo di 2000 lire per ciascuna infrazione quando la medesima venga commessa in una delle zone previste dall'articolo 1.

ARTICLE 14.

Quelles que soient les dispositions de ce décret, le propriétaire ou occupant d'un fonds cultivé ou toute autre personne autorisée par lui, peut capturer, blesser et tuer tout animal sauvage ou oiseau sur le point d'occasionner un dommage grave à sa propriété lorsque ce dommage ne peut être empêché par d'autres moyens.

De même, quiconque aura tué ou blessé un animal sauvage pour se défendre ou défendre quelqu'autre personne, ne sera pas passible d'une contravention au présent décret.

ARTICLE 15.

Les permis accordés jusqu'à cette date sans limite de temps, seront périmés un mois après l'entrée en vigueur du présent décret.

ARTICLE 16.

Le présent décret sera porté à la connaissance des popu-

ARTICOLO 14.

Nonostante qualunque disposizione di questo decreto il proprietario od occupante di un fondo coltivato od ogni altra persona da esso autorizzata, può catturare, ferire ed uccidere qualsiasi animale selvatico od uccello che sia per cagionare gravi danni alla sua proprietà quando tale danno non possa essere impedito altrimenti.

Parimenti non sarà passibile di contravvenzione contro il presente decreto chi abbia ucciso o ferito qualche animale selvatico in difesa di sè stesso o di qualsiasi altra persona.

ARTICOLO 15.

I permessi sino ad ora accordati senza limitazione di tempo, resteranno decaduti dopo un mese dall'entrata in vigore del presente decreto.

lations indigènes au moyen d'un édit qui sera publié dans trois audiences consécutives du tribunal indigène de chaque bureau régional.

ARTICLE 17.

Les autorités régionales, les autorités militaires et la Sûreté publique sont chargées de veiller à l'observation du présent décret.

Asmara, le 21 avril 1907.

SALVAGO RAGGI.

Suivent les tableaux I, II, III, IV et V annexés aux actes de la Convention internationale de Londres, du 19 mai 1900, pour la protection des animaux en Afrique.

ARTICOLO 16.

Il presente decreto sarà portato a conoscenza delle popolazioni indigene a mezzo di bando da pubblicarsi in tre udienze consecutive del tribunale indigeno di ogni ufficio regionale.

ARTICOLO 17.

Le autorità regionali, quelle militari e quelle di pubblica sicurezza, sono incaricate di vigilare per l'osservanza del presente decreto.

Asmara, addì 21 aprile 1907.

SALVAGO RAGGI.

Seguono le Tabelle I, II, III, IV e V annesse agli atti della Conferenza Internazionale di Londra, 19 maggio 1900, per la protezione degli animali in Africa.

DÉCRET GOUVERNEMENTAL N° 621.

Règles pour l'application de quelques dispositions contenues dans le décret gouvernemental n° 581, concernant le règlement de la chasse aux animaux sauvages dans l'Érythrée.

NOUS, Marquis Giuseppe Salvago Raggi, Gouverneur civil de la colonie Érythrée;

Vu notre décret en date du 21 avril écoulé, n° 581, sur l'exercice de la chasse dans la colonie;

Considérant l'opportunité de déterminer les règles pour l'application de quelques dispositions contenues dans le décret cité;

DÉCRÉTONS :

1. La chasse au fusil et l'oisellerie sont interdites sur

DECRETO GOVERNATORIALE N° 621.

Norme per l'applicazione di alcune disposizioni contenute nel Decreto Governatoriale n° 581, circa la disciplina della caccia degli animali selvatici in Eritrea.

NOI, Marchese Giuseppe Salvago Raggi, Governatore Civile della Colonia Eritrea.

Visto il nostro decreto in data 21 aprile u. s. n° 581 sull'esercizio della caccia nella Colonia;

Ritenuta l'opportunità di determinare le norme per l'applicazione di alcune disposizioni contenute nel citato decreto;

DECRETIAMO :

1. La caccia col fucile e l'uccellagione sono proibite :

Sull'altipiano (zona a pioggie estive) dal 1° luglio al 15 novembre;

le haut plateau (zone à pluies estivales), du 1er juillet au 15 novembre;

Sur le bas plateau (zone à pluies hivernales), du 1er janvier au 15 mai.

Le Gouvernement de la colonie se réserve de prolonger les termes de la prohibition quand il le jugera opportun.

Le Gouvernement de la colonie peut, dans l'intérêt de la science, accorder des permis spéciaux temporaires pour chasser et oiseler en toute saison.

2. En temps prohibé, mais pas avant le 1er août ni après le 30 mai, la chasse au fusil aux oiseaux de passage est seule autorisée (voir tableau I).

3. Sont interdites en tous temps et en tous lieux, la destruction des œufs, la capture et la destruction des nichées et des petits quadrupèdes, à l'exception de ceux reconnus comme nuisibles à l'économie agricole (voir tableau II).

4. Est interdite en tous temps et en tous lieux, la capture des oiseaux et des petits quadrupèdes, sauf de ceux

---

Nel basso piano (zona a pioggie invernali) dal 1° gennaio al 15 di maggio.

Il Governo della Colonia si riserva di prolungare i termini del divieto qualora se ne verifichi l'opportunità.

Il Governo della Colonia può, nell'interesse della scienza, accordare speciali permessi temporanei di cacciare e di uccellare in qualunque stagione.

2. Durante il tempo del divieto, ma non prima del 1° agosto e non oltre il 30 maggio, è autorizzata la caccia col solo fucile agli uccelli di passo (Vedi tabella I).

3. È proibita in qualsiasi tempo e luogo la distruzione delle uova, la cattura e la distruzione degli uccelli da nido e dei piccoli quadrupedi, eccettuati quelli dannosi all'economia agraria (Vedi tabella II).

4. È proibita in qualsiasi tempo e luogo la presa degli uccelli e dei piccoli quadrupedi, eccettuati quelli dannosi all'economia

reconnus nuisibles à l'économie agricole, au moyen de filets de quelque forme et espèce que ce soit, de trappes, de pièges, etc.

Pour la capture de tous les animaux, l'usage des pièces à détonation, des traquenards et d'autres engins pouvant présenter des dangers pour les passants, est interdit.

5. Pendant la fermeture de la chasse, à partir du dixième jour, il est défendu de transporter, d'exposer en quelque lieu que ce soit et de vendre et d'acheter des animaux sauvages appartenant à n'importe quelle espèce, sauf les oiseaux servant d'appeau et les animaux d'espèce rare ou ornementale.

6. Aux contrevenants aux dispositions du présent décret sont applicables les pénalités établies à l'article 11 du décret gouvernemental du 24 avril 1907, nº 541, sauf, si c'est le cas, les pénalités plus fortes établies par l'art. 12.

Donné à Asmara, le 26 juillet 1907.

Salvago Raggi.

---

agraria, coi lacci di qualsiasi forma o specie, con tagliole, piediche, ecc.

Per la cattura di tutti gli animali è proibito l'uso degli schioppi a scatto, dei trabocchetti e di altri ordigni che possono riescire pericolosi ai passanti.

5. Durante il divieto di caccia, a cominciare dal 10º giorno, è proibito di trasportare, di esporre in qualsiasi luogo e vendere, e di comprare qualunque specie di animali selvatici, tranne gli uccelli da richiamo e gli animali di specie rara od ornamentale.

6. Ai contravventori alle disposizioni del presente decreto sono applicabili le penalità stabilite nell'articolo 11 del decreto governatoriale 24 aprile 1907 nº 541, salvo, del caso, le maggiori penalità stabilite dall'articolo 12.

Dato in Asmara, addì 26 luglio 1907.

Salvago Raggi.

Tableau I.

Oiseaux de passage.

En août. — Bécassines, *croccoline*, palmipèdes africains, échassiers ordinaires, tels que *gambetti*, courlis, etc.

En septembre. — Cailles, râles, bécassines, *croccoline*, échassiers.

En octobre-novembre. — Cailles, bécassines, palmipèdes.

De décembre à avril. — Cailles.

Tableau II.

Animaux nuisibles à l'économie agricole.

Oiseaux. — Aigles (les diverses espèces), faucons, harles.

Quadrupèdes. — Fouines, belettes, putois, *herpestes*, génettes, chats sauvages.

N. B. — Le porc-épic doit être compris parmi les animaux nuisibles à l'économie agricole.

Tabella I.

Uccelli di passo.

In agosto. — Croccoloni, beccaccini, palmipedi africani, gralle ordinarie, come gambetti, chiurli, ecc.

In settembre. — Quaglie, re di quaglie, beccaccini, croccoloni, gralle.

In ottobre-novembre. — Quaglie, beccaccini, palmipedi.

Dal dicembre all'aprile. — Quaglie.

Tabella II.

Animali dannosi all'economia agraria.

Uccelli. — Aquile (le diverse specie), falchi, smerghi.

Quadrupedi. — Faine, donnole, puzzole, herpestes, genette, gatti selvatici.

NB. — L'istrice è da annoverarsi fra gli animali dannosi all'economia agraria.

DIRECTION DES AFFAIRES CIVILES.

CIRCULAIRE No 3594-85.

Chasse.

A toutes les autorités civiles et militaires.

Je me réfère à mon décret du 21 avril dernier, nº 581, publié dans le *Bulletin* nº 17 du 27 du même mois, qui réglemente l'exercice de la chasse dans la colonie.

La condition nécessaire pour la possession du permis, dont il est question à l'article 2 du décret, n'est pas exigée des fonctionnaires tant civils que militaires, quand ils font des excursions pour le service public.

Dans ces cas, ils pourront exercer la chasse, même s'ils ne sont pas munis du permis, mais toujours en tenant

---

DIREZIONE DEGLI AFFARI CIVILI

CIRCOLARE No 3594-85

Caccia.

A tutte le Autorità Civili e Militari.

Mi riferisco al mio decreto del 21 aprile ultimo, nº 581, pubblicato nel Bullettino nº 17 del 27 stesso mese, che disciplina l'esercizio della caccia nella Colonia.

La condizione del possesso della licenza, di cui all'articolo 2 del decreto, non è richiesta ai funzionari così civili che militari in occasione di escursioni per pubblico servizio.

In quelle occasioni potranno esercitare la caccia, benchè non muniti del permesso, ma sempre colle limitazioni previste col

compte des restrictions prévues par le décret susmentionné et en restant dans la limite du strict nécessaire pour pourvoir à leurs besoins personnels et à ceux de leurs subordonnés.

Les fonctionnaires seront tenus, une fois l'excursion terminée, à déclarer exactement le nombre et l'espèce des animaux tués.

Je devrai rendre disciplinairement responsables ceux qui, de quelque manière que ce soit, auront abusé du permis en question.

Asmara, le 25 mai 1907.

Le Gouverneur,
SALVAGO RAGGI.

---

decreto succitato e nel limite dello stretto necessario per provvedere ai bisogni propri e dei loro dipendenti.

I funzionari stessi saranno tenuti, a escursione ultimata, a denunziare esattamente il numero e la specie degli animali uccisi.

Dovrò tenere disciplinarmente responsabili coloro che abbiano in qualsiasi modo abusato della concessione in parola.

Prego accusare ricevuta.

Asmara, li 25 Maggio 1907.

Il Governatore,
SALVAGO RAGGI.

Direction des affaires civiles.

CIRCULAIRE N° 4257-85.

Chasse.

Aux autorités civiles et militaires.

Je me réfère au décret du 21 avril dernier, n° 581, publié dans le *Bulletin* n° 17 du 27 du même mois, qui réglemente l'exercice de la chasse dans la colonie.

Les autorités compétentes appliqueront les dispositions dont il est question à l'article 14 du décret susdit, au bénéfice des cultivateurs qui se rendent ou séjournent dans leurs champs avec des fusils de chasse pour sauvegarder les moissons.

Asmara, juin 1907.

Le Gouverneur,
Salvago Raggi.

Direzione degli Affari Civili

CIRCOLARE N° 4237-85

Caccia.

Alle Autorità Civili e Militari.

Mi riferisco al decreto del 21 aprile u. s. n° 581 pubblicato in Bullettino n° 17 del 27 stesso mese che disciplina l'esercizio della caccia nella Colonia.

Le Autorità competenti applicheranno le disposizioni di cui all'articolo 14 del decreto suddetto a beneficio dei coltivatori che vanno o stanno nei loro campi con fucili da caccia a salvaguardare le messi.

Asmara, Giugno 1907.

Il Governatore,
Salvago Raggi.

GOUVERNEMENT

DE L'ÉRYTHRÉE

PERMIS DE CHASSE

N°.........

délivré le.........................
en faveur de.....................
....

CONDITIONS SPÉCIALES

....
....
....
....
....

(Signature du titulaire du permis pour acceptation.)

....

— GOUVERNEMENT DE L'ÉRYTHRÉE — PERMIS DE CHASSE —

GOUVERNEMENT DE L'ÉRYTHRÉE

PERMIS DE CHASSE

N°.........

Sauf les restrictions mentionnées aux articles 1, 3, 4, 5 du décret gouvernemental du 21 avril 1907, n° 581 :
Monsieur...

EST AUTORISÉ

à chasser avec.......................................
....
sur le territoire de...................................
....
aux conditions générales contenues dans le décret cité et dans celui du 26 juillet 1907, n° 621 et aux suivantes

CONDITIONS SPÉCIALES

....
....
....
....
....
....

Le présent permis devra être exhibé à toute demande des autorités et des agents de la force publique, et est valable pour la durée de......... à partir du jour dont il porte la date.

Asmara,.................... 191.....

Le ....

Reçu pour droit fixe Bulletin n° ....
du......... fr. ....

Reçu pour droit proportionnel Bulletin n° .... du......... fr. ....

(Signature du titulaire du permis pour acceptation.)

....

GOVERNO DELL'ERITREA

LICENZA DI CACCIA

N°.........

rilasciata addì..................
a favore di......................
....

CONDIZIONI SPECIALI

....
....
....
....
....

(Firma del titolare della licenza per accettazione.)

....

— GOVERNO DELL'ERITREA — LICENZA DI CACCIA —

GOVERNO DELL'ERITREA

LICENZA DI CACCIA

N°.........

Salvo le riserve contemplate negli articoli 1, 3, 4, 5 del Decreto Governatoriale 21 aprile 1907 n° 581 :

Il Signor...

È AUTORIZZATO

a cacciare con....................................
....
nel territorio di.................................
....
alle condizioni generali contenute nel Decreto citato e nell'altro n° 621 del 26 luglio 1907 ed alle seguenti

CONDIZIONI SPECIALI

....
....
....
....
....
....

La presente dovrà esibirsi a qualunque richiesta delle Autorità e degli Agenti della forza pubblica ed è valevole per la durata di..... dalla sua data.

Asmara,.................. 191.....

Il....................

Riscosse per diritto fisso Bolletta n°......... del......... L. ....

Riscosse per diritto proporzionale Bolletta n°...... del......... L. ....

(Firma del titolare della licenza per accettazione.)

....

HUMBERT Ier

PAR LA GRACE DE DIEU ET LA VOLONTÉ DE LA NATION
ROI D'ITALIE,

Vu la loi du 1er juillet 1890, nº 7003, relative à l'application des lois du royaume dans la colonie Érythrée;

Vu le décret du 5 mai 1892, nº 270;

Considérant la nécessité de réglementer la matière de la pêche dans les eaux territoriales de la colonie Érythrée;

Sur la proposition du Ministre Secrétaire d'État pour les affaires étrangères;

Sur l'avis du Conseil d'État;

Entendu le Conseil des ministres;

AVONS DÉCRÉTÉ ET DÉCRÉTONS :

ARTICLE UNIQUE.

La loi sur la pêche du 4 mars 1877, nº 3706 (série *2a*),

UMBERTO I

PER GRAZIA DI DIO E VOLONTÀ DELLA NAZIONE RE D'ITALIA.

Vista la legge 1 luglio 1890, nº 7003, relativa all'applicazione delle leggi del regno nella Colonia Eritrea;

Visto il decreto 5 maggio 1892, nº 270;

Considerata la necessità di regolare la materia della pesca nelle acque territoriali della Colonia Eritrea;

Sulla proposta del Ministro Segretario di Stato per gli Affari Esteri;

Udito il parere del Consiglio di Stato;

Udito il Consiglio dei Ministri;

ABBIAMO DECRETATO E DECRETIAMO :

ARTICOLO UNICO.

La legge sulla pesca del 4 marzo 1877, nº 3706 (Serie 2a), avrà

entrera en vigueur dans l'Érythrée à partir de la date de sa publication dans la colonie.

Mandons et ordonnons que le présent décret, revêtu du sceau de l'État, soit inséré dans le *Recueil officiel* des lois et des décrets du royaume d'Italie et à tous ceux à qui il appartient de l'observer et de le faire observer.

Donné à Rome, ce jour 29 juin 1899.

HUMBERT.

VISCONTI-VENOSTA.

---

vigore nell' Eritrea dalla data della sua pubblicazione nella Colonia.

Ordiniamo che il presente decreto, munito del sigillo dello Stato, sia inserto nella raccolta ufficiale delle leggi e dei decreti del Regno d'Italia, mandando a chiunque spetti di osservarlo e di farlo osservare.

Dato a Roma, addì 29 giugno 1899.

UMBERTO.

VISCONTI-VENOSTA.

LOI

sur la pêche maritime et fluviale du 4 mars 1877.

TITRE I.

Dispositions générales.

ARTICLE PREMIER.

La présente loi réglemente la pêche dans les eaux du domaine public et dans la mer territoriale.

A la pêche dans les eaux de propriété privée qui sont en communication immédiate avec celles du domaine public, ou de la mer territoriale, mais seulement dans la mesure où l'intérêt public l'exige, ou sauf les dispositions de l'article 16, seront appliquées les parties des articles 2, 3, 5 et 6 et du titre III qui, les intéressés entendus, pourront être indiquées par les règlements.

LEGGE

sulla pesca marittima e fluviale 4 marzo 1877.

TITOLO I.

Disposizioni generali.

ARTICOLO PRIMO.

La presente legge regola la pesca nelle acque del demanio pubblico e nel mare territoriale.

Alla pesca nelle acque di privata proprietà, che sono in immediata comunicazione con quelle del demanio pubblico, o del mare territoriale, solo in quanto possa richiederla il pubblico interesse, o salvo il disposto dell'articolo 16, saranno applicate quelle parti degli articoli 2, 3, 5 e 6 e del titolo terzo, che, sentiti gli interessati, potranno venire indicate dai regolamenti.

Les dispositions contenues dans le Code de la marine marchande et dans d'autres lois sur la police des eaux et de la navigation, sur le traitement à employer envers les étrangers et sur les concessions appartenant au domaine public et à la mer territoriale, ne sont pas modifiées.

ARTICLE 2.

Les règlements pour l'exécution de cette loi et leurs modifications successives seront approuvés par décret royal sur la proposition du Ministre de l'agriculture, de l'industrie et du commerce, après avis préalable des conseils provinciaux, des chambres de commerce et des capitaines de port, dans les circonscriptions desquels les dispositions réglementaires devront être appliquées, et après avis préalable du Conseil supérieur des travaux publics et du Conseil d'État.

Ils détermineront : 1° les limites entre lesquelles entreront en vigueur les règles concernant la pêche maritime et

---

Rimangono inalterate le disposizioni contenute nel codice della marina mercantile, e in altre leggi sulla polizia delle acque e della navigazione, sul trattamento da usarsi verso gli stranieri, e sulle concessioni di pertinenza del demanio pubblico e di mare territoriale.

ARTICOLO 2.

I regolamenti per la esecuzione di questa legge, e le successive loro modificazioni, saranno approvati per decreto reale, sopra proposta del ministro di agricoltura, industria e commercio, previo il parere dei Consigli provinciali, delle Camere di commercio, e dei capitani di porto, nelle cui circoscrizioni le disposizioni regolamentari dovranno essere applicate, e previo il parere del Consiglio superiore dei lavori pubblici e del Consiglio di Stato.

Essi determineranno : 1° i limiti, entro i quali avranno vigore le norme riguardanti la pesca marittima, e quelli riguardanti la pesca fluviale e lacuale, nei luoghi ove le acque dolci sono in comunica-

celles concernant la pêche dans les lieux où les eaux douces sont en communication avec les eaux salées; 2º les règlements et les prohibitions nécessaires pour conserver les espèces de poissons et d'animaux aquatiques, et relatifs aux lieux, aux époques, aux modes, aux instruments de la pêche, à leur commerce et à celui des produits de la pêche et au régime des eaux; 3º les limites de distance de la côte ou de la profondeur des eaux dans lesquelles seront appliqués les règlements concernant la pêche maritime, qui ont spécialement pour objet la conservation de l'espèce; 4º les distances et les autres règles que les tiers devront observer dans l'exercice de la pêche en général ou de certaines pêches spéciales, se rapportant aux embouchures des fleuves, aux endroits spécialement affectés à la pêche des thons et des muges, aux marais salants et aux établissements d'élevage des poissons et des autres habitants des eaux; 5º les prescriptions de police nécessaires pour garantir le maintien de l'ordre et la sécurité des personnes et de la propriété dans l'exercice

---

zione con quelle salate; 2º le discipline e le proibizioni necessarie per conservare le specie dei pesci e degli animali acquatici, e relativo ai luoghi, ai tempi, ai modi, agli strumenti della pesca, al loro commercio e a quello dei prodotti della pesca e al regime delle acque; 3º i limiti di distanza dalla spiaggia o di profondità di acque, in cui saranno applicate le discipline riguardanti la pesca marittima, che specialmente mirano a tutelare la conservazione della specie; 4º le distanze e le altre norme che i terzi debbano osservare nell'esercizio della pesca in genere, o di certe pescagioni speciali, rispetto alle foci dei fiumi, alle tonnare, alle mugginare, alle valli salse, ed agli stabilimenti d'allevamento dei pesci e degli altri viventi delle acque; 5º le prescrizioni di polizia necessarie per garantire il mantenimento dell'ordine e la sicurezza delle persone e della proprietà nell'esercizio della pesca; 6º tutte le altre norme e sanzioni riservate espressamente da questa legge ai regolamenti.

de la pêche; 6° toutes les autres règles et sanctions expressément réservées par cette loi aux règlements.

ARTICLE 3.

La pêche et le commerce du frai, du jeune poisson et des autres animaux indiqués dans les règlements sont interdits.

Il est fait exception pour ceux qui sont destinés à des buts scientifiques, à l'élevage dans les marais salants, à l'ostréiculture et aux autres élevages artificiels, ou bien qui doivent servir d'appât pour la pêche, à condition d'observer les dispositions spéciales qui seront établies par les règlements.

D'autres exceptions aux dispositions de cet article pourront être admises par les règlements, quand il sera démontré qu'elles ne sont pas susceptibles de nuire au but de la conservation et de la multiplication de l'espèce.

ARTICLE 4.

En appliquant les dispositions concernant le commerce

ARTICOLO 3.

Sono vietati la pesca ed il commercio del fregolo, del pesce novello, e degli altri animali indicati dai regolamenti.

È fatta eccezione per quelli che siano destinati a scopi scientifici alla vallicoltura, alla ostricoltura, ed altri allevamenti artificiali, ovvero ad esca di pescagione, sotto l'osservanza delle speciali disposizioni, che saranno stabilite dai regolamenti.

Altre eccezioni al disposto di questo articolo potranno essere ammesse dai regolamenti, quando sia dimostrato che non sono tali da nuocere al fine della conservazione e della moltiplicazione della specie.

ARTICOLO 4.

Nell'applicazione delle disposizioni riguardanti il commercio dei prodotti della pesca, si presume, fino a prova contraria, e salve le

des produits de la pêche, on présume, jusqu'à preuve du contraire, et sauf les exceptions établies par les règlements, que ces produits proviennent des eaux du domaine public ou de la mer territoriale.

ARTICLE 5.

La pêche au moyen de la dynamite ou d'autres matières explosives est interdite ; il est également défendu de jeter ou d'introduire dans les eaux des matières susceptibles d'engourdir, d'étourdir ou de tuer les poissons et les autres animaux aquatiques.

La capture des animaux ainsi étourdis ou tués est aussi interdite.

ARTICLE 6.

Il est défendu de placer sur les fleuves, torrents, canaux et autres cours ou bassins d'eaux douces ou salées, des appareils de pêche, fixes ou mobiles, qui pourraient empêcher complètement le passage du poisson.

---

eccezioni stabilite dai regolamenti, che tali prodotti provengano dalle acque del demanio pubblico o dal mare territoriale.

ARTICOLO 5.

È proibita la pesca con la dinamite o con altre materie esplodenti, ed è vietato di gettare, od infondere nelle acque materie atte ad intorpidire, stordire, od uccidere i pesci e gli altri animali acquatici.

È pure vietata la raccolta degli animali così storditi od uccisi.

ARTICOLO 6.

È vietato di collocare attraverso i fiumi, torrenti, canali ed altri corsi o bacini di acque dolci o salate, apparecchi fissi o mobili di pesca, che possano impedire del tutto il passaggio del pesce.

Article 7.

Pourront être concédés, pour une durée maxima de nonante-neuf années, certaines étendues de côtes, d'eaux domaniales et de mer territoriale, à ceux qui se proposent d'entreprendre l'élevage de poissons et d'autres animaux aquatiques, ainsi que des cultures de coraux et d'éponges. Ces concessions seront subordonnées aux conditions exigées par les intérêts généraux, et, en outre, à celles nécessaires pour assurer l'exécution et l'exercice ininterrompu des entreprises, pour lesquelles les concessions auront été accordées.

Article 8.

La taxe spéciale sur la pêche du corail établie par la première partie de l'article 142 du Code de la marine marchande est abolie.

Article 9.

Les règlements sur les modes et les époques de la pêche du corail seront établis dans des règlements spéciaux.

Articolo 7.

Potranno essere concessi, per durata non maggiore di 99 anni, tratti di spiaggia, di acque demaniali e di mare territoriale, a coloro che intendano intraprendere allevamenti di pesci e di altri animali acquatici, non che coltivazioni di coralli e spugne. Tali concessioni saranno subordinate alle condizioni richieste dagli interessi generali ed inoltre a quelle necessarie ad assicurare l'effettuazione ed il costante esercizio delle intraprese, per cui le concessioni saranno state accordate.

Articolo 8.

È abolita la tassa speciale sulla pesca del corallo stabilita dalla prima parte dell'articolo 142 del Codice della marina mercantile.

ARTICLE 10.

Quiconque découvrira un banc de corail dans les eaux de l'État et en fera la déclaration de la manière prescrite par les règlements et s'occupera de sa culture, aura le droit exclusif de l'exploiter pendant les deux saisons qui suivent celle pendant laquelle la découverte aura été faite. Les règlements indiqueront comment, et dans quels cas, ce droit exclusif pourra être prolongé.

TITRE II.

De l'administration et de la surveillance de la pêche.

ARTICLE 11.

La surveillance de la pêche en mer et la constatation des infractions y relatives sont confiées à la marine royale, aux agents des sémaphores, au personnel de la

---

ARTICOLO 9.

Le discipline sui modi e tempi della pesca del corallo saranno stabilite in appositi regolamenti.

ARTICOLO 10.

Lo scopritore di un banco di corallo nelle acque dello Stato, acendone la denunzia nei modi prescritti dai regolamenti, e curandone la coltivazione, avrà il diritto esclusivo di sfruttarlo fino al termine delle due stagioni successive a quella, in cui sarà avvenuta la scoperta. I regolamenti indicheranno come, e in quali casi, questo diritto esclusivo possa essere prolungato.

TITOLO II.

Dell'amministrazione e della sorveglianza della pesca.

ARTICOLO 11.

La sorveglianza della pesca di mare e l'accertamento delle relative infrazioni sono affidati alla marina reale, agli agenti sema-

capitainerie et des bureaux de port, aux douaniers et aux gardes forestiers et à tout autre agent juré de la force publique, sous la direction des capitaines de port.

ARTICLE 12.

La surveillance de la pêche dans les fleuves et dans les lacs, et la constatation des infractions y relatives, sont confiées aux carabiniers royaux, aux agents forestiers, aux douaniers, aux surveillants des travaux hydrauliques, et à tout autre agent juré de la force publique, sous la direction du préfet.

ARTICLE 13.

Les provinces, les communes et quiconque y aurait intérêt, pourront, avec l'approbation du Gouvernement, nommer des officiers ou agents spéciaux, appointés ou gratuits, chargés de coopérer à la surveillance pour l'exé-

---

forici, al personale della capitaneria e degli uffici di porto, alle guardie doganali e forestali, e ad ogni altro agente giurato della forza pubblica, sotto la direzione dei capitani di porto.

ARTICOLO 12.

La sorveglianza della pesca di fiume e di lago e l'accertamento delle relative infrazioni sono affidate ai carabinieri reali, agli agenti forestali, alle guardie doganali, ai sorvegliante delle opere idrauliche, e ad ogni altro agente giurato della forza pubblica, sotto la direzione del prefetto.

ARTICOLO 13.

Le provincie, i comuni e chiunque altro vi abbia interesse potranno, coll'approvazione del Governo, nominare ufficiali od agenti speciali, stipendiati o gratuiti, incaricati di cooperare alla sorveglianza per la esecuzione della presente legge. La spesa relativa incomberà a chi abbia fatto la nomina.

8.

cution de la présente loi. Les frais y relatifs incomberont à ceux qui les auront nommés.

Les officiers et agents mentionnés dans le présent article devront, avant d'assumer l'exercice de leur mandat, prêter serment devant le juge de paix local.

Ils sont assimilés, pour ce qui concerne la surveillance de la pêche et la constatation des infractions y relatives, aux officiers, et respectivement aux agents de la police judiciaire.

ARTICLE 14.

Les communes, par l'intermédiaire de leurs agents ordinaires, devront concourir à la surveillance du commerce du poisson et des autres produits de la pêche, de la manière qui sera prescrite par les règlements.

ARTICLE 15.

Les officiers et agents, chargés de la surveillance de la pêche, pourront en tout temps visiter les bateaux de pêche

---

Gli ufficiali ed agenti indicati nel presente articolo, prima di assumere l'esercizio del loro mandato, dovranno prestare giuramento avanti al pretore locale.

Essi sono pareggiati, per ciò che riguarda la sorveglianza della pesca e l'accertamento delle relative infrazioni agli ufficiali, e rispettivamente agli agenti della polizia giudiziaria.

ARTICOLO 14.

I comuni per mezzo dei loro agenti ordinari, dovranno concorrere alla sorveglianza sul commercio del pesce e degli altri prodotti della pesca, nei modi che saranno stabiliti dai regolamenti.

ARTICOLO 15.

Gli ufficiali ed agenti, incaricati della sorveglianza della pesca, potranno in ogni tempo visitare i battelli da pesca e i luoghi

et les lieux publics de dépôt et de vente du poisson et des autres produits de la pêche.

TITRE III.

Des infractions, des peines et des jugements.

ARTICLE 16.

Quiconque exerce la pêche dans les eaux de propriété privée, ou dans celles soumises à des droits de pêche, sans le consentement du propriétaire, du possesseur ou du locataire, ou qui transgresse les dispositions contenues dans l'article 3, dans la première partie de l'article 5 et dans l'article 6, encourra une peine pécuniaire pouvant être portée à 200 francs, sauf dans le cas où le fait constituerait un délit plus grave.

Celui qui transgressera les dispositions de la seconde partie de l'article 5 sera passible d'une amende de 2 à 20 francs.

---

pubblici di deposito e di vendita del pesce e degli altri prodotti della pesca.

TITOLO III.

Delle infrazioni, delle pene e dei giudizi.

ARTICOLO 16.

Chiunque eserciti la pesca nelle acque di proprietà privata, ovvero in quelle soggette a diritti di pesca, senza il consenso del proprietario, possessore o concessionario, ovvero trasgredisca le disposizioni contenute nell'articolo 3, nella parte prima dell'articolo 5 e nell'articolo 6, incorrerà in una pena pecuniaria estensibile a 200 lire, eccetto il caso in cui il fatto costituisca un reato maggiore.

Incorrerà nell'ammenda di lire 2 a 20 chi trasgredisca il disposto della seconda parte dell'articolo 5.

ARTICLE 17.

Les provinces, les communes, les sociétés pour l'écoulement des eaux ou pour l'irrigation, qui voudraient se réserver le droit de pêche, comme propriétaires privés, pour les eaux qui leur appartiennent, devront en faire la déclaration publique.

Dans ce cas, on appliquera à ces eaux les dispositions de la présente loi sur les eaux privées. Sans cet avis public de réserve, les eaux des provinces, des communes et des sociétés seront considérées comme publiques, en ce sens que la pêche y sera libre, mais soumise toutefois à l'observance des règlements en vigueur pour la police de ces eaux.

ARTICLE 18.

Les règlements pour l'exécution de la présente loi pourront établir des peines pécuniaires jusqu'à 50 francs, et en ce qui concerne les dispositions sur les madragues et sur la pêche du corail, jusqu'à 500 francs, sauf les sanctions

---

ARTICOLO 17.

Le provincie, i comuni, i consorzi di scolo o di irrigazione, per le acque che loro appartengono, se vogliono riservarsi il diritto di pesca, come privati proprietari, debbono farne pubblica dichiarazione.

In tal caso, si applicherà a dette acque ciò che la presente legge dispone sulle acque private. Senza tale pubblica notizia di riserva, le acque provinciali, comunali e consorziali saranno considerate pubbliche, nel senso che la pesca vi sia libera, sotto l'osservanza delle norme vigenti per la polizia delle acque medesime.

ARTICOLO 18.

I regolamenti per l'esecuzione della presente legge potranno stabilire pene pecuniarie sino a lire 50, e, per quanto riguarda le disposizioni sulle tonnare e sulla pesca del corallo, sino a 500 lire,

pénales particulières mentionnées dans d'autres articles du présent titre.

ARTICLE 19.

S'il y a eu récidive pendant l'année, les peines établies par les articles précédents devront être augmentées, mais sans qu'elles arrivent au double.

La seconde récidive commise une année au maximum après la première, sera en outre punie de la suspension de l'exercice de la pêche pour un laps de temps qui ne pourra être moindre de quinze jours ni supérieur à un mois.

ARTICLE 20.

En ce qui concerne les infractions mentionnées à l'article 16, outre les peines pécuniaires, il y aura lieu de procéder à la confiscation : 1° des poissons et produits aquatiques de provenance non permise quand ils ne sont pas réclamés par qui de droit, et de ceux envisagés par l'ar-

---

salvo le particolari sanzioni penali portate da altri articoli del presente titolo.

ARTICOLO 19.

Se vi è stata recidiva entro l'anno, le pene stabilite dagli articoli precedenti dovranno aumentarsi, senza però che arrivino al doppio.

La seconda recidiva, commessa non oltre un anno dopo la prima, sarà punita eziandio colla sospensione dell'esercizio della pesca, per un tempo non minore di quindici giorni, nè maggiore di un mese.

ARTICOLO 20.

Per le infrazioni indicate dall'articolo 16, oltre alle pene pecuniarie, si farà luogo alla confisca : 1° dei pesci e prodotti acquatici di provenienza non permessa, quando non siano reclamati da chi

ticle 3, sauf les exceptions qui y sont mentionnées; 2° des filets et des engins dont l'usage est interdit, sans distinction de temps et de lieu, par les règlements publiés en conformité avec la présente loi.

En cas de récidive on pourra également saisir, pour un laps de temps non supérieur à un mois, les filets et les engins qui, quoique non prohibés par les règlements, auront servi à commettre la contravention.

ARTICLE 21.

Toutes les infractions contre la présente loi, concernant la pêche maritime sont passibles des règles de compétence et de procédure établies pour les délits maritimes par le Code de la marine marchande.

ARTICLE 22.

Le contrevenant non récidiviste pourra obtenir pour toutes les infractions commises contre la présente loi,

---

vi abbia diritto, o di quelli contemplati dall'articolo 3, salve le eccezioni ivi indicate; 2° delle reti e degli attrezzi, l'uso dei quali è proibito, senza distinzione di tempo e di luogo, dai regolamenti emanati in conformità della presente legge.

Potranno anche in caso di recidiva essere sequestrati per un tempo non maggiore di un mese le reti e gli attrezzi che, senza essere vietati dai regolamenti, abbiano servito a commettere la contravvenzione.

ARTICOLO 21.

Alle infrazioni alla presente legge, riguardanti la pesca marittima, sono applicabili le norme di competenza e di procedura stabilite pei reati marittimi dal codice della marina mercantile.

ARTICOLO 22.

Per tutte le infrazioni alla presente legge, prima che sia pro-

avant que la sentence définitive soit prononcée, que l'application des peines soit prononcée par la voie administrative par le capitaine ou l'officier de port s'il s'agit de pêche en mer, et par le préfet s'il s'agit de pêche dans les fleuves ou dans les lacs.

ARTICLE 23.

Sauf les dispositions contenues dans la présente loi, seront applicables aux infractions les articles généraux du Code pénal, ceux du Code de procédure pénale et l'article 414 du Code de la marine marchande.

Mais dans le cas où il y aurait lieu de procéder à la commutation des amendes pour défaut de payement, la peine de la prison ne pourra dépasser trente jours.

---

nunciata sentenza definitiva, il contravventore non recidivo potrà ottenere che l'applicazione delle pene sia pronunciata in via amministrativa dal capitano o dall'ufficiale di porto, se trattasi di pesca di mare, e, se trattasi di pesca di fiume o di lago dal prefetto.

ARTICOLO 23.

Salve le disposizioni contenute nella presente legge, saranno applicabili alle infrazioni le norme generali del codice penale, quelle del codice di procedura penale e l'articolo 414 del codice della marina mercantile.

Nel caso però in cui debba farsi luogo alla commutazione delle multe per non effettuato pagamento, la pena del carcere non potrà eccedere i trenta giorni.

SOMALIE ITALIENNE

SOMALIE ITALIENNE
(BÉNADIR).

RÈGLEMENT SUR LA CHASSE.
(Décret n° 52, du 25 janvier 1906.)

---

1. Il est défendu de chasser, de tuer ou de capturer les animaux compris dans le tableau 1, annexé au présent règlement.

2. Il est défendu de chasser, de tuer ou de capturer :

a) les animaux non adultes des espèces mentionnées au tableau 2, annexé au présent règlement;

b) les femelles des espèces mentionnées au tableau 3, annexé au présent règlement, quand elles sont accompagnées de leurs petits;

SOMALIA ITALIANA
(BENADIR)

REGOLAMENTO SULLA CACCIA
(Decreto n° 52, 25 gennaio, 1906)

---

1. È proibito cacciare, uccidere o catturare gli animali compresi nella tabella 1, annessa al presente regolamento.

2. È proibito cacciare, uccidere o catturare :

a) gli animali non adulti delle specie menzionate nella tabella 2 annessa al presente regolamento;

b) le femmine delle specie menzionate nella tabella 3 annessa al presente regolamento, quando sono accompagnate dai loro piccoli;

c) tout animal femelle quelconque compris dans le tableau 4, en tant qu'il peut être reconnu.

3. Il est défendu de faire usage de la dynamite ou d'autres explosifs ainsi que de poisons pour tuer ou capturer les poissons dans les rivières, dans les ruisseaux et dans les étangs.

4. Il est défendu de chasser et de tuer des animaux à quelque espèce qu'ils appartiennent, à l'exception de ceux mentionnés au tableau 5, au moyen de lacets, trappes, trébuchets, traquenards et filets.

5. Il est défendu de vendre, d'acheter, d'offrir ou d'exposer en vente :

a) des œufs d'autruche;

b) des têtes, cornes, peaux, plumes et viande des animaux mentionnés aux tableaux 1 et 2;

c) des dents ou parties de dents d'éléphants femelles;

d) des dents d'éléphant d'un poids inférieur à 5 kilogrammes ou des morceaux d'ivoire provenant de dents d'un poids inférieur à 5 kilogrammes, lorsque les œufs, les

---

c) qualsiasi animale femmina compreso nella tabella 4 in quanto possa essere riconosciuto.

3. È vietato l'uso della dinamite, di altri esplosivi e di veleni per uccidere o catturare i pesci nei fiumi, nei ruscelli, e negli stagni.

4. È vietato cacciare ed uccidere animali di qualunque specie, fatta eccezione di quelli contemplati nella tabella 5, con lacci, cappi, trappole, trabocchetti, tagliole e reti.

5. È vietato vendere, comperare, offrire od esporre in vendita :

a) uova di struzzo;

b) teste, corna, pelli, penne e carne di animali, compresi nelle tabelle 1 e 2;

c) denti o parte di denti di elefante femmine;

d) denti di elefante di peso inferiore a 5 Kg. o pezzi di avorio provenienti da denti di peso inferiore a 5 Kg. sempre quando le

dents ou les autres parties ne proviennent pas d'animaux qui ont été tenus à l'état domestique.

6. Il est défendu d'emmagasiner, d'emballer, d'importer ou d'exporter des parties d'animaux dont le propriétaire ne pourrait démontrer qu'ils ont été tués ou capturés par suite d'un permis obtenu sur la base du présent règlement.

7. Par décret du Commissaire Royal, on déterminera les limites des aires (réserves) dans lesquelles la chasse est défendue, à l'exception de celles qui sont spécialement indiquées dans le dit décret.

8. Quiconque est muni du permis de port d'armes prescrit par l'article 6 du règlement de police peut, en observant les prohibitions établies par le présent règlement, chasser, tuer ou capturer des animaux à l'état sauvage, à l'exception de ceux compris dans les tableaux 1, 2, 3 et 4.

9. Celui qui, au contraire, se propose de chasser, de tuer ou de capturer des animaux de l'espèce indiquée au

---

uova, i denti, o le altre parti non provengano da animali che furono tenuti in istato domestico.

6. È vietato immagazzinare, impaccare, importare, od esportare parti di animali il cui proprietario non possa dimostrare che sono stati uccisi o catturati in seguito a licenza ottenuta in base al presente regolamento.

7. Con decreto del R. Commissario saranno fissati i limiti delle aree (riserve) nelle quali è vietata la caccia, eccettuate quelle che saranno specificatamente indicate nel decreto stesso.

8. Coll'osservanza dei divieti stabiliti dal presente regolamento, chiunque sia munito della licenza per porto d'armi prescritta dall' articolo 6 del regolamento di polizia, può cacciare, ammazzare o catturare animali allo stato selvatico, purchè non compresi nelle tabelle 1, 2, 3 e 4.

9. Chi invece intenda cacciare, uccidere o catturare animali

tableau 4 du présent règlement, doit être pourvu d'un permis de chasse spécial.

10. Les permis de chasse spéciaux sont délivrés par le Commissaire Royal Général et sont de trois sortes :

a) permis spécial pour sportsman;
b) permis spécial pour fonctionnaire public;
c) permis spécial pour colon.

Le premier est soumis à une taxe de 1,000 francs; le second et le troisième sont soumis à une taxe de 200 fr.

11. Les permis spéciaux, dont il est question au numéro précédent, n'autorisent leur possesseur qu'à chasser, tuer ou capturer pendant la période de validité du dit permis, tout en se conformant aux prohibitions et aux exceptions mentionnées dans les articles précédents, un nombre déterminé de certains animaux appartenant aux espèces indiquées au tableau 4, c'est-à-dire :

Éléphants 2

---

delle specie indicate nella tabella 4 al presente regolamento, deve essere munito di una licenza speciale di caccia.

10. Le licenze speciali di caccia vengono rilasciate dal R. Commissario Generale, e sono di tre specie :

a) licenza speciale per sportsman;
b) licenza speciale per pubblico funzionario;
c) licenza speciale per colono.

La prima è soggetta alla tassa di lire 1,000; la seconda e la terza sono soggette alla tassa di lire 200.

11. Le licenze speciali di cui al numero precedente autorizzano il possessore a cacciare, uccidere o catturare, nel periodo di validità della licenza stessa, e fermi restando i divieti e le eccezioni di cui agli articoli precedenti, soltanto un numero determinato di alcuni animali appartenenti alle specie indicate nella tabella 4, e cioè :

Elefanti 2

Rhinocéros	2
Hippopotames	10
Zèbres, de l'espèce non indiquée au tableau 1	2
Antilopes et gazelles :	
a) Oryx	2
b) Hippotragus	2
c) Strepsiceros	2
d) Autres espèces	10
Tragulus	10
Sangliers	4
Singes à fourrure	2
Fourmiliers (gen. Orycteropus)	2
Petits félins	10
Chats-pards	10
Guépards	2
Chacals	10
Protèles	2

Rinoceronti	2
Ippopotami	10
Zebre delle specie non contemplate nella tabella 1	2
Antilopi e Gazzelle :	
a) Oryx	2
b) Hippotragus	2
c) Strepsiceros	2
d) altre specie	10
Tragulus	10
Çinghiali	4
Scimmie con pelliccia	2
Formichieri (gen. Oryxteropus)	2
Piccoli Felini	10
Gatto-Pardi	10
Ghepardi	2
Sciacalli	10

Autruches (les mâles seulement)................... 2

pour celui qui est muni d'un permis pour sportsman ou fonctionnaire public; et

Hippopotames.............................. 10

Sangliers (de toutes espèces).................... 10

Antilopes et gazelles : Bubalis, Domaliscus, Connochoetes, Cephalophus, Oreotragus, Oribia, Rhaphiceros, Nesotragus, Madoqua, Cobus, Cervicapra, Pelea, Aepyceros, Antidorcas, Gazelle, Ammodorcas, Lithocranius, Dorcotragus, Oryx, Addax, Hippotragus, Taurotragus, Strepsiceros, Tragelaphus, 5 de chaque espèce :

Chacals, Chats-pards, petits félins : 10, pour celui qui est muni du permis pour colon.

12. Un colon peut obtenir un permis pour sportsman, mais il ne peut être accordé un permis pour colon à un sportsman.

13. Les permis de chasse spéciaux ont une durée d'un

Falsi Lupi (proteles) 2

Struzzi (maschi soltanto) 2

per chi sia munito di licenza per sportsman o per pubblico funzionario; e :

Ippopotami 10

Cinghiali (di ogni specie) 10

Antilopi e Gazzelle : Bubalis, Damaliscus, Connochoetes, Cephalophus, Oreotragus, Oribia, Rhaphiceros, Nesotragus, Madoqua, Cobus, Cervicapra, Pelea, Aepyceros, Antidorcas, Gazzella, Ammodorcas, Lithocranius, Dorcotragus, Oryx, Addax, Hippotragus, Taurotragus, Strepsiceros, Tragelaphus, 5 per ogni specie;

Sciacalli, Gatto-Pardi, Piccoli Felini 10 per chi sia munito della licenza per colono.

12. Un colono può ottenere una licenza per sportsman, ma ad uno sportsman non può essere concessa una licenza per colono.

an à partir du jour où ils ont été délivrés, et ils ne peuvent être cédés à une autre personne.

14. Chaque permis doit contenir le nom et le signalement de la personne à laquelle il est destiné, la date de la remise, la liste des animaux figurant à l'article 11 reproduite en entier; les conditions additionnelles qui pourraient être faites éventuellement au demandeur, la signature du Commissaire Royal Général ou d'un fonctionnaire délégué par lui.

15. La concession du permis spécial à quiconque n'est pas fonctionnaire public ou colon peut, au gré du Commissaire Royal Général ou des autorités déléguées par lui, être subordonnée au dépôt d'une somme non supérieure à 2,000 francs, en garantie des amendes infligées pour cause de contravention aux dispositions du présent règlement.

16. Les permis spéciaux doivent être présentés, sur sa demande, à tout fonctionnaire de la colonie.

---

13. Le licenze speciali di caccia hanno la durata di un anno, dal giorno in cui sono rilasciate, e non possono cedersi ad altra persona.

14. Ogni licenza deve contenere il nome ed i connotati della persona alla quale è destinata, la data di emissione, l'elenco di cui all' articolo 11 riportato per intero, le condizioni addizionali che eventualmente fossero, fatte al richiedente, la firma del R. Commissario Generale o del funzionario da lui delegato.

15. La concessione della licenza speciale, a chi non sia pubblico funzionario o colono, può a giudizio del R. Commissario Generale, o delle autorità da lui delegate, essere subordinata al deposito di una somma non maggiore di L. it. 2000 a garanzia delle eventuali multe per trasgressione alle disposizioni del presente regolamento.

16. Le licenze speciali debbono essere presentate a richiesta di qualunque funzionario della Colonia.

17. Le Commissaire Royal Général, pour des raisons d'ordre scientifique, peut accorder des permis spéciaux, avec exemption de taxe, valables pour chasser, tuer ou capturer quelqu'un des animaux compris dans la liste figurant à l'article 11 et même un ou plusieurs animaux parmi ceux compris dans les tableaux 1, 2 et 3 annexés au présent règlement.

18. Les permis spéciaux, de quelque nature qu'ils soient, sont en outre soumis à toutes les restrictions que le Commissaire Royal Général jugera opportun d'ordonner, tant en ce qui concerne la sécurité des chasseurs que la nécessité de protéger spécialement quelqu'une des espèces d'animaux non compris dans les tableaux 1 et 2 annexés au présent règlement.

Ces restrictions seront portées à la connaissance du public par décret du Commissaire Royal Général et seront insérées dans les permis spéciaux au moment de leur remise.

19. Pour des raisons d'ordre public, le Commissaire

---

17. Il R. Commissario Generale per ragioni scientifiche, può accordare licenze speciali, con esenzione di tassa, valevoli per cacciare, uccidere o catturare qualcuno degli animali compresi nella nota di cui all' articolo 11 anche uno o più esemplari di animali compresi nelle tabelle 1, 2 e 3 annesse al presente regolamento.

18. Le licenze speciali di qualunque specie sono inoltre soggette a tutte le restrizioni che il R. Commissario Generale crederà de ordinare così in rapporto alla sicurezza dei cacciatori, come alla necessità di proteggere maggiormente qualcuna delle specie di animali non compresi nelle tabelle 1 e 2 annesse al presente regolamento.

Queste restrizioni saranno portate a conoscenza del pubblico con decreto del R. Commissario Generale, e verranno ripetute in iscritto sulle licenze speciali all'atto del loro rilascio.

Royal Général a la faculté de ne pas accorder des permis de chasse spéciaux et de retirer ceux déjà concédés, sans que pour cela l'administration soit tenue à payer des dommages ou à restituer tout ou partie des taxes perçues.

Il est entendu que le permis spécial est toujours révoqué lorsque le possesseur a été condamné pour contravention au présent règlement.

20. Celui qui aura perdu ou détruit le permis spécial dont il était possesseur, pourra en obtenir un duplicata valable pour le laps de temps manquant encore pour arriver à la date de l'échéance en payant une nouvelle taxe ne dépassant pas le 1/5 de celle payée précédemment.

Le duplicata ne pourra être délivré à celui qui aura perdu aussi le bulletin dont il est question à l'article suivant.

21. Par les soins de l'administration de la colonie, il sera remis à tout possesseur d'un permis spécial un bulletin sur lequel il devra inscrire journellement les animaux tués ou capturés.

---

19. Il R. Commissario Generale può per ragione di ordine pubblico non rilasciare licenze speciali di caccia, e ritirare quelle concesse, senza che per ciò l'Amministrazione sia tenuta a risarcimenti di danni od alla restituzione di tutto o di parte delle tasse percette.

La licenza speciale s'intende senz'altro revocata quando il possessore sia stato condannato per contravvenzione al presente regolamento.

20. Chiunque abbia perduto o distrutto la licenza speciale di cui era possessore potrà ottenerne un duplicato valevole per il tempo eche manca alla scadenza, pagando una nuova tassa non eccedente 1/5 di quella pagata in precedenza.

Il duplicato non potrà essere rilasciato a chi abbia perduto anche la scheda di cui all'articolo seguente.

21. Ogni possessore di licenza speciale sarà provvisto per

22. Le bulletin dont il est question à l'article précédent devra être présenté, sur leur demande, aux fonctionnaires italiens et, en tous cas, tous les trimestres, à la Résidence sur le territoire de laquelle se trouve le chasseur.

23. Le possesseur d'un permis spécial qui aurait détruit ou perdu le bulletin, sera considéré comme ayant déjà chassé, tué ou capturé tous les animaux désignés sur le permis dont il est détenteur.

24. Les personnes qui sont employées par les possesseurs de permis peuvent, sans permis, les aider à faire la chasse aux animaux, mais sans se servir d'armes à feu.

25. Le porteur d'un permis pour sportsman ou pour fonctionnaire public ne pourra être accompagné de plus d'une personne possédant un permis pour colon lorsqu'il fait la chasse aux animaux mentionnés dans la liste figurant à l'article 11.

26. Les permis spéciaux accordés conformément aux dispositions du présent règlement n'autorisent pas leur

---

cura dell'amministrazione della Colonia, di apposita scheda, sulla quale dovrà giornalmente prendere nota degli animali uccisi o catturati.

22. La scheda di cui all'articolo precedente dovrà essere presentata a qualunque richiesta dei funzionari italiani, e, ad ogni modo ogni tre mesi alla Residenza nel cui territorio si trova il cacciatore.

23. Il possessore di licenza speciale di caccia il quale abbia distrutto o perduto la scheda sarà considerato come chi abbia già cacciato, ucciso o catturato tutti gli animali indicati nella licenza di cui è detentore.

24. Le persone che sono impiegate dai possessori di licenza possono, senza licenza, aiutarli nel cacciare gli animali, ma non far uso di armi da fuoco.

25. Il possessore di una licenza per sportsman o per pubblico

possesseur à chasser, tuer ou capturer des animaux ou à passer sur des propriétés privées ou concessions, sans le consentement du propriétaire ou de l'occupant.

27. Le Commissaire Royal Général ou les personnes déléguées par lui peuvent refuser d'accorder le permis nécessaire pour retirer les armes et les munitions des bureaux de la douane, à quiconque n'est pas pourvu d'un permis de chasse spécial conforme au présent règlement.

28. Le Commissaire Royal Général peut autoriser les membres d'une tribu ou les habitants d'une région à faire la chasse aux animaux sauvages, en prescrivant la localité, les conditions et le mode de chasse.

Ce permis ne peut jamais être octroyé pour faire la chasse aux animaux compris dans les tableaux 1 et 2 annexés au présent règlement.

29. Tant pour la vérification des bulletins que pour acquérir la certitude que les dispositions du présent règlement n'ont pas été violées, les Résidents sont autorisés à visiter ou à faire visiter, à entreprendre ou à faire entre-

---

funzionario, mentre caccia gli animali menzionati nella nota di cui all'articolo 11 non potrà essere accompagnato da più di una persona che possegga una licenza speciale per colono.

Le licenze speciali di caccia concesse a tenore del presente regolamento non autorizzano il possessore a cacciare, uccidere o catturare animali nè a transitare su private proprietà o concessioni senza il consenso del proprietario o di chi lo occupa.

27. Il R. Commissario Generale o le persone da esso delegate, possono rifiutare il permesso di ritirare le armi e le munizioni dagli uffici doganali a chi non sia munito di licenza speciale per la caccia a tenore del presente regolamento.

28. Il R. Commissario Generale può autorizzare i componenti di una tribù o gli abitanti di una regione a cacciare animali selvatici, prescrivendo la località, le condizioni ed il modo di caccia.

prendre des recherches dans les bagages, paquets, tentes, constructions, etc., appartenant aux possesseurs de permis de chasse spéciaux, à leurs agents ou aux personnes qu'ils emploient.

30. Un décret du Commissaire Royal Général établit que des primes seront accordées dans le but de favoriser la destruction des œufs de crocodile, des serpents venimeux et des pythons; le même décret établit également les avantages à concéder à ceux qui se bornent à chasser, tuer ou capturer les animaux désignés au tableau 5.

31. Les contrevenants aux dispositions contenues dans le présent règlement seront passibles d'une amende dont le montant peut aller jusqu'à 2,000 francs et de la détention qui peut avoir une durée de trois mois, ensemble ou séparément, selon la gravité de l'infraction, les circonstances dans lesquelles elle s'est effectuée et les antécédents du contrevenant.

Questo permesso non può mai esser dato per cacciare gli animali compresi nelle tabelle 1 e 2 annesse al presente regolamento.

29. Tanto per la verifica delle schede, quanto per assicurare, che non siano state violate le disposizioni del presente regolamento, i Residenti sono autorizzati a ispezionare e far ispezionare, ad eseguire o far eseguire ricerche nei bagagli, pacchi, tende, fabbricati ecc. appartenenti ai possessori di licenze speciali di caccia e dei loro agenti, o da essi occupati.

30. Con decreto del R. Commissario Generale sono stabiliti i premi da concedersi per favorire la distruzione delle uova di coccodrillo, dei serpenti velenosi e dei pitoni; come pure le facilitazioni da farsi a chi si limita a cacciare, uccidere o catturare gli animali compresi nella tabella 5.

31. I contravventori alle disposizioni contenute nel presente regolamento saranno puniti con l'ammenda sino a lire 2,000 e con la detenzione sino a tre mesi, separate o congiunte a seconda della

32. Dans tous les cas de condamnation, les têtes, les cornes, les dents, les peaux ou autres parties trouvées en possession du contrevenant ou de ses agents, ainsi que les animaux capturés contrairement aux dispositions du présent règlement, pourront être confisqués, et le seront invariablement en cas de contravention aux articles 5 et 6 du présent règlement.

33. Le montant des amendes sera réparti comme suit : 2/3 en faveur du Gouvernement de la colonie et 1/3 en faveur de celui qui aura découvert l'infraction ou informé l'autorité de la contravention advenue.

---

gravità dell'infrazione, delle circostanze da cui è stata accompagnata e dei precedenti del trasgressore.

32. In tutti i casi di condanne le teste, le corna, i denti, le pelli od altri resti di animali trovati in possesso del contravventore o dei suoi agenti, come pure gli animali viventi catturati in contravvenzione al presente regolamento potranno essere confiscati, e lo saranno sempre nel caso di contravvenzioni agli articoli 5 e 6 del presente regolamento.

33. L'importo delle ammende sarà devoluto per 2/3 a favore del Governo della Colonia, e per 1/3 a favore di chi ha rilevato l'infrazione o informato l'autorità della contravvenzione avvenuta.

TABLEAU 1.

Animaux qu'il est interdit de chasser, de tuer ou de capturer. (Paragraphe 1, art. 2 de la Convention de Londres du 19 mai 1900.)

Vautours;
Serpentaires;
Hiboux;
Buphaga;
Girafes;
Gorilles;
Chimpanzés;
Zèbres de montagne;
Anes sauvages;
Gnou à queue blanche (Connochoetes gnu);
Elan (Taurotragus);
Petits hippopotames de Libéria.

TABELLA I.

Animali dei quali è vietata la caccia, la uccisione o la cattura (§ 1, articolo 2 della Convenzione di Londra 19 maggio 1990).

Avvoltoi;
Uccello Segretario (o serpentario);
Rinoceronte;
Gufi;
Becca-Buoi (Buphaga);
Giraffe;
Gorilla;
Chimpanzé;
Zebra della montagna;
Asini selvatici;
Gnou a coda bianca (Connochoetes gnu);
Alce (Taurotragus);
Piccoli ippopotami di Liberia.

TABLEAU 2.

Animaux qu'il est interdit de chasser, de tuer et de capturer à l'état non adulte. (Paragraphe 2 de l'art. 2 de la Convention de Londres du 19 mai 1900.)

Eléphants;
Rhinocéros;
Hippopotames;
Zèbres de l'espèce non visée au paragraphe 1;
Buffles;
Antilopes et gazelles des espèces et des genres : Bubalis, Damalicus, Connochoetes, Cephalophus, Oreotragus, Oribia, Rhaphiceros, Nesotragus, Madoqua, Cobus, Cervicapra, Pelea, Aepiceros, Antidorcas, Gazelle, Ammodorcas, Lithocranius, Doreotragus, Oryx, Addax, Hippotragus, Taurotragus, Strepsiceros, Tragelaphus;
Capra Ibex;
Tragulus.

TABELLA 2.

Animali dei quali è vietata la caccia, la uccisione e la cattura allo stato non adulto (§ 2 dell' articolo 2 della Convenzione di Londra 19 Maggio 1900).

Elefante;
Ippopotamo;
Zebre delle specie non contemplate al paragrafo 1;
Buffali;
Antilopi e Gazzelle delle specie e dei generi: Bubalis, Damaliscus, Connochoetes, Cephalophus, Oreotragus, Oribia, Rhaphiceros, Nesotragus, Madoqua, Cobus, Cervicapra, Pelea, Aepiceros, Antidorcas, Gazzella, Ammodorcas, Lithocranius, Dorcotragus, Oryx, Addax, Hippotragus, Taurotragus, Strepsiceros, Tragelaphus.
Capra Ibex;
Tragulus.

TABLEAU 3.

Animaux qu'il est interdit de chasser, de tuer ou de capturer quand ce sont des femelles accompagnées de leurs petits. (Paragr. 3 de l'art. 2 de la Convention de Londres du 19 mai 1900.)

Eléphants;

Rhinocéros;

Hippopotames;

Zèbres, de l'espèce non indiquée au tableau 1;

Buffles;

Antilopes et gazelles des espèces et genres : Bubalis, Damaliscus, Connochoetes, Cephalophus, Oreotragus, Oribia, Rhaphiceros, Nesotragus, Madoqua, Cobus, Cervicapra, Pelea, Aepyceros, Antidorcas, Gazelle, Ammodorcas, Lithocranius, Doreotragus, Oryx, Addax, Hippotragus, Taurotragus, Strepsiceros, Tragelaphus;

Capra Ibex;

Tragulus.

TABELLA 3.

Animali dei quali non è permessa la caccia, l'uccisione e la cattura quando siano femmine accompagnate dai piccoli (§ 3 dell' articolo 2 della Convenzione di Londra 19 Maggio 1900).

Elefante;

Rinoceronte;

Ippopotamo;

Zebre delle specie non indicate alla tabella I;

Buffali;

Antilopi e Gazzelle delle specie e generi: Bubalis, Damaliscus, Connochoetes, Cephalophus, Oreotragus, Oribia, Rhaphiceros, Nesotragus, Madoqua, Cobus, Cervicapra, Pelea, Aepyceros, Antidorcas, Gazzella, Ammodorcas, Lithocranius, Dorcotragus, Oryx, Addax, Hippotragus, Taurotragus, Strepsiceros, Tragelaphus.

Capra Ibex;

Tragulus.

Tableau 4.

Animaux qu'il est permis de chasser, de tuer et de capturer, mais seulement à ceux qui sont munis d'un permis spécial et en quantité non supérieure à celle indiquée sur le permis.

Eléphants;

Rhinocéros;

Hippopotames;

Zèbres, de l'espèce non mentionnée au tableau 1;

Antilopes et gazelles des espèces et genres : Bubalis, Damaliscus, Connochoetes, Cephalophus, Oreotragus, Oribia, Rhaphiceros, Nesotragus, Madoqua, Cobus, Cervicapra, Pelea, Aepyceros, Antidorcas, Gazelle, Ammodorcas, Lithocranius, Doreotragus, Oryx, Addax, Hippotragus, Taurotragus, Strepsiceros, Tragelaphus;

Capra Ibex;

Tragulus;

Tabella 4.

Animali dei quali è permessa la caccia, l'uccisione e la cattura, soltanto a chi sia munito di speciale licenza ed in quantità no superiore a quella indicata sulla licenza.

Elefante;

Rinoceronte;

Ippopotamo;

Zebre delle specie non menzionate nella tabella 1;

Antilopi e Gazzelle delle specie e generi : Bubalis, Damaliscus, Connochoetes, Cephalophus, Oreotragus, Oribia, Rhaphiceros, Nesotragus, Madoqua, Cobus, Cervicapra, Pelea, Aepyceros, Antidorcas, Gazzella, Ammodorcas, Lithocranius, Doreotragus, Oryx, Addax, Hippotragus, Taurotragus, Strepsiceros, Tragelaphus;

Capra ibex;

Tragulus;

Sangliers;
Singes à fourrure;
Fourmiliers;
Dugongs (Halicore);
Lamantins;
Chats-pards;
Petits félins;
Guépards;
Protèles;
Autruches (exclusivement les mâles).

TABLEAU 5.

Animaux qu'il est permis de chasser, de tuer et de capturer sans aucune des restrictions contenues dans les tableaux précédents.

Lions;
Léopards;

Cinghiali;
Scimmie a pelliccia;
Formichiere (Orycteropus);
Ducongo (Halicore);
Samantino (Manatus);
Gatto-pardo;
Piccoli Felini;
Ghepardo (Cynoelurus);
Falso Lupo (Proteles);
Struzzi (in ogni caso i maschi soltanto).

TABELLA 5.

Animali dei quali è permessa la caccia, l'uccisione e la cattura senza alcuna delle restrizioni di cui alle tabelle precedenti.

Leone;
Leopardo;

Hyènes;

Chiens chasseurs (Lycaon pictus);

Cynocéphales et autres singes nuisibles;

Les grands oiseaux de proie, à l'exception des vautours, des hiboux et des serpentaires;

Crocodiles;

Serpents venimeux;

Pythons.

Mogadiscio, le 25 janvier 1906.

Le Commissaire Royal Général,
(Signé) MERCATELLI.

Jena;

Cane cacciatore (Lycaon pictus);

Cinocefalo ed altre scimmie dannose;

Grandi uccelli di preda, esclusi gli avvoltoi, i gufi e l'uccello segretario (o serpentario);

Coccodrilli;

Serpenti velenosi;

Pitoni.

Mogadiscio, 25 gennaio 1906.

Il R. Commissario Generale,
(f°) MERCATELLI.

CONGO BELGE

CONGO BELGE

DÉCRET
du 26 juillet 1910.

CHAPITRE PREMIER.

De la chasse.

ARTICLE PREMIER.

La chasse n'est permise sur le territoire du Congo belge qu'aux personnes munies d'une autorisation administrative.

Les indigènes de la colonie reçoivent l'autorisation de chasser par une déclaration écrite qui, en cas d'autorisation collective, est remise gratuitement au chef ou sous-chef indigène; les autres personnes, par la délivrance d'un permis de chasse.

Le Gouverneur Général détermine, par voie d'ordonnance, les catégories d'animaux dont la chasse est interdite ou n'est permise que dans certaines limites ou sous certaines conditions.

Il règle également, par voie d'ordonnance, le mode, la forme et les conditions des autorisations de chasse, il classifie celles-ci d'après leur objet et détermine les taxes à payer.

ARTICLE 2.

L'octroi d'une autorisation de chasse ne dispense pas de l'observation des décrets et règlements relatifs au port d'armes.

10.

ARTICLE 3.

Nul ne peut chasser sur le terrain d'autrui si le fonds n'est grevé d'un droit de chasse à son profit ou s'il n'y a consentement du propriétaire ou de ses ayants droit.

Ne sont pas terrains d'autrui, aux termes du présent décret, les terres non cultivées et non clôturées du domaine privé de l'État.

ARTICLE 4.

Des régions sont constituées en réserves où la chasse est prohibée totalement ou partiellement.

Les réserves de chasse sont créées et délimitées par ordonnance du Gouverneur Général. L'ordonnance détermine, le cas échéant, les catégories d'animaux exclues de la prohibition.

ARTICLE 5.

Le gouverneur général peut également ordonner la fermeture de la chasse dans une région et pendant une période de temps déterminées. L'ordonnance est générale ou spéciale à certaines catégories d'animaux.

ARTICLE 6.

Il est interdit de chasser sur les chemins publics, sur les voies ferrées et leurs dépendances, ainsi qu'à l'intérieur et autour des agglomérations, jusqu'à telles limites et dans telles conditions qui seront déterminées par les règlements de police.

ARTICLE 7.

Le Gouverneur Général détermine, en tenant compte des circonstances spéciales à chaque région, les pièges et engins de chasse dont l'usage est prohibé.

Article 8.

Toute personne peut se servir de tous moyens de défense contre les animaux sauvages qui menacent sa vie ou ses biens, la vie ou les biens d'autrui.

Dans ce cas, l'éléphant capturé vivant et les défenses de l'éléphant mis à mort appartiennent à l'État. Ils doivent être remis, dans le mois, au chef du poste le plus rapproché contre remboursement des frais de transport et paiement d'une indemnité égale au quart de leur valeur.

Sont aussi propriété de l'État, les éléphants trouvés morts. L'inventeur est soumis aux mêmes obligations et a droit aux mêmes rémunérations que la personne agissant en état de défense.

Article 9.

Sans préjudice de l'application des règlements de police, il est permis de tuer sans autorisation, en tout temps et en tout lieu, les animaux nuisibles des espèces déterminées par ordonnance du Gouverneur Général.

Article 10.

Il est interdit d'enlever ou de détruire les œufs des animaux sauvages, sauf ceux des crocodiles, serpents venimeux et pythons, et des espèces que détermine le Gouverneur Général.

Une autorisation spéciale du Gouverneur Général peut lever l'interdiction.

Article 11.

Dans chaque région, il est défendu d'exposer en vente, de vendre ou d'acheter, de céder ou de recevoir, à un titre quelconque, de transporter ou de colporter :

1° Les animaux sauvages dont la chasse n'y est pas permise;

2° Les dépouilles, c'est-à-dire des parties quelconques de ces animaux;

3° Les œufs dont l'enlèvement est interdit.

La défense est levée pour quiconque prouve que l'animal a été capturé ou que les produits ont été recueillis dans des conditions licites. Cette preuve peut être fournie par la production d'un certificat du chef du premier poste où le détenteur s'est présenté après la chasse ou la réception des produits.

CHAPITRE II.

De la pêche.

Article 12.

La pêche est permise sur tout le territoire du Congo belge.

Article 13.

Nul ne peut pêcher dans les eaux qui appartiennent à autrui si le fonds dont elles dépendent n'est grevé d'un droit de pêche à son profit, ou s'il n'y a consentement du propriétaire ou de ses ayants droit.

N'appartiennent pas à autrui, aux termes du présent décret, les eaux territoriales, lacs, étangs et cours d'eau qui font partie du domaine de l'État.

Article 14.

Il est interdit de pêcher à l'aide de poison, de dynamite ou d'autres explosifs, sauf les exceptions établies par ordonnance du Gouverneur Général.

CHAPITRE III.

Dispositions générales.

Article 15.

Quiconque chasse ou pêche en violation des dispositions du présent décret, de ses arrêtés ou de ses ordonnances

d'exécution, ou contrevient à l'un des articles 10 ou 11, sera puni d'une servitude pénale de deux mois au maximum et d'une amende de 500 francs au maximum, ou d'une de ces peines seulement.

Le gibier, le poisson et les œufs seront saisis et confisqués ; immédiatement après la saisie, la partie comestible des produits sera vendue aux enchères au poste le plus voisin.

Les pièges et engins dont l'usage est prohibé seront saisis et confisqués et le juge en ordonnera la destruction.

ARTICLE 16.

Les décrets des 25 juillet 1889, 29 avril 1901 et 27 juillet 1905, relatifs à la chasse, sont abrogés.

ARTICLE 17.

Le présent décret entrera en vigueur le 1er janvier 1911.

ORDONNANCE

relative à la chasse.

AU NOM DU GOUVERNEUR GÉNÉRAL,

Le Vice-Gouverneur Général,

Vu le décret du 26 juillet 1910 qui règle les droits de chasse et de pêche, et notamment les articles premier et 10 de ce décret ;

ORDONNE :

CHAPITRE PREMIER.

De l'autorisation de chasse, de ses espèces et de son objet.

ARTICLE PREMIER.

La chasse n'est permise sur le territoire du Congo belge

qu'aux personnes munies d'une autorisation administrative.

ARTICLE 2.

L'autorisation est accordée :

1° Aux indigènes de la colonie :

Par la remise d'une déclaration d'autorisation individuelle ;

Par la remise d'une déclaration d'autorisation collective, valable seulement pour les indigènes d'une chefferie ou d'une sous-chefferie.

2° Aux autres personnes et aux indigènes dont il est fait mention au § 3 de l'article 4 ci-après :

Par la délivrance de permis individuels de 1,500, 200 ou 50 francs, ou de permis individuels spéciaux.

ARTICLE 3.

L'autorisation de chasse donne le droit de chasser les animaux sauvages suivant les indications de celui des tableaux de l'annexe A auquel elle correspond.

ARTICLE 4.

La déclaration d'autorisation collective attribue le droit de chasse à tout indigène mâle et adulte de la chefferie ou de la sous-chefferie à laquelle elle est délivrée.

Pour pouvoir chasser l'éléphant, l'indigène qui chasse en vertu d'une déclaration d'autorisation collective doit se munir d'une déclaration d'autorisation individuelle.

Tout indigène peut se faire délivrer un permis de chasse en se soumettant aux conditions prévues pour les non-indigènes.

ARTICLE 5.

Les permis individuels spéciaux sont délivrés dans un

dessein scientifique ou dans un intérêt supérieur d'administration.

Ils indiquent, suivant le but poursuivi dans chaque cas, les animaux que le titulaire est autorisé à chasser, ainsi que les œufs protégés par la loi qu'il a la permission d'enlever ou de détruire.

CHAPITRE II.

Des déclarations d'autorisation de chasse.

Article 6.

Les déclarations d'autorisation de chasse s'obtiennent gratuitement. Toutefois, l'indigène autorisé à chasser l'éléphant est tenu de remettre à l'État la moitié du poids total de l'ivoire provenant de sa chasse.

Article 7.

La déclaration détermine la région pour laquelle elle est valable. Elle a effet tant que n'intervient pas une décision contraire.

Article 8.

L'autorisation de chasse est donnée par le Commissaire de district, le chef de zone ou le chef de secteur, suivant la circonscription administrative à laquelle elle est destinée à s'appliquer.

Article 9.

Les indigènes adressent leur demande d'autorisation, verbalement ou par écrit, au chef du poste dont ils relèvent. La demande est ensuite transmise, avec toutes observations utiles, au fonctionnaire compétent pour délivrer l'autorisation.

La déclaration d'autorisation est extraite d'un registre à souche, aux feuillets numérotés. Elle est datée et renseigne les noms, surnoms, qualité et résidence du titulaire ou le nom de la collectivité à laquelle elle est destinée.

En cas d'autorisation collective, la déclaration est remise au chef ou au sous-chef indigène.

Article 10.

La déclaration d'autorisation permet l'usage de toutes armes dont le port est licite et qui ne sont ni des armes à feu, le fusil à silex excepté, ni des pièges ou engins de chasse prohibés.

CHAPITRE III.

Des permis de chasse.

Article 11.

Les permis individuels spéciaux sont gratuits. Les autres permis sont payés aux taux déterminés à l'article 2.

Article 12.

Le permis de chasse détermine la région pour laquelle il est valable. Il est délivré pour une période d'un an.

Article 13.

Le Gouverneur Général ou, dans les parties du territoire constituées en Vice-Gouvernement général, le Vice-Gouverneur Général délivre les permis individuels spéciaux. Tout autre permis de chasse est délivré par le Gouverneur Général, le Vice-Gouverneur Général, le Commissaire de district, le Chef de zone ou le Chef de secteur, suivant la circonscription administrative à laquelle il est destiné à s'appliquer.

Article 14.

Les permis sont demandés par écrit au fonctionnaire qui a compétence pour les délivrer.

La demande indique les noms, prénoms, qualité et résidence du requérant et les territoires auxquels devra s'appliquer le permis. Si la requête a pour but l'octroi d'un permis individuel spécial, elle en détermine l'objet et en expose les raisons justificatives.

Le permis est extrait d'un registre à souche, aux feuillets numérotés. Il est daté et porte toutes les mentions propres à établir l'identité du titulaire, qui est tenu de le signer.

Article 15.

Tout titulaire de permis est tenu de se munir d'un carnet de chasse dont les pages sont conformes au modèle de l'annexe B et dont, à sa demande, l'administration lui remet gratuitement un exemplaire.

Pour être valable, le carnet doit être visé, et ses feuillets doivent être cotés et paraphés par le fonctionnaire qui a délivré le permis.

Immédiatement après chaque chasse, le porteur du permis est tenu de mentionner sur le carnet ceux des animaux tués ou capturés qu'il ne peut chasser qu'en nombre limité.

Une fois par trimestre et à l'expiration du droit de chasse, il soumet le carnet au visa du chef de poste le plus rapproché.

Article 16.

Le permis de chasse permet l'usage de toutes armes dont le port est licite et qui ne sont pas des pièges ou engins de chasse prohibés.

CHAPITRE IV.

Dispositions générales.

ARTICLE 17.

L'autorisation de chasse est incessible.

Les chasseurs régulièrement autorisés peuvent se faire assister d'auxiliaires. Il est interdit à ceux-ci de faire usage d'autres armes à feu que le fusil à silex.

ARTICLE 18.

Les porteurs de permis et de carnets de chasse ou déclarations d'autorisation individuelle doivent les exhiber à toute réquisition d'un officier de police judiciaire ou d'un fonctionnaire compétent pour délivrer l'autorisation de chasse.

ARTICLE 19.

Le fonctionnaire qui a délivré l'autorisation de chasser peut l'annuler si la collectivité ou l'individu autorisé viole les dispositions des décrets et règlements sur la chasse.

La décision devient exécutoire du jour de sa notification et, à défaut de notification, un mois après son affichage à la porte du bâtiment occupé par son auteur.

Lorsqu'il y a eu autorisation collective, la décision d'annulation peut se limiter à une ou plusieurs personnes de la chefferie ou de la sous-chefferie autorisée. Elle est portée sans retard à la connaissance du chef ou du sous-chef intéressé pour être notifiée par ses soins.

En cas d'annulation de l'autorisation de chasse, les droits payés restent acquis au Trésor.

ARTICLE 20.

Toute violation des dispositions qui précèdent est punie des peines prévues par l'article 15 du décret du 26 juillet 1910 qui règle les droits de chasse et de pêche.

ARTICLE 21.

Les fonctionnaires chargés de délivrer les déclarations d'autorisation et les permis tiennent un registre divisé en autant de parties qu'il y a de catégories d'autorisations. Ils y inscrivent les autorisations qu'ils délivrent avec l'indication de la date, du numéro d'ordre et du territoire pour lequel le permis est valable.

ARTICLE 22.

La présente ordonnance s'applique au Katanga comme aux autres parties du territoire du Congo belge.

ARTICLE 23.

Les Directeurs de la Justice du Congo belge et du Katanga sont respectivement chargés de l'exécution de la présente ordonnance.

Boma, le 12 octobre 1910.

F. FUCHS.

ANNEXE A.

TABLEAU I.

Délimitation des droits que confère sur le gibier la déclaration d'autorisation individuelle.

A. — *Animaux qu'il est interdit de chasser :*

Les éléphants portant des pointes pesant chacune moins de 10 kilogrammes;

Le rhinocéros blanc;

Le petit hippopotame de Libéria;

La girafe;

Le gorille;

Le chimpanzé;

Les singes à fourrure;
Les zèbres;
Les ânes sauvages;
L'okapi;
Le gnou à queue blanche *(Connochoetes gnu)*;
Les élans *(Taurotragus)*;
Les ibex;
Les chevrotains *(Tragulus)*;
Les fourmiliers *(genre Orycteropus)*;
Les petits félins;
Le serval;
Le guépard *(Cynoelurus)*;
Les chacals;
Le faux-loup *(Proteles)*;
Les vautours;
L'oiseau secrétaire;
Les hiboux;
Les pique-bœufs *(Buphaga)*;
Les autruches;
Les marabouts;
Les aigrettes;
Les dugongs (genre *Halicore*).

B. — *Animaux qu'il est permis de chasser dans les proportions indiquées ci-dessous, sauf interdiction de tuer un animal non adulte, une femelle accompagnée de ses petits et, en général, toute femelle autant qu'elle peut être reconnue :*

Éléphants portant des pointes pesant chacune au moins 10 kilogrammes (1) 2
Rhinocéros, à l'exception du rhinocéros blanc..... 1

(1) Le titulaire de l'autorisation individuelle peut obtenir, du fonctionnaire qui la lui a délivrée, la permission de capturer ou de tuer en nombre plus considérable les éléphants mentionnés au tableau.

Hippopotame, à l'exception du petit hippopotame de Libéria........................ 5

Buffles........................ 5

Antilopes et gazelles, au total........................ 10

C. — *Animaux qu'il est permis de chasser dans les proportions indiquées ci-dessous sans distinction d'âge ni de sexe :*

Petits singes........................ 10

Sangliers........................ 10

Grands chéloniens........................ 5

Lamantins (genre *Manatus)*........................ 2

D. — *Animaux qu'il est permis de chasser sans limitation de nombre :*

Tous les animaux sauvages qui ne sont pas mentionnés sous les lettres A, B ou C.

TABLEAU II.

Délimitation des droits que confère sur le gibier, aux indigènes mâles et adultes de la chefferie ou de la sous-chefferie autorisée, la déclaration d'autorisation collective.

A. — *Animaux qu'il est interdit de chasser.*

Les éléphants;

Le rhinocéros blanc;

Le petit hippopotame de Libéria;

La girafe;

Le gorille;

Le chimpanzé;

Les singes à fourrure;

Les zèbres;

Les ânes sauvages;

L'okapi;

Le gnou à queue blanche *(Connochoetes gnu);*

Les élans *(Taurotragus)*;
Les ibex;
Les chevrotins *(Tragulus)*;
Les fourmiliers (genre *Orycteropus)*;
Les petits félins;
Le serval;
Le guépard *(Cynoelurus)*;
Les chacals;
Le faux-loup *(Proteles)*;
Les vautours;
L'oiseau secrétaire;
Les hiboux;
Les pique-bœufs *(Buphaga)*;
Les autruches;
Les marabouts;
Les aigrettes;
Les dugongs (genre *Halicore)*.

B. — *Animaux qu'il est permis à chaque indigène mâle et adulte de capturer ou de tuer dans les proportions indiquées ci-dessous, sauf interdiction de tuer un animal non adulte, une femelle accompagnée de ses petits et, en général, toute femelle, autant qu'elle peut être reconnue :*

Rhinocéros, à l'exception du rhinocéros blanc..... 1
Hippopotames, à l'exception du petit hippopotame de Libéria.................................... 5
Buffles.................................... 5
Antilopes et gazelles, au total.................. 10

C. — *Animaux qu'il est permis à chaque indigène mâle et adulte de capturer ou de tuer dans les proportions indiquées ci-dessous, sans distinction d'âge ni de sexe :*

Petits singes.................................. 10
Sangliers.................................... 10

Grands chéloniens........................ 5
Lamantins (genre *Manatus*)................ 2

D. — *Animaux qu'il est permis de chasser sans limitation de nombre :*

Tous les animaux sauvages qui ne sont pas mentionnés sous les lettres A, B ou C.

TABLEAU III.

Délimitation des droits que confère sur le gibier le permis de chasse de 1,500 francs.

A. — *Animaux qu'il est interdit de chasser :*

Les éléphants portant des pointes pesant chacune moins de 10 kilogrammes;
Le rhinocéros blanc;
Le petit hippopotame de Libéria;
La girafe;
Le gorille;
Le chimpanzé;
Le zèbre des montagnes;
Les ânes sauvages;
L'okapi;
Le gnou à queue blanche *(Connochoetes gnu)*;
Les élans *(Taurotragus)*;
Les ibex;
Les vautours;
L'oiseau secrétaire;
Les hiboux;
Les pique-bœufs *(Buphaga)*.

B. — *Animaux qu'il est permis de chasser dans les proportions indiquées ci-dessous, sauf interdiction de tuer un animal non adulte, une femelle accompagnée de ses petits et, en général, toute femelle, autant qu'elle peut être reconnue :*

Éléphants portant des pointes pesant chacune au moins 10 kilogrammes (1) 2

Rhinocéros, à l'exception du rhinocéros blanc 2

Hippopotames, à l'exception du petit hippopotame de Libéria 10

Zèbres, à l'exception du zèbre des montagnes 2

Buffles 5

Antilopes et gazelles, au total 30

Chevrotins *(Tragulus)* 10

Autruches 2

C. — *Animaux qu'il est permis de chasser dans les proportions indiquées ci-dessous sans distinction d'âge ni de sexe :*

Singes à fourrure 2

Petits singes 25

Sangliers 20

Fourmiliers (genre *Orycteropus)* 2

Petits félins 20

Servals 2

Guépards *(Cynoelurus)* 5

Chacals 5

Faux-loups *(Proteles)* 2

Marabouts 2

Aigrettes 5

(1) Le titulaire d'un permis de 1,500 francs peut, en acquittant au préalable une taxe supplémentaire de 400 francs par animal, se réserver le droit de capturer ou de tuer en nombre plus considérable les éléphants mentionnés sous la lettre B.

Grands chéloniens 5
Dugongs (genre *Halicore*) 2
Lamantins (genre *Manatus*) 2

D. — *Animaux qu'il est permis de chasser sans limitation de nombre :*

Tous les animaux sauvages qui ne sont pas mentionnés sous les lettres A, B ou C.

TABLEAU IV.

Délimitation des droits que confère sur le gibier le permis de chasse de 200 francs.

A. — *Animaux qu'il est interdit de chasser :*

Les éléphants;
Les rhinocéros;
Le petit hippopotame de Libéria;
La girafe;
Le gorille;
Le chimpanzé;
Les singes à fourrure;
Les zèbres;
Les ânes sauvages;
L'okapi;
Le gnou à queue blanche (*Connochoetes gnu*);
Les élans (*Taurotragus*);
Les ibex;
Les fourmiliers (genre *Orycteropus*);
Le serval;
Le guépard (*Cynoelurus*);
Les chacals;
Le faux-loup (*Proteles*);
Les vautours;
L'oiseau secrétaire;

Les hiboux;
Les pique-bœufs *(Buphaga)*;
Les autruches;
Les marabouts;
Les aigrettes;
Les grands chéloniens;
Les dugongs (genre *Halicore*);
Les lamantins (genre *Manatus*);

B. — *Animaux qu'il est permis de chasser dans les proportions indiquées ci-dessous, sauf interdiction de tuer un animal non adulte, une femelle accompagnée de ses petits et, en général, toute femelle, autant qu'elle peut être reconnue :*

Hippopotames, à l'exception du petit hippopotame de Libéria	5
Buffles	2
Antilopes et gazelles, au total	10
Chevrotins *(Tragulus)*	5

C. — *Animaux qu'il est permis de chasser dans les proportions indiquées ci-dessous, sans distinction d'âge ni de sexe :*

Petits singes	10
Sangliers	10
Petits félins	10

D. — *Animaux qu'il est permis de chasser sans limitation de nombre :*

Tous les animaux qui ne sont pas mentionnés sous les lettres A, B ou C.

TABLEAU V.

Délimitation des droits que confère sur le gibier le permis de chasse de 50 francs.

A. — *Animaux qu'il est interdit de chasser :*

Les éléphants;
Les rhinocéros;
Les hippopotames;
La girafe;
Le gorille;
Le chimpanzé;
Les singes à fourrure;
Les zèbres;
Les ânes sauvages;
Les buffles;
Les antilopes et gazelles;
L'okapi;
Le gnou à queue blanche *(Connochoetes gnu);*
Les élans *(Taurotragus);*
Les ibex;
Les chevrotins *(Tragulus);*
Les fourmiliers (genre *Orycteropus*);
Le serval;
Le guépard *(Cynoelurus);*
Les chacals;
Le faux-loup *(Proteles);*
Les vautours;
L'oiseau secrétaire;
Les hiboux;
Les pique-bœufs *(Buphaga);*
Les autruches;
Les marabouts;
Les aigrettes;

Les grands chéloniens;
Les dugongs (genre *Halicore*);
Les lamantins (genre *Manatus*);

B. — *Animaux qu'il est permis de chasser dans les proportions indiquées ci-dessous, sans distinction d'âge ni de sexe :*

Petits singes 5
Sangliers 5
Petits félins 5
Outardes 2
Francolins, pintades et autres oiseaux « gibier » : de chaque espèce 20

C. — *Animaux qu'il est permis de chasser sans limitation de nombre :*

Tous les animaux sauvages qui ne sont pas mentionnés sous les lettres A ou B.

ORDONNANCE SUR LA CHASSE

AU NOM DU GOUVERNEUR GÉNÉRAL,

Le Vice-Gouverneur Général,

Vu le décret du 26 juillet 1910 qui règle les droits de chasse et de pêche, notamment les articles 4, 6, 7, 9, 10 de ce décret;

ORDONNE :

ARTICLE PREMIER.

Le secteur est de la zone de l'Uere-Bili, district de l'Uele, est constitué en réserve de chasse en ce qui concerne l'éléphant, dont la chasse est, en conséquence, absolument interdite dans cette région.

ARTICLE 2.

Dans les régions où la chasse est autorisée, il est néanmoins interdit de chasser à l'intérieur des agglomérations européennes ou indigènes, sur les chemins publics, sur les voies ferrées et leurs dépendances, ainsi que dans le voisinage desdits endroits, à moins de 100 mètres ou de 500 mètres, suivant qu'il est fait usage de fusils tirant à plombs ou à balles.

ARTICLE 3.

Dans chaque district, le Vice-Gouverneur Général ou le Commissaire de district détermine les pièges et engins dont l'usage est prohibé.

ARTICLE 4.

Sont réputés animaux nuisibles pouvant comme tels être détruits en tout temps et en tout lieu :

1. Le lion;
2. Le léopard;
3. Les hyènes;
4. Le chien chasseur;
5. Les cynocéphales;
6. Les grands oiseaux de proie, sauf les vautours, l'oiseau secrétaire et les hiboux;
7. Les crocodiles;
8. Les serpents venimeux;
9. Les pythons;
10. Les cïtyènes (chiens sauvages).

ARTICLE 5.

Il est permis d'enlever ou de détruire les œufs des animaux sauvages ci-après déterminés :

1. Les crocodiles;

2. Les serpents venimeux;

3. Les pythons;

4. Les grands oiseaux de proie, à l'exception des vautours, des oiseaux secrétaires et des hiboux.

ARTICLE 6.

Toute infraction aux articles 1, 2 et 3 de la présente ordonnance est punie des peines prévues par l'article 15 du décret du 26 juillet 1910 qui règle les droits de chasse et de pêche.

ARTICLE 7.

La présente ordonnance est applicable au district du Katanga comme aux autres parties du territoire du Congo belge.

ARTICLE 8.

Elle entrera en vigueur dans tout le territoire de la Colonie le 1er janvier 1911.

ARTICLE 9.

Les Directeurs de la Justice du Congo belge et du Katanga sont respectivement chargés de l'exécution de la présente ordonnance.

Boma, le 17 novembre 1910.

F. FUCHS.

ORDONNANCE

modifiant les limites de la réserve de chasse instituée par l'Ordonnance du 17 novembre 1910.

AU NOM DU GOUVERNEUR GÉNÉRAL,

le Vice-Gouverneur Général ff. de Gouverneur Général,

Vu le décret du 26 juillet 1910 sur les droits de chasse et de pêche;

Revu l'ordonnance du 17 novembre 1910 prise en exécution de ce décret,

ORDONNE :

ARTICLE PREMIER.

L'article premier de l'Ordonnance du 17 novembre 1910 est modifié comme suit : « Est constitué en réserve de chasse, en ce qui concerne l'éléphant, dont la chasse est en conséquence entièrement interdite dans cette région, le territoire du district de l'Uele compris entre les limites formées : au nord, par la rivière So jusqu'à la route Api-Bili et cette route depuis la So jusqu'à la rivière Loli; à l'est, par les rivières Loli et Uere; au sud, par le fleuve Uele depuis l'embouchure de l'Uere jusqu'à l'ancien poste de Bima; à l'ouest, par la route Bima-Bili. »

ARTICLE 2.

Le Directeur de la Justice est chargé de l'exécution de la présente ordonnance, qui entrera en vigueur ce jour.

Boma, le 24 avril 1911.

(Sig.) FUCHS.

ORDONNANCE

modifiant les dispositions des articles 13 et 19 de l'Ordonnance du 12 octobre 1910 relative à la chasse

---

AU NOM DU GOUVERNEUR GÉNÉRAL,

le Vice-Gouverneur général ff. de Gouverneur Général,

Vu le décret du 26 juillet 1910 réglementant le droit de chasse et de pêche;

Revu l'ordonnance du 12 octobre 1910, complétée par celle du 15 juin 1911, qui crée un permis collectif spécial de chasse,

ORDONNE :

ARTICLE PREMIER.

L'article 13 de l'Ordonnance du 12 octobre 1910, relative à la chasse, est modifié comme suit :

« Le Gouverneur Général ou, dans les parties du territoire constituées en Vice-Gouvernement Général, le Vice-Gouverneur Général délivre les permis individuels spéciaux et collectifs spéciaux. Tous autres permis de chasse sont délivrés indifféremment par les Commissaires de district, les Chefs de zone et les Chefs de secteur, quelle que soit la circonscription administrative à laquelle le permis est destiné à s'appliquer. »

ARTICLE 2.

L'article 19 de la même ordonnance est modifié et complété comme suit :

« L'autorisation de chasser peut être annulée si la collectivité ou l'individu autorisé viole les dispositions des décrets et règlements sur la chasse.

» Le droit d'annulation appartient à tout fonctionnaire compétent pour délivrer l'autorisation de chasser et dans le ressort territorial duquel les irrégularités sont constatées.

» La décision devient exécutoire du jour de sa notification et, à défaut de notification, un mois après son affichage à la porte du bâtiment occupé par son auteur.

» Lorsqu'il y a eu autorisation collective, la décision d'annulation peut se limiter à une ou plusieurs personnes de la chefferie ou de la sous-chefferie autorisée : elle est portée sans retard à la connaissance du chef ou du sous-chef intéressé, pour être notifiée par ses soins.

» La décision d'annulation a pour effet d'obliger le titulaire d'un permis de chasse ou d'une déclaration individuelle à restituer cette pièce en échange d'un récépissé, à la première réquisition d'un officier de police judiciaire ou d'un fonctionnaire compétent pour délivrer l'autorisation de chasser.

» En cas d'annulation de l'autorisation de chasse, les droits payés restent acquis au Trésor. »

ARTICLE 3.

La présente ordonnance s'applique au Katanga, comme aux autres parties du territoire du Congo belge.

Elle entrera en vigueur dans les délais légaux.

ARTICLE 4.

Les Directeurs de la Justice compétents sont chargés, chacun en ce qui le concerne, de l'exécution de la présente ordonnance.

Boma, le 16 juin 1911.

(Sig.) GHISLAIN.

ORDONNANCE

créant un permis collectif spécial de chasse.

AU NOM DU GOUVERNEUR GÉNÉRAL,

le Vice-Gouverneur Général ff. de Gouverneur Général,

Vu le décret du 26 juillet 1910 sur les droits de chasse et de pêche, notamment l'article premier;

Revu l'Ordonnance du 12 octobre 1910, prise en exécution de ce décret,

ORDONNE :

ARTICLE PREMIER.

En outre des déclarations d'autorisation de chasse et des permis de chasse énumérés à l'article 2 de l'Ordonnance du 12 octobre 1910, il est créé un permis collectif spécial de chasse.

Ce permis est délivré par le Gouverneur Général ou, dans les parties du territoire constituée en Vice-Gouvernement Général, par le Vice-Gouverneur Général.

ARTICLE 2.

Les permis collectifs spéciaux sont gratuits. Ils ne sont délivrés qu'aux autorités investies d'un commandement territorial ou militaire ou aux chefs de missions religieuses ou scientifiques.

ARTICLE 3.

Les permis collectifs spéciaux confèrent le droit de chasser ou de faire chasser, dans un but d'alimentation, les animaux qui seront chaque fois expressément spécifiés sur le permis.

Celui-ci déterminera, en outre, la proportion dans laquelle les animaux pourront être tués, le nombre des chasseurs qui pourront être employés et la région pour laquelle il est valable.

ARTICLE 4.

Les permis collectifs spéciaux sont valables jusqu'à révocation et permettent l'usage de toutes armes dont le port est licite et qui ne sont pas des pièges ou engins de chasse prohibés.

ARTICLE 5.

Toutes les dépouilles non comestibles des animaux tués en vertu d'un permis collectif spécial de chasse seront la propriété de la Colonie.

ARTICLE 6.

La présente ordonnance s'applique au Katanga, comme aux autres parties du territoire du Congo belge.

ARTICLE 7.

Les Directeurs de la Justice compétents sont chargés, chacun en ce qui le concerne, de l'exécution de la présente ordonnance, qui entrera en vigueur dans les délais légaux.

Boma, le 15 juin 1911.

(Sig.) GHISLAIN.

SOMALIE ANGLAISE

PROTECTORAT DU SOMALILAND

ORDONNANCE

promulguée par le Commissaire de Sa Majesté pour le Protectorat du Somaliland.

(L. S.) H. E. S. CORDEAUX,
Commissaire de Sa Majesté.

Berbera, le 12 juin 1907.

N° 2 de 1907.

Protection du gibier.

1. Dans la présente ordonnance :

Les mots « chasser, tuer ou capturer » signifient chasser, tuer ou capturer par n'importe quelle méthode et comprennent aussi toute tentative de tuer ou de capturer.

SOMALILAND PROTECTORATE

AN ORDINANCE

enacted by His Majesty's Commissioner for the Somaliland Protectorate.

(L.S.) H. E. S. CORDEAUX,
His Majesty's Commissioner.

Berbera, June 12, 1907.

No. 2 of 1907.

Game Preservation.

1. In this Ordinance —

« Hunt, kill, or capture » means hunting, killing, or capturing by any method, and includes every attempt to kill or capture.

« Hunting » includes molesting.

Par « chasser » on entend aussi molester.

« Gibier » signifie tout animal mentionné à l'un des tableaux.

« Fonctionnaire public » signifie un fonctionnaire européen employé dans un service public du Protectorat du Somaliland ou un officier d'un des navires de Sa Majesté visitant la côte.

« Indigène » veut dire tout indigène d'Afrique n'étant pas de race ni de parenté européenne ou américaine.

« Colon » signifie une personne résidant actuellement dans le Protectorat et n'étant ni fonctionnaire public ni indigène.

« Sportsman » signifie une personne visitant le Protectorat en tout ou en partie dans des vues sportives, et n'étant ni fonctionnaire public, ni résident, ni indigène.

« Fonctionnaire de district » signifie le fonctionnaire chargé de l'administration d'un district du Protectorat.

« Tableau » et « Tableaux » se rapportent aux tableaux annexés à la présente ordonnance.

« Game » means any animal mentioned in any of the schedules.

« Public Officer » means a European officer in the public service of the Somaliland Protectorate, or an officer of one of His Majesty's ships visiting the coast.

« Native » means any native of Africa not being of European or American race or parentage.

« Settler » means a person for the time being resident in the Protectorate not being a public officer or a native.

« Sportsman » means a person who visits the Protectorate wholly or partly for sporting purposes, not being a public officer, settler, or native.

« District Officer » means the Administrative Officer in charge of a district of the Protectorate.

« Schedule » and « Schedules » refer to the Schedules annexed to this Ordinance.

Dispositions générales.

2. Nul ne peut, à moins d'y être autorisé par un permis spécial, chasser, tuer ou capturer un des animaux mentionnés au premier tableau.

3. Nul ne peut, à moins d'y être autorisé par un permis spécial en vertu de la présente ordonnance, chasser, tuer ou capturer un animal des espèces mentionnées au second tableau si l'animal est

(a) Non adulte;

(b) Une femelle accompagnée de ses petits.

4. Nul ne peut, à moins d'y être autorisé par un permis spécial, chasser, tuer ou capturer un animal mentionné au troisième tableau.

5. Le Commissaire peut, s'il le juge opportun, déclarer par voie de proclamation, que le nom d'une espèce, variété ou le sexe d'un animal, quadrupède ou oiseau, non mentionné dans un tableau ci-annexé, sera porté sur un tableau déterminé, ou que le nom de telle espèce ou variété mentionné ou compris dans tel tableau sera reporté

General Provisions.

2. No person, unless he is authorized by a special licence in that behalf, shall hunt, kill, or capture any of the animals mentioned in the First Schedule.

3. No person, unless he is authorized by a special licence under this Ordinance shall hunt, kill, or capture any animal of the kinds mentioned in the Second Schedule if the animal be—

(*a*) Immature; or

(*b*) A female accompanied by its young.

4. No person, unless he is authorized under this Ordinance, shall hunt, kill, or capture any animal mentioned in the Third Schedule.

5. The Commissioner may, if he thinks fit, by Proclamation, declare that the name of any species, variety, or sex of animal, whether beast or bird, not mentioned in any Schedule hereto

sur tel autre tableau et, s'il le juge opportun, il pourra rendre pareille proclamation applicable au Protectorat entier ou la restreindre au district ou aux districts où il trouve utile de protéger tel animal.

6. Nul ne peut, à l'intérieur du Protectorat, vendre, ni acheter, ni offrir ou exposer en vente des œufs d'autruche, ni aucune tête, ni cornes, ni peau, ni viandes d'un animal mentionné à l'un des tableaux, à moins que l'autruche ou l'animal n'ait été gardé à l'état domestique; et nul ne pourra sciemment détenir en magasin, emballer, transporter ni exporter un animal ou une partie d'animal qu'il a des raisons de croire avoir été tué ou capturé en contravention à la présente ordonnance.

7. Si une personne est trouvée en possession d'une défense d'éléphant pesant moins de 25 livres ou d'ivoire qui, de l'avis du tribunal, a fait partie d'une défense pesant moins de 25 livres, elle sera jugée coupable de contraven-

---

shall be added to a particular Schedule, or that the name of any species or variety of animal mentioned or included in one Schedule shall be transferred to another Schedule, and, if he thinks fit, apply such declaration to the whole of the Protectorate or restrict it to any district or districts in which he thinks it expedient that the animal should be protected.

6. No person shall within the Protectorate sell, or purchase, or offer, or expose for sale any ostrich eggs or any head, horns, skin, or flesh of any animal mentioned in any of the Schedules, unless the ostrich or animal has been kept in a domesticated state; and no person shall knowingly store, pack, convey, or export any part of any animal which he has reason to believe has been killed or captured in contravention of this Ordinance.

7. If any person is found to be in possession of any elephant's tusk weighing less than 25 lbs., or any ivory being, in the opinion of the Court, part of an elephant's tusk which would have weighed less than 25 lbs., he shall be guilty of an offence against this

tion à la présente ordonnance et la défense ou l'ivoire sera confisqué, à moins que le détenteur ne prouve que la défense ou l'ivoire n'a pas été acquis en contravention à la présente ordonnance.

8. Lorsqu'il appert au Commissaire qu'une méthode employée pour tuer ou capturer des animaux est par trop destructive, il peut, par voie de proclamation, interdire cette méthode ou prescrire les conditions dans lesquelles cette méthode peut être employée; et si une personne fait usage de cette méthode ainsi interdite ou l'applique autrement que dans les conditions ainsi imposées, elle sera passible des mêmes pénalités que pour une contravention à la présente ordonnance.

9. Sauf ce qui est prévu par la présente ordonnance ou par une proclamation en vertu de la présente ordonnance, toute personne peut chasser, tuer ou capturer tout animal non mentionné à l'un des tableaux.

Ordinance, and the tusk or ivory shall be forfeited unless he proves that the tusk or ivory was not obtained in breach of this Ordinance.

8. Where it appears to the Commissioner that any method used for killing or capturing animals is unduly destructive, he may, by Proclamation, prohibit such method or prescribe the conditions under which any method may be used; and if any person uses any method so prohibited, or uses any method otherwise than according to the conditions so prescribed, he shall be liable to the same penalties as for a breach of this Ordinance.

9. Save as provided by this Ordinance, or by any Proclamation under this Ordinance, any person may hunt, kill, or capture any animal not mentioned in any of the Schedules.

Game Reserves.

10. The areas described in the Fifth Schedule hereto are hereby declared to be game reserves.

Réserves de chasse.

10. Les territoires déterminés au cinquième tableau ci-annexé sont constitués par la présente en réserves de chasse.

Le Commissaire, avec l'approbation du Secrétaire d'État, peut, par voie de proclamation, déclarer que toute autre partie du Protectorat constituera une réserve de chasse et peut déterminer ou modifier les limites de toute réserve de chasse et la présente ordonnance sera applicable à toute réserve de chasse ainsi constituée.

Sauf ce qui est prévu par la présente ordonnance ou par une proclamation pareille, toute personne qui, sans y être autorisée par un permis spécial, chasse, tue ou capture un animal quelconque dans une réserve de chasse, ou qui est trouvée à l'intérieur d'une réserve de chasse dans telles circonstances prouvant qu'elle était illégalement à la poursuite d'un animal, sera jugée coupable de contravention à la présente ordonnance.

11. Il y aura annuellement une période close, pour le

The Commissioner, with the approval of the Secretary of State, may, by Proclamation, declare any other portion of the Protectorate to be a game reserve, and may define or alter the limits of any game reserve, and this Ordinance shall apply to every such game reserve.

Save as provided in this Ordinance, or by any such Proclamation, any person who, unless he is authorized by a special licence, hunts, kills, or captures any animal whatever in a game reserve, or is found within a game reserve under circumstances showing that he was unlawfully in pursuit of any animal, shall be guilty of a breach of this Ordinance.

11. There shall be an annual close time for game in the Protectorate, from the 15th March to the 15th June both days inclusive, during which, notwithstanding any authorisation conferred on licence-holders under this Ordinance, no game animals

gibier, dans le Protectorat et ce, du 15 mars jusqu'au 15 juin, y compris ces deux jours; durant cette période et nonobstant toute autorisation accordée aux porteurs de permis en vertu de la présente ordonnance, aucun gibier mentionné aux quatre tableaux annexés à la présente ordonnance ne pourra être chassé, tué ni capturé.

Permis aux Européens, etc.

12. Les permis suivants peuvent être délivrés par le Commissaire ou par tout fonctionnaire de district à telle personne ou telles personnes, ainsi que le permettra le Commissaire, à savoir :

(1) Un permis de sportsman;
(2) Un permis de fonctionnaire; et
(3) Un permis de colon.

Les taxes suivantes seront payables pour ces permis, à savoir : pour un permis de sportsman, 500 roupies et pour un permis de fonctionnaire ou un permis de colon, 100 roupies.

---

mentioned in the four Schedules annexed to this Ordinance shall be hunted, killed, or captured.

Licences to Europeans, &c.

12. The following licences may be granted by the Commissioner or any District officer or such person or persons as may be authorized by the Commissioner, that is to say :

(1) A sportsman's licence;
(2) A public officer's licence; and
(3) A settler's licence.

The following fees shall be payable for licences, that is to say, for a sportsman's licence, 500 rupees, and for a public officer's or a settler's licence, 100 rupees.

Every licence shall be in force for one year only from the date of issue.

Tout permis sera valable pour une année seulement à compter de la date d'émission.

Néanmoins, un permis de fonctionnaire peut être délivré pour une période unique de quatorze jours consécutifs, en une année, contre payement d'une taxe de 30 roupies.

Tout permis portera en toutes lettres le nom de la personne à laquelle il a été délivré, la durée de sa validité et la signature du Commissaire, du fonctionnaire de district ou de la personne autorisée à délivrer des permis.

La personne sollicitant un permis peut être requise de fournir, sous forme de reconnaissance ou de dépôt, n'excédant pas une valeur de 2,000 roupies, une garantie d'observer la présente ordonnance ainsi que les conditions (s'il y en a) mentionnées sur le permis.

Un permis n'est pas transmissible.

Tout permis doit être produit sur réquisition de tout fonctionnaire du Gouvernement du Protectorat.

Pour la délivrance des permis en vertu de la présente

Provided that a public officer's licence may be granted for a single period of 14 consecutive days in one year on payment of a fee of 30 rupees.

Every licence shall bear in full the name of the person to whom it is granted the date of issue, the period of its duration, and the signature of the Commissioner, District officer, or other person authorized to grant licences.

The applicant for a licence may be required to give security by bond or deposit, not exceeding 2,000 rupees, for his compliance with this Ordinance, and with the additional conditions (if any) contained in his licence.

A licence is not transferable.

Every licence must be produced when called for by any officer of the Protectorate Government.

In granting licences under this Ordinance a District officer

ordonnance, un fonctionnaire de district ou toute personne autorisée à délivrer des permis observera toutes les instructions générales ou spéciales données par le Commissaire.

13. Un permis de sportsman et un permis de fonctionnaire public autorisent respectivement le porteur à chasser, tuer ou capturer des animaux de chacune des espèces mentionnées au troisième tableau, mais seulement jusqu'au nombre fixé pour chaque espèce dans la seconde colonne de ce tableau, à moins que le permis ne porte une autre indication.

Le porteur d'un permis de sportsman ou d'un permis de fonctionnaire public délivré en vertu de la présente ordonnance peut être autorisé, par le permis, à tuer ou capturer un nombre supplémentaire d'animaux de chaque espèce moyennant payement de telles taxes supplémentaires que le Commissaire fixera.

14. Un permis de colon autorise le porteur à chasser, tuer ou capturer des animaux des espèces et jusqu'au

---

or any person authorized to grant licences shall observe any general or particular instructions of the Commissioner.

13. A sportsman's licence and a public officer's licence respectively authorizes the holder to hunt, kill, or capture animals of any of the species mentioned in the Third Schedule, but unless the licence otherwise provides, not more than the number of each species fixed by the second column of that Schedule.

The holder of a sportsman's or public officer's licence granted under this Ordinance may by the licence be authorized to kill or capture additional animals of any such species on payment of such additional fees as may be prescribed by the Commissioner.

14. A settler's licence authorizes the holder to hunt, kill, or capture animals of the species and to the number mentioned in the Fourth Schedule only.

15. A public officer's licence shall not be granted except to

nombre mentionnés dans le quatrième tableau seulement.

15. Un permis de fonctionnaire public ne sera délivré qu'à un fonctionnaire public, sauf cependant que le Commissaire peut délivrer un nombre limité de permis de fonctionnaire public à des officiers de la garnison d'Aden. Un permis de colon ne sera délivré qu'à un colon, mais un permis de sportsman peut être délivré à un colon.

16. Lorsqu'il le juge utile pour des raisons scientifiques ou administratives, le Commissaire peut délivrer un permis spécial à toute personne non indigène, l'autorisant à tuer ou capturer des animaux d'une ou de plusieurs des espèces mentionnées dans les tableaux, ou à tuer, chasser ou capturer, dans une réserve de chasse, des bêtes ou oiseaux de proie déterminés ou d'autres animaux dont la présence est préjudiciable aux fins d'une réserve de chasse ou, dans des cas spéciaux, à tuer ou capturer, selon le cas, dans une réserve de chasse, un ou des animaux d'une ou de plusieurs espèces mentionnées dans les tableaux.

---

a public officer, save that the Commissioner may issue a limited number of public officer's licences to military officers of the Aden Garrison. A settler's licence shall not be granted except to a settler, but a sportsman's licence may be granted to a settler.

16. Where it appears proper to the Commissioner for scientific or administrative reasons, he may grant a special licence to any person, not being a native, to kill or capture animals of any one or more species mentioned in any of the Schedules, or to kill, hunt, or capture in a game reserve specified beasts or birds of prey, or other animals whose presence is detrimental to the purposes of the game reserve, or in particular cases, to kill or capture, as the case may be, in a game reserve, an animal or animals of any one or more species mentioned in the Schedules.

A special licence shall be subject to such conditions as to fees and security (if any), number, sex, and age of specimens, district

Un permis spécial sera subordonné aux mêmes conditions quant aux taxes, à la garantie (s'il y en a), au nombre, au sexe et à l'âge des spécimens, au district et à la saison de chasse et autres matières à déterminer par le Commissaire.

Sauf ce qui est dit plus haut, le porteur d'un permis spécial se soumettra aux dispositions générales de la présente ordonnance ainsi qu'aux prescriptions concernant les porteurs de permis.

17. Tout porteur de permis tiendra, dans la forme prescrite au septième tableau, un registre des animaux tués ou capturés par lui.

Ce registre sera soumis aussi souvent qu'il est utile, mais au moins une fois en trois mois, au fonctionnaire de district le plus proche, qui contresignera les inscriptions faites jusqu'à cette date.

Toute personne autorisée à délivrer des permis peut à tout moment inviter tout porteur de permis à produire son registre aux fins d'inspection.

---

and season for hunting and other matters as the Commissioner may prescribe.

Save as aforesaid, the holder of a special licence shall be subject to the general provisions of this Ordinance, and to the provisions relating to holders of licences.

17. Every licence-holder shall keep a register of the animals killed or captured by him in the form specified in the Seventh Schedule.

The Register shall be submitted as often as convenient, but not less frequently than once in three months, to the nearest District Officer, who shall countersign the entries up to date.

Any person authorized to grant licences may at any time call upon any licence holder to produce his register for inspection.

Every person holding a sportsman's licence shall likewise

De même toute personne porteur d'un permis de sportsman devra, avant de quitter le Protectorat, soumettre son registre au fonctionnaire de district du port où elle s'embarque.

Si un porteur de permis néglige de tenir fidèlement son registre, il sera jugé coupable de contravention à la présente ordonnance.

18. Le Commissaire peut retirer tout permis, s'il est convaincu que le porteur s'est rendu coupable de contravention à la présente ordonnance ou qu'il a été le complice d'une autre personne dans une contravention, ou que dans d'autres affaires se rapportant à la présente, il a agi autrement que de bonne foi.

19. Le Commissaire peut, à sa discrétion, décider qu'un permis en vertu de la présente ordonnance sera refusé à tout requérant.

20. Toute personne dont le permis a été perdu ou détruit peut en obtenir un nouveau pour le restant du terme à courir, contre payement d'une taxe n'excédant

---

before leaving the Protectorate submit his register to the District Officer of the port from which he embarks.

If any holder of a licence fails to keep his register truly he shall be guilty of an offence against this Ordinance.

18. The Commissioner may revoke any licence when he is satisfied that the holder has been guilty of a breach of this Ordinance or of his licence, or has connived with any other person in any such breach, or that in any matters in relation thereto he has acted otherwise than in good faith.

19. The Commissioner may at his discretion direct that a licence under this Ordinance shall be refused to any applicant.

20. Any person whose licence has been lost or destroyed may obtain a fresh licence for the remainder of his term on payment of a fee not exceeding one-fifth of the fee paid for the licence so lost or destroyed.

pas le cinquième de la taxe payée pour le permis ainsi perdu ou détruit.

21. Aucun permis délivré en vertu de la présente ordonnance ne donnera le droit au porteur de chasser, tuer ou capturer un animal ni de passer sur une propriété privée sans le consentement du propriétaire ou de l'occupant.

22. Toute personne qui, après avoir tué ou capturé des animaux au nombre et des espèces autorisés par son permis, continue à chasser, tuer ou capturer des animaux qu'elle n'est pas autorisée à tuer ou capturer, sera jugée coupable de contravention à la présente ordonnance et punissable en conséquence.

23. Les personnes au service de porteurs de permis peuvent, sans permis, prêter assistance à ces porteurs pour la chasse aux animaux, mais ne feront pas usage d'armes à feu.

24. Le Commissaire ou toute personne autorisée par lui à cette fin peut, à sa discrétion, exiger de toute personne qui importe des armes à feu ou des munitions, dont

---

21. No licence granted under this Ordinance shall entitle the holder to hunt, kill, or capture any animal, or to trespass upon private property without the consent of the owner or occupier.

22. Any person who, after having killed or captured animals to the number and of the species authorized by his licence, proceeds to hunt, kill, or capture any animals which he his not authorized to kill or capture, shall be guilty of a breach of this Ordinance, and punishable accordingly.

23. Persons in the employment of holders of licences may, without licence, assist such holders of licences in hunting animals, but shall not use fire-arms.

24. The Commissioner or any person authorized by him in that behalf may, at his discretion, require any person importing fire-arms or ammunition that may be used by such person for the purpose of killing game or other animals to take a licence

cette personne pourrait faire usage pour tuer du gibier ou d'autres animaux, qu'elle prenne un permis conformément à la présente ordonnance et il peut refuser l'autorisation d'enlever ces armes à feu ou ces munitions de l'entrepôt public, jusqu'à ce que pareil permis ait été pris. Sauf ce qui est dit ci-dessus, rien dans la présente ordonnance ne portera atteinte aux prescriptions des « Dispositions concernant les armes à feu dans le Somaliland», 1905.

Restrictions quant au gibier qui peut être tué par les indigènes.

25. Excepté ce qui concerne les animaux mentionnés au premier tableau ainsi que le grand et le petit coudou, qu'il sera interdit aux indigènes de tuer, les prescriptions de la présente ordonnance concernant le fait de tuer des animaux en dehors de la réserve ne seront pas appliquées aux tribus indigènes qui jusqu'ici ont été habituées à ne pas pouvoir se passer de viande d'animaux sauvages pour leur subsistance.

---

under this Ordinance, and may refuse to allow the fire-arms or ammunition to be taken from the public warehouse until such licence is taken out. Save, as aforesaid, nothing in this Ordinance shall affect the provision of « The Somaliland Fire-arms Regulations » 1905.

Restrictions on Killing Game by Natives.

25. Except as regards the animals mentioned in Schedule 1, and larger and lesser kudu, the killing of which by natives will be prohibited, the provisions of this Ordinance as the killing of animals other than in the reserve will not for the present be applied to the inland tribes who have hitherto been accustomed to depend on the flesch of wild animals for their subsistence.

Procédure légale.

26. Lorsqu'un fonctionnaire public du Protectorat du Somaliland le jugera utile pour la vérification du registre d'un porteur de permis, ou lorsqu'il suspecte une personne de s'être rendue coupable de contravention à la présente ordonnance, il peut inspecter et visiter tous bagages, emballages, wagons, tentes, bâtiment ou caravane appartenant à ou sous la garde de cette personne ou de son agent; et si le fonctionnaire trouve des têtes, défenses, peaux, ou autres dépouilles d'animaux qui paraissent avoir été tués, ou des animaux vivants paraissant avoir été capturés en contravention à la présente ordonnance, il les saisira et les produira devant un magistrat pour qu'il en soit disposé conformément à la loi.

27. Toute personne qui chasse, tue ou capture un animal en contravention à la présente ordonnance ou qui autrement commet une infraction à la présente ordonnance, sera, si elle est reconnue coupable, passible d'une amende pouvant atteindre 1,000 roupies et si la contravention se rapporte à plus de deux animaux, à une

---

Legal Procedure.

26. Where any public officer of the Somaliland Protectorate contravention of this Ordinance, or otherwise commits any thinks it expedient for the purpose of verifying the register of a licence-holder, or suspects that any person has been guilty of a breach of this Ordinance, he may inspect and search any baggage, packages, waggons, tents, building, or caravan belonging to or under the control of such person or his agent; and if the officer finds any heads, tusks, skins, or other remains of animals appearing to have been killed, or any live animals appearing to have been captured, in contravention of this Ordinance, he shall seize and take the same before a Magistrate to be dealt with according to law.

amende, pour chaque animal, pouvant atteindre 500 roupies et, dans chaque cas, à un emprisonnement pouvant durer jusque deux mois, avec ou sans amende.

Dans tous les cas où la culpabilité est établie, toutes têtes, cornes, défenses, peaux ou autres dépouilles d'animaux trouvées dans la possession du contrevenant ou de son agent et tous animaux vivants capturés en contravention à la présente ordonnance, seront passibles de confiscation.

Si la personne reconnue coupable est porteur d'un permis, celui-ci peut être retiré par le tribunal.

28. Lorsque dans des poursuites intentées en vertu de la présente ordonnance, une amende est comminée, le tribunal peut accorder comme récompense à ou aux informateurs, une ou des sommes n'excédant par la moitié de l'amende totale.

Abrogation, etc.

29. Toutes dispositions antérieures relatives au fait de

---

27. Any person who hunts, kills, or captures, any animal in breach of this Ordinance, shall, on conviction, be liable to a fine which may extend to 1,000 rupees, and, where the offence relates to more animals than two, to a fine in respect of each animal which may extend to 500 rupees, and in either case to imprisonment which may extend to two months, with or without a fine.

In all cases of conviction, any heads, horns, tusks, skins, or other remains of animals found in the possession of the offender or his agent, and all live animals captured in contravention of this Ordinance, shall be liable to forfeiture.

If the person convicted is the holder of a licence, his licence may be revoked by the Court.

28. Where in any proceedings under this Ordinance any fine is imposed, the Court may award any sum or sums not exceeding half the total fine to any informer or informers.

tuer du gibier dans le Protectorat sont abrogées par la présente.

30. Les modèles de permis figurant au tableau ci-joint peuvent être utilisés, avec telles modifications que les circonstances peuvent exiger.

31. La présente ordonnance sera intitulée : « Ordonnance de 1907 concernant la conservation du gibier dans le Somaliland ».

TABLEAUX.

Premier Tableau.

Animaux qui ne peuvent être chassés, tués ou capturés par personne, si ce n'est en vertu d'un permis spécial :

1. Zèbre, toutes espèces;
2. Girafe;
3. Élan;
4. Gnou;

Repeal, &c.

29. All previous regulations as to killing of game in the Protectorate are hereby repealed.

30. The forms of licences appearing in the Schedule hereto, with such modifications as circumstances require, may be used.

31. This Ordinance may be cited as « The Somaliland Game Preservation Ordinance », 1907.

SCHEDULES.

First Schedule.

Animals not to be hunted, killed, or captured by any person except under special licence :—

1. Zebra, all species;
2. Giraffe;

5. Ane sauvage;
6. Buffle;
7. Éléphant;
8. Vautours;
9. Oiseaux-secrétaires;
10. Hiboux;
11. Autruche, femelle et jeune.

DEUXIÈME TABLEAU.

Animaux dont les femelles ne peuvent être chassées, tuées ni capturées quand elles sont accompagnées de leurs petits, et dont les jeunes ne peuvent être capturés si ce n'est en vertu d'un permis spécial :

1. Rhinocéros;
2. Toutes antilopes et gazelles.

---

3. Eland;
4. Gnu;
5. Wild Ass;
6. Buffalo;
7. Elephant;
8. Vultures;
9. Secretary-birds;
10. Owls;
11. Ostrich, female and young.

SECOND SCHEDULE.

Animals, the females of which are not to be hunted, killed, or captured when accompanied by their young, and the young of which are not to be captured except under special licence :—

1. Rhinoceros;
2. All antelopes and gazelles.

Troisième Tableau.

Animaux qui peuvent être tués ou capturés, en nombre limité, en vertu d'un permis de sportsman ou d'un permis de fonctionnaire public :

Espèce.	Nombre toléré en vertu d'un permis,
1. Rhinocéros	1
2. Antilopes et gazelles :	
(1) Oryx	3
(2) Grand coudou *(Strepsiceros)*	1
(3) Petit coudou *(Imberbis)*	1
(4) Hartebeest de Swayne	1
(5) Gazelle de Clarke	1
(6) Oréotrague sauteur *(Oreotragus saltator)*	2
(7) Baira	2

Third Schedule.

Animals, limited numbers of which may be killed or captured under a sportsman's or public officer's licence :—

Species.	Number allowed under licence.
1. Rhinoceros	1
2. Antelopes and Gazelles : —	
(1) Oryx	3
(2) Greater Kudu *(Strepsiceros)*	1
(3) Lesser Kudu *(Imberbis)*	1
(4) Swayne's Hartebeeste	1
(5) Clarke's Gazelle	1
(6) Klipspringer	2
(7) Baira	2
(8) Pelzeln's Gazelle	2
(9) Waller's Gazelle	4

13.

(8) Gazelle de Pelzeln.................... 2
(9) Gazelle de Waller.................... 4
(10) Gazelle de Speke.................... 10
(11) Gazelle de Soemering.................... 10
(12) Dik Dik (de chaque espèce)........... 15
3. Léopard chasseur.................... 2
4. Guépard.................... 2
5. Petits singes (de chaque espèce).......... 2
6. Autruche (mâle).................... 1
7. Marabout.................... 2
8. Aigrettes.................... 2
9. Grandes outardes.................... 2
10. Sangliers (de chaque espèce)............. 6
11. Petits félins.................... 10

---

(10) Speke's Gazelle.................... 10
(11) Soemering's Gazelle.................... 10
(12) Dik Dik (of each species).................... 15
3. Cheeah.................... 2
4. Aard-wolf.................... 2
5. Smaller Monkeys (of each species).............. 2
6. Ostrich, male.................... 1
7. Marabouts.................... 2
8. Egrets.................... 2
9. Greater Bustards.................... 2
10. Wild Pig (of each species).................... 6
11. Smaller Cats.................... 10

Quatrième Tableau.

Animaux qui peuvent être tués en vertu d'un permis de colon :

	Espèce.	Nombre toléré en vertu d'un permis.
1.	Gazelle de Speke	10
2.	Gazelle de Soemering	10
3.	Gazelle de Waller	4
4.	Dik Dik	15
5.	Sangliers (de chaque espèce)	6
6.	Petits félins	10

Cinquième Tableau.

Réserve de chasse.

1. Le territoire limité par une ligne allant de la colline Geloker à travers Lower Shaik et Shaik's Tomb jusqu'à

Fourth Schedule.

Animals, which may be killed under Settler's licence :—

	Species.	Number allowed under licence.
1.	Speke's Gazelle	10
2.	Soemering's Gazelle	10
3.	Waller's Gazelle	4
4.	Dik Dik	15
5.	Wild Pig (of each species)	6
6.	Smaller Cats	10

Fifth Schedule.

Game Reserve.

1. The area bounded by a line running from Geloker Hill through Lower Shaik and the Shaik's Tomb to Fodyer Bluff,

Fodyer Bluff, de là à l'ouest le long de la crête de la chaîne de Golis jusque Daraas Bluff, de là au sud à travers Armaleh jusqu'à la colline Garbardir, de là à l'est par la colline Deimoleh-Yer jusqu'à la colline Geloker.

2. Le territoire limité par une ligne allant de Lafarug à travers Mandeira et Jerato Pass jusque Syk, Talawa-Yer et la rivière Hargeisa jusque Haraf, de là jusque Sattawa à l'intersection du 10e parallèle et du 44e méridien est et delà, le long du 10e parallèle, jusqu'au point de départ à Lafarug.

Sixième Tableau.

N° 1. — *Permis de sportsman (taxe, 500 roupies); ou permis de fonctionnaire public (taxe, 100 roupies).*

A. B....., de ...., est autorisé par le présent permis à chasser, tuer ou capturer des animaux sauvages à l'intérieur du Protectorat du Somaliland, pour une année à compter de la date du présent permis,

---

thence west along the crest of the Golis Range to Daraas Bluff, thence south through Armaleh to Garbardir Hill, thence east through Deimoleh-Yer Hill to Geloker Hill.

2. The area bounded by a line running from Lafarug through Mandeira and the Jerato Pass to Syk, Talawa-Yer and Hargeisa River to Haraf, thence to Sattawa at the intersection of the 10th parallel with 44 east meridian, and thence along the 10th parallel to its starting point at Lafarug.

Sixth Schedule.

No. 1. — *Sportsman's Licence (Fee, 500 rupees); or Public Officer's Licence (Fee, 100 rupees).*

A. B., of ...., is hereby licensed to hunt, kill, or capture wild animals within the Somaliland Protectorate for one

moyennant d'observer les dispositions et sous les restrictions de l' « Ordonnance pour la protection du gibier dans le Somaliland», 1907.

Le dit A. B...... est autorisé, sous les conditions de la dite ordonnance, à tuer ou capturer les animaux suivants en plus du nombre de ces espèces toléré par l'ordonnance, à savoir :

Taxe payée, ... roupies.
Daté du ....,................ 19.....

Le Commissaire de Sa Majesté
(ou Fonctionnaire de district).

N° 2. — *Permis de colon (taxe, 100 roupies).*

C. D......, de ...., est autorisé, par le présent permis, à chasser, tuer ou capturer des animaux sauvages à l'intérieur du .... district du Protectorat du Somaliland, durant une année à compter de la date du présent permis, mais moyennant d'observer

---

year from the date hereof, subject to the provisions and restrictions of « The Somaliland Game Preservation Ordinance», 1907.

The said A. B. is authorized, subject to the same Ordinance, to kill or capture the following animals in addition to the number of the same species allowed by the Ordinance, that is to say :—

Fee paid, ... rupees.
Dated this .... day of ...., 190....

His Majesty's Commissioner
(or District Officer).

No. 2. — *Settler's Game Licence (Fee, 100 rupees).*

C. D., of .... , is hereby licensed to hunt, kill, or capture wild animals within the .... district of the Somaliland Protectorate for one year from the date hereof, but

les dispositions et sous les restrictions de l' « Ordonnance pour la protection du gibier dans le Somaliland », 1907.

Daté du .... 19.....

Le Commissaire de Sa Majesté
(ou Fonctionnaire de district).

SEPTIÈME TABLEAU.

Registre de gibier.

ESPÈCE.	NOMBRE.	SEXE.	LOCALITÉ.	DATE.	OBSERVATIONS.

Je certifie que les indications ci-dessus sont la nomenclature exacte des animaux tués par moi dans le .... Protectorat en vertu du permis qui m'a été délivré le .... 19.....

Approuvé, ... 19.....

Signature du fonctionnaire contrôleur.

---

subject to the provisions and restrictions of « The Somaliland Game Preservation Ordinance », 1907.

Dated this .... day of ...., 190.....

His Majesty's Commissioner
(or District Officer).

SEVENTH SCHEDULE.

Game Register.

SPECIES.	NUMBER.	SEX.	LOCALITY.	DATE.	REMARKS.

I declare that the above is a true record of all animals killed by me in the .... Protectorate under the licence granted me on the ...., 190.....

Passed, ... 190.....

Signature of Examining Officer.

ADEN

GOUVERNEMENT DE L'INDE

DÉPARTEMENT DU COMMERCE ET DE L'INDSTRIE.

Simla, 7 juin 1907.

Exerçant les pouvoirs que lui confère la section 19 de l'Acte concernant les Douanes Maritimes, 1878 (VIII de 1878), il plaît au Gouverneur Général en conseil d'interdire l'introduction dans Aden, par voie de mer ou par voie de terre, de toutes choses spécifiées au tableau ci-annexé, sauf celles qui sont importées, sous le couvert d'un passavant d'exportation délivré, en vue de celles-là, par un fonctionnaire des douanes du lieu d'exportation.

TABLEAU.

1. Œufs d'autruche.

2. Têtes, cornes, peaux, plumes ou viandes d'un des animaux mentionnés ci-dessous :

(1) Zèbre;
(2) Girafe;
(3) Élan;
(4) Gnou à queue blanche;

GOVERNMENT OF INDIA

DEPARTMENT OF COMMERCE AND INDUSTRY.

Simla, the 7th June, 1907.

In exercise of the powers conferred by Section 19 of the Sea Customs Act, 1878 (VIII. of 1878), the Governor-General in Council is pleased to prohibit the bringing by sea or by land into Aden of any goods specified in the annexed schedule except such as are imported under cover of an export pass-note issued in respect of them by an officer of customs at the place of export.

SCHEDULE.

1. Ostrich eggs.

2. Heads, horns, skins, feathers, or flesh of any of the under-mentioned animals :—

(1) Zebra;
(2) Giraffe;
(3) Eland;
(4) White-tailed gnu;
(5) Wild ass;

(5) Ane sauvage;
(6) Buffle;
(7) Éléphant;
(8) Vautour;
(9) Oiseau secrétaire;
(10) Hibou;
(11) Pique-bœuf (toute espèce);
(12) Autruche;
(13) Rhinocéros;
(14) Toutes antilopes et gazelles;
(15) Léopard chasseur;
(16) Guépard;
(17) Petits singes de chaque espèce;
(18) Marabout;
(19) Aigrette;
(20) Sanglier;
(21) Petits félins;
(22) Sanglier à verrues *(Phacochère)*;
(23) Grande outarde.

B. ROBERTSON,
Secrétaire ff. du Gouvernement de l'Inde.

---

(6) Buffalo;
(7) Elephant;
(8) Vulture;
(9) Secretary-Bird;
(10) Owl;
(11) Rhinoceros-bird or beef-eater *(Buphaga)*, any species;
(12) Ostrich;
(13) Rihnoceros;
(14) All antelopes and gazelles;
(15) Cheetah *(Cynœlurus)*.
(16) Aard-wolf;
(17) Smaller monkeys of each species;
(18) Marabout;
(19) Egret;
(20) Wild pig;
(21) Smaller cats;
(22) Warthog *(Phacocharus)*;
(23) Greater Bustard.

B. ROBERTSON,
Officiating Secretary to the Government of India.

PROTECTORAT DU ZANZIBAR

PROTECTORAT DU ZANZIBAR

DÉCRET.

Au nom de Son Altesse Sayyid Ali-bin-Hamoud, Sultan de Zanzibar, et en ma qualité de Régent du Zanzibar j'arrête, par la présent décret, ce qui suit :

Petit Ivoire et Ivoire d'éléphant femelle.

1. Nul ne peut importer dans les îles de Zanzibar et de Pemba des défenses d'éléphant d'un poids inférieur à 11 livres, ni de l'ivoire d'éléphant femelle de n'importe quel poids.

2. Quiconque y importe, vend ou offre en vente, ou est trouvé en possession d'une défense d'éléphant, d'un poids inférieur à 11 livres, d'ivoire d'éléphant femelle de n'importe quel poids ou d'ivoire constituant, de l'avis du Tribunal, une partie d'une défense d'éléphant, d'un poids inférieur à 11 livres, ou d'une défense d'éléphant femelle, sera jugé coupable de contravention aux présentes dispo-

---

ZANZIBAR PROTECTORATE

DECREE.

In the name of His Highness Sayyid Ali-bin-Hamoud, Sultan of Zanzibar, and as Regent of Zanzibar, I hereby decree as follows :—

Small and Cow Ivory.

1. No person shall import into the Islands of Zanzibar and Pemba elephant tusks less than 11 lbs. in weight, or cow ivory of any weight.

2. Any person who so imports, sells, offers for sale, or is found in possession of any elephant tusk less than 11 lbs. in weight, or of any cow ivory of any weight, or of any ivory being, in the opinion of the Court, part of an elephant tusk less than 11 lbs. in weight,

sitions, à moins qu'il ne prouve que la défense ou l'ivoire en question n'a pas été importé en contravention aux présentes dispositions.

3. Tout sujet de Son Altesse le Sultan de Zanzibar, qui commet une infraction aux présentes dispositions sera, après preuve de ce fait devant le Régent et Premier Ministre, passible d'une amende n'excédant pas 1,000 roupies, ou d'un emprisonnement n'excédant pas deux mois, des deux peines réunies ou d'une de ces peines seulement, et de la confiscation du dit ivoire.

4. Le présent décret entrera en vigueur dans les îles de Zanzibar et de Pemba à partir du 1er juin prochain.

A. S. Rogers,
Régent et Premier Ministre.

Zanzibar, le 10 mai 1904.

Contresigné :

John H. Sinclair,
Agent du Gouvernement anglais ff. et Consul général.

---

or of the tusk of a cow elephant, shall be guilty of an offence against these Regulations, unless he proves that the tusk or ivory was not imported in breach of these Regulations.

3. Any subject of His Highness the Sultan of Zanzibar who commits a breach of these Regulations, shall, on conviction before the Regent and First Minister, be liable to a fine not exceeding 1,000 rupees, or imprisonment not exceeding two months, of either kind or both, and to confiscation of the said ivory.

4. This Decree shall come into force in the Islands of Zanzibar and Pemba on and after the 1st June next.

A. S. Rogers,
Regent and First Minister.

Zanzibar, May 10, 1904.

Countersigned :

John H. Sinclair,
Acting British Agent and Consul-General.

AVIS.

Il est notifié par le présent avis que jusqu'à nouvel ordre, tout ivoire d'éléphant femelle ou tout petit ivoire, qui porte une estampille reconnue du Gouvernement et dont l'importateur peut prouver, par un certificat, que cet ivoire a passé par l'entremise du représentant même du Gouvernement dans le port d'exportation, ne sera pas considéré comme ayant été introduit en contravention au décret publié le 11 mai 1904 et interdisant l'importation de pareil ivoire.

A. S. Rogers,
Régent et Premier Ministre.

Zanzibar, le 20 mai 1904.

Contresigné :
John H. Sinclair,
Agent du Gouvernement anglais ff. et Consul Général.

NOTICE.

It is hereby notified that until further notice any cow or small ivory which bears a recognized Government stamp, and the importer of which can produce a certificate to the effect that it has been passed by the proper Representative of the Government of the Port of Export, will not be regarded as having been imported in breach of the Decree published on the 11th May, 1904, prohibiting the importation of such ivory.

A. S. Rogers,
Regent and First Minister.

Zanzibar, May 20, 1904.

Countersigned :
John H. Sinclair,
Acting British Agent and Consul-General.

AFRIQUE ORIENTALE ANGLAISE

AFRIQUE ORIENTALE ANGLAISE

NEUVIÈME ANNÉE DU RÈGNE DE SA MAJESTÉ LE ROI ÉDOUARD VII. — SIR ÉDOUARD PERCY CRANWILL GIROUARD, K. C. M. G., D. S. O., R. E., GOUVERNEUR.

ORDONNANCE DE 1909
sur la chasse.

(14 décembre 1909.)

Il est décrété ce qui suit par le Gouverneur du Protectorat de l'Afrique orientale, de l'avis et avec le consentement du Conseil législatif du Protectorat :

1. La présente ordonnance sera intitulée « Ordonnance de 1909 sur la chasse » et entrera en vigueur au moment de sa publication dans la *Official Gazette*.

BRITISH EAST AFRICA

IN THE NINTH YEAR OF THE REIGN OF HIS MAJESTY KING EDWARD VII. SIR EDOUARD PERCY CRANWILL GIROUARD, K. C. M. G., D. S. O., R. E., GOVERNOR.

THE GAME ORDINANCE, 1909.

(14th December, 1909.)

Be it enacted by the Governor of the East Africa Protectorate with the advice and consent of the Legislative Council thereof :—

1. This Ordinance may be cited as « The Game Ordinance 1909 », and shall come into operation on its publication in the *Official Gazette.*

2. Dans la présente ordonnance « Le Protectorat » signifie le Protectorat de l'Afrique orientale ».

Les mots « Chasser, tuer ou capturer » signifient chasser, tuer ou capturer par n'importe quelle méthode et comprennent toute tentative de tuer ou de capturer.

Par « chasser » on entend aussi molester.

« Gibier » signifie tout animal mentionné à l'un des tableaux.

« Garde-chasse principal » veut dire le fonctionnaire qui actuellement a la charge du Département de la chasse.

Par « garde-chasse » on entendra le garde-chasse principal et tout garde-chasse ou garde-chasse adjoint.

« Animal », sauf stipulation expresse dans la présente, signifie mammifères et oiseaux autres que domestiqués, mais ne comprend pas les reptiles, amphibies, poissons et animaux invertébrés.

« Indigène » veut dire tout indigène d'Afrique n'étant pas de race ni de parenté européenne ou américaine.

---

2. In this Ordinance « The Protectorate » means the British East Africa Protectorate.

« Hunt, kill or capture » means hunting, killing or capturing by any method, and includes every attempt to kill or capture.

« Hunting » includes molesting.

« Game » means any animal mentioned in any of the Schedules.

« Chief Game Ranger » shall mean the officer for the time being in charge of the Game Department.

« Game Ranger » shall include the Chief Game Ranger and any Game Ranger or Assistant Game Ranger.

« Animal » save as herein expressly provided, means mammals, and birds other than domesticated, but does not include reptiles, amphibia, fishes and invertebrate animals.

« Native » means any native of Africa, not being of European or American race or parentage.

« Resident » means a non-native who has satisfied the Commis-

« Résident » signifie un non-indigène qui a prouvé au Commissaire de la province ou du district où il réside qu'il est un résident *bona fide* du Protectorat.

« Tableau » et « Tableaux » se rapportent aux tableaux annexés à la présente ordonnance.

Par « Commissaire de district » on entend aussi un Commissaire de district adjoint.

« Domaine privé » signifie toute terre possédée à titre privé sans titre de la Couronne et toute terre tenue ou occupée par suite d'une concession, d'un bail ou d'un privilège consentis par la Couronne. Il est entendu cependant que ce terme ne comprendra pas les terres occupées par les membres d'une tribu indigène, ni toute terre vendue ou donnée à bail ou aliénée autrement par la Couronne avec réserve de chasse.

Dispositions générales.

3. Nul, à moins d'y être autorisé par un permis spécial,

---

sioner of the Province or District in which he resides that he is a *bona fide* resident in the Protectorate.

« Schedule » and « Schedules » refer to the Schedules annexed to this Ordinance.

« District Commissioner » includes an Assistant District Commissioner.

« Private land » means any land privately owned without a title from the Crown, and any land held or occupied under a conveyance, lease or licence from the Crown. Provided however that the said term shall not include land occupied by the members of a native tribe or any land sold or leased or otherwise alienated by the Crown with a reservation of the game thereon.

General Provisions.

3. No person, unless he is authorized by a special licence in

ne peut chasser, tuer ou capturer un des animaux mentionnés au premier tableau.

4. Sauf stipulation expresse et contraire dans la présente ordonnance, nulle personne, à moins d'y être autorisée par un permis spécial, ne peut chasser, tuer ou capturer un animal des espèces mentionnées au second tableau si cet animal est : *(a)* non adulte ou *(b)* une femelle accompagnée de ses petits.

5. Nulle personne, à moins d'y être autorisée par un permis spécial, ne peut chasser, tuer ou capturer un animal mentionné aux troisième ou quatrième tableaux.

6. (1) Le Gouverneur peut, s'il le juge opportun, par voie de proclamation, rayer tout animal de l'un ou l'autre tableau, ou déclarer que le nom de telle espèce, telle variété ou tel sexe d'animal non mentionné à l'un des tableaux ci-annexés, sera porté sur un tableau déterminé ou que le nom de telle espèce ou variété d'animal mentionné ou compris dans tel tableau sera reporté sur tel

---

that behalf, shall hunt, kill or capture any of the animals mentioned in the First Schedule.

4. Save as in this Ordinance otherwise expressly provided no person unless he is authorized by a special licence in that behalf, shall hunt, kill or capture any animals of the kinds mentioned in the Second Schedule if the animal be *(a)* immature or *(b)* a female accompanied by its young.

5. No person, unless he is authorized under this Ordinance, shall hunt, kill or capture any animal mentioned in the Third or Fourth Schedule.

6. (1) The Governor may, if he thinks fit, by proclamation, remove any animal from any of the schedules, or declare that the name of any species, variety, or sex of animal not mentioned in any schedule hereto, shall be added to a particular schedule, or that the name of any species or variety of animal mentioned or included in one schedule shall be transferred to another schedule,

autre tableau, et s'il le juge opportun, il pourra rendre pareille proclamation applicable au Protectorat entier ou à une province ou district, ou à tout autre territoire.

(2) Le Gouverneur, s'il le juge opportun, peut, par voie de proclamation, modifier le nombre des animaux de chaque espèce mentionnée à chacun des tableaux, qui peuvent être chassés, tués ou capturés en vertu d'un permis.

7. (1) Sauf ce qui est prévu ci-après, nulle personne ne peut exporter ou tâcher d'exporter du Protectorat en vue de la vente, ni tête, ni corne, ni os, ni peau, ni plume, ni viande, ni aucune autre partie d'un animal mentionné à l'un des tableaux, à moins que l'animal n'ait été tenu à l'état domestiqué.

(2) Tout Commissaire de district ou fonctionnaire des douanes peut légalement détenir chacun des objets mentionnés à la sous-section précédente et qu'on cherche à exporter jusqu'à ce que la personne qui cherche à les

---

and, if he thinks fit, apply such proclamation to the whole of the Protectorate, or to any Province, District or other area.

(2) The Governor may, if he thinks fit, by proclamation alter the number of the animals of any species mentioned in any of the schedules which may be hunted, killed or captured under a licence.

7. (1) Save as hereinafter provided no person shall export or shall attempt to export from the Protectorate for sale any head, horn, bone, skin, feather, or flesh or any other part of any animal mentioned in any of the schedules, unless the animal has been kept in a domesticated state.

(2) Any District Commissioner or Customs Officer may lawfully detain any of the things mentioned in the preceding subsection which it is sought to export until he shall be satisfied by the person seeking to export the same that such thing is not intended for sale.

exporter lui ait prouvé que ces objets ne sont pas destinés à être vendus.

(3) Aucune disposition de la présente section ne sera de nature à empêcher l'exportation, pour la vente d'ivoire d'éléphant ou de défenses d'hippopotame qui ont été légalement acquis.

8. Nulle personne ne pourra détenir, garder en magasin, emballer, transporter ou exporter, ni tâcher d'exporter un animal, ni aucune tête, ni corne, ni os, ni peau, ni plume, ni viande, ni aucune autre partie d'un animal qui a été tué, capturé ou acquis en contravention à la présente ordonnance ou à l'ordonnance sur la chasse de 1906 dans l'Afrique orientale, ou à toute autre ordonnance, loi ou disposition abrogée par l'ordonnance citée en dernier lieu, à moins que cet animal ou que ces tête, corne, os, peau, plume, viande ou autre partie d'un animal aient été vendus par ordre du Gouverneur ou d'un tribunal.

9. Toute personne qui exportera ou tentera d'exporter,

---

(3) Nothing in this section contained shall be deemed to prevent the export for sale of elephant ivory or hippopotamus tusks which have been lawfully obtained.

8. No person shall possess, store, pack, convey or export or attempt to export any animal or any head, horn, bone, skin, feather or flesh or any other part of any animal which has been killed, captured or obtained in contravention of this Ordinance or of the East Africa Game Ordinance 1906 or of any Ordinance, Law, or Regulation repealed by the last named Ordinance, unless such animal or such head, horn, bone, skin, feather, flesh or other part of an animal has been sold by order of the Governor or of a Court.

9. Any person who shall export or shall attempt to export for sale any part of any animal in contravention of Section 7 or shall be in possession of or shall store, pack, convey or export or attempt to export any animal or any part of any animal in contravention

en vue de la vente, une partie d'un animal, en contravention à la section 8 de la présente ordonnance, sera jugée coupable de contravention et, si celle-ci est établie, sera passible d'une amende n'excédant pas 750 roupies et, à défaut de payement, d'un emprisonnement pour un terme n'excédant pas deux mois, et l'animal ou partie d'animal, corps du délit, sera confisqué, à moins d'ordre contraire du Gouverneur.

10. Quand un animal mentionné à l'un des tableaux ci-annexés est tué accidentellement ou quand la carcasse ou les dépouilles d'un animal sont trouvées, la tête, les cornes, les défenses, la peau, les plumes de cet animal appartiendront au Gouvernement, sauf cependant que le Gouverneur pourra abandonner ces droits en toute circonstance où il le trouve opportun ; et sauf que le Gouverneur pourra ordonner de payer à la ou aux personnes ayant ainsi tué ou trouvé pareil animal, une compensation suffisante pour couvrir les frais de transport de

---

of Section 8 of this Ordinance shall be guilty of an offence and on conviction shall be liable to a fine not exceeding seven hundred and fifty Rupees and in default of payment to imprisonment for a term not exceeding two months and the animal or the part thereof in respect of which the offence shall have been committed shall be forfeited unless the Governor shall otherwise order.

10. When any animal mentioned in any of the schedules hereto is killed by accident or when the carcase or remains of any animal shall be found, the head, horns, tusks, skin or feathers of such animal shall belong to the Government; provided that the Governor may waive the right of the Government in this respect in any case as he may deem fit; and provided that the Governor may direct the payment to any person or persons so killing or finding of sufficient compensation as shall cover the cost of the transport of any ivory to the nearest station, and may direct rewards to be paid to the finder of any ivory. Any person remov-

l'ivoire au poste le plus rapproché et qu'il pourra ordonner de payer des récompenses à celui qui aura découvert de l'ivoire. Toute personne enlevant la tête, les cornes, défenses, peau ou plumes d'un animal tué accidentellement ou faisant partie de la carcasse ou des dépouilles d'un animal trouvé mort, avec l'intention de les transformer pour son propre usage ou d'en priver le Gouvernement, sera jugé coupable de contravention à la présente ordonnance.

Rien dans la présente sous-section n'est censé défendre l'enlèvement, de quelque partie d'un animal tué légalement conformément aux dispositions de la présente ordonnance, par la personne qui l'a tué ou par ses serviteurs ou agent, ni constituer en contravention le fait, pour une personne, d'avoir enlevé une partie d'une carcasse ou des dépouilles d'un animal, si cette personne est porteuse d'un permis qui l'autoriserait à tuer un animal des mêmes espèce, sexe ou variété; dans ce cas, cependant, l'animal viendra en compte pour le nombre d'animaux que cette personne a le droit de tuer en vertu de son permis.

11. (1) Nulle personne ne pourra détenir, vendre,

---

ing the head, horns, tusks, skin or feathers of any animal killed by accident or forming part of the carcase or remains of any animal found dead with the intention of converting the same to his own use or of depriving the Government of the same shall be guilty of an offence against this Ordinance.

Nothing in this sub-section shall be deemed to prohibit the removal of any part of any animal lawfully killed under the provisions of this Ordinance by the person killing the same or by his servants or agent, or to make it an offence for any person to remove any part of any carcase or remains of any animal if such person is the holder of a licence which would authorize him to kill an animal of the same species, sex and variety; provided, however, that in such case the animal shall count towards the number of animals which such person is entitled to kill under his licence.

transporter ou exporter ni tenter de vendre, transporter ou exporter de l'ivoire acquis en contravention à la présente ordonnance ou à l'« Ordonnance de 1906 sur la chasse dans l'Afrique Orientale » ou à une ordonnance ou disposition abrogée par cette dernière ordonnance, ni une défense d'éléphant d'un poids inférieur à 11 livres, ni une pièce d'ivoire qui a fait partie d'une défense d'un poids inférieur à 11 livres.

(2) Néanmoins, le Gouverneur ou toute personne autorisée à cette fin par le Gouverneur peut détenir, vendre ou transporter à l'intérieur du Protectorat ou exporter du Protectorat de l'Afrique orientale, de l'ivoire appartenant au Gouvernement ou confisqué en vertu des dispositions de la présente ordonnance ou d'une ordonnance abrogée par la présente ordonnance.

(3) Tout ivoire pareil détenu, vendu, transporté ou exporté en vertu des dispositions de la précédente sous-section sera marqué distinctement de telle estampille et de telle manière que le Gouverneur déterminera par un avis publié dans la *Official Gazette*.

---

11. (1) No person shall possess, sell, transfer, export or attempt to sell, transfer or export any ivory which has been obtained in contravention of this Ordinance or of « The East Africa Game Ordinance 1906 » or of any Ordinance or Regulations repealed by such last mentioned Ordinance or any elephant tusk weighing less than 30 lbs., or any piece of ivory which formed part of a tusk under 30 lbs. in weight.

(2) Provided that the Governor or any person authorized by the Governor in that behalf may possess, sell or transfer within the Protectorate or may export from the East Africa Protectorate any ivory belonging to the Government or forfeited under the provisions of this Ordinance or of any Ordinance repealed by this Ordinance.

(3) All such ivory possessed, sold, transferred or exported under

(4) L'acheteur ou transporteur d'ivoire ainsi vendu ou transporté en vertu des dispositions de la sous-section 2, détiendra cet ivoire légalement et pourra légalement exporter cet ivoire du Protectorat.

(5) Le Gouverneur peut édicter des règles prescrivant les conditions auxquelles cet ivoire peut être introduit dans le Protectorat pour le transit.

Nonobstant toute disposition contraire dans la présente section, cet ivoire introduit dans le Protectorat en vue du transit et conformément aux conditions imposées par ces règles sera censé être légalement détenu et pourra être exporté du Protectorat.

12. (1) Toute personne qui détiendra, vendra, transportera, exportera ou tentera de vendre, transporter ou exporter de l'ivoire en contravention à la précédente section, sera jugée coupable de contravention et sera passible d'une amende ne dépassant pas 3,000 roupies ou d'un

---

the provisions of the last preceding sub-section shall be distinctively marked with such mark and in such manner as the Governor by notice published in the *Official Gazette* may appoint.

(4) The purchaser or transferee of any ivory so sold or transferred under the provisions of sub-section 2 of this Section shall lawfully possess such ivory and may lawfully export such ivory from the Protectorate.

(5) The Governor may make rules prescribing the conditions under which ivory may be introduced into the Protectorate for the purpose of transit through the Protectorate.

Notwithstanding anything in this Section to the contrary such ivory introduced into the Protectorate for the purpose aforesaid and in accordance with the conditions imposed by such rules shall be deemed to be lawfully possessed and may be exported from the Protectorate.

12. (1) Any person who shall possess, sell, transfer, export or attempt to sell, transfer or export any ivory in contravention of

emprisonnement quelconque pour un terme n'excédant pas six mois, ou des deux peines réunies, et l'ivoire sera confisqué à moins que le Gouverneur n'en ordonne autrement.

(2) Chaque fois qu'une personne sera inculpée de la contravention d'avoir détenu, vendu, transporté ou exporté ou d'avoir tenté de vendre, transporter ou exporter de l'ivoire en contravention à la présente ordonnance ou à l'« Ordonnance de 1906 sur la chasse dans l'Afrique orientale», ou à une ordonnance ou disposition abrogée par l'ordonnance mentionnée en dernier lieu, il suffira que la citation ou l'inculpation allègue que l'ivoire a été acqûis contrairement à la loi, sans spécifier quelle loi, et alors incombera à la personne inculpée le fardeau d'une preuve satisfaisante établissant que l'ivoire a été légalement acquis en vertu d'un permis délivré conformément à l'une des ordonnances ou dispositions prémentionnées.

---

the preceding Section shall be guilty of an offence, and shall be liable to a fine not exceeding three thousand Rupees or to imprisonment of either description for a term not exceeding six months or to both fine and imprisonment, and the ivory shall be forfeited unless the Governor shall otherwise order.

(2) Whenever a person shall be charged with the offence of being in possession of or selling or transferring or exporting or attempting to sell, transfer or export any ivory obtained in contravention of this Ordinance or of « The East Africa Game Ordinance 1906 » or of any Ordinance or Regulations repealed by the last-mentioned Ordinance it shall be sufficient if the summons or charge shall allege that the ivory was obtained in contravention of the law, without specifying the law, and the onus shall then be on the person accuesd to produce satisfactory proof that the ivory was lawfully obtained under a licence granted under one of the aforementioned Ordinances or Regulations;

Provided, however, that if the person accused shall fail to pro-

Néanmoins, si la personne inculpée ne fournit pas cette preuve et qu'il n'est pas prouvé avec une évidence suffisante qu'elle savait ou devait savoir que l'ivoire avait été acquis contrairement à la loi, cet ivoire sera confisqué, mais la personne inculpée ne sera passible ni d'amende ni d'emprisonnement.

13. Nulle personne ne fera usage de poison, ni, sans permis spécial, de dynamite ni d'un autre explosif quelconque en vue de tuer ou de prendre du poisson.

14. Quand il paraît au Gouverneur qu'une méthode employée pour tuer ou capturer des animaux est par trop destructive, il peut, par voie de proclamation, interdire cette méthode ou prescrire les conditions sous lesquelles cette méthode pourra être employée; et si une personne fait usage d'une méthode ainsi interdite ou emploie telle méthode autrement qu'en observant les conditions ainsi imposées, elle sera passible des mêmes pénalités que celles prévues à la section 40 de la présente ordonnance.

---

duce such proof but there shall not be sufficient evidence to prove that such person knew or ought to have known that the ivory was obtained in contravention of the law, the ivory shall be forfeited, but the person accused shall not be liable to either a fine or imprisonment.

13. No person shall use any poison, or, without a specia licence, any dynamite or other explosive for the killing or taking of any fish.

14. Where it appears to the Governor that any method used for killing or capturing animals is unduly destructive, he may, by proclamation, prohibit such method or prescribe the conditions under which any method may be used, and if any person uses any method so prohibited, or use any method otherwise than according to the conditions so prescribed, he shall be liable to the same penalties as are provided in Section 40 of this Ordinance.

Réserves de chasse.

15. (1) Les territoires déterminés dans le cinquième tableau ci-annexé sont constitués, par la présente, en réserves de chasse.

Le Gouverneur, moyennant approbation du Secrétaire d'État, peut, par voie de proclamation, constituer en réserve de chasse toute autre partie du Protectorat, déterminer ou modifier les limites de toute réserve de chasse, et la présente ordonnance sera applicable à chacune de ces réserves.

(2) Sauf ce qui est prévu dans la section 23 de la présente ordonnance, toute personne qui chasse, tue ou capture un animal dans une réserve de chasse, ou est trouvée à l'intérieur d'une réserve de chasse dans telles circonstances prouvant qu'elle était illégalement à la poursuite d'un animal, sera jugée coupable de contravention à la présente ordonnance.

Game Reserves.

15. (1) The areas described in the Fifth Schedule hereto are hereby declared to be game reserves.

The Governor, with the approval of the Secretary of State, may by proclamation declare any other portion of the Protectorate to be a game reserve, and may define or alter the limits of any game reserve, and this Ordinance shall apply to every such game reserve.

(2) Save as provided in Section 23 of this Ordinance any person who hunts, kills or captures any animal in a game reserve, or is found within a game reserve under circumstances showing that he was unlawfully in pursuit of any animal, shall be guilty of an offence against this Ordinance.

Permis de chasser le gibier.

16. (1) Les permis suivants peuvent être délivrés par un Commissaire provincial ou un Commissaire de district ou par telle autre personne qui y est autorisée par le Gouverneur, à savoir :

(*a*) Un permis de sportsman ;
(*b*) Un permis de résident ;
(*c*) Un permis de voyageur ;
(*d*) Un permis de propriétaire terrien.

(2) Les taxes suivantes seront dues pour ces permis : Pour un permis de sportsman, 750 roupies; pour un permis de résident, 150 roupies ; pour un permis de voyageur, 15 roupies et pour un permis de propriétaire terrien, 45 roupies.

(3) Un permis de sportsman, un permis de résident et un permis de propriétaire terrien seront valables pour un an à compter de la date de leur émission. Un permis

---

Game Licences.

16. (1) The following licences may be granted by a Provincial Commissioner or a District Commissioner or by such other person as may be authorized by the Governor on that behalf, that is to say :—

a) A sportsman's licence ;
b) A resident's licence ;
c) A traveller's licence ;
d) A landholder's licence.

(2) The following fees shall be paid for licences :— For a sportsman's licence 750 rupees ; for a resident's licence 150 rupees ; for a traveller's licence 15 rupees; and for a landholder's licence 45 rupees.

(3) A sportsman's licence, a resident's licence, and a landholder's licence shall be in force for one year from the date of

de voyageur sera valable pour un mois à compter de la date de son émission. Cependant un « permis de résident » peut être délivré pour une seule période de 14 jours consécutifs contre paiement d'une taxe de 30 roupies; mais pas plus d'un permis pareil ne sera accordé à la même personne endéans une période de douze mois.

(4) Tout permis portera en toutes lettres le nom de la personne à laquelle il est délivré, la date d'émission, la durée de validité et la signature de la personne qui le délivre.

(5) Un permis délivré en vertu de la présente ordonnance n'est pas transmissible.

(6) Le porteur d'un permis devra sur réquisition d'un magistrat, juge de paix, garde-chasse ou fonctionnaire de police produire son permis, et tout porteur de permis qui s'y refuse sans raison valable sera jugé coupable de contravention à la présente ordonnance.

17. Aucun permis de résident ne sera délivré si ce

---

issue. A traveller's licence shall be in force for one month from the date of issue. Provided that a « resident's licence » may be granted for a single period of 14 consecutive days on payment of a fee of 30 rupees, but not more than one such licence shall be issued to the same person within a period of twelve months.

(4) Every licence shall bear the name in full of the person to whom it is granted, the date of issue, the period of its duration, and the signature of the person granting the same.

(5) A licence granted under this Ordinance is not transferable.

(6) The holder of a licence shall on demand being made by a Magistrate, Justice of the Peace, Game Ranger, or any Police Officer, produce his licence to such Magistrate, Justice of the Peace, Game Ranger, or Officer, and any licence holder who fails without reasonable cause to produce his licence shall be guilty of an offence against this Ordinance.

17. A resident's licence shall not be granted except to a resi-

n'est à un résident ou à un fonctionnaire public au service du Protectorat, ou à un officier d'un des navires de Sa Majesté de la Station Orientale Africaine.

18. Un permis de sportsman et un permis de résident autoriseront respectivement leur porteur à chasser, tuer ou capturer des animaux de chacune des espèces mentionnées au troisième tableau, mais seulement jusqu'au nombre de chaque espèce mentionné dans la seconde colonne de ce tableau.

19. Le gibier, autre que les animaux mentionnés au premier tableau, tué ou capturé par le porteur d'un permis de sportsman ou de résident sur une propriété privée avec le consentement du propriétaire ou de l'occupant de la propriété, ne viendra pas en compte pour le nombre d'animaux que le porteur de la licence est en droit de tuer ou de capturer en vertu de son permis.

20. Un permis de voyageur autorise le porteur à chasser, tuer ou capturer, sur des terres autres que privées, des animaux des espèces et jusqu'au nombre men-

---

dent or to an officer in the public service of the Protectorate, or to an officer of one of His Majesty's ships on the East Africa Station.

18. A sportsman's licence, and a resident's licence respectively shall authorize the holder to hunt, kill or capture animals of any of the species mentioned in the Third Schedule, but not more than the number of each species fixed by the second column of that schedule.

19. Any game other than animals mentioned in the First Schedule killed or captured by the horder of a sportsman's or resident's licence upon private land with the consent of the owner or occupier of the land shall not count towards the number of animals which the holder of the licence is entitled to kill or capture under his licence.

20. A traveller's licence authorizes the holder to hunt, kill or capture on land other than private land animals of the species

tionnés au quatrième tableau et sur propriété privée, avec le consentement du propriétaire ou de l'occupant, tout animal ou tous animaux mentionnés au troisième tableau.

21. (1) L'occupant d'une terre peut prendre un permis de propriétaire terrien et peut également prendre un permis similaire pour chaque personne employée par lui d'une façon permanente pour l'exploitation de sa terre.

(2) Le permis autorisera seulement de chasser, tuer et capturer du gibier :

(*a*) sur la terre du porteur du permis ou de son employeur qui a pris le permis ;

(*b*) sur propriété privée, moyennant autorisation du propriétaire ou de l'occupant.

(3) Le permis n'autorisera pas à chasser, tuer ou capturer un animal mentionné au premier tableau, sauf cependant que le porteur d'un permis pourra chasser ou capturer tout élan.

---

and to the number mentioned in the Fourth Schedule, and on private land with the consent of the owner or occupier any animal or animals mentioned in the Third Schedule.

21. (1) An occupier of land may take out a landholder's licence, and may also take out a similar licence at the same fee for any person permanently employed by him in connection with the land.

(2) The licence shall only permit game to be hunted, killed, or captured :—

(a) on the land of the holder of the licence or of his employer who has taken out the licence;

(b) with the sanction of the owner or occupier, on private land.

(3) The licence shall not authorize any animal mentioned in the First Schedule to be hunted, killed, or captured saving only that the holder of a licence may hunt and capture any eland.

(4) Le permis n'autorisera pas le porteur à tuer un élan.

(5) Sauf stipulation contraire dans la présente section, le porteur d'un permis de propriétaire terrien peut chasser, tuer ou capturer tout gibier.

22. Tout propriétaire terrien, ou son serviteur, qui trouve un animal, mentionné aux tableaux, abîmant ses récoltes ou causant du dommage à son exploitation peut le tuer, si cela est nécessaire, pour la sauvegarde de ses moissons ou de son exploitation; cependant, chaque fois qu'un éléphant sera tué en vertu des dispositions de la présente section, les défenses resteront la propriété du Gouvernement et il en sera disposé ainsi que le décidera le Gouverneur.

23. Là où le Gouverneur le jugera utile pour des raisons scientifiques ou administratives, il peut accorder à toute personne un permis spécial de tuer ou de capturer des animaux d'une ou de plusieurs espèces mentionnées à l'un des tableaux ou de tuer, chasser ou capturer dans une réserve de chasse des bêtes ou oiseaux de proie déterminés dont la présence est préjudiciable aux fins pour

---

(4) The licence shall not authorize the holder to kill any eland.

(5) Save as in this Section otherwise provided the holder of a landholder's licence may hunt, kill, or capture any game.

22. Any landholder, or his servant, finding an animal mentioned in the schedules spoiling his crops or doing damage to his holding may kill the same without a licence if such act is necessary for the protection of his crops or holding. Provided, however, whenever an elephant shall be killed under the provisions of this Section, the tusks shall be the property of the Government and shall be dealt with as the Governor may direct.

23. When it appears proper to the Governor for scientific or administrative reasons, he may grant a special licence to any person, to kill or capturo animals of any one or more species mentioned in any of the schedules or to kill, hunt, or capture in a game

lesquelles la réserve de chasse est constituée; ou, pour des raisons scientifiques, de tuer ou de capturer, selon le cas, un ou des animaux dans une réserve de chasse.

Un permis spécial sera soumis à telles conditions concernant les taxes, la garantie (s'il y en a), le nombre, le sexe et l'âge des spécimens, le district et la saison de chasse et toutes autres matières, que le Gouverneur prescrira.

Sauf ce qui est dit plus haut, le porteur d'un permis spécial sera soumis aux dispositions de la présente ordonnance.

24. (1) Un Commissaire provincial ou un Commissaire de district peut, à la demande d'un porteur de permis de sportsman ou de résident, délivrer un permis spécial autorisant telle personne à chasser, tuer ou capturer soit un, soit deux éléphants, comme le requérant le voudra et comme il sera spécifié sur le permis. Ce permis spécial n'autorisera pas le porteur à chasser, tuer ou capturer un éléphant mâle dont les défenses pèsent moins de 11 livres chacune.

---

reserve specified beasts or birds of prey, or other animals whose presence is detrimental to the purposes of the game reserve; or for scientific reasons to kill or capture, as the case may be, any animal or animals in a game reserve.

A special licence shall be subject to such conditions as to fees and security (if any), number, sex, and age of specimens, district and seasons for hunting, and other matter, as the Governor may prescribe.

Save as aforesaid, the holder of a special licence shall be subject to the provisions of this Ordinance.

24. (1) A Provincial or District Commissioner may, on the application of the holder of a sportsman's or resident's licence grant a special licence authorizing such person to hunt, kill, or capture either one or two elephants as the applicant shall require,

(2) Pour ce permis spécial devront être payées les taxes suivantes :

Pour un permis de chasser, tuer ou capturer un éléphant, 150 roupies;

Pour un permis de chasser, tuer ou capturer deux éléphants, 450 roupies.

(3) Tout permis délivré en vertu de la présente section expirera à la même date que le permis de sportsman ou de résident détenu, par la personne à laquelle le permis spécial a été délivré, au moment où celui-ci fut délivré et il ne sera délivré qu'un seul permis de ce genre à cette personne pendant la durée de validité de ce permis de sportsman ou de résident. Il est entendu, cependant, qu'une personne ayant pris un permis spécial qui l'autorise à chasser, tuer ou capturer un seul éléphant peut, contre payement d'une nouvelle taxe de 300 roupies, obtenir un permis l'autorisant à chasser, tuer ou capturer un second éléphant.

(4) Toute personne qui, ayant obtenu un permis l'auto-

---

and as shall be specified therein. Such special licence shall not authorize the holder to hunt, kill, or capture any elephant having tusks weighing less than 30 lbs. each.

(2) There shall be paid for such special licence the fees following : —

For a licence to hunt, kill, or capture one elephant, Rs. 150.

For a licence to hunt, kill, or capture two elephants, Rs. 450.

(3) Every licence granted under this Section shall expire on the same date as the sportsman's or resident's licence held at the time of the granting of such special licence by the person to whom the same shall be granted, and only one such special licence shall be granted to such person during the period of any such sportsman's or resident's licence. Provided, however, if such person shall have taken out a special licence authorizing him to hunt, kill, or capture one elephant only, he may, on payment of

risant à chasser, tuer ou capturer deux éléphants, ou qui, ayant obtenu un permis l'autorisant à chasser, tuer ou capturer un second éléphant, prouvera au garde-chasse principal, par une déclaration ou de toute autre manière (s'il se peut) que le garde-chasse principal pourrait exiger, qu'elle n'a tué ou capturé, en vertu de son ou de ses permis, selon le cas, aucun éléphant ou un éléphant seulement, aura droit, à l'expiration ou lors de la remise de son ou de ses permis, à la restitution de 300 roupies.

25. Un Commissaire provincial ou un Commissaire de district peut délivrer au porteur d'un permis de sportsman ou de résident, un permis spécial autorisant telle personne à chasser, tuer ou capturer une girafe mâle. Il sera payé pour un permis spécial de ce genre une taxe de 150 roupies. Les dispositions de la sous-section 3 de la précédente section, sauf la finale, seront applicables à tout permis pareil.

Un permis spécial délivré en vertu de la présente section n'autorisera pas le porteur à chasser, tuer ou capturer

---

a further fee of Rs. 300, be granted a licence authorizing him to hunt, kill, or capture a second elephant.

(4) Any person who having obtained a licence authorising him to hunt, kill, or capture two elephants, or who having obtained a licence authorizing him to hunt, kill, or capture a second elephant, shall satisfy the Chief Game Ranger by a declaration, and in such other manner (if any) as the Chief Game Ranger may require, that he has killed or captured no elephant, or only one elephant, under his licence or licences, as the case may be, he he shall either, on the expiration or on the surrender of his licence or licences, be entitled to a refund of Rs. 300.

25. A Provincial or District Commissioner may grant to the holder of a sportsman's or resident's licence a special licence authorizing such person to hunt, kill, or capture one bull giraffe. There shall be paid for such special licence a fee of 150 rupees.

des girafes dans le district de Fort Hall de la province de Kénia, ni dans le district de Machakos dans la province de Ukamba.

26. Toute personne qui obtiendra un permis spécial en vertu de l'une ou l'autre des deux sections précédentes, produira devant le fonctionnaire, qui le lui délivre, son permis de sportsman ou de résident et ce fonctionnaire y mentionnera le fait que pareil permis spécial a été délivré et la nature du permis.

27. Le porteur d'un permis spécial délivré en vertu des sections 24 ou 25 qui chassera, tuera ou capturera un animal qu'il n'est pas autorisé à chasser, tuer ou capturer, ou un animal en plus du nombre prévu par le permis, sera jugé coupable de contravention à la présente ordonnance.

28. Toute personne qui fera une déclaration fausse eu égard aux vues de la sous-section 4 de la section 24 de la présente ordonnance, sera, si elle est reconnue coupable,

---

The provisions of sub-section 3 of the preceding Section save as to the proviso thereto shall apply to every such licence.

A special licence granted under this Section shall not authorize the holder to hunt, kill, or capture giraffe in the Fort Hall District of the Henia Province, or in the Machakos District of the Ukamba Province.

26. Every person who shall obtain a special licence under either of the two preceding Sections shall produce to the officer granting the same his sportsman's or resident's licence, and such officer shall endorse thereon the fact of such special licence having been granted, and the nature of the licence.

27. The holder of a spècial licence issued under Sections 24 or 25 who shall hunt, kill, or capture any animal which he is not authorized to hunt, kill, or capture or any animal in excess of the number authorized by such licence shall be guilty of an offence against this Ordinance.

28. Any person who shall make a false declaration for the

passible d'une amende n'excédant pas 1,000 roupies ou d'un emprisonnement quelconque pour un terme n'excédant pas trois mois, ou des deux peines réunies.

29. Le Gouverneur peut établir des règles prescrivant les modèles des permis à délivrer en vertu des dispositions de la présente ordonnance.

Tout porteur de permis tiendra un registre des animaux tués ou capturés par lui, dans la forme spécifiée ou sixième tableau.

Toute personne autorisée à délivrer des permis ou tout magistrat, juge de paix ou garde-chasse peut en tout temps requérir tout porteur de permis à produire son registre aux fins d'inspection.

Tout porteur de permis doit, dans les quinze jours après l'expiration de son permis, présenter ou envoyer au Commissaire du district où il réside, le registre des animaux tués ou capturés par lui en vertu de son permis.

---

purposes of sub-section 4 of Section 24 of this Ordinance shall, on conviction, be liable to a fine not exceeding one thousand rupees or to imprisonment of either description for a term not exceeding three months, or to both fine and imprisonment.

29. The Governor may by rule prescribe the forms of licences issued under the provisions of this Ordinance.

Every licence holder shall keep a register of the animals killed or captured by him in the form specified in the Sixth Schedule.

Any person authorized to grant licences or any Magistrate, Justice of the Peace or Game Ranger may at any time call upon any licence holder to produce his register for inspection.

Every holder of a licence must within 15 days after his licence has expired produce or send to the District Commissioner of the district in which he resides the register of the animals killed or captured by him under his licence.

Every person holding a licence shall before leaving the Protectorate submit his register to the Chief Game Ranger.

Toute personne porteur d'un permis soumettra son registre au garde-chasse principal avant de quitter le Protectorat.

Si un porteur de permis néglige de tenir son registre à jour ou de produire son permis quand il y est requis en vertu de la présente section, il sera jugé coupable de contravention à la présente ordonnance.

30. Le Gouverneur peut retirer tout permis spécial délivré par lui, quand il est convaincu que le porteur s'est rendu coupable de contravention à une des dispositions de la présente ordonnance ou des conditions de son permis, ou qu'il a été complice d'un autre contrevenant ou que, dans une affaire quelconque s'y rapportant, il a agi autrement que de bonne foi.

31. Le Gouverneur peut, à sa discrétion, décider qu'un permis en vertu de la présente ordonnance sera refusé à tout requérant.

32. Toute personne dont le permis a été perdu ou

If any holder of a licence fails to keep his register truly or to produce his licence as required by this Section he shall be guilty of an offence against this Ordinance.

30. The Governor may revoke any special licence issued by him when he is satisfied that the holder has been guilty of a breach of any of the provisions of this Ordinance or of the conditions of his licence, or has connived with any other person in any such breach, or that in any matters in relation thereto he has acted otherwise than in good faith.

31. The Governor may at his discretion direct that a licence under this Ordinance shall be refused to any applicant.

32. Any person whose licence has been lost or destroyed may obtain a fresh licence for the remainder of the term of the licence lost or destroyed on payment of a fee of five rupees.

33. No licence granted under this Ordinance shall entitle the

détruit, peut obtenir un nouveau permis pour le restant du terme du permis perdu ou détruit, moyennant payement d'une taxe de 5 roupies.

33. Aucun permis délivré en vertu de la présente ordonnance ne donnera le droit au porteur de chasser, tuer ou capturer un animal ou de passer sur une propriété privée sans le consentement du propriétaire ou de l'occupant.

34. Toute personne qui, après avoir chassé, tué ou capturé des animaux des espèces et jusqu'au nombre prévus par son permis, continue à chasser, tuer ou capturer des animaux qu'il n'est pas autorisé à tuer ou capturer, sera jugée coupable de contravention à la présente ordonnance.

35. Il sera interdit de chasser à l'aide de chiens sur toute autre terre que terre privée. Toute personne impliquée dans une contravention à la disposition de la présente section sera jugée coupable de contravention à la présente ordonnance.

---

holder to hunt, kill, or capture any animal, or to trespass on private land without the consent of the owner or occupier.

34. Any person who, after having killed or captured animals to the number and of the species authorized by his licence, proceeds to hunt, kill, or capture any animals which he is not authorized to kill or capture shall be guilty of a breach of this Ordinance.

35. It shall be unlawful to hunt with dogs any game on land other than private land. Every person concerned in a breach of the provision of this section shall be guilty of an offence against this Ordinance.

Restrictions on Killing Game by Natives.

36. When the members of any native tribe or the native inhabitants of any village appear to be dependent on the flesh of wild

Restrictions quant au gibier à tuer par les indigènes.

36. Lorsque les membres d'une tribu indigène ou les habitants indigènes d'un village paraissent avoir besoin de la viande d'animaux sauvages pour leur subsistance, ou lorsqu'il est démontré que des animaux sauvages causent du dommage aux terres ou propriétés d'indigènes, le Commissaire du district peut, avec l'approbation du Gouverneur, par un ordre adressé au chef de la tribu ou au chef du village, autoriser les membres de la tribu ou les habitants, selon le cas, à tuer des animaux dans telle aire et sous telles conditions quant au mode de chasser, aux nombre, espèce et sexe des animaux ou autres encore qui seront déterminées dans cet ordre.

Les dispositions de la présente ordonnance concernant la tenue des registres ne seront pas applicables à un membre de tribu ou habitant indigène d'un village auquel se rapporte un ordre donné en vertu de la présente section.

Sauf ce qui est prévu plus haut, les dispositions générales de la présente ordonnance seront applicables à tout

---

animals for their subsistence, or when it is shown that any wild animals are causing damage to the lands or property of any natives, the District Commissioner of the District may, with the approval of the Governor, by order addressed to the Chief of the tribe or headman of the village, authorize the tribesmen or inhabitants, as the case may be, to kill animals within such area, and subject to such conditions as to mode of hunting, number, species, and sex of animals, and otherwise as may be prescribed by the order.

The provisions of this Ordinance with respect to the keeping of registers shall not apply to a member of a tribe or native inhabitant of a village to which an order under this Section applies.

Save as aforesaid, the general provisions of this Ordinance shall apply to every native who is authorized under this section,

indigène qui est autorisé en vertu de la présente section, et une infraction à un ordre quelconque constituera une contravention à la présente ordonnance.

Procédure et pénalités.

37. (1) Lorsqu'une personne est vue ou trouvée commettant une contravention ou lorsqu'on peut raisonnablement la suspecter d'avoir contrevenu ou d'être en train de contrevenir à la présente ordonnance, tout magistrat, juge de paix, fonctionnaire de la police ou garde-chasse peut, sans mandat d'arrêt, l'arrêter et la détenir et si ses nom et adresse sont inconnus du magistrat, juge de paix, fonctionnaire ou garde-chasse, et que la personne en cause ne les fournit pas à sa satisfaction ou que le fonctionnaire ou garde a des raisons de croire que, si on n'arrête pas cette personne, celle-ci ne pourra plus être retrouvée ultérieurement ni rendue responsable devant la justice, sans délai, sans peine et sans dépense, il peut, sans mandat d'arrêt, s'assurer de sa personne.

(2) Une personne arrêtée en vertu de la présente section

---

and a breach of any order shall be an offence against this Ordinance.

Procedure and Penalties.

37. (1) When a person is seen or found committing an offence or is reasonably suspected of having committed or of being engaged in committing an offence against this Ordinance any Magistrate, Justice of the Peace, Police Officer or Game Ranger may, without warrant, stop and detain him, and if his name and address are not known to the Magistrate, Justice of the Peace, Officer or Ranger and such person fails to give them to his satisfaction or if the Officer or Ranger has reason to believe that except by arresting such person he may not afterwards be found or made answerable to justice without delay, trouble or expense, he may without warrant apprehend him.

sera traduite, avec toute la rapidité pratiquement possible, devant un magistrat et ne sera pas détenue plus longtemps qu'il ne le faut sans mandat d'arrêt.

38. Chaque fois qu'un magistrat, juge de paix, fonctionnaire de police ou garde-chasse le trouve utile en vue de vérifier le registre d'un porteur de permis, ou suspecte une personne d'avoir contrevenu à la présente ordonnance ou aux conditions de son permis, il peut inspecter et visiter ou autoriser un fonctionnaire subordonné à inspecter et visiter tout bagage, emballage, wagon, tente, bâtiment ou caravane appartenant à ou se trouvant sous la garde de cette personne ou de son agent, et si le magistrat, juge de paix, fonctionnaire ou garde trouve une tête, corne, défense, peau, plume ou autre dépouille d'un animal ou un animal vivant, qui paraît avoir été tué, capturé, acquis, utilisé ou détenu en contravention à la présente ordonnance, il en fera la saisie et les produira devant le magistrat pour qu'il en soit disposé conformément à la loi.

---

(2) A person apprehended under this section shall be taken with all practicable speed before a Magistrate and shall not be detained without a warrant longer than is necessary for the purpose.

38. Whenever any Magistrate, Justice of the Peace, Police Officer or Game Ranger thinks it expedient for the purposes of verifying the register of a licence holder, or suspects that any person has been guilty of an offence against this Ordinance, or of committing a breach of the conditions of his licence, he may inspect and search, or authorize any Subordinate Officer to inspect and search, any baggage, package, waggon, tent, building, or caravan belonging to or under the control of such person or his agent, and if the Magistrate, Justice of the Peace, Officer or Ranger finds any head, horn, tusk, skin, feather or other remains of any animal or any live animal appearing to have been killed,

39. Tout magistrat, juge de paix, fonctionnaire de police ou garde-chasse peut passer sur toute terre en vue de l'application de la présente ordonnance ou aux fins de prévenir ou de découvrir des contraventions à la présente ordonnance.

40. Toute personne qui chasse, tue ou capture un animal, en contravention à la présente ordonnance, ou qui d'une autre façon quelconque commet à l'égard de la présente ordonnance une infraction pour et en vue de laquelle aucune pénalité n'est spécialement prévue, ou qui viole la présente ordonnance ou contrevient aux conditions de son permis sera, si elle est reconnue coupable, passible d'une amende pouvant s'élever jusqu'à 1,000 roupies, et si la contravention se rapporte à plus de deux animaux, à une amende, pour chaque animal, pouvant s'élever jusqu'à 500 roupies et, dans l'un comme dans l'autre cas, à un emprisonnement quelconque pouvant durer jusque deux mois, avec ou sans amende.

Dans tous les cas de culpabilité établie, tout animal ou

---

captured, obtained or dealt with or to be possessed in contravention of this Ordinance he shall seize and take the same before a Magistrate to be dealt with according to law.

39. Any Magistrate, Justice of the Peace, Police Officer or Game Ranger may enter upon any land for the purpose of this Ordinance or for the purpose of preventing or detecting offences against this Ordinance.

40. Any person who hunts, kills or captures any animal in contravention of this Ordinance or otherwise commits any offence against this Ordinance for and in respect of which no penalty is specially provided, or commits a breach of this Ordinance or of the conditions of his licence shall, on conviction, be liable to a fine which may extend to one thousand Rupees, and where the offence relates to more animals than two, to a fine in respect of each animal which may extend to five hundred Rupees and in either case

toutes tête, corne, défense, peau, plume ou autres dépouilles d'animal acquis ou détenus en contravention à la présente ordonnance ou aux conditions d'un permis seront confisqués, à moins que le Gouverneur n'en ordonne autrement. Si la personne reconnue coupable est porteur d'un permis, son permis peut lui être retiré par le tribunal.

41. Lorsque, dans une poursuite intentée en vertu de la présente ordonnance, une amende est comminée, le tribunal peut allouer comme récompense à ou aux informateurs, une ou des sommes n'excédant pas la moitié du montant total de l'amende.

Abrogation.

42. L'ordonnance de 1906 sur la chasse dans l'Afrique orientale est abrogée par la présente;

Moyennant cependant ce qui suit :

(1) Les poursuites légales entamées en vertu de cette

---

to imprisonment of either description which may extend to two months, with or without a fine.

In all cases of conviction any animal or any head, horn, tusk, skin, feather, or other remains of any animal obtained or possessed in contravention of this Ordinance or of the conditions of a licence shall be forfeited unless the Governor shall otherwise order If the person convicted is the holder of a licence his licence may be revoked by the Court.

41. Where in any proceeding under this Ordinance any fine is imposed, the Court may award any sum or sums not exceeding half the total fine to any informer or informers.

Repeal.

42. The East Africa Game Ordinance 1906 is hereby repealed; Provided as follows :—

(1) Where any legal proceedings have been begun under the

ordonnance abrogée seront continuées comme si la présente ordonnance n'avait pas été promulguée.

(2) Toute personne qui avant la mise en vigueur de la présente ordonnance a contrevenu à la dite ordonnance abrogée ou qui a commis une infraction quelconque aux dispositions de la dite ordonnance ou aux conditions d'un permis délivré en vertu de celle-ci, contravention ou infraction qui ne peut être punie en vertu de la présente ordonnance, sera poursuivie et punie comme si la présente ordonnance n'avait pas été promulguée.

(3) Les permis délivrés en vertu de la dite ordonnance abrogée et non expirés au moment de la mise en vigueur de la présente ordonnance resteront en vigueur durant la période pour laquelle ils ont été délivrés, comme si la présente ordonnance n'avait pas été promulguée. Il est entendu, néanmoins, qu'un permis de propriétaire terrien sera censé accorder au porteur les mêmes avantages que

---

said repealed Ordinance, the same shall be continued as if this Ordinance had not been enacted.

(2) Any person who has before the commencement of this Ordinance committed an offence against the said repealed Ordinance or committed any breach of the provisions of the said Ordinance or of the conditions of any licence granted thereunder, and which offence or breach cannot be punished under this Ordinance shall be proceeded against and punished as if this Ordinance had not been enacted.

(3) Licences issued under the said repealed Ordinance unexpired at the commencement of this Ordinance shall remain in force for the period for which they were granted, as if this Ordinance had not been enacted; provided, however, that a landholder's licence shall be deemed to confer upon the holder the same privileges as are conferred by a landholder's licence issued under this Ordinance and a settler's licence shall authorize the

ceux conférés par un permis de propriétaire terrien délivré en vertu de la présente ordonnance et qu'un permis de colon autorisera le porteur à tuer des animaux des espèces et jusqu'au nombre admis par un permis de résident.

Premier Tableau.

Animaux qui ne peuvent être chassés, tués ou capturés par une personne qu'en vertu d'un permis spécial

1. L'éléphant;
2. La girafe;
3. Le grand coudou mâle (dans le district de Baringo);
4. Le grand coudou (femelle);
5. Le buffle (femelle);
6. Le hartebeest de Neumann sur le territoire (2) du 7 du présent tableau;
7. L'élan, dans les territoires suivants :

(1) Un territoire limité, au sud par une ligne tracée du poste de Kiu vers l'est jusqu'à la frontière ouest de la

---

holder to kill animals of the species and to the number authorised by a Resident's licence.

First Schedule.

Animals not to be hunted, killed or kaptured by any person except under Special Licence :—

1. Elephant;
2. Giraffe;
3. Greater kudu bull (in the District of Baringo);
4. Greater kudu (female);
5. Buffalo (cow);
6. Neumann's hartebeest in the area (2) of 7 of this schedule;
7. Eland in the following areas :—

(1) An area bounded, on the south by a line drawn from Kiu Station due east to the western boundary of the Machakos

réserve indigène des Machakos ; à l'est par la réserve indigène des Machakos jusqu'à un point où la rivière Athi s'engage dans la dite réserve, de là par la rivière Athi jusqu'à un point au nord de Donyo-Sabut, de là par une ligne tracée directement jusque Fort Hall ; au nord par la route principale de Nairobi-Fort Hall ; à l'ouest, par le chemin de fer de l'Ouganda.

(2) La Rift Valley au sud du lac Baringo.

(3) Le plateau d'Uasin Gishu au sud de la rivière Nzoia.

8. L'antilope rouanne (femelle) ;

9. L'antilope rouanne (mâle), dans les territoires (1) et (2) du 7 du présent tableau ;

10. L'antilope noire (femelle) ;

11. Le rhinocéros (sur le côté nord-est du chemin de fer de l'Ouganda et dans une zone de 10 milles au delà entre les stations de Sultan Hamud et de Machakos Road ;

12. Le vautour (toute espèce) ;

13. Le hibou (toute espèce) ;

Native Reserve, on the east by the Machakos Native Reserve to a point where the Athi River enters the said reserve, thence by the Athi River to a point due north of Donyo-Sabuk, thence by a line drawn direct to Fort Hall, on the north by the Nairobi-Fort Hall main road, on the west by Uganda Railway.

(2) Rift Valley south of Lake Baringo.

(3) Uasin Gishu Plateau south of the Nzoia River.

8. Roan (female);

9. Roan (male) in areas (1) and (2) of 7 of this schedule;

10. Sable (female);

11. Rhinoceros (on the north-east side of the Uganda Railway and within 10 miles thereof between Sultan Hamud and Machakos Road Stations);

12. Vulture (any species);

13. Owl (any species);

14. L'hippopotame (dans les lacs Naivasha, Elmenteita et Nakuru);

15. L'aigle pêcheur.

Deuxième Tableau.

Animaux dont les femelles ne peuvent être chassées, tuées ni capturées quand elles sont accompagnées de leurs petits et dont les jeunes ne peuvent être chassés, tués ou capturés qu'en vertu d'un permis spécial :

1. Le rhinocéros;
2. L'hippopotame;
3. Toutes antilopes et gazelles mentionnées dans un tableau.

---

14. Hippopotamus (in Lakes Naivasha, Elmenteita and Nakuru);

15. Fish Eagle.

Second Schedule.

Animals the females of which are not to be hunted, killed or captured when accompanying their young and the young of which are not to be hunted killed or captured except under Special licence:—

1. Rhinoceros;
2. Hippopotamus;
3. All antelopes and gazelles mentioned in any schedule.

TROISIÈME TABLEAU.

Animaux qui peuvent être tués ou capturés en nombre limité en vertu d'un permis de sportsman ou de résident :

Espèce	Nombre toléré.
1. Le buffle (mâle)	2
2. Le rhinocéros, sauf ce qui est prévu au premier tableau	2
3. L'hippopotame, sauf ce qui est prévu au premier tableau	2
4. L'élan, sauf ce qui est prévu au premier tableau	1
5. Le zèbre (de Grevey)	2
6. Le zèbre (commun)	20
7. L'oryx (Callotis)	2
8. L'oryx (Beisa)	4

THIRD SCHEDULE.

Animals a limited number of which may be killed or captured under a Sportsman's or Resident's licence :—

Kind.	Number allowed.
1. Buffalo (bull)	2
2. Rhinoceros, except as provided in the First Schedule	2
3. Hippopotamus, except as provided in the First Schedule	2
4. Eland, except as provided in the First Schedule	1
5. Zebra (Grevey's)	2
6. Zebra (common)	20
7. Oryx Callotis)	2
8. Oryx (Beisa)	4

9. Le kobe à croissant (de chaque espèce)....	2
10. L'antilope noire (mâle)................	1
11. L'antilope rouanne (mâle), sauf ce qui est prévu au premier tableau....................	1
12. Le grand coudou (mâle), sauf ce qui est prévu au premier tableau....................	1
13. Le petit coudou.......................	4
14. Le topi.............................	2
15. Le topi (dans les pays de Juba, le pays de Tana et les plaines de Loita)..................	8
16. Le hartebeest de Coke..................	20
17. Le hartebeest de Neumann, sauf ce qui est prévu au premier tableau................	2
18. Le hartebeest de Jackson..............	4
19. L'antilope de Hunter..................	6
20. Le kobe de Thomas....................	4
21. Le bongo............................	2

---

9. Waterbuck (of each species)	2
10. Sable antelope (male)	1
11. Roan antelope (male), except as provided in the First Schedule..........................	1
12. Greater kudu (male), except as provided in the First Schedule..........................	1
13. Lesser kudu................................	4
14. Topi	2
15. Topi (in Jubaland, Tanaland, and Loita Plains)..	8
16. Coke's hartebeest..........................	20
17. Neumann's hartebeest, except as provided in the First Schedule..........................	2
18. Jackson's hartebeest	4
19. Hunter's antelope	6
20. Thomas's kob	4
21. Bongo	2
22. Palla	4

22. La palla........................... 4
23. La situtunga........................ 2
24. Le wildebeest....................... 3
25. La gazelle de Grant. Quatre variétés, *typicus*, *notata*, *Bright's* et *Robertsi*, de chacune.... 3
26. La gazelle de Waller (Gerenuk)......... 4
27. Le duiker de Harvey.................. 10
28. Le duiker d'Isaac.................... 10
29. Le duiker bleu....................... 10
30. Le dik dik de Kirk................... 10
31. Le dik dik de Guenther............... 10
32. Le dik dik de Hinde.................. 10
33. Le dik dik de Cavendish.............. 10
34. L'ourébi d'Abyssinie................. 10
35. L'ourébi de Haggard.................. 10
36. L'ourébi de Kenya.................... 10
37. Le *Suni Nesotragus moschatus)*........ 10

---

23. Situtunga 2
24. Wildebeest 3
25. Grant's gazelle. Four varieties, typicus, notata, Bright's and Robertsi, of each............. 3
26. Wallers's gazelle (gerenuk) 4
27. Harvey's duiker 10
28. Isaac's duiker 10
29. Blue duiker............................. 10
30. Kirk's dik dik 10
31. Guenther's dik dik 10
32. Hinde's dik dik......................... 10
33. Cavendish's dik dik 10
34. Abyssinian oribi........................ 10
35. Haggard's oribi......................... 10
36. Kenya oribi............................. 10
37. « Suni » *(Nesotrayus moschatus)* 10
38. Klipspringer 10

38.	L'oréotrague *(Oreotragus saltator)*........	10
39.	L'antilope chevreuil de Ward............	10
40.	L'antilope chevreuil de Chanler..........	10
41.	La gazelle de Thomson.................	10
42.	La gazelle de Peter....................	10
43.	La gazelle de Soemmering..............	10
44.	Le bushbuck..........................	10
45.	Le bushbuck (de Haywood)............	10
46.	Les singes colobus de chaque espèce.....	6
47.	Le marabout..........................	4
48.	Les aigrettes de chaque espèce..........	4

QUATRIÈME TABLEAU.

Animaux qui peuvent être tués ou capturés en nombre limité en vertu d'un permis de chasseur :

Le zèbre................................ 4

39.	Ward's reedbuck	10
40.	Chanler's reedbuck......................	10
41.	Thomson's gazelle	10
42.	Peter's gazelle.........................	10
43.	Soemmerring's gazelle..................	10
44.	Bushbuck	10
45.	Bushbuck (Haywood's)	10
46.	Colobi monkeys of each species..............	6
47.	Marabout	4
48.	Egret of each species	4

FOURTH SCHEDULE.

Animals a limited number of which may bekilled or captured on a traveller's licence :

Zebra 4

Les seules antilopes et gazelles suivantes :

La gazelle de Grant.....
La gazelle de Thomson...
Le hartebeest de Coke et de Jackson................
La palla................
L'antilope chevreuil.....
L'oréotrague *(Oreotragus saltator)*................
Le steinbuck...........
Le wildebeest..........
Le paa *(Medoqua* et *Nesotragus)*................
L'oryx Beisa............
Le bushbuck............
La gazelle de Waller.....
Le topi (dans le pays de Juba, le pays de Tana et les plaines de Loita)..........

Cinq animaux en tout, le total étant formé d'animaux d'une ou de plusieurs espèces, pourvu, cependant, qu'il ne puisse être tiré plus d'un animal de chacune des espèces suivantes par permis :

1. Gazelle de Grant;
2. Palla;
3. Wildebeest;
4. Oryx Beisa;
5. Bushbuck;
6. Gazelle de Waller;
7. Topi;
8. Hartebeest de Jackson.

The following antelopes and gazelles only :—

Grant's gazelle............
Thomson's gazelle.........
Jackson's and Coke's hartebeest..................
Palla....................
Reedbuck................
Klipspringer..............
Steinbuck................
Wildebeest...............
Paa (Medoqua and Nesotragus)................
Oryx beisa...............
Bushbuck.................
Waller's gazelle............
Topi (in Jubaland, Tanaland and Loita Plains)........

Five animals in all, made up of a single species or of several, provided, however, that not more than one of each of the following may be shot on one licence :—

1. Grant's gazelle;
2. Palla;
3. Wildebeest;
4. Oryx beisa;
5. Bushbuck;
6. Waller's gazelle;
7. Topi;
8. Jackson's hartebeest.

Cinquième Tableau.

Réserves de chasse.

1. La Réserve du Sud.

Un territoire limité par une ligne suivant la rive droite de la rivière Ngong, depuis la ligne de chemin de fer jusqu'à la lisière de la forêt de Kikuyu, le long de la lisière de la forêt jusqu'à un poteau-limite au point où la rivière M'bagathi quitte la forêt, par une ligne de poteaux-limites jusqu'au poteau de surveillance sur les collines de Ngong (Donyo Lamuyu), de là au mont Suswa par une ligne de poteaux et de Suswa directement vers l'ouest jusqu'à l'escarpement de Mau qu'elle suit vers le sud jusqu'au Euaso Nyiro, et par la rive gauche de la rivière jusqu'à la frontière allemande.

De là suivant la frontière allemande jusqu'à la rivière Tsavo (Useri).

Par la rive gauche de la rivière Tsavo jusqu'à un po-

Fifth Schedule.

Game Reserves.

1. The Southern Reserve.

An area bounded by a line following the right bank of the Ngong River from the railway line to the edge of the Kikuyu Forest, along the edge of the forest to a beacon at the point where the M'bagathi River leaves the forest by a line of beacons to the Survey beacon on the Ngong hills (Donyo Lamuyu), thence to Mt. Suswa by a line of beacons and from Suswa due west to the Mau escarpment which it follows south to the Euaso Nyiro and by the left bank of the river to the German frontier.

Thence following the German frontier to the Tsavo (Useri) river.

By the left bank of the Tsavo river to a beacon at the point where the Ngulia and Kyulu Hills approach the river. Thence

teau-limite au point où les collines Ngulia et Kyulu approchent de la rivière.De là suivant le pied des versants orientaux des collines Kyulu jusqu'à la rivière Makindu qu'elle suit jusqu'au chemin de fer de l'Ouganda.

De la rivière Makindu la ligne suit le chemin de fer jusqu'à la rivière Ngong.

2. La Réserve du Nord.

Frontière orientale.

Partant du gué au « Campi ya Nyama Yangu », sur la Euaso Nyiro Rivière (nord), la limite suit les versants orientaux des collines suivantes :

Mont Koiseku;
Mont Kalama;
Mont Lologui;
Mont Wargies (Monts de la Table);
Mont Loe;
Mont Endata;
Mont Kulal.

---

following the foot of the eastern slopes of Kyulu hills to the Makindu river which it follows to the Uganda Railway.

From the Makindu river the line follows the railway to the Ngong River.

2. The Northern Reserve.

Eastern Boundary.

Starting from the ford at « Campi ya Nyama Yangu », on the northern Euaso Nyiro River the boundary follows the eastern slopes of the following hills :—

Mt. Koiseku;
Mt. Kalama;
Mt. Lololugi;
Mt. Wargies (Table Mountains);
Mt. Loe;
Mt. Endata;
Mt. Kulal.

Du mont Kulal par une ligne nord-est jusqu'au mont Moille, de là suivant les versants orientaux de ce mont et du mont Seramba, du mont Loder Moretu et du mont Kul.

Du mont Kul jusqu'à un poteau-limite du côté ouest du mont Marsabit.

Frontière nord.

Du poteau-limite au côté ouest du mont Marsabit par une ligne droite vers l'ouest jusqu'au mont Nyiro.

Frontière ouest.

Du mont Nyiro suivant le pied de l'Escarpement de Laikipia jusqu'à la rivière Mugatan.

De là en ligne droite jusqu'à la jonction du Euaso Nyiro et du Euaso Narok.

Frontière sud.

De là, suivant la rive gauche du Euaso Nyiro jusqu'au gué au « Campi ya Nyama Yangu ».

From Mt. Kulal by a line north-east to Mount Moille, thence following the eastern slopes of this Mount and Mount Seramba, Mount Loder Moretu and Mount Kul.

From Mount Kul to a beacon on the western side of Mount Marsabit.

Northern Boundary.

From the beacon on the western side of Mount Marsabit by a straight line west to Mount Nyiro.

Western Boundary.

From Mount Nyiro following the foot of the Laikipia Escarpment to the Mugatan River.

Thence in a direct line to the junction of the Euaso Nyiro and Euaso Narok.

Southern Boundary.

Thence following the left bank of Euaso Nyiro to the ford at « Campi ya Nyama Yangu ».

Sixième Tableau.

Registre de gibier.

Espèce.	Nombre.	Sexe.	Localité.	Date.	Observations.

Je déclare que les indications ci-dessus sont la nomenclature exacte de tous les animaux tués par moi, dans le Protectorat en vertu du permis qui m'a été délivré le ...., 19........

Approuvé : Signé :
(Signature du fonctionnaire contrôleur.)

Arrêté au Conseil législatif le 9 décembre 1909.

La présente épreuve imprimée a été soigneusement col-

Sixth Schedule.

Game Register.

Species.	Number.	Sex.	Locality.	Date.	Remarks.

I declare that the above is a true record of all animals killed by me in the Protectorate under the licence granted me on the....................................... 19........

Signed :

Passed :
Signature of examining Officer.

Passed in the Legislative Council the 9th day of December, in the year of Our Lord, one thousand nine hundred and nine.

lationnée par moi avec la loi qui a été arrêtée par le Conseil législatif et est reconnue par moi une copie exacte et correcte de la dite loi.

H. W. Gray,
Greffier du Conseil législatif.

Présentée pour authentification et reconnaissance comme copie imprimée exacte et sincère de la loi telle qu'elle a été approuvée par le Conseil législatif.

R. M. Combe,
Avocat de la Couronne.
C. C. Bowring,
Trésorier.

Agréée au nom de Sa Majesté, le 14 décembre 1909.

E. P. C. Girouard,
Gouverneur.

This printed impression has been carefully compared by me with the Bill which has passed the Legislative Council and found by me to be a true and correct printed copy of the said Bill.

H. W. Gray,
Clerk of the Legislative Council.

Presented for authentication and assent as a correctly and faithfully printed copy of the Bill as passed by the Legislative Council.

R. M. Combe,
Crown Advocate,
C. C. Bowring,
Treasurer.

Assented to in his Majesty's name this 14th day of December, 1909.

E. P. C. Girouard,
Governor.

PROTECTORAT DE L'OUGANDA

PROTECTORAT DE L'OUGANDA

ORDONNANCE

édictée par le Commissaire de Sa Majesté Britannique pour le Protectorat de l'Ouganda. (Official Gazette *n° 168, 1er novembre 1906).*

H. HESKETH BELL,
Commissaire de Sa Majesté.

Entebbe,
16 octobre 1906.

N° 9 de 1906.

Gibier.

1. La présente ordonnance sera intitulée « Ordonnance de 1906 concernant le gibier de l'Ouganda ».

2. Dans la présente ordonnance « Le Protectorat » signifie le Protectorat de l'Ouganda.

UGANDA PROTECTORATE

AN ORDINANCE

Enacted by His Britannic Majesty's Commissioner for the Uganda Protectorate. (Official Gazette, *N° 168, 1st November, 1906.)*

H. HESKETH BELL,
His Majesty's Commissioner.

Entebbe,
October 16, 1906.

No. 9 of 1906.

Game.

1. This Ordinance may be cited as « The Uganda Game Ordinance, 1906 ».

2. In this Ordinance « The Protectorate » means the Uganda Protectorate.

Les expressions « chasser, tuer ou capturer » signifient chasser, tuer ou capturer par n'importe quelle méthode et comprennent toute tentative de tuer ou de capturer.

Par « chasser » on entend aussi molester.

« Animal », sauf stipulation expresse dans la présente, signifie mammifères et oiseaux autres que domestiqués, mais ce mot ne comprend pas les reptiles, amphibies, poissons et animaux vertébrés.

« Gibier » signifie tout animal mentionné à l'un des tableaux.

« Fonctionnaire public » signifie tout fonctionnaire européen attaché aux services publics des protectorats de l'Ouganda, de l'Afrique orientale, du Zanzibar, du *Superior Establishment of the Uganda Railway*, tout officier d'un des vaisseaux de Sa Majesté stationnés dans les eaux de l'Afrique orientale, ou tout fonctionnaire européen attaché aux services publics du Gouvernement soudanais.

« Hunt, kill, or capture » means hunting, killing, or capturing by any method, and includes every attempt to kill or capture.

« Hunting » includes molesting.

« Animal », save as herein expressly provided, means mammals, and birds, other than domesticated, but does not include reptiles, amphibia, fishes, and invertebrate animals.

« Game » means any animal mentioned in any of the Schedules.

« Public Officer » means a European Officer in the public service of the Uganda or East Africa or Zanzibar Protectorates, or on the Superior Establishment of the Uganda Railway, or an Officer of one of His Majesty's ships on the East Africa station or a European Officer in the public service of the Sudan Government.

« Native » means any native of Africa, not being of European or American race or parentage.

« Settler » means a person for the time being resident in the Protectorate not being a public officer or a native.

« Indigène » veut dire tout indigène d'Afrique n'étant pas de race ni de parenté européenne ou américaine.

Par « colon » on entend toute personne résidant actuellement dans le Protectorat et n'étant ni fonctionnaire public ni indigène.

« Sportsman » veut dire une personne qui visite le Protectorat en tout ou en partie dans des vues sportives et qui n'est ni fonctionnaire public, ni colon, ni indigène.

« Receveur » veut dire le principal fonctionnaire civil chargé de l'administration d'un district du Protectorat.

« Tableau » et « Tableaux » se rapportent aux tableaux annexés à la présente ordonnance.

Dispositions générales.

3. (1) Nul, à moins d'y être autorisé par un permis spécial, ne peut chasser, tuer ou capturer un des animaux mentionnés au premier tableau.

(2) Nul, à moins d'y être autorisé par un permis spécial

« Sportsman » means a person who visits the Protectorate wholly or partly for sporting purposes, not being a public officer, settler, or a native.

« Collector » means the principal Civil Officer in charge of a district of the Protectorate.

« Schedule » and « Schedules » refer to the Schedules annexed to this Ordinance.

General Provisions.

3. (1) No person, unless he is authorized by a special licence in that behalf, shall hunt, kill, or capture any of the animals mentioned in the First Schedule.

(2) No person, unless he is authorized by a special licence under this Ordinance, shall hunt, kill, or capture any animal of the kinds mentioned in the Second Schedule if the animal be *(a)* immature or *(b)* a female accompanied by its young.

en vertu de la présente ordonnance, ne peut chasser, tuer ou capturer un animal des espèces mentionnées au deuxième tableau, si l'animal est : *(a)* non adulte, ou *(b)* une femelle accompagnée de ses petits.

4. Nul, à moins d'y être autorisé par un permis spécial en vertu de la présente ordonnance, ne peut chasser, tuer ou capturer un animal mentionné au troisième tableau.

5. Le Commissaire peut, s'il le juge opportun, par voie de proclamation, rayer tout animal de l'un ou l'autre tableau ou déclarer que le nom de telle espèce, telle variété ou tel sexe d'animal, quadrupède ou oiseau, non mentionné à l'un des tableaux ci-annexés, sera porté sur un tableau spécial, ou que le nom de telle espèce ou variété d'animal mentionné ou compris dans tel tableau sera reporté sur tel autre tableau et, s'il le juge opportun, il pourra rendre pareille proclamation applicable au Protectorat entier ou à une province ou district, ou tout autre territoire.

---

4. No person, unless he is authorized under this Ordinance, shall hunt, kill, or capture any animal mentioned in the Third Schedule.

5. The Commissioner may, if he thinks fit, by Proclamation, remove any animal from any of the Schedules, or declare that the name of any species, variety, or sex of animal, whether beast or bird not mentioned in any Schedule hereto, shall be added to a particular Schedule, or that the name of any species or variety of animal mentioned or included in one Schedule shall be transferred to another Schedule, and, if he thinks fit, apply such Proclamation to the whole of the Protectorate, or to any Province, District, or other area.

6. (1) Save as hereinafter provided no person shall export from the Protectorate for sale or shall within the Protectorate sell, or purchase, or offer or expose for sale any head, horn, bone, skin, feather, flesh, or any other part of any animal mentioned

6. (1) Sauf ce qui est prévu ci-après, nul ne peut exporter du Protectorat, pour la vente, ni vendre, acheter, offrir ou exposer en vente à l'intérieur du Protectorat aucune tête, ni corne, ni os, ni peau, ni plume, ni viande, ni aucune autre partie d'un animal mentionné à l'un des tableaux, à moins que cet animal n'ait été tenu à l'état domestique.

(2) Sauf ce qui est prévu ci-après, nul ne peut recueillir ou exporter du Protectorat pour la vente, ni vendre, acheter, offrir ou exposer en vente à l'intérieur du Protectorat des œufs d'autruche, à moins que l'autruche n'ait été tenue à l'état domestique.

(3) Nul ne peut sciemment tenir en magasin, emballer, transporter ou exporter un animal ou une partie d'animal ou un œuf d'autruche qu'il suppose avoir été acquis en violation de la présente ordonnance.

(4) Les œufs d'autruche ou un animal ou des têtes, cornes, défenses, peaux, plumes ou autres dépouilles

---

in any of the Schedules, unless such animal has been kept in a domesticaded state.

(2) Save as hereinafter provided no person shall collect, export from the Protectorate for sale, or shall within the Protectorate sell, or purchase, or offer, or expose for sale any ostrich egg unless the ostrich has been kept in a domesticated state.

(3) No person shall knowingly store, pack, convey, or export any animal or any part of any animal or any ostrich egg which he has reason to believe has been obtained in contravention of this Ordinance.

(4) Ostrich eggs, or any animal or any heads, horns, tusks, skins, feathers, or other remains of any animals mentioned in any of the Schedules hereto shall be liable to forfeiture if they have been obtained in contravention of this Ordinance.

(5) Notwithstanding anything contained in this section any ostrich eggs or any heads, horns, tusks, skins, feathers, or other

d'animaux mentionnés à l'un des tableaux ci-annexés, seront passibles de confiscation, s'ils ont été acquis en violation de la présente ordonnance.

(5) Nonobstant tout ce qui est contenu dans la présente section, tout œuf d'autruche, ou toutes têtes, cornes, défenses, peaux, plumes ou autres dépouilles d'animaux mentionnés dans les tableaux peuvent être vendus dans les cas suivants et sous les conditions qui suivent :

(a) S'ils font partie de l'avoir d'une personne décédée, par l'Administrateur Général ou le représentant personnel de la personne décédée, du consentement du tribunal autorisant vérification ou administration et moyennant paiement de telle taxe que le tribunal fixera, sans qu'elle puisse excéder 20 roupies ;

(b) S'ils ont été confisqués, par ordre du Commissaire ou du tribunal par lequel ils ont été déclarés confisqués.

(6) Dans toute vente en exécution de la sous-section 5 de la présente section, les acheteurs recevront dans tous les cas un certificat spécifiant les articles et attestant qu'ils ont été légalement vendus conformément aux dis-

---

remains of any animals mentioned in the Schedules may be sold in the following cases and under the following conditions :—

(a) If they form part of the estate of a deceased person, by the Administretor-General or personal representative of such deceased person, with the consent of the Court granting probate or administration, and on payment of such fee as the Court directs, not exceeding 20 rupees.

(b) If they have been forfeited, by the order of the Commissioner or of the Court by which they have been declared to be forfeited.

(6) In any sale under sub-section 5 of this section purchasers shall in every case be given a certificate specifying the articles and declaring that they have been lawfully sold under the provisions of this Ordinance, and such certificate shall be evidence that

positions de la présente ordonnance, et pareil certificat constituera la preuve que l'acheteur n'a pas acquis les objets en contravention à la présente ordonnance.

(7) Aucune disposition de la présente section n'empêchera la vente, l'achat, le transport ou l'exportation d'ivoire d'éléphant ou de défenses d'hippopotames, qui ont été acquis sans contravention à la présente ordonnance.

(8) Quand un animal mentionné à l'un des tableaux ci-annexés est tué accidentellement ou quand la carcasse ou les dépouilles d'un animal sont trouvées, la tête, les cornes, les défenses et les plumes de cet animal appartiendront au Gouvernement;

Sauf cependant que le Commissaire pourra abandonner ces droits en toute circonstance où il le trouve opportun; et,

Sauf que le Commissaire pourra ordonner de payer, à la ou aux personnes ayant ainsi tué ou trouvé pareil animal, telle compensation qui couvrira les frais de transport de l'ivoire au poste le plus rapproché; et

---

the purchaser has not obtained the goods in contravention of this Ordinance.

(7) Nothing contained in this section shall prevent the sale, purchase, transfer, or export of elephant ivory or hippopotamus tusks which have been obtained without a contravention of this Ordinance.

(8) When any animal mentioned in any of the Schedules hereto is killed by accident, or when the carcase or remains of any animal shall be found, the head, horns, tusks, and feathers of such animai shall belong to the Government;

Provided that the Commissioner may waive these rights in any case as he may deem fit; and,

Provided that the Commissioner may direct the payment to any person or persons so killing or finding such compensation as

Qu'il pourra ordonner de payer des récompenses pour la découverte d'ivoire.

7. (1) Sauf ce qui est prévu ci-après, toute personne trouvée en possession de, ou vendant, transportant ou exportant, ou essayant de vendre, transporter ou exporter une défense d'éléphant mâle pesant moins de 11 livres ou une défense d'éléphant femelle ou toute pièce d'ivoire qui, de l'avis d'un fonctionnaire de l'administration civile du Protectorat d'Ouganda, a fait partie d'une défense d'éléphant mâle d'un poids inférieur à 11 livres ou d'une défense d'éléphant femelle, sera jugée coupable de contravention et sera passible d'une amende ne dépassant pas 1,000 roupies ou d'un emprisonnement de deux mois, des deux peines réunies ou d'une de ces peines seulement, et les défenses ou parties de défense seront confisquées, à moins que le Commissaire n'en décide autrement.

(2) Néanmoins, le Commissaire, ou toute autre per-

---

shall cover the cost of transport of any ivory to the nearest station; and,

May direct rewards to be paid for the finding of ivory.

7. (1) Save as hereinafter provided any person found in possession of, or selling, transferring or exporting or attempting to sell, transfer, or export any male elephant's tusk weighing less than eleven pounds or any female elephant's tusk, or any pieces of ivory which, in the opinion of any officer engaged in the civil administration of the Uganda Protectorate, formed part of a male elephant's tusk under eleven pounds in weight, or of a female elephant's tusk, shall be guilty of an offence, and shall be liable to a fine not exceeding 1,000 rupees or two months' imprisonment of either kind, or to both, and the tusk or parts of a tusk shall be confiscated unless the Commissioner shall otherwise order.

(2) Provided that the Commissioner or any person authorized by the Commissioner in that behalf may possess, sell or transfer

sonne autorisée par lui à cette fin, pourra détenir, vendre ou transporter à l'intérieur du Protectorat d'Ouganda et exporter du Protectorat d'Ouganda, l'ivoire appartenant au Gouvernement ou confisqué en vertu des dispositions de la présente ordonnance ou de tous règlements ou ordonnances abrogés par la présente ordonnance.

(3) Tout ivoire pareil, détenu, vendu, transporté ou exporté conformément aux dispositions de la sous-section précédente sera marqué distinctement au moyen de telle estampille et de telle manière que le Commissaire fera connaître par un avis publié dans la *Official Gazette*.

(4) L'acheteur ou transporteur de l'ivoire ainsi vendu ou transporté conformément aux dispositions de la sous-section n° 2 de la présente section détiendra légitimement cet ivoire et pourra légalement l'exporter du Protectorat d'Ouganda.

(5) Les dispositions de la sous-section 1 de la présente section ne seront pas applicables à l'ivoire détenu légiti-

---

within the Uganda Protectorate or may export from the Uganda Protectorate any ivory belonging to the Government or confiscated under the provisions of this Ordinance or of any Regulation or Ordinance repealed by this Ordinance.

(3) All such ivory possessed, sold, transferred, or exported under the provisions of the last preceding sub-section shall be distinctively marked with such mark and in such manner as the Commissioner by notice published in the *Official Gazette* may appoint.

(4) The purchaser or transferee of any ivory so sold or transferred under the provisions of sub-section 2 of this section shall lawfully possess such ivory and may lawfully export such ivory from the Uganda Protectorate.

(5) The provisions of sub-section 1 of this section shall not apply to any ivory lawfully possessed by any person at the date of the publication of this Ordinance provided that such ivory shall

mement par toute personne à la date de la publication de la présente ordonnance, pourvu que dans les trois mois qui suivront la publication de la présente ordonnance, cet ivoire soit présenté ou envoyé au receveur le plus proche, qui marquera cet ivoire au moyen de telle estampille et de telle manière que le Commissaire prescrira.

8. Nul ne peut faire usage de poison ni, sans permis spécial, de dynamite ou d'un autre explosif quelconque en vue de tuer ou de prendre du poisson.

9. Quand il paraît au Commissaire qu'une méthode employée pour tuer ou capturer des animaux ou du poisson est par trop destructive, il peut, par voie de proclamation, interdire cette méthode ou prescrire les conditions sous lesquelles cette méthode pourra être employée.

Si une personne fait usage d'une méthode ainsi interdite ou emploie telle méthode autrement qu'en observant les conditions ainsi imposées, elle sera passible des mêmes pénalités que celles prévues pour une contravention à la présente ordonnance.

10. Sauf ce qui est prévu dans la présente ordonnance

---

within three months of the publication of this Ordinance be produced or sent to the nearest Collector who shall mark such ivory with such mark and in such manner as the Commissioner may appoint.

8. No person shall use any poison, or, without a special licence, any dynamite or other explosive for the killing or taking of any fish.

9. Where it appears to the Commissioner that any method used for killing or capturing animals or fish is unduly destructive, he may, by Proclamation, prohibit such method or prescribe the conditions under which any method may be used; and if any person uses any method so prohibited, or uses any method otherwise than according to the conditions so prescribed, he sall be liable to the same penalties as for a breach of this Ordinance.

ou par une proclamation quelconque en vertu de la présente ordonnance, toute personne peut chasser, tuer ou capturer tout animal non mentionné à l'un des tableaux, ou tout poisson.

Réserve de chasse.

11. (1) Les territoires déterminés dans le sixième tableau ci-annexé sont, par la présente, constitués en réserve de chasse.

Le Commissaire, moyennant approbation du Secrétaire d'État, peut, par voie de proclamation, constituer en réserve de chasse toute autre partie du Protectorat, déterminer ou modifier les limites de toute réserve de chasse et la présente ordonnance sera applicable à chacune de ces réserves de chasse.

(2) Sauf ce qui est prévu dans la présente ordonnance, toute personne qui chasse, tue ou capture un animal dans une réserve de chasse, ou est trouvée à l'intérieur d'une réserve de chasse dans telles circonstances prouvant qu'elle était illégalement à la poursuite d'un animal, sera

---

10. Save as provided by this Ordinance, or by any Proclamation under this Ordinance, any person may hunt, kill, or capture any animal not mentioned in any of the Schedules, or any fish.

Game Reserve.

11. (1) The areas described in the Sixth Schedule hereto are hereby declared to be game reserves.

The Commissioner, with the approval of the Secretary of State, may by Proclamation declare any other portion of the Protectorate to be a game reserve, may define or alter the limits of any Game reserve, and this Ordinance shall apply to every such game reserve.

(2) Save as provided in this Ordinance, any person who hunts, kills, or captures any animal in a game reserve, or is found within

jugée coupable de contravention à la présente ordonnance.

(3) Le Commissaire peut par un avis, à publier selon ses instructions, exempter de protection tout animal dans une réserve de chasse.

(4) A l'égard de la présente section le terme « animal » sera censé comprendre les reptiles, amphibies, poissons et animaux vertébrés.

Permis aux Européens, etc.

12. Les permis suivants peuvent être délivrés par le Commissaire ou par tout receveur ou par telle personne ou telles personnes qui peuvent y être autorisées par le Commissaire, à savoir :

(1) Un permis de sportsman;
(2) Un permis de fonctionnaire public;
(3) Un permis de coton ;

---

a game reserve under circumstances showing that he was unlawfully in pursuit of any animal, shall be guilty of a breach of this Ordinance.

(3) The Commissioner may by notice, to be published as directed by him, exempt from protection any animal in a game reserve.

(4) For the purpose of this section the term animal shall be deemed not to exclude reptiles, amphibia, fishes, and invertebrate animals.

Licences to Europeans, &c.

12. The following licences may be granted by the Commissioner or any Collector or such person or persons as may be authorized by the Commissioner, that is to say :—

(1) A sportsman's licence;
(2) A public officer's licence;
(3) A settler's licence;

(4) Un permis de propriétaire terrien;

(5) Un permis de chasser des oiseaux.

Les taxes suivantes seront payables pour ces permis, à savoir : pour un permis de sportsman 750 roupies, pour un permis de fonctionnaire public ou un permis de colon 150 roupies, pour un permis de propriétaire terrien 45 roupies, et pour un permis de chasser des oiseaux 5 roupies.

Sauf ce qui est prévu ci-après, tout permis ne sera valable que pour une année à partir de la date d'émission.

Néanmoins, un fonctionnaire public pourra obtenir un permis pour une période unique de quatorze jours consécutifs, contre payement d'une taxe de 30 roupies, mais aucun nouveau permis pareil ne pourra être délivré à ce fonctionnaire dans une période de douze mois à partir de la date d'émission de pareil permis.

Chaque permis portera en toutes lettres le nom de la personne à laquelle il est délivré, ainsi que la date d'émis-

---

(4) A landholder's licence; and

(5) A bird licence.

The following fees shall be payable for licences, that is to say, for a sportsman's licence 750 rupees, for a public officer's licence or a settler's licence 150 rupees, for a landholder's licence 45 rupees, and for a bird licence 5 rupees.

Every licence shall except as hereinafter provided be in force for one year only from the date of issue.

Provided that a public officer's licence may be granted for a single period of 14 consecutive days on payment of a free of 30 rupees but no other such licence shall be issued to such officer within a period of twelve months from the date of issue of such licence.

Every licence shall bear the name in full, of the person to whom it is granted, the date of issue, the period of its duration, and the signature of the Commissioner, Collector, or other person authorized to grant licences.

sion, la durée de sa validité et la signature du Commissaire, du receveur ou de toute autre personne autorisée à délivrer des permis.

La personne sollicitant un permis peut être requise de fournir, sous forme de reconnaissance ou de dépôt ne dépassant pas la valeur de 2,000 roupies, une garantie d'observer la présente ordonnance et les conditions additionnelles (s'il y en a) contenues dans son permis.

Un permis n'est pas transmissible.

Tout permis doit être produit sur réquisition d'un fonctionnaire du Gouvernement du Protectorat et tout porteur de permis qui, sans raison valable, manque de produire son permis sur pareille réquisition, sera jugé coupable de contravention à la présente ordonnance.

En délivrant des permis conformément à la présente ordonnance, un receveur ou toute personne autorisée à délivrer des permis observera toutes les instructions générales ou spéciales du Commissaire.

13. Un permis de sportsman et un permis de fonctionnaire public autorisent respectivement leur porteur à

The applicant for a licence may be required to give security by bond or deposit, not exceeding 2,000 rupees, for his compliance with this Ordinance, and with the additional conditions (if any) contained in his licence.

A licence is not transferable.

Every licence must be produced when called for by any officer of the Protectorate Government, and any licence holder who fails without reasonable cause to produce it when called for shall be guilty of an offence against this Ordinance.

In granting licences under this Ordinance a Collector or any person authorized to grant licences shall observe any general or particular instructions of the Commissioner.

13. A sportsman's licence, and a public officer's licence respectively authorize the holder to hunt, kill, or capture animals of any

chasser, tuer ou capturer des animaux de chacune des espèces mentionnées au troisième tableau, mais seulement jusqu'au nombre indiqué pour chaque espèce dans la seconde colonne de ce tableau, à moins que le permis ne porte une autre indication.

Le porteur d'un permis de sportsman ou d'un permis de fonctionnaire public délivré en vertu de la présente ordonnance peut être autorisé par son permis à tuer ou capturer un nombre supplémentaire d'animaux de chacune de ces espèces moyennant payement des taxes supplémentaires à déterminer par le Commissaire.

Le Commissaire peut, dans des cas spéciaux, accorder moyennant une taxe de 150 roupies, un permis de sportsman à une personne qualifiée pour prendre un permis de colon.

14. Un permis de colon autorise le porteur à chasser, tuer ou capturer des animaux des espèces et jusqu'au nombre mentionnés au quatrième tableau seulement.

15. (1) Un permis de fonctionnaire public ne sera délivré qu'à un fonctionnaire public et un permis de colon

---

of the species mentioned in the Third Schedule, but unless the licence otherwise provides, not more than the number of each species fixed by the second column of that Schedule.

The holder of a sportsman's or public officer's licence granted under this Ordinance may by the licence be authorized to kill or capture additional animals of any such species on payment of such additional fees as may be prescribed by the Commissioner.

The Commissioner may in special cases grant, at a fee of 150 rupees, a sportsman's licence to a person entitled to take out a settler's licence.

14. A settler's licence authorizes the holder to hunt, kill, or capture animals of the species and to the number mentioned in the Fourth Schedule only.

15. (1) A public officer's licence shall not be granted except

ne sera délivré qu'à un colon, mais un permis de sportsman peut être délivré à un colon.

(2) Le porteur d'un permis de colon ou d'un permis de propriétaire terrien peut restituer son permis et lever un permis de sportsman ; et dans ce cas, la somme qui a été payée pour le permis restitué sera déduite de la somme que cette personne serait autrement tenue de payer pour un permis de sportsman ; cependant un permis de sportsman délivré dans ces conditions expirera à la date à laquelle le permis restitué serait venu à expiration, et tous les animaux capturés ou tués en vertu du permis restitué entreront en ligne de compte au point de vue du nombre d'animaux qui peuvent être capturés ou tués en vertu d'un permis de sportsman.

16. Si le porteur d'un permis de fonctionnaire public cessait d'être fonctionnaire public pendant la durée de validité de ce permis, celui-ci cesserait d'être valable.

Cependant, si la personne, dont le permis est venu à

---

to a public officer, and a settler's licence shall not be granted except to a settler, but a sportsman's licence may be granted to a settler.

(2) The holder of a settler's or landholder's licence may surrender his licence and take out a sportsman's licence; and in such a case the sum which has been paid in respect of the surrendered licence shall be deducted from the sum which such person would otherwise be required to pay for a sportsman's licence; provided that a sportsman's licence so granted shall expire on the same date as that on which the surrendered licence would have expired and that all animals captured or killed under the surrendered licence shall count towards the animals which may be captured or killed under the sportsman's licence.

16. Should the holder of a public officer's licence cease to be a public officer during the currency of such licence, his licence shall thereupon expire.

expiration en vertu des dispositions de cette section seule, prend un permis de sportsman, la somme, qui a été payée par cette personne pour l'obtention du permis ainsi venu à expiration, sera, si cette personne le désire, déduite de la somme qui serait autrement requise pour un permis de sportsman.

De plus, dans pareil cas, tous les animaux tués en vertu du permis ainsi venu à expiration viendront en ligne de compte pour le nombre d'animaux qui peuvent être tués en vertu du permis de sportsman, et ce dernier permis cessera d'être valable à la même date à laquelle le premier permis serait venu à expiration si son porteur était resté fonctionnaire public.

17. Un permis de quatorze jours accordé à un fonctionnaire public qui a précédemment détenu un permis de fonctionnaire public ou un permis de fonctionnaire public délivré à une personne qui a précédemment détenu un permis de fonctionnaire public de quatorze jours, s'il est

---

Provided that if the person whose license has expired under the provisions of this section alone takes out a sportsman's licence the sum which has been paid by such person in respect of the licence so expired shall if such person so elects be deducted from the sum which he would otherwise be required to pay for a sportsman's licence.

Provided that in such case all animals killed under the licence which has so expired shall count towards the animals which may be killed under the sportsman's licence, and the sportsman's licence shall expire on the same date as that on which the original licence would have expired if the holder thereof had continued to be a public officer.

17. A fourteen day licence granded to a public officer who has previously held a public officer's licence, or a public officer's licence granted to a person who has previously held a public officer's fourteen day licence, shall, if taken out within six months

18.

pris endéans les six mois de l'expiration du premier permis, autorisera le porteur à tuer ou à capturer seulement tel nombre d'animaux qui, joint au nombre d'animaux tués ou capturés en vertu du permis précédent, formera le nombre fixé pour un permis de fonctionnaire public.

18. Quand un permis similaire au permis de fonctionnaire public en vertu de la présente ordonnance a été délivré dans le Protectorat de l'Afrique orientale, ce permis autorisera le porteur à chasser, tuer ou capturer du gibier dans le Protectorat de l'Ouganda, absolument dans les mêmes conditions que si le permis avait été délivré dans le Protectorat de l'Ouganda, pourvu que pareil permis soit d'abord endossé par un receveur ou au autre fonctionnaire autorisé du Protectorat de l'Ouganda et à condition aussi que toute latitude de tuer ou de capturer un nombre supplémentaire d'animaux, qui n'est pas accordée par le permis correspondant dans l'Ouganda, reste sans effet.

19. (1) L'occupant de terres peut prendre un permis

---

of the expiry of the former licence, authorize the holder to kill or capture such number only of animals as, with the number killed or captured under the former licence, will make up the number fixed for a public officer's licence.

18. When a licence similar to a public officer's licence under this Ordinance has been granted in the East Africa Protectorate, that licence shall authorize the holder to hunt, kill, or capture game in the Uganda Protectorate, in all respects as if the licence had been granted in the Uganda Protectorate, provided that such licence shall be first indorsed by a collector or other authorized officer of the Uganda Protectorate : provided also that any authority to kill or capture additional animals not permitted under the corresponding Uganda licence shall be void.

19. (1) An occupier of land may take out a landholder's licence and may also take out a similar licence at the same fee for

de propriétaire terrien et peut aussi prendre un permis pareil pour chaque personne employée par lui d'une façon permanente pour l'exploitation de ses terres.

(2) Le permis autorisera uniquement à chasser, tuer ou capturer du gibier sur le terrain du porteur de permis ou de l'employeur qui a pris le permis.

(3) Le permis n'autorisera pas à chasser, tuer ou capturer les animaux mentionnés au premier tableau ni les femelles ou jeunes animaux mentionnés au deuxième tableau.

(4) Le permis autorisera à chasser, tuer ou capturer les animaux mentionnés aux troisième et quatrième tableaux et la limitation, qui y est prévue, du nombre d'animaux qui peuvent être chassés, tués ou capturés ne sera pas applicable.

(5) Sauf ce qui est prévu autrement dans la présente section, le porteur d'un permis de propriétaire terrien devra se conformer, sous tous les rapports, aux dispositions de la présente ordonnance.

---

any person permanently employed by him in connection with the land.

(2) The licence shall only permit game to be hunted, killed, or captured on the land of the holder of a licence or of his employer who has taken out the licence.

(3) The licence will not authorize animals mentioned in the First Schedule or the females or young animals mentioned in the Second Schedule to be hunted killed or captured.

(4) The licence shall permit the animals mentioned in the Third and Fourth Schedules to be hunted killed or captured and the limitation of the nnmber of animals to be hunted killed or captured therein contained shall not apply.

(5) Except as otherwise provided in this section the holder of a landholder's licence will be subject in all respects to the provisions of this Ordinance.

20. Quand une personne porteur d'un permis de propriétaire terrien détient également un permis de colon, les animaux tués ou capturés sur ses propres terres en vertu de son permis de propriétaire terrien n'entreront pas en compte pour le nombre d'animaux qu'il est en droit de tuer en vertu de son permis de colon.

21. Tout propriétaire terrien, ou son serviteur, qui trouve un animal mentionné aux tableaux abîmant ses récoltes ou causant du dommage à son exploitation, peut le tuer si cela est nécessaire pour la sauvegarde de ses moissons ou de son exploitation, mais il en donnera avis, sans délai, au receveur du district et la tête, les cornes, défenses et peau resteront la propriété du Gouvernement et il en sera disposé selon les indications du receveur.

22. Les animaux mentionnés aux tableaux, tués ou capturés par le porteur d'un permis autre qu'un permis de propriétaire terrien, sur une propriété privée à la demande de l'occupant et pour la sauvegarde de ses récoltes n'entreront pas en compte pour le nombre d'ani-

---

20. When a person holding a landholder's licence holds also a settler's licence, animals killed or captured on his own land under his landholder's licence, shall not count towards the animals he is entitled to kill under his settler's licence.

21. Any landholder, or his servant, finding an animal mentioned in the Schedules spoiling his crops or doing damage to his holding may kill the same in such act is necessary for the protection of his crops or holding, but he shall give notice thereof to the Collector of the district without delay, and the head, horns, tusks, and skin shall be the property of the Government, and shall be dealt with as the Collector may direct.

22. Animals mentioned in the Schedules killed or captured by the holder of a licence other than a landholder's licence upon private land at the request of the occupier and for protection of is crops or holding shall not count towards the number of animals

maux que cette personne a le droit de tuer en vertu de son permis, mais en pareil cas, la tête, les cornes, défenses et peaux de ces animaux resteront la propriété du Gouvernement et il en sera disposé selon les indications du receveur.

23. (1) Un permis de tuer des oiseaux autorisera le porteur, sous réserve des dispositions de la présente ordonnance, à tirer tous oiseaux mentionnés au cinquième tableau seulement.

(2) Le Commissaire peut ordonner, par voie de proclamation, que dans telle partie du Protectorat de l'Ouganda il sera interdit, pendant une période à spécifier dans la proclamation, de tuer ou de capturer une ou toutes les espèces d'oiseaux sauvages.

(3) Toute personne qui tuera ou capturera ou essaiera de tuer ou de capturer par quelques moyens que ce soit ou qui aura en sa possession un oiseau sauvage capturé en contravention à la sous-section 2 de la présente section, à l'intérieur du territoire auquel pareille procla-

---

that person is entitled to kill under his licence but in such case the head, horns, tusks, and skins of such animals shall be the property of the Government, and shall be dealt with as the Collector may direct.

23. (1) A bird licence shall, subject to the provisions of this Ordinance, entitle the holder to shoot any of the birds mentioned in the Fifth Schedule only.

(2) The Commissioner may by Proclamation order any area in the Uganda Protectorate to be closed for any period specified in the Proclamation in respect of the killing or capturing of any or all species of wild birds.

(3) Any person who shall kill or capture or attempt to kill or capture by any means whatsoever or who shall have in his possession any wild bird captured in contravention of sub-section 2 of this section within the area to which such Proclamation is

mation s'applique et durant la période y spécifiée, sera jugée coupable de contravention à la présente ordonnance.

Cependant, nul ne sera exposé à être jugé coupable, en vertu des dispositions de la sous-section 3 de la présente section, de détention illégale de pareil oiseau sauvage s'il prouve au tribunal, devant lequel il est inculpé :

a) S'il s'agit d'un endroit à l'égard duquel les dispositions de la sous-section 2 de la présente section étaient applicables, qu'au moment ou cet oiseau sauvage a été tué ou capturé la personne qui l'a tué ou capturé était en droit de le faire, ou

b) que l'oiseau sauvage a été tué ou capturé en un endroit où les dispositions de la sous-section 2 de la présente section n'étaient pas applicables.

24. Nul ne sera en droit de chasser, tuer ou capturer des animaux mentionnés aux tableaux sur des propriétés privées occupées par des personnes autres que son employeur, à moins d'y être dûment autorisé conformément aux dispositions de la présente ordonnance.

---

applied and within the period specified therein shall be guilty of an offence under this Ordinance.

Provided that no person shall be liable to be convicted under the provisions of sub-section 3 of this section for the unlawful possession of such wild bird if he satisfies the Court before which he is charged either that :—

(a) The killing or capturing of such wild bird, if in a place with regard to which the provisions of sub-section 2 of this section have been applied was lawful at the time when and by the person by whom it was killed or captured, or

(b) The wild bird was killed or captured in some place to which the provisions of sub-section 2 of this section was not applied.

24. No person shall be entitled to hunt, kill, or capture animals

25. Là où le Commissaire le juge utile pour des raisons scientifiques ou administratives, il peut accorder, à toute personne non indigène, un permis spécial de tuer ou de capturer des animaux d'une ou de plusieurs espèces mentionnées à l'un des tableaux ; ou de tuer, chasser ou capturer dans une réserve de chasse des bêtes ou oiseaux de proie déterminés ou d'autres animaux dont la présence est préjudiciable aux fins pour lesquelles la réserve de chasse est constituée ; ou, dans des cas spéciaux, de tuer ou de capturer, selon le cas, dans une réserve de chasse un ou des animaux d'une ou de plusieurs espèces mentionnées aux tableaux.

Le Commissaire peut, s'il le juge opportun, délivrer un permis spécial à quiconque, Européen ou Américain, résidant dans un endroit situé à l'intérieur ou à proximité d'une réserve de chasse, de tuer ou de capturer des oiseaux déterminés et des animaux nuisibles dans telle réserve de chasse ou dans telle partie de celle-ci, ainsi qu'il serait spécifié sur le permis ou autrement.

Un permis spécial sera soumis à telles conditions con-

---

mentioned in the schedules on private lands in the occupation of another person other than his employer, unless he is duly licensed under the provisions of this Ordinance.

25. Where it appears proper to the Commissioner for scientific or administrative reasons, he may grant a special licence to any person, not being a native, to kill or capture animals of any one or more species mentioned in any of the Schedules ; or, to kill, hunt, or capture in a game reserve specified beasts or birds of prey, or other animals whose presence is detrimental to the purposes of the game reserve ; or, in particular cases, to kill, or capture, as the case may be, in a game reserve, an animal or animals of any one or more species mentioned in the Schedules.

The Commissioner may, if he thinks fit, grant a special licence to any person European or American, resident in any station

cernant les taxes, la garantie (s'il y en a), le nombre, le sexe et l'âge des spécimens, le district et la saison de chasse et toutes autres matières, que le Commissaire prescrira.

Sauf ce qui est dit plus haut, le porteur d'un permis spécial sera soumis aux dispositions générales de la présente ordonnance et aux dispositions concernant les porteurs de permis.

26. Le Commissaire peut, par voie de règlement, déterminer les modèles des permis à délivrer en vertu des dispositions de la présente ordonnance.

Tout porteur de permis tiendra, dans la forme prescrite par le septième tableau, un registre des animaux tués ou capturés par lui.

Ce registre, avec une copie jointe, sera soumis, aussi souvent que cela peut paraître utile et au moins une fois en trois mois, au receveur le plus proche ou au receveur-adjoint, qui contresignera les inscriptions déjà faites et retiendra la copie.

---

situate in or near a game reserve, to kill or capture specified birds and noxious animals in such game reserve or such part thereof as shall be defined on such licence or otherwise.

A special licence shall be subject to such conditions as to fees and security (if any), number, sex, and age of specimens, district and season for hunting, and other matters, as the Commissioner may prescribe.

Save as aforesaid, the holder of a special licence shall be subject to the general provisions of this Ordinance, and to the provisions relating to holders of licences.

26. The Commissioner may by rule prescribe the forms of licences issued under the provisions of this Ordinance.

Every licence holder shall keep a register of the animals killed or captured by him in the form specified in the Seventh Schedule.

The Register with a copy thereof shall be submitted as often as

Toute personne autorisée à délivrer des permis peut à tout moment requérir tout porteur de permis de produire son registre aux fins d'inspection.

Tout porteur de permis doit dans les quinze jours de l'expiration de son permis soumettre ou envoyer au receveur du district de sa résidence, le registre avec une copie jointe, des animaux tués ou capturés par lui en vertu de son permis.

Si un porteur de permis néglige de tenir son registre véridiquement ou de le produire comme le veut la présente section, il sera jugé coupable de contravention à la présente ordonnance.

27. Le Commissaire peut retirer tout permis s'il est convaincu que le porteur s'est rendu coupable de contravention à une des dispositions de la présente ordonnance ou à une des conditions de son permis, ou qu'il a été le complice d'une autre personne dans pareille contravention ou que dans des affaires s'y rattachant il a agi autrement que de bonne foi.

---

convenient, but not less frequently than once in three months, to the nearest Collector or Assistant Collector, who shall countersign the entries up to date and retain the copy.

Any person authorized to grant licences may at any time call upon any licence holder to produce his register for inspection.

Every holder of a licence must within 15 days after his licence has expired produce or send to the Collector of the district in which he resides the register, and a copy thereof, of the animals killed or captured by him under his licence.

If any holder of a licence fails to keep his register truly or to produce it as required by this section he shall be guilty of an offence against this Ordinance.

27. The Commissioner may revoke any licence when he is satisfied that the holder has been guilty of a breach of any of the provisions of this Ordinance or of the conditions of his licence, or

28. Le Commissaire peut, à sa discrétion, décider qu'un permis, en vertu de la présente ordonnance, sera refusé à un requérant.

29. Toute personne dont le permis a été perdu ou détruit peut en obtenir un nouveau pour le restant de son terme contre paiement de la taxe à fixer par l'autorité qui délivre le permis, mais n'excédant pas 5 roupies.

30. Aucun permis délivré en vertu de la présente ordonnance ne donne le droit, au porteur, de chasser, tuer ou capturer un animal, ni de passer sur une propriété privée sans le consentement du propriétaire ou de l'occupant.

31. Toute personne qui, après avoir tué ou capturé des animaux au nombre et des espèces autorisés par le permis, continue à chasser, tuer ou capturer des animaux qu'il n'est pas autorisé à tuer ou capturer, sera jugée coupable de contravention à la présente ordonnance.

32. Des personnes au service de porteurs de permis

---

has connived with any other person in any such breach, or that in any matters in relation thereto he has acted otherwise than in good faith.

28. The Commissioner may at his discretion direct that a licence under this Ordinance shall be refused to any applicant.

29. Any person whose licence has been lost or destroyed may obtain a fresh licence for the remainder of his term on payment of such a fee as the licensing authority may fix, not exceeding Rs. 5.

30. No licence granted under this Ordinance shall entitle the holder to hunt, kill, or capture any animal, or to trespass upon private property without the consent of the owner or occupier.

31. Any person who, after having killed or captured animals to the number and of the species authorized by his licence, proceeds to hunt, kill, or capture any animals which he is not authorized to kill or capture, shall be guilty of a breach of this Ordinance.

peuvent, sans permis, prêter assistance à ces porteurs de permis dans la chasse aux animaux, mais ne feront pas usage d'armes à feu.

Dans tout cas de contravention aux dispositions de la présente section, le permis de tout porteur de permis inculpé dans la contravention sera passible de confiscation, et ce porteur de permis sera jugé coupable de contravention.

33. Le Commissaire ou toute personne autorisée par lui à cette fin, peut, à sa discrétion, imposer l'obligation de prendre un permis en vertu de la présente ordonnance à toute personne qui importe des armes à feu ou des munitions pouvant servir à cette personne à tuer du gibier ou d'autres animaux, et peut refuser la permission d'enlever les armes ou munitions de l'entrepôt public jusqu'à ce que pareil permis ait été pris. Sauf ce qui est dit plus haut, rien dans la présente ordonnance ne modifie les prescriptions des « Dispositions concernant les armes à

---

32. Persons in the employment of holders of licences may, without licence, assist such holders of licences in hunting animals, but shall not use fire-arms.

In any case of a breach of the provisions of this section the licence of every licence holder concerned in the breach shall be liable to forfeiture, and such licence holder shall be guilty of an offence.

33. The Commissioner or any person authorized by him in that behalf may, at his discretion, require any person importing fire-arms or ammunition that may be used by such person for the purpose of killing game or other animals to take out a licence under this Ordinance, and may refuse to allow the fire-arms or ammunition to be taken from the public warehouse until such licence is taken out. Save as aforesaid, nothing in this Ordinance shall affect the provisions of « The Uganda Fire-arms Regulations, 1896 », or any Ordinance amending or substituted for the same.

feu dans l'Ouganda, 1896 » ou de toute ordonnance venant l'amender ou s'y substituer.

Restrictions concernant le gibier qui peut être tué par les Indigènes.

34. S'il appert que les membres d'une tribu indigène ou les habitants indigènes d'un village ont besoin de la viande d'animaux sauvages pour leur subsistance, le receveur du district peut, avec l'approbation du Commissaire, par un ordre adressé au chef de la tribu ou au chef du village, autoriser les membres de la tribu ou les habitants, selon le cas, à tuer des animaux dans telle aire et sous telles conditions concernant le mode de chasser, les nombre, espèce et sexe des animaux ou autres encore qui seront prescrites dans cet ordre.

Un ordre édicté en vertu de la présente section n'autorisera pas à tuer un animal mentionné au premier tableau. Les dispositions de la présente ordonnance concernant les porteurs de permis ne seront pas applicables à un membre d'une tribu ni à un habitant indigène

---

Restriction on Killing Game by Natives.

34. When the members of any native tribe or the native inhabitants of any village appear to be dependent on the flesh of wild animals for their subsistence, the Collector of the district may with the approval of the Commissioner, by order addressed to the Chief of the tribe or Headman of the village, authorize the tribesmen or inhabitants, as the case may be, to kill animals within such area, and subject to such conditions as to mode of hunting, number, species, and sex of animals and otherwise, as may be prescribed by the order.

An order under this section shall not authorize the killing of any animal mentioned in the First Schedule.

The provisions of this Ordinance with respect to holders of

d'un village auxquels s'applique un ordre promulgué en vertu de la présente section.

Sauf ce qui est prévu plus haut, les dispositions générales de la présente ordonnance seront applicables à tout indigène qui est autorisé en vertu de la présente section et une contravention à un ordre quelconque constituera une contravention à la présente ordonnance.

35. Le receveur d'un district peut, avec l'approbation du Commissaire, délivrer à un indigène un permis similaire au permis de sportsman ou au permis de colon, sous telles conditions de taxes ou autres que le Commissaire pourra stipuler.

36. (1) Un Sous-Commissaire peut, avec l'approbation du Commissaire, délivrer à tout chef indigène un permis de tuer deux éléphants mâles.

(2) Pareil permis sera subordonné aux conditions applicables aux permis délivrés en vertu de la présente ordonnance et la taxe due pour ce permis sera de 150 roupies.

---

licences shall not apply to a member of a tribe or native inhabitant of a village to which an order under this section applies.

Save as aforesaid, the general provisions of this Ordinance shall apply to every native who is authorized under this section and a breach of any order shall be a breach of this Ordinance.

35. The Collector of a district may, with the approval of the Commissioner, grant a licence, similar to a sportsman's or settler's licence to any native, upon such terms as to fees and other conditions as the Commissioner may direct.

36. (1) A Sub-Commissioner may with the approval of the Commissioner, grant to any native Chief a licence to kill two bull elephants.

(2) Such licence shall be subject to the conditions applicable to licences issued under this Ordinance, and the fee in respect thereof shall be 150 rupees.

(3) L'ivoire provenant ainsi d'éléphants tués en vertu de pareil permis sera porté au poste du Gouvernement le plus rapproché où il sera estampillé de façon à pouvoir être identifié. Toute personne détenant, achetant ou vendant pareil ivoire qui n'a pas été estampillé ainsi, sera jugée coupable de contravention à la présente ordonnance.

(4) Le Commissaire peut établir des règles spécifiant les personnes par lesquelles et la manière dont cet ivoire sera estampillé.

37. (1) Quand des éléphants viennent causer du dommage aux « shambas » et que le propriétaire ou l'occupant de celles-ci ne peut parvenir, avec les moyens dont il dispose, à les éloigner, le chef le plus rapproché peut, à la requête de l'occupant, tuer au maximum deux de ces éléphants.

(2) Il sera donné connaissance, sans délai, au fonctionnaire civil le plus rapproché, de la destruction de ces éléphants et l'ivoire lui sera apporté et remis. Le chef et le propriétaire de la « shamba » auront droit chacun

---

(3) The ivory obtained from elephants killed under any such licence shall be taken to the nearest Government station, and there marked in such a way that it may be identified. Any person possessing, buying, or selling any such ivory which has not been so marked shall be guilty of an offence against this Ordinance.

(4) The Commissioner may make rules as to the persons by whom and the manner in which such ivory shall be marked.

37. (1) When elephants are found doing damage to shambas, and the owner or occupier thereof cannot, with the means at his disposal, drive them off, the nearest Chief may at the request of such occupier, kill not more than two of such elephants.

(2) The destruction of the elephants shall be reported forthwith to the nearest civil officer, and the ivory shall be taken and handed over to him. The Chief and the owner of the shamba shall each be entitled to receive such proportion of the ivory as the

à telle proportion de l'ivoire que le Commissaire décidera. Les carcasses des éléphants appartiendront au propriétaire des « shambas ».

Procédure légale.

38. Là où un fonctionnaire public du Protectorat de l'Ouganda le juge utile aux fins de vérifier le registre d'un porteur de permis ou bien suspecte une personne de s'être rendue coupable d'une contravention à une des dispositions de la présente ordonnance ou des conditions de son permis, il peut inspecter et visiter, ou autoriser un fonctionnaire subordonné à inspecter et visiter tous bagages, emballages, wagons, tentes, bâtiment ou caravane appartenant à ou se trouvant sous la garde de cette personne ou de son agent et si le fonctionnaire trouve des têtes, cornes, défenses, peaux, plumes ou autres dépouilles d'animaux qui paraissent avoir été tués, ou des animaux vivants qui paraissent avoir été capturés en contravention à la présente ordonnance, il les saisira et les produira

---

Commissioner may direct. The carcases of the elephants shall belong to the owner of the shambas.

Legal Procedure.

38. Where any public officer of the Uganda Protectorate thinks it expedient for the purposes of verifying the register of a licence holder, or suspects that any person has been guilty of a breach of any of the provisions of this Ordinance or of the conditions of his licence he may inspect and search, to authorize any subordinate officer to inspect and search, any baggage, packages, wagons, tents, building, or caravan belonging to or under the control of such person or his agent, and if the officer finds any heads, horns, tusks, skins, feathers, or other remains of the animals appearing to have been killed, or any live animals appearing to have been captured, in contravention of this Ordinance, he

devant le magistrat pour qu'il en soit disposé conformément à la loi.

39. Sauf ce qui est prévu dans la présente, toute personne qui chasse, tue ou capture des animaux en contravention à la présente ordonnance, ou qui d'une autre façon commet une infraction aux dispositions de la présente ordonnance ou aux conditions de son permis, sera, si elle est reconnue coupable, passible d'une amende pouvant atteindre 1,000 roupies et quand la contravention se rapporte à plus de deux animaux, à une amende, pour chaque animal, pouvant atteindre 500 roupies et dans chaque cas d'un emprisonnement quelconque pouvant atteindre une durée de deux mois, avec ou sans amende.

Néanmoins toute personne qui tire, tue ou capture ou tente de tirer, tuer ou capturer des oiseaux en contravention à la présente ordonnance, ne sera passible que d'une amende n'excédant pas 100 roupies et d'un emprisonnement quelconque d'une durée n'excédant pas un mois.

---

shall seize and take the same before a Magistrate to be dealt with according to law.

39. Save as herein mentioned, any person who hunts, kills, or captures any animals in contravention of this Ordinance, or otherwise commits any breach of the provisions of this Ordinance or of the conditions of his licence shall, on conviction, be liable to a fine which may extend to 1,000 rupees, and, where the offence relates to more animals than two, to a fine in respect of each animal which may extend to 500 rupees and in either case to imprisonment of either kind which may extend to two months, with or without fine;

Provided that any person who shoots, kills, or captures or attempts to shoot, kill, or capture birds in contravention of this Ordinance shall not be liable to a fine of more than 100 rupees nor imprisonment of either kind exceeding one month.

In all cases on conviction any ostrich eggs or any heads, horns,

Dans tous les cas ou la culpabilité est établie, tous œufs d'autruche ou toutes têtes, cornes, défenses, peaux ou autres dépouilles d'animaux trouvées en possession du contrevenant ou de son agent et tous animaux vivants capturés en contravention à la présente ordonnance seront passibles de confiscation.

Si la personne reconnue coupable est porteur d'un permis, celui-ci pourra lui être retiré par le tribunal.

40. Si lors d'une poursuite intentée en vertu de la présente une amende est comminée. le tribunal peut allouer comme récompense à ou aux informateurs une ou des sommes n'excédant pas la moitié de l'amende totale.

41. La présente ordonnance entrera en vigueur le 1er novembre 1906.

Abrogations.

42. Les dispositions et ordonnances qui suivent ainsi que toutes proclamations, tous ordres et règlements

---

tusks, skins, or other remains of animals found in the possession of the offender or his agent, and all live animals captured in contravention of this Ordinance shall be liable to forfeiture.

If the person convicted is the holder of a licence his licence may be revoked by the Court.

40. Where in any proceeding under this Ordinance any fine is imposed, the Court may award any sum or sums not exceeding half the total fine to any informer or informers.

41. This Ordinance shall come into operation on the First day of November, 1906.

Repeal.

42. The following Regulations and Ordinances and all Proclamations, Orders, and Rules thereunder are hereby repealed.

The Game Returns Regulations, 1900 (No. 25).

The Uganda Game Regulations, 1900 (No. 32).

The Birds Protection Regulations, 1901 (No. 1 of 1901).

promulgués en exécution de celles-ci, sont abrogés en vertu de la présente :

Les dispositions concernant les repeuplements de gibier, 1900 (nº 25).

Les dispositions concernant le gibier dans l'Ouganda, 1900 (nº 32).

Les dispositions concernant la protection des oiseaux, 1901 (nº 1 de 1901).

L'ordonnance amendant les dispositions concernant le gibier dans l'Ouganda, 1903 (nº 9 de 1903).

L'ordonnance concernant le gibier dans l'Ouganda, 1903 (nº 13 de 1903).

L'ordonnance concernant le gibier dans l'Ouganda, 1904 (nº 1 de 1904).

L'ordonnance amendant les dispositions concernant le gibier dans l'Ouganda, 1904 (nº 10 de 1904).

L'ordonnance concernant le gibier, 1904 (nº 12 de 1904).

L'ordonnance amendant les dispositions concernant le gibier dans l'Ouganda, 1905 (nº 2 de 1905).

Moyennant ce qui suit :

(1) Les poursuites légales entamées en vertu des dispo-

The Uganda Game Regulations Amendment Ordinance, 1903 (No. 9 of 1903).

The Uganda Game Ordinance, 1903 (No. 13 of 1903).

The Uganda Game Ordinance, 1904 (No. 1 of 1904).

The Uganda Game Regulations Amendment Ordinance, 1904 (No. 10 of 1904).

The Game Ordinance, 1904 (No. 12 of 1904).

The Uganda Game Regulations Amendment Ordinance, 1905 (No. 2 of 1905).

Provided as follows :—

(1) Where any legal proceedings have been begun under the said repealed Regulations or Ordinances the same shall be continued as if this Ordinance had not been enacted.

sitions et ordonnances mentionnées ci-dessus comme abrogées, seront continuées comme si la présente ordonnance n'avait pas été promulguée.

(2) Toute personne qui avant l'entrée en vigueur de la présente ordonnance aura commis une contravention à l'une ou l'autre des dispositions ou ordonnances mentionnées ci-dessus comme abrogées, ou a contrevenu d'une façon quelconque aux conditions prescrites dans un permis délivré en vertu de celles-ci sera poursuivie et punie comme si la présente ordonnance n'avait pas été promulguée.

(3) Les permis délivrés en vertu de ces dispositions et ordonnances abrogées et qui ne sont pas expirés au moment de l'entrée en vigueur de la présente ordonnance, resteront valables pour la période pour laquelle ils furent émis, comme si la présente ordonnance n'avait pas été promulguée.

H. Hesketh Bell,
Commissaire de Sa Majesté.

Entebbe, 16 octobre 1906.

---

(2) Any person who has before the commencement of this Ordinance committed any offence against any of the said repealed Regulations or Ordinances or has committed any breach of any conditions prescribed on any licence granted thereunder shall be proceeded against and punished as if this Ordinance had not been enacted.

(3) Licences issued under the said repealed Regulations or Ordinances unexpired at the commencement of this Ordinance shall remain in force for the period for which they were granted, as if this Ordinance had not been enacted.

H. Hesketh Bell,
His Majesty's Commissioner.

Entebbe, October 16, 1906.

Premier Tableau.

Animaux qui ne peuvent être chassés, tués ou capturés par n'importe qui, sauf en vertu d'un permis spécial.

1. Girafe.
2. Zèbre.
3. Ane sauvage.
4. Gnou *(Connochoetes)*. Toutes espèces.
5. Élan *(Taurotragus)*.
6. Éléphant (femelle ou jeune).
7. Oiseau secrétaire.
8. Vautour. (toutes espèces).
9. Hibou. (toutes espèces).
10. Cigogne à tête de baleine.
11. Cigogne à bec en forme de selle.
12. Grue couronnée.

First Schedule.

Animals not to be hunted, killed, or captured, by any person, except under Special Licence.

1. Giraffe.
2. Zebra.
3. Wild ass.
4. Gnu *(Connochœtes)*. Any species.
5. Eland *(Taurotragus)*.
6. Elephant (female or young).
7. Secretary bird.
8. Vulture (any species).
9. Owls (any species).
10. Whale-headed stork *(Balaeniceps rex)*.
11. Saddlebilled stork *(Epphippiorhynous Senegalensis)*.
12. Crowned crane *(Balearica)*.

13. Okapi.
14. Buffle (femelle).
15. Autruche (femelle ou jeune).
16. Speke's tragelaphus (femelle).

Deuxième Tableau.

Animaux dont les femelles ne peuvent être chassées, tuées ou capturées quand elles sont accompagnées de leurs petits et dont les petits ne peuvent être capturés sauf en vertu d'un permis spécial.

1. Rhinocéros.
2. Chevrotin *(Dorcatherium)*.
3. Toutes antilopes ou gazelles non mentionnées au premier tableau.

---

13. Okapi *(Johnstoni)*.
14. Buffalo (female).
15. Ostrich (female or young).
16. Speke's tragelaphus (female).

Second Schedule.

Animals, the females of which are not to be hunted, killed, or captured, when accompanying their young, and the young of which are not to be captured except under Special Licence.

1. Rhinoceros.
2. Chevrotain *(Dorcatherium)*.
3. All antelopes or gazelles not mentioned in the First Schedule.

Troisième Tableau.

Animaux qui peuvent être tués ou capturés en nombre limité en vertu d'un permis de sportsman ou d'un permis de fonctionnaire public.

	Nombre toléré
1. Éléphant (mâle)	2
2. Rhinocéros	2
3. Hippopotame	10
(Excepté dans les districts suivants où ils ne sont pas protégés) :	
(1) Le Nil;	
(2) Les rivages des lacs Victoria, Albert et Albert-Edouard.	
4. Antilopes et gazelles :	
Catégorie A :	
Oryx *(Gemsbuck* ou *Beisa)*	2
Sable ou Rouan *(Hippotragus)*	2

Third Schedule.

Animals, limited numbers of which may be killed or captured under a Sportsman's or Public Officer's licence.

	Number allowed.
1. Elephant (male)	2
2. Rhinoceros	2
3. Hippopotamus	10
(Except in the following district in which they are not protected) :—	
(1) The River Nile.	
(2) The shores of the Victoria, the Albert, and Albert Edward Lakes.	
4. Antelopes and gazelles :—	
Class A :	
Oryx (*Gemsbuck or Beisa*)	2

	Coudou	2
	Bongo *(Boocercus Eurycerus Isaaci)*	1
	Speke's Tragelaphus (mâle)	2
	Impala *(Æpyceros)*	2
5.	Colobus ou autres singes à fourrure	2
6.	Fourmilier *(Orycteropus)*	2
7.	Faux-loup *(Proteles)*	2
8.	Autruche (mâle seul)	2
9.	Cigogne marabout	2
10.	Aigrettes de chaque espèce	2
11.	Antilopes et gazelles.	
	Catégorie B :	
	Toute espèce autre que celles de la catégorie A	10
12.	Chevrotins	10
13.	Chimpanzés	1
14.	Buffle (mâle)	2

	Sable or roan *(Hippotragus)*	2
	Kudu *(Strepsiceros)*	2
	Bongo *(Boocercus Eurycerus Isaaci)*	1
	Speke's Tragelaphus (male)	2
	Impala *(Æpyceros)*	2
5.	Colobus or other fur monkeys	2
6.	Aard-varks *(Orycteropus)*	2
7.	Aard-wolf *(Proteles)*	2
8.	Ostrich (male only)	2
9.	Marabou stork *(Leptoptilus)*	2
10.	Egrets of each species	2
11.	Antelopes or gazelles :—	
	Class B :	
	Any species other than those in Class A	10
12.	Chevrotains	10
13.	Chimpanzee	1
14.	Buffalo (male)	2

Quatrième Tableau.

Animaux qui peuvent être tués ou capturés en nombre limité en vertu d'un permis de colon.

1. Hippopotame. 10
   (Excepté dans les districts suivants où ils ne sont pas protégés) :
   (1) Le Nil.
   (2) Les rivages des lacs Victoria, Albert et Albert-Edouard.)

2. Les Antilopes et gazelles des seules espèces suivantes :
   (1) Gazelle de Grant.
   (2) Gazelle de Thomson.
   (3) Hartebeest.
   (4) Antilope chevreuil *(Cervicapra)*.
   (5) Duiker *(Cephalophus)*.

Fourth Schedule.

Animals, limited numbers of which may be killed or captured under a Settler's Licence.

1. Hippopotamus 10
   (Except in the following districts in which they are not protected :—
   (1) The River Nile.
   (2) The shores of the Victoria, the Albert, and Albert Edward Lakes.

2. The following antelopes and gazelles only :—
   (1) Grant's gazelle,
   (2) Thomson's gazelle,
   (3) Hartebeest,
   (4) Reedbuck *(Cervicapra)*,
   (5) Duiker *(Cephalophus)*,

(6) Oréotrague *(Oreotragus)*.
(7) Steinbuck *(Raphiceros)*.
(8) Kobe à croissant.
(9) Bushbuck *(Tragelaphus Roualeyni)*.

Cinq animaux en tout en chaque mois de calendrier, le total se formant d'animaux soit d'une seule, soit de plusieurs espèces; il est entendu, cependant, que pendant la période pour laquelle le permis est valable il ne peut être tué plus de dix animaux de chacune des espèces.

CINQUIÈME TABLEAU

Oiseaux qui peuvent être tirés en vertu d'un permis de tuer des oiseaux (moyennant observance des dispositions concernant les saisons closes).

Tout oiseau qui n'est pas mentionné à l'un des quatre premiers tableaux.

---

(6) Klipspringer *(Oreotragus)*,
(7) Steinbuck *(Rhaphiceros)*,
(8) Waterbuck *(Cobus)*,
(9) Bushbuck *(Tragelaphus Roualeyni)*.

Five animals in all in any calendar month, made up of animals of a single species or several; provided, however, that not more than 10 animals of any one species shall be killed during the period for which the licence is available.

FIFTH SCHEDULE.

Birds which may be shot under a Bird Licence (subject to the provisions as to close seasons).

Any bird which is not mentioned in any of the first four Schedules.

Sixième Tableau

Réserves de chasse.

1. Un territoire limité :

(1) Par la route bordant la forêt de Budonga, de Masindi à Butiaba.

(2) Par le rivage du lac Albert jusqu'à l'embouchure de la rivière Waja.

(3) Par la rive gauche de la rivière Waja depuis son embouchure jusqu'à Kerosa.

(4) Par la route de Kerosa à Masindi. Ce territoire sera dénommé la Réserve de chasse de Budonga.

2. Un territoire limité :

(1) Par la rive droite de la rivière Mpanga depuis son embouchure jusqu'à sa source.

(2) Par une ligne droite tracée de la source de la rivière Mpanga jusqu'à la source de la rivière Dukala (Wasa).

Sixth Schedule.

Game Reserves.

1. An area bounded :—

(1) By the road, skirting the Budonga Forest, from-Masindi to Butiaba.

(2) By the shore of the Albert Lake to the mouth of the River Waja.

(3) By the left bank of the River Waja from its mouth to Kerota.

(4) By the Kerota Masindi Road.

The aforesaid area shall be known as the Budonga Game Reserve.

2. An area bounded :—

(1) By the right bank of the River Mpanga from its mouth to its source.

(3) Par la rive gauche de la rivière Dukala (Wasa) jusqu'à sa jonction avec la Semliki.

(4) Par la rive droite de la rivière Semliki à partir de sa jonction avec la rivière Dukala (Wasa) jusqu'à la frontière du Congo, de là en suivant la frontière du Congo jusqu'à un point exactement à l'ouest de la source de la rivière Mupuku (Mabuku) et ensuite par une ligne droite jusqu'à la source de la rivière Mupuku (Mabuku).

(5) Par la rive gauche de la rivière Mupuku (Mabuku) jusqu'à son embouchure au lac Ruisamba et de là par les rivages nord du lac Ruisamba jusqu'à l'embouchure de la Mpanga.

Ce territoire sera dénommé la Réserve de chasse de Toro.

---

(2) By a straight line drawn from the source of the Mpanga River to the source of the River Dukala (Wasa).

(3) By the left bank of the River Dukala (Wasa) to its junction with the Semliki.

(4) By the right bank of the River Semliki from the junction of the Dukala (Wasa) River to the Congo Frontier, thence following the Congo Frontier to a point due west of the source of the River Mupuku (Mabuku) and then by a straight line to the source of the River Mupuku (Mabuku).

(5) By the left bank of the River Mupuku (Mabuku) to its mouth in Lake Ruisamba and thence by the northern shores of Lake Ruisamba to the mouth of the Mpanga.

The aforesaid area shall be known as the Toro Game Reserve.

Septième Tableau.

Registre de gibier.

Espèce.	Nombre.	Sexe.	Localité.	Date.	Observations.

Je déclare que ce qui précède est la nomenclature exacte de tous les animaux tués par moi dans le Protectorat de.. en vertu du permis qui m'a été délivré le .... 19........

Approuvé.

.... 19......　　　(Signature du fonctionnaire contrôleur.)

Seventh Schedule.

Game Register.

Species.	Number.	Sex.	Locality.	Date.	Remarks.

I declare that the above is a true record of all animals killed by me in the..... Protectorate under the licence granted me on the.... 190 .

Passed

,............. 19.....

(Signature of Examining Officer.)

ORDONNANCE

promulguée par le Gouverneur ff. du Protectorat de l'Ouganda.

Entebbe, ,
Novembre 1909.

Le Gouverneur ff.

Éléphants.

1. La présente ordonnance sera dénommée « Ordonnance (Amendement) concernant le gibier dans l'Ouganda, 1909 » et formera corps avec l'ordonnance concernant le gibier dans l'Ouganda, 1906 (à laquelle il est renvoyé dans ce qui suit comme étant l'ordonnance principale).

2. *(a)* Un commissaire provincial ou de district peut, à la demande d'un porteur de permis de sportsman ou de fonctionnaire public, délivrer un permis spécial autorisant

---

AN ORDINANCE

Enacted by the Acting Governor of the Uganda Protectorate.

Entebbe,
November, 1909.

Acting Governor.

Elephants.

1. This Ordinance may be cited as « The Uganda Game (Amendment) Ordinance, 1909 », and shall be read as one with the Uganda Game Ordinance, 1906 (hereinafter referred to as the principal Ordinance).

2. *(a)* A Provincial or District Commissioner may on the application of the holder of a sportsman's or public officer's licence grant a special licence authorizing such person to hunt, kill, or capture either one or two male elephants as the applicant shall require and as shall be specified therein. Such special licence

telle personne à chasser, tuer ou capturer soit un, soit deux éléphants mâles comme le requérant le voudra et comme il sera spécifié sur le permis. Ce permis spécial n'autorisera pas le porteur à chasser, tuer ou capturer un éléphant mâle dont les défenses pèsent moins de 11 livres chacune.

(b) Pour ce permis spécial devront être payées les taxes suivantes :

Pour un permis de chasser, tuer ou capturer un éléphant, 150 roupies;

Pour un permis de chasser, tuer ou capturer deux éléphants, 450 roupies.

(c) Tout permis délivré en vertu de la présente section expirera à la même date que le permis de sportsman ou de fonctionnaire public détenu, par la personne à laquelle le permis spécial a été délivré, au moment où celui-ci fut délivré, et il ne sera délivré qu'un seul permis spécial de ce genre à cette personne pendant la durée de validité de ce permis de sportsman ou de fonctionnaire public. Il est

---

shall not authorize the holder to hunt, kill, or capture any male elephant having tusks either of which weighs less than 11 lbs.

(b) There shall be paid for such special licence the fees following :—

	Rupees.
For a licence to hunt, kill, or capture one such elephants...	150
For a licence to hunt, kill, or capture two such elephants...	450

(c) Every licence granted under this section shall expire on the same date as the sportsman's or public officer's licence held at the time of the granting of such special licence by the person to whom the same shall be granted, and only one such special licence shall be granted to such person during the period of any such sportsman's or public officer's licence. Provided, however, if such person shall have taken out a special licence authorizing him to hunt, kill, or capture one elephant only, he may on payment of a further

entendu, cependant, qu'une personne ayant pris un permis spécial qui l'autorise à chasser, tuer ou capturer un seul éléphant peut, contre payement d'une nouvelle taxe de 300 roupies, obtenir un permis l'autorisant à chasser, tuer ou capturer un second éléphant.

(d) Toute personne qui, ayant obtenu un permis l'autorisant à chasser, tuer ou capturer deux éléphants, ou qui ayant obtenu un permis l'autorisant à chasser, tuer ou capturer un second éléphant, prouvera au Commissaire provincial ou au Commissaire de district, par une déclaration sous serment, ou de toute autre manière (s'il se peut) que le Commissaire provincial ou le Commissaire de district pourrait exiger, qu'elle n'a tué ou capturé en vertu de son ou de ses permis, selon le cas, aucun éléphant ou un éléphant seulement, aura droit, à l'expiration ou lors de la remise de son ou de ses permis, à la restitution de 300 roupies.

(e) Le porteur d'un permis spécial devra se conformer à toutes les dispositions de l'ordonnance principale.

---

fee of Rs. 300 be granted a licence authorizing him to hunt, kill, or capture a second elephant.

(d) Any person who, having obtained a licence authorizing him to hunt, kill, or capture two elephants, or who, having obtained a licence authorizing him to hunt, kill, or capture a second elephant, shall satisfy a Provincial Commissioner or District Commissioner, by a declaration on oath and in such other manner (if any) as the Provincial Commissioner or District Commissioner may require, that he has killed or captured no elephant or only one elephant under his licence or licences, as the case may be, shall either on the expiration or on the surrender of his licence or licences be entitled to a refund of Rs. 300.

(e) The holder of a special licence shall be subject to the provisions of the principal Ordinance.

3. Every person who shall obtain a special licence to hunt,

3. Toute personne qui obtiendra en vertu de la section précédente un permis spécial de chasser, tuer ou capturer un éléphant, devra produire devant le fonctionnaire qui le lui délivre, son permis de sportsman ou de fonctionnaire public, et ce fonctionnaire y mentionnera le fait que pareil permis spécial a été accordé ainsi que la nature de ce permis.

4. *(a)* Le Gouverneur peut délivrer à tout chef indigène un permis spécial de chasser, tuer ou capturer deux éléphants mâles.

(b) Pareil permis sera subordonné aux mêmes conditions que le permis mentionné à la section 2, pour autant que celles-ci soient applicables.

(c) L'ivoire provenant d'éléphants tués en vertu de pareil permis sera porté au poste du Gouvernement le plus rápproché, où il sera estampillé de façon à pouvoir être identifié. Toute personne détenant, achetant ou vendant pareil ivoire qui n'a pas été estampillé ainsi, sera jugée coupable de contravention à la présente ordonnance.

---

kill, or capture an elephant under the preceding section shall produce to the officer granting the same his sportsman's or public officer's licence, and such officer shall endorse thereon the fact of such special licence having been granted and the nature of the licence.

4. *(a)* The Governor may grant to any native chief a special licence to hunt, kill, or capture two male elephants.

(b) Such licence shall be subject to the same conditions as the licence mentioned in Section 2, so far as the same are applicable.

(c) The ivory obtained from elephants killed under any such licence shall be taken to the nearest Government station, and there marked in such a way that it may be identified. Any person possessing, buying, or selling any such ivory which has not been so marked shall be guilty of an offence against this Ordinance.

(d) Le Gouverneur peut établir des règles spécifiant les personnes par lesquelles et la manière dont cet ivoire sera estampillé.

5. Les permis émis en vertu de l'ordonnance principale et non expirés lors de l'entrée en vigueur de la présente ordonnance resteront valables pour la durée pour laquelle ils ont été délivrés, comme si la présente ordonnance n'avait pas été promulguée et comme si la Proclamation datée du .... 1909, n'avait pas été lancée.

Il reste toujours entendu, cependant, que nulle personne ne chassera, tuera ni ne capturera aucun éléphant mâle dont les défenses pèseraient moins de 11 livres chacune.

6. Dans la section 2 de l'ordonnance principale, la définition de « chasser, tuer ou capturer » sera amendée par l'addition des mots : « Il est entendu que seuls les animaux tués ou capturés seront comptés sur le permis et que toute personne dûment autorisée à cette fin pourra chasser, tuer ou capturer des animaux dont la chasse est

---

(d) The Governor may prescribe by rules the persons by whom and the manner in which such ivory shall be marked.

5. Licences issued under the principal Ordinance unexpired at the commencement of this Ordinance shall remain in force for the period for which they were granted as if this Ordinance had not been enacted and the Proclamation dated the .... day of ...., 1909, had not been made. Provided always that no person shall hunt, kill, or capture any male elephant having tusks either of which is less than 11 lbs.

6. In Section 2 of the principal Ordinance the definition of « hunt, kill, or capture » shall be amended by the addition of the words « Provided always that only animals which are killed or captured shall be counted on a licence, and that any person duly licensed so to do may hunt, kill, or capture permitted animals

20.

permise, jusqu'à ce que le nombre d'animaux tués ou capturés atteindra le nombre admis pour un permis pareil. »

7. La section 36 de l'ordonnance principale est abrogée par la présente.

Entebbe,
Novembre 1909.

Le Gouverneur ff.

---

until the number of killed or captured animals shall amount to the number permitted by such licence ».

7. Section 36 of the principal Ordinance is hereby repealed.

Entebbe,
November, 1909.

Acting Governor.

NYASSALAND

(Protectorat britannique de l'Afrique centrale)

NYASSALAND

AVIS.

(*British Central Africa Gazette* du 31 janvier 1902.)

Les règlements suivants, arrêtés par le Commissaire de Sa Majesté et Consul Général et approuvés par le Secrétaire d'État, sont publiés aux fins d'information générale.

(Signé) ALFRED SHARPE,
Commissaire de Sa Majesté et Consul Général.

Zomba, 31 janvier 1902.

NYASSALAND

NOTICE.

(*British Central Africa Gazette* of 31st January, 1902.)

The following Regulations, made by His Majesty's Commissioner and Consul-General, and allowed by the Secretary of State, are published for general information.

(Signed) ALFRED SHARPE,
His Majesty's Commissioner and Consul-General.

Zomba, 31st January, 1902.

RÈGLEMENTS

arrêtés en vertu de l'article 99 du « The Africa Order in Council 1889 ».

Nº 1 de 1902.

1. Dans les présents règlements :

« Chasser, tuer ou capturer » signifient chasser, tuer ou capturer de n'importe quelle manière et comprennent toute tentative de tuer ou de capturer.

« Chasser » comporte aussi comme signification « molester ».

« Gibier » signifie tout animal mentionné dans un des tableaux.

« Personne » signifie toute personne, quelle que soit sa nationalité.

« Indigène » signifie tout indigène d'Afrique n'étant pas de race ni de parenté européenne ou américaine.

KING'S REGULATIONS

Under article 99 of « The Africa Order in Council 1889. »

No. 1 of 1902.

1. In these Regulations —

« Hunt, kill, or capture » means hunting, killing, or capturing by any method, and includes every attempt to kill or capture; « hunting » includes molesting.

« Game » means any animal mentioned in any of the Schedules.

« Person » means an individual of any nationality whatsoever.

« Native » means any native of Africa, not being of European or American race or parentage.

« Schedule » and « Schedules » refer to the Schedules annexed to these Regulations.

2. No person, unless he is authorized by a special licence in

« Tableau » et « Tableaux » se rapportent aux tableaux annexés aux présents règlements.

2. Nulle personne, à moins d'y être autorisée par un permis spécial, ne pourra chasser, tuer ou capturer aucun des animaux mentionnés au premier tableau.

3. Nulle personne, à moins d'y être autorisée par un permis spécial en vertu des présents règlements, ne pourra chasser, tuer ou capturer aucun animal des espèces mentionnées au deuxième tableau, si l'animal est : *(a)* non adulte, ou *(b)* une femelle accompagnée de ses petits.

4. Nulle personne, à moins d'y être autorisée en vertu des présents règlements, ne pourra chasser, tuer ou capturer aucun animal mentionné aux troisième, quatrième ou cinquième tableaux.

5. Le Commissaire peut, s'il le juge opportun, déclarer, par voie de Proclamation, que le nom d'une espèce, variété ou sexe d'un animal, soit quadrupède ou oiseau, non mentionné dans un des tableaux annexés aux pré-

---

that behalf, shall hunt, kill or capture any of the animals mentioned in the First Schedule.

3. No person, unless he is authorized by a special licence under these Regulations, shall hunt, kill, or capture any animal of the kind mentioned in the Second Schedule if the animal be (*a*) immature, or (*b*) a female accompanied by its young.

4. No person, unless he is authorized under these Regulations, shall hunt, kill, or capture any animal mentioned in the Third, Fourth, or Fifth Schedules.

5. The Commissioner may, if he thinks fit, by Proclamation, declare that the name of any species, variety, or sex of animal, whether beast or bird, not mentioned in any Schedule hereto, shall be added to a particular Schedule, or that the name of any species or variety of animal mentioned or included in one Schedule shall be transferred to another Schedule, and if he thinks fit, apply such declaration to the whole of the Protectorate, or

sents, sera ajouté à un tableau déterminé, ou que le nom d'une espèce ou variété d'animal mentionné ou compris dans tel tableau sera transporté sur tel autre tableau et, s'il le juge opportun, il peut rendre cette déclaration applicable à tout le Protectorat où en restreindre l'application à une ou à des régions où il croit souhaitable que l'animal soit protégé.

6. Nulle personne ne pourra, dans les limites du Protectorat, vendre ou acheter, ni offrir ou exposer en vente, des têtes, cornes, plumes ou viandes des animaux mentionnés à l'un des tableaux, à moins que ces animaux n'aient été gardés à l'état domestique et nulle personne ne pourra sciemment tenir en magasin, emballer, transporter ni exporter une partie quelconque d'un animal qu'il a des raisons de croire avoir été tué ou capturé en contravention aux présents règlements.

7. Si une personne est trouvée en possession d'une défense d'éléphant d'un poids inférieur à 11 livres, ou de tout ivoire qui, de l'avis du tribunal, a fait partie d'une défense d'éléphant qui aurait pesé moins de 11 livres, elle

---

restrict it to any district or districts in which he thinks it expedient that the animal should be protected.

6. No person shall within the Protectorate sell, or purchase, or offer or expose for sale, any head, horns, skin, feathers, or flesh of any animal mentioned in any of the Schedules, unless the animal has been kept in a domesticated state, and no person shall knowingly store, pack, convey, or export any part of any animal which he has reason to believe has been killed or captured in contravention of these Regulations.

7. If any person is found to be in possession of any elephant's tusk weighing less than 11 lb., or any ivory being, in the opinion of the Court part of an elephant's tusk which would have weighed less than 11 lb., he shall be guilty of an offence against these Regulations, and the tusk or ivory shall be forfeited unless he

sera reconnue coupable de contravention aux présents règlements, et la défense ou l'ivoire sera confisqué, à moins que le détenteur ne prouve que cette défense ou cet ivoire n'a pas été acquis en contravention aux présents règlements.

8. Nulle personne ne fera usage d'un poison quelconque ni, sans permission spéciale, de dynamite ou d'un autre explosif en vue de tuer ou de capturer du poisson.

9. Là ou il paraît au Commissaire qu'une méthode quelconque usitée en vue de tuer ou de capturer des animaux ou du poisson est par trop destructive, il peut, par voie de Proclamation, défendre cette méthode ou prescrire les conditions auxquelles telle méthode peut être employée; et si quelque personne fait usage de cette méthode ainsi interdite, ou emploie une méthode d'une façon qui n'est pas conforme aux conditions ainsi prescrites, elle sera passible des mêmes pénalités que celles encourues pour une contravention aux présents règlements.

10. Sauf ce qui est prévu par les présents règlements

---

proves that the tusk or ivory was not obtained in breach of these Regulations.

8. No person shall use any poison, or, without a special licence, any dynamite or other explosive for the killing or taking of any fish.

9. Where it appears to the Commissioner that any method used for killing or capturing animals or fish is unduly destructive, he may, by Proclamation, prohibit such method or prescribe the conditions under which any method may be used; and if any person uses any method so prohibited, or uses any method otherwise than according to the conditions so prescirbed, he shall be liable to the same penalities as for a breach of these Regulations.

10. Save as provided by these Regualtions, or by any Pro-

ou par une proclamation en vertu de ceux-ci, toute personne peut chasser, tuer ou capturer tout animal non mentionné dans un des tableaux, ou tout poisson.

11. Les territoires déterminés dans le huitième tableau ci-annexé sont constitués par le présent ordre en réserve de chasse.

Le Commissaire, sous l'approbation du Secrétaire d'État, peut, par voie de proclamation, constituer en réserve de chasse toute autre partie quelconque du Protectorat et peut déterminer ou modifier les limites de toute réserve de chasse et les présents règlements seront applicables à chacune de ces réserves.

Sauf ce qui est prévu dans les présents règlements ou par une proclamation de ce genre, toute personne qui, à moins d'y être autorisée par un permis spécial, chasse, tue ou capture un animal quelconque dans une réserve de chasse ou est trouvée à l'intérieur d'une réserve de chasse dans des circonstances prouvant qu'elle était illégalement

---

clamation under these Regulations, any person may hunt, kill, or capture any animal not mentioned in any of the Schedules, or any fish.

11. The areas described in the Eighth Schedule hereto are hereby declared to be the game reserves.

The Commissioner, with the approval of the Secretary of State, may by Proclamation declare any other portion of the Protectorate to be a game reserve, and may define or alter the limits of any game reserve, and these Regulations shall apply to every such game reserve.

Save as provided in these Regulations or by any such Proclamation, any person who, unless he is authorized by a special licence, hunts, kills, or captures any animal whatever in a game reserve, or is found within a game reserve under circumstances showing that he was unlawfully in pursuit of any animal, shall be guilty of a breach of these Regulations.

à la poursuite de quelque animal, sera reconnue coupable de contravention aux présents règlements.

12. Les permis suivants peuvent être délivrés par le Commissaire ou par telle ou telles personnes que le Commissaire peut autoriser, à savoir :

(1) Un « permis 'A' » ;

(2) Un « permis 'B' » ;

(3) Un « permis 'C' ».

Les taxes suivantes seront dues pour ces permis, à savoir : pour le « permis 'A' » 25 *l.*, pour le « permis 'B' » 4 *l.*, ou pour le « permis 'C' » 2 *l.*

Tout permis expire au 31 mars et aucun permis ne sera valable pour plus de douze mois de calendrier.

Tout permis portera tout au long le nom de la personne à laquelle il a été délivré, la date de sa délivrance, la durée de sa validité et la signature du Commissaire ou d'une autre personne autorisée à délivrer des permis.

La personne sollicitant un permis peut être requise de

---

12. The following licences may be granted by the Commissioner or such person or persons as may be authorized by the Commissioner, that is to say:—

(1) A « Licence 'A' »;

(2) A « Licence 'B' »;

(3) A « Licence 'C' ».

The following fees shall be payable for licences, that is to say, for « Licence 'A' » 25 *l.*, for « Licence 'B' » 4 *l.*, or for « Licence 'C' » 2*l.*

Every licence shall expire on the 31st March, and no licence shall remain in force for more than twelve calender months.

Every licence shall bear in full the name of the person to whom it is granted, the date of issue, the period of its duration, and the signature of the Commissioner, or other person authorized to grant licences.

The applicant for a licence may be required to give security

fournir, sous forme de reconnaissance ou de dépôt, ne dépassant pas une valeur de 100 *l.*, une garantie de l'observance des présents règlements et moyennant la condition additionnelle (s'il y en a) contenue dans son permis.

Un permis n'est pas transmissible.

Tout permis doit être produit sur réquisition d'un fonctionnaire quelconque du Gouvernement du Protectorat.

Pour l'octroi de permis en vertu des présents règlements, toute personne autorisée à délivrer des permis observera les instructions générales ou spéciales données par le Commissaire.

13. Un permis « A » autorise le porteur à chasser, tuer ou capturer des animaux de chacune des espèces mentionnées aux troisième, quatrième et cinquième tableaux, mais seulement, pour chaque espèce, jusqu'au nombre fixé dans la seconde colonne des tableaux, à moins que le permis ne porte une autre stipulation.

---

by bond or deposit, not exceeding 100 *l.*, for his compliance with these Regulations, and with the additional condition (if any) contained in his licence.

A licence is not transferable.

Every licence must be produced when called for by any officer of the Protectorate Government.

In granting licences under these Regulations, a person authorized to grant licences shall observe any general or particular instructions of the Commissioner.

13. Licence « A » authorizes the holder to hunt, kill or capture animals of any of the species mentioned in the Third, Fourth, and Fifth Schedules, but unless the licence otherwise provides, not more than the number of each species fixed by the second column of Schedules.

14. Licence « B » authorizes the holder to hunt, kill or capture animals of the species and to the number mentioned in the Fourth and Fifth Schedules only.

14. Un permis « B » autorise le porteur à chasser, tuer ou capturer les animaux des espèces et jusqu'au nombre mentionnés dans les quatrième et cinquième tableaux seulement.

15. Un permis « C » autorise le porteur à chasser, tuer ou capturer les animaux des espèces et jusqu'au nombre mentionnés dans le cinquième tableau seulement.

16. Le porteur d'un permis « A » « B » ou « C » délivré en vertu des présents règlements peut être autorisé par son permis à tuer ou capturer un nombre supérieur d'animaux de chacune de ces espèces, moyennant payement de telles taxes supplémentaires à fixer par le Commissaire.

17. Lorsque le Commissaire le juge opportun, pour des raisons scientifiques, administratives ou autres, il peut délivrer à toute personne un permis spécial, l'autorisant à tuer ou capturer des animaux d'une ou de plusieurs des espèces mentionnées à l'un ou l'autre tableau ou à tuer,

---

15. Licence « C » authorizes the holder to hunt, kill or capture animals of the species and to the number mentioned in the Fifth Schedule only.

16. The holder of a licence « A » « B » or « C » granted under these Regulations, may by the licence be authorized to kill or capture additional animals of any such species on payment of such additional fees as may be prescribed by the Commissioner.

17. Where it appears proper to the Commissioner for scientific, administrative, or other reasons, he may grant a special licence to any person to kill or capture, animals of any one or more species mentioned in any of the Schedules, or to kill, hunt, or capture, in a game reserve, specified beasts or birds of prey, or other animals whose presence is detrimental to the purposes of the game reserve, or, in particular cases, to kill or capture, as the case may be, in a game reserve, an animal or animals of any one or more species mentioned in the Schedules.

A special licence shall be subject to such conditions as to fees

chasser ou capturer, dans une réserve de chasse, des bêtes ou oiseaux de proie déterminés, ou d'autres animaux dont la présence est nuisible aux fins pour lesquelles une réserve de chasse est constituée, ou, dans des cas particuliers, à tuer ou capturer, selon le cas, dans une réserve de chasse, un ou des animaux d'une ou de plusieurs espèces mentionnées aux tableaux.

Le permis spécial sera subordonné, en ce qui concerne les taxes, la garantie (le cas échéant), le nombre, le sexe et l'âge des spécimens, la région et la saison de chasse et toutes autres matières, à telles conditions que le Commissaire pourra prescrire.

Sauf ce qui est dit plus haut, le porteur d'un permis spécial se conformera aux stipulations générales des présents règlements ainsi qu'aux stipulations relatives aux porteurs de permis.

18. Tout porteur de permis tiendra un registre des animaux tués ou capturés par lui, suivant la forme spécifiée dans le septième tableau.

Le registre sera soumis aussi souvent qu'il est opportun

---

and security (if any), number, sex and age of specimens, district and season for hunting, and other matters as the Commissioner may prescribe.

Save as aforesaid, the holder of a special licence shall be subject to the general provisions of these Regulations, and to the provisions relating to holders of licences.

18. Every licence-holder shall keep a register of the animals killed or captured by him in the form specified in the Seventh Schedule.

The register shall be submitted as often as convenient, but not less frequently than once in six months, to the nearest Collector, who shall countersign the entries up to date.

Any person authorized to grant licences may at any time call upon any licence-holder to produce his register for inspection.

et au moins une fois en six mois au Receveur le plus proche, qui contresignera les indications inscrites jusqu'à ce moment.

Toute personne autorisée à délivrer des permis peut, en tout temps, exiger d'un porteur de permis la production de son registre aux fins d'inspection.

Si un porteur de permis est en faute de tenir son registre véridiquement, il sera jugé coupable de contravention aux présents règlements.

19. Le Commissaire peut retirer tout permis s'il a la conviction que le porteur s'est rendu coupable d'une contravention aux présents règlements ou aux conditions de son permis, ou qu'il a été complice d'une autre personne dans pareille contravention, ou que dans une occasion quelconque en rapport avec les présents, il a agi autrement que de bonne foi.

20. Le Commissaire peut, à sa discrétion, décider qu'un permis en vertu des présents règlements sera refusé au requérant.

If any holder of a licence fails to keep his register truly, he shall be guilty of an offence against these Regulations.

19. The Commissioner may revoke any licence when he is satisfied that the holder has been guilty of a breach of these Regulations or of his licence, or has connived with any other person in any such breach, or that in any matters in relation hereto, he has acted otherwise than in good faith.

20. The Commissioner may, at his discretion, direct that a licence under these Regulations shall be refused to any applicant.

21. Any person whose licence has been lost or destroyed may obtain a fresh licence for the remainder of his term on payment of a fee not exceeding one-fifth of the fee paid for the licence so lost or destroyed.

22. No licence granted under these Regulations shall entitle the holder to hunt, kill, or capture any animals, or to trespass

21. Toute personne dont le permis a été perdu ou détruit peut obtenir un nouveau permis pour le restant du terme, moyennant payement d'une taxe n'excédant pas le cinquième de la taxe payée pour le permis perdu ou détruit.

22. Nul permis délivré en vertu des présents règlements n'emporte le droit pour le porteur de chasser, tuer ou capturer des animaux, ni de passer sur une propriété privée sans le consentement du propriétaire ou de l'occupant.

23. Toute personne qui, ayant tué ou capturé des animaux au nombre et des espèces autorisés par son permis, continue à chasser, tuer ou capturer des animaux qu'il n'a pas la permission de tuer ou de capturer, sera coupable de contravention aux présents règlements et punissable en conséquence.

24. Nulle personne n'emploiera un indigène pour chasser, tuer ou capturer du gibier. Un porteur de permis peut

---

upon private property without the consent of the owner or occupier.

23. Any person who, after having killed or captured animals to the number and of the species authorized by his licence, proceeds to hunt, kill, or capture any animals which he is not authorized to kill or capture, shall be guilty of a breach of these Regulations, and punishable accordingly.

24. No person shall employ a native to hunt, kill, or capture any game, A licence-holder, however, when hunting animals may employ natives to assist him, but such natives shall not use fire-arms.

25. The Commissioner or any person authorized by him in that behalf may, at his discretion, require any person importing fire-arms or ammunition that may be used by such person for the purpose of killing game or other animals to take out a licence under these Regulations, and may refuse to allow the fire-arms or

cependant, en chassant, utiliser l'aide d'indigènes, mais ceux-ci ne pourront faire usage d'armes à feu.

25. Le Commissaire ou une personne autorisée par lui à cette fin peut, à sa discrétion, exiger que toute personne qui importe des armes à feu ou des munitions dont cette personne pourrait faire usage pour tuer du gibier ou d'autres animaux, prenne un permis conformément aux présents règlements; il peut refuser la permission d'enlever les armes à feu ou les munitions de l'entrepôt public jusqu'à ce que pareil permis soit levé.

26. Quand il est établi que les membres d'une tribu indigène ou les habitants indigènes d'un village ont besoin de la viande d'animaux sauvages pour leur subsistance, le Receveur de la région, moyennant approbation par le Commissaire, peut, par un ordre adressé au chef de la tribu ou au chef du village, autoriser les membres de la tribu ou les habitants, selon le cas, à tuer des animaux dans les limites de tel territoire et sous telles conditions

---

ammunition to be taken from the public warehouse until such licence is taken out.

26. When the members of any native tribe or the native inhabitants of any village appear to be dependent on the flesh of wild animals for their subsistence, the Collector of the district may, with the approval of the Commissioner, by order addressed to the Chief of the tribe or Headman of the village, authorize the tribesmen or inhabitants, as the case may be, to kill animals within such area, and subject to such conditions as to mode of hunting, number, species, and sex of animals and otherwise, as may be prescribed by the order.

An order under this Regulation shall not authorize the killing of any animal mentioned in the First Schedule.

The provisions of these Regulations with respect to holders of licences shall not apply to a member of a tribe or native inhabitant of a village to which an order under this Regulation applies.

21.

concernant la méthode de chasse, le nombre, l'espèce et le sexe des animaux ou autres encore qui seront prescrites dans cet ordre.

Un ordre promulgué en vertu de cette règle n'autorisera pas à tuer un animal quelconque mentionné au premier tableau.

Les stipulations des présents règlements, qui concernent les porteurs de permis, ne seront pas applicables à un membre d'une tribu ni à un habitant indigène d'un village auquel s'applique un ordre promulgué en vertu de la présente règle.

Sauf ce qui est dit plus haut, les présents règlements seront d'application générale à l'égard de tout indigène autorisé en vertu de la disposition présente, et une contravention à un ordre quelconque constituera également une contravention aux présents règlements.

27. Le Receveur d'une région peut, moyennant approbation par le Commissaire, délivrer à un indigène un permis semblable au permis « A » ou au permis « B », à telles conditions de taxes ou autres que le Commissaire peut imposer.

Save as aforesaid, the general provision of these Regulations shall apply to every native who is authorized under this Regulation, and a breach of any order shall be a breach of these Regulations.

27. The Collector of a district may, with the approval of the Commissioner, grant a licence, similar to licence « A » or licence « B » to any native, upon such terms as to fees and other conditions as the Commissioner may direct.

28. Where any public officer of the British Central Africa Protectorate thinks it expedient, for the purposes of verifying the register of a licence-holder, or suspects that any person has been guilty of a breach of these Regulations, he may inspect and

28. Là où un fonctionnaire public du Protectorat de l'Afrique centrale anglaise le juge opportun, aux fins de vérifier le registre d'un porteur de permis, où lorsqu'il suspecte une personne quelconque de s'être rendue coupable d'une contravention aux présents règlements, il peut inspecter et visiter, ou autoriser un fonctionnaire subordonné à inspecter et visiter tous bagages, emballages, wagons, tentes, bâtiment ou caravane appartenant à ou placés sous la garde de cette personne ou de son agent, et si le fonctionnaire trouve des têtes, défenses, peaux ou autres dépouilles d'animaux qui ont été tués, ou des animaux vivants qui ont été capturés apparemment en contravention aux présents règlements, il les saisira et les produira devant le magistrat pour qu'il en soit disposé conformément à la loi.

29. Toute personne qui chasse, tue ou capture des animaux en contravention aux présents règlements, ou qui d'une autre façon y contrevient sera, si elle est reconnue coupable, passible d'une amende qui peut s'élever jusqu'à 50 *l.*, et lorsque la contravention a trait à plus de deux animaux, d'une amende, pour chaque animal, pouvant

---

search, or authorize any subordinate officer to inspect and search, any baggage, packages, waggons, tents, building, or caravan belonging to or under the control of such person or his agent, and if the officer finds any heads, tusks, skins or other remains of animals appearing to have been killed, or any live animals appearing to have been captured, in contravention of these Regulations, he shall seize and take the same before a Magistrate, to be dealt with according to law.

29. Any person who hunts, kills, or captures any animals in contravention of these Regulations, or otherwise commits any breach of these Regulations, shall, on conviction, be liable to a fine which may extend to 50*l.*, and where the offence relates to

monter jusqu'à 25 *l.*, et dans l'un et dans l'autre cas, d'un emprisonnement pouvant aller jusqu'à deux mois, avec ou sans amende.

Dans tous les cas où la culpabilité est établie, toutes têtes, défenses, peaux ou autres dépouilles d'animaux trouvées en possession du contrevenant ou de son agent et tous animaux vivants capturés en contravention aux présents règlements seront passibles de confiscation.

Si la personne reconnue coupable est porteur d'un permis, celui-ci peut être retiré par le tribunal.

30. Lorsque, dans une poursuite en vertu des présents règlements, une amende est comminée, le tribunal peut allouer comme récompense à ou aux informateurs, une ou des sommes n'excédant pas la moitié de l'amende totale.

31. Tous les règlements antérieurs concernant le fait de chasser, tuer ou capturer du gibier dans le Protectorat sont abrogés.

32. Les modèles de permis figurant au tableau ci-an-

---

more animals than two, to a fine in respect of each animal which may extend to 25*l.*, and in either case to imprisonment which may extend to two months, with or without a fine.

In all cases of conviction, any heads, horns, tusks, skins, or other remains of animals found in the possession of the offender or his agent, and all live animals captured in contravention of these Rugulations, shall be liable to forfeiture.

If the person convicted is the holder of a licence, his licence may be revoked by the Court.

30. Where in any proceeding under these Regulations any fine is imposed, the Court may award any sum or sums not exceeding half the total fine to any informer or informers.

31. All previous Regulations as to the hunting, killing, or capturing of game in the Protectorate are hereby repealed.

32. The forms of licences appearing in the Schedule hereto, with such modifications as circumstances require, may be used.

nexé peuvent être employés, avec telles modifications que les circonstances pourront exiger.

33. Les présents règlements seront intitulés « Règlements concernant le gibier dans l'Afrique centrale anglaise, 1902 ». Ils entreront en vigueur le 1er avril 1902, mais tout permis qui devient valable à cette date peut être délivré antérieurement.

(Signé) ALFRED SHARPE,
Commissaire de Sa Majesté et Consul Général.

Zomba, le 31 janvier 1902.

Approuvé :
(Signé) LANDSDOWNE,
Secrétaire d'État principal de Sa Majesté, aux Affaires Étrangères.

---

33. These Regulations may be cited as « British Central Africa Game Regulations, 1902 ». They shall come into operation on the 1st April, 1902, but any licence may be previously granted, appointed to come into force on that day.

(Signed) ALFRED SHARPE,
His Majesty's Commissioner and Consul-General.

Zomba, 31st January, 1902.

Allowed—
(Signed) LANSDOWNE,
His Majesty's Principal Secretary of State for Foreign Affairs.

TABLEAUX.

(Il se peut que ces tableaux mentionnent les noms de certaines espèces ou variétés qu'on ne trouve pas ou qu'on ne trouve qu'occasionnellement dans l'Afrique centrale anglaise.)

Premier Tableau.

Animaux qui ne peuvent être chassés, tués ou capturés par n'importe quelle personne qu'en vertu d'un permis spécial :

1. La girafe;
2. Le zèbre des montagnes;
3. Les ânes sauvages;
4. Le gnou à queue blanche;
5. Les élans;
6. Les buffles;
7. L'éléphant (femelle ou jeune);

SCHEDULES.

(These Schedules may contain the names of some species or varieties not found, or only occasionally found, in British Central Africa.)

First Schedule.

Animals not to be hunted, killed, or captured by any person, except under special licence :

1. Giraffe;
2. Mountain Zebra;
3. Wild Ass;
4. White-tailed Gnu *(Connochœtes gnu)*;
5. Eland *(Taurotragus)*;
6. Buffalo;
7. Elephant (female or young);

8. Les vautours (toutes espèces);
9. L'oiseau-secrétaire;
10. Les hiboux (toutes espèces);
11. Les pique-bœufs (toutes espèces).

DEUXIÈME TABLEAU.

Animaux dont les femelles ne peuvent être chassées, tuées ou capturées quand elles sont accompagnées de leurs petits, et dont les petits ne peuvent être capturés si ce n'est en vertu d'un permis spécial :

1. Le rhinocéros;
2. L'hippopotame;
3. Les zèbres (autres que le zèbre des montagnes);
4. Le chevrotin *(Dorcatherium);*
5. Toutes antilopes ou gazelles non mentionnées au premier tableau.

---

8. Vulture (any species);
9. Secretary-bird;
10. Owl (any species);
11. Rhinocerous-bird or beef-eater *(Buphaga)*, any species.

SECOND SCHEDULE.

Animals, the females of which are not to be hunted, killed, or captured when accompanied by their young, and the young of which are not to be captured, except under special licence :

1. Rhinoceros;
2. Hippopotamus;
3. Zebra (other than the Mountain Zebra);
4. Chevrotain *(Dorcatherium);*
5. All Antelopes or Gazelles not mentioned in the First Schedule.

Troisième Tableau.

Animaux qui peuvent être chassés, tués ou capturés en nombres limités en vertu d'un permis « A » seulement :

Espèce.	Nombre toléré.
1. L'éléphant (mâle)........................	2
2. Le rhinocéros........................	2
3. Le wildebeest gnou (excepté l'espèce à queue blanche)........................	6

Quatrième Tableau.

Animaux qui peuvent être chassés, tués ou capturés en nombres limités en vertu de permis « A » et « B » :

Espèce.	Nombre toléré.
1. L'hippopotame...............	6
2. Les zèbres (autres que le zèbre des montagnes)...............	2

Third Schedule.

Animals, limited numbers of which may be hunted, killed, or captured under Licence « A » only.

Kind.	Number allowed.
1. Elephant (male)........................	2
2. Rhinoceros	2
3. Wildebeest Gnu (except white-tailed species).....	6

Fourth Schedule.

Animals, limited numbers of which may be hunted, killed, or captured under Licences « A » and « B » :

Kind.	Number allowed.
1. Hippopotamus	6
2. Zebras (other than the Mountain Zebra)..	2

3. Les antilopes et gazelles.
Catégorie A :
L'*Hippotragus* (sable ou rouan). 6
Le *Strepticeros* (coudou)........ 6
4. Les colobus et autres singes à fourrure........................ 6
5. Les fourmiliers *(Orycteropus)*... 2
6. Le serval........................ 2
7. Le guépard *(Cynœlurus)*....... 2
8. Le faux-loup *(Proteles)*......... 2
9. Les petits singes de chaque espèce........................ 2
10. Les marabouts................ 6
11. Les aigrettes................. 2
12. Les antilopes et gazelles.
Catégorie B :
Toutes espèces autres que celles de la catégorie A............. 15

---

3. Antelopes and Gazelles—
Class A—
Hippotragus (Sable or Roan)........... 6
Strepsiceros (Kudu)................... 6
4. Colobi and other Fur-Monkeys......... 6
5. Aard-Varks *(Orycteropus)*............ 2
6. Serval............................ 2
7. Cheetah (*Cynœlurus*)................ 2
8. Aard-Wolf *(Proteles)*............... 2
9. Smaller Monkeys of each species....... 2
10. Marabous........................ 6
11. Egret........................... 2
12. Antelopes and Gazelles—
Class B—
Any species other than those in Class A.. 15
13. Chevrotains *(Dorcatherium)*.......... 10

13.	Les chevrotins	10	
14.	Les sangliers de chaque espèce	10	
15.	Les petits félins	10	
16.	Les chacals de chaque espèce	10	
17.	Le puku *(Kobus Vardoni)*	2	ajoutés au tableau 4 par la proclamation du 31 octobre 1902.
18.	Le kobe de Lechwe *(Kobus Lechwe)*	2	
19.	Le inyala *(Tragelaphus Angasi)*.	2	

CINQUIÈME TABLEAU.

Animaux qui peuvent être chassés, tués ou capturés en nombres limités en vertu de permis « A », « B » et « C » :

	Espèce.	Nombre toléré.
1.	L'hippopotame	6
2.	Le sanglier à verrues	6
3.	Le sanglier des bois	6

14.	Wild Pig of each species	10	
15.	Smaller Cats	10	
16.	Jackal of each species	10	
17.	Puku *(Kobus Vardoni)*	2	Added to Schedule 4 by Proclamation of 31st of October 1902.
18.	Lechwe waterbuck *(Kobus Lechwe)*	2	
19.	Inyala *(Tragelaphus Angasi*	2	

FIFTH SCHEDULE.

Animals, limited numbers of which may be hunted, killed or captured under Licences « A », « B », and « C » :

	Kind.	Number allowed.
1.	Hippopotamus	6
2.	Wart-Hog	6
3.	Bush-Pig	6

4. Les seules espèces d'antilopes et de gazelles suivantes :

Hartebeest..................	30 animaux en tout par permis, ce total étant formé d'animaux soit d'une seule soit de plusieurs espèces.
Impala.....................	
Reedbuck (antilope chevreuil).	
Duiker......................	
Oréotrague *(Oreotragus)*.....	
Steinbuck...................	
Kobe à croissant.............	
Bushbuck...................	

SIXIÈME TABLEAU.

Nº 1.— *Permis « A » (taxe, 25 l.), ou permis « B » (taxe, 4 l.) ou permis « C » (taxe, 2 l.).*

A. B......, de .... est autorisé par le présent permis, à chasser, tuer ou capturer des animaux sauvages dans le Protectorat de l'Afrique centrale anglaise pour la pé-

---

4. The following Antelopes and Gazelles only—

Hartebeest....................	(30 animals in all under 1 licence, made up of animals of a single species or of several.)
Impala.......................	
Reedbuck....................	
Duiker.......................	
Klipspringer..................	
Steinbuck....................	
Waterbuck...................	
Bushbuck....................	

SIXTH SCHEDULE.

Nº. 1. —*Licence « A » (fee, 25 l.), or Licence « B » (fee, 4 l.), or Licence « C » (fee, 2 l.)*

A., B., of.........................., is hereby licensed to hunt, kill, or capture wild animals within the British Central Africa Protecto-

riode partant de la date du présent permis jusqu'au 31 mars 19....., moyennant les conditions et restrictions contenues dans les « Règlements concernant le gibier, 1902 ».

(Le dit A. B...... est autorisé, en se conformant aux dits règlements, à tuer ou capturer des animaux suivants en plus du nombre de la même espèce toléré par les règlements, à savoir :

Taxe payée (........*l.*).

Daté ce .... jour de .... 19......

(Signé) *Commissaire.*

SEPTIÈME TABLEAU.

Registre de gibier.

ESPÈCE.	NOMBRE.	SEXE.	LOCALITÉ.	DATE.	OBSERVATIONS.

rate for the period from the date hereof until the 31st March, 19.. .., but subject to the provisions and restrictions of « The Game Regulations, 1902. »

(The said *A. B.* is authorized, subject to the said Regulations, to kill or capture the following animals in addition to the number of the same species allowed by the Regulations, that is to say :—

Fee paid (...*l*).

Dated this...................... day of......................, 19......

(Signed) *Commissioner.*

SEVENTH SCHEDULE.

Game Register.

SPECIES.	NUMBER.	SEX.	LOCALITY.	SEX.	REMARKS.

Je déclare que le registre ci-dessus donne la nomenclature fidèle de tous les animaux tués par moi dans le Protectorat de l'Afrique centrale anglaise en vertu du permis nº « A », « B » ou « C » qui m'a été délivré le .... 19...

(Signé)

Approuvé. (Signature du contrôleur.)

HUITIÈME TABLEAU.

Réserve de chasse.

La Réserve « Elephant Marsh ». (Modifiée par la proclamation du 31 décembre 1906, voir ci-dessous.)

La Réserve du Lac Chilwa. (Abolie par la proclamation du 31 décembre 1906, voir ci-dessous.)

La Réserve du Central Agoniland. (Constituée par la proclamation du 31 octobre 1904 et modifiée par la proclamation du 31 décembre 1906, voir ci-dessous.)

I declare that the above is a true record of all animals killed by me in the British Central Africa Protectorate under the Licence No. « A », « B », or « C » granted me on the................, 19....

(Signed)

Passed (Signature of examining officer.)

EIGHTH SCHEDULE.

Game Reserves.

The Elephant Marsh Reserve (Amended by Proclamation of 31st December, 1906, see below).

The Lake Chilwa Reserve (Abolished by Proclamation of 31st December, 1906, see below).

The Central Angoniland Reserve (Proclaimed by Proclamation of the 31st October, 1904, and amended by Proclamation of 31st December, 1906, see below).

(Extrait de la *B. C. A. Gazette* du 31 décembre 1906.)

AVIS.

—

La proclamation suivante faite en vertu de la section 11 des « Règlements concernant le gibier dans l'Afrique centrale anglaise, 1902 » par le Commissaire de Sa Majesté pour le Protectorat de l'Afrique centrale anglaise avec l'approbation du Secrétaire d'État des Colonies, est publiée aux fins d'information générale.

(Signé) A. Jay Williams,
Secrétaire d'administration.

Zomba, B. C. Afrique,
31 décembre 1906.

(Extract from *B. C. A. Gazette* of 31st December, 1906.)

NOTICE.

—

The following Proclamation made under Section 11 of « The British Central Africa Game Regulations, 1902, » by His Majesty's Commissioner for the British Central Africa Protectorate with the approval of the Secretary of State for the Colonies, is published for general information.

(Signed) A. Jay Williams,
Secretary to Administration.

Zomba, B. C. Africa,
31st December, 1906.

PROCLAMATION.

Réserves de chasse.

Attendu qu'en conformité de la section 11 des « Règlements concernant le gibier dans l'Afrique centrale anglaise, 1902 », le Commissaire, avec l'approbation du Secrétaire d'Etat, peut, par voie de proclamation, constituer en réserve de chasse toute partie du Protectorat et peut déterminer ou modifier les limites de toute réserve de chasse :

Et attendu qu'il paraît opportun de modifier les limites de la Réserve « Elephant Marsh » telle qu'elles furent arrêtées dans le huitième tableau annexé aux règlements précités, ainsi que les limites de la Réserve du Central Angoniland telles qu'elles furent arrêtées par la proclamation datée du 31 octobre 1904.

En conséquence, en vertu du pouvoir dont je suis in-

PROCLAMATION.

GAME RESERVES.

Whereas pursuant to Section 11 of « The British Central Africa Game Regulations, 1902 », the Commissioner, with the approval of the Secretary of State, may by Proclamation declare any portion of the Protectorate to be a Game Reserve, and may define or alter the limits of any Game Reserve :

And whereas it has now been deemed expedient to alter the limits of the Elephant Marsh Réserve as defined in the Eighth Schedule annexed to the aforesaid Regulations and the limits of the Central Angoniland Reserve as defined by Proclamation dated the 31st day of October, 1904 :

Now Therefore in virtue of the power vested in me as aforesaid I *Do Hereby*, with the approval of the Secretary of State, proclaim

vesti ainsi qu'il est dit plus haut, et avec l'approbation du Secrétaire d'État, je *proclame* et *déclare* par la présente que les frontières des réserves de gibier citées ci-dessus seront établies comme suit :

1. — *La Réserve « Elephant Marsh ».*

Partant d'un point de la rive gauche de la rivière Shire, lequel point se trouve à 2 milles, en ligne droite, en amont du confluent des rivières Ruo et Shire, la limite sera reportée le long de la rive gauche de la rivière Shire, vers l'amont sur une distance, mesurée en ligne droite, de 10 milles ; de là elle sera reportée dans une direction Est, à angles droits avec la direction générale de la limite déjà décrite, formée par la rivière Shire, sur une distance de 4 milles ou jusqu'à la région boisée au pied des collines de Cholo ; de là elle sera reportée le long de l'extrémité de la région boisée dans une direction sud parallèle à la direction générale de la limite, déjà décrite, formée par la rivière Shire, sur une distance de 10 milles et de là elle sera

---

and declare that the limits of the hereinbefore recited Game Reserves shall be as follows :—

1. — *The Elephant Marsh Reserve.*

Commencing at a point on the left bank of the Shire River which point is 2 miles in a straight line, up stream, from the confluence of the Ruo and Shire Rivers, the boundary shall be carried along the left bank of the Shire River, up stream for a distance, measured in a straight line, of 10 miles; thence it shall be carried in an easterly direction at right angles to the general direction of the Shire River boundary, already described, for a distance of 4 miles or until the Cholo foot-hills wooded country is reached; thence it shall be carried along the edge of the wooded country in a southerly direction parallel to the general direction of the Shire River boundary, already described, for a distance

reportée dans une direction ouest jusqu'au point de départ.

2. — *Réserve du Central Angoniland.*

Partant du point de la route de Dedza-Lilongwe où cette route est traversée par la rivière Tete, (une rivière tributaire de la rivière Lintipe) la limite sera reportée le long de la rivière Tete, en amont, jusqu'à sa source dans le versant anglo-portugais; de là elle sera reportée le long de la frontière anglo-portugaise, dans une direction ouest et nord jusqu'au point où elle atteint la source de la rivière Katete (une rivière tributaire de la rivière Lilongwe) près du pic Kazuzu dans la chaîne des collines de Dzalanyama; ensuite elle sera reportée le long de la rivière Katete, en aval, jusqu'à son confluent avec la rivière Lilongwe; de là elle sera reportée le long de la rivière Lilongwe, en aval, jusqu'à la route de Dedza-Lilongwe; ensuite elle sera reportée le long de cette route de Dedza-Lilongwe dans une direction sud-ouest jusqu'au point de départ.

---

of 10 miles, thence it shall be carried in a westerly direction to the point of commencement.

2. — *The Central Angoniland Reserve.*

Commencing at the point on the Dedza-Lilongwe Road where this road is crossed by the Tete River (a tributary of the Lintipe River) the boundary shall be carried along the Tete River, up stream, to its source on the Anglo-Portuguese watershed, thence it shall be carried along the Anglo-Portuguese boundary in a westerly and northerly direction until it reaches the source of the Katete River (a tributary of the Lilongwe River) near Kazuzu peak on the Dzalanyam arange of hills; thence it shall be carried along the Katete River, down stream, to its confluence with the Lilongwe River; thence it shall be carried along the Lilongwe River, down stream, until the Dedza-Lilongwe Road is reached;

Je *proclame* en outre et *déclare* par la présente que la Réserve du lac Chilwa, telle qu'elle était délimitée dans le huitième tableau annexé aux règlements précités, cesse d'être une réserve de chasse et sera dorénavant abandonnée comme telle.

Donnée sous ma signature et le sceau du Protectorat de l'Afrique centrale anglaise, à Zomba, le 31 décembre 1906.

(L. S.) (Signé) ALFRED SHARPE,
Commissaire.

PROCLAMATION.

Attendu qu'en conformité des « Règlements concernant le gibier dans l'Afrique centrale anglaise, de 1902 (N° 1 de 1902) », paragraphe 5, le Commissaire de Sa Majesté et

---

thence it shall be carried along this Dedza-Lilongwe Road in a south easterly direction to the point of commencement.

And I *Do Hereby* further proclaim and declare that the Lake Chilwa Reserve as defined in the Eighth Schedule annexed to the aforesaid Regulations shall cease to be a Game Reserve and shall henceforth be abandoned as such.

Given under my hand and the Seal of the British Central Africa Protectorate at Zomba, this thirty-first day of December, 1906.

(L. S.) (Signed) ALFRED SHARPE,
Commissioner.

PROCLAMATION.

Whereas, pursuant to the British Central Africa Game Regulations of 1902 (No. 1 of 1902), paragraph 5, His Majesty's Com-

Consul Général peut, par voie de proclamation, déclarer que le nom d'une espèce, variété ou sexe d'animal, quadrupède ou oiseau, non mentionné jusque là dans un tableau quelconque, sera ajouté à un tableau déterminé :

Il est notifié par la présente qu'à partir du 1er novembre 1902, les noms des animaux suivants seront ajoutés au quatrième tableau annexé aux dits règlements :

Liste d'animaux.

	Espèce.	Nombre toléré
17.	Puku *(Kobus Vardoni)*................	2
18.	Kobe à croissant *(Kobus Lechwe)*.......	2
19.	Inyala *(Tragelaphus Angasi)*...........	2

ALFRED SHARPE,
Commissaire de Sa Majesté et Consul Général.

Zomba, 31 octobre 1902.

---

missioner and Consul-General may, by Proclamation, declare that the name of any species, variety, or sex of animal, whether beast or bird, not mentioned in any Schedule thereto, shall be added to a particular Schedule :

It is hereby notified that on and after the 1st day of November, 1902, the names of the following animals shall be added to the Fourth Schedule to the said Regulations :—

List of Animals.

	Kind.	Number Allowed.
17.	Puku *(Kobus Vardoni)*........................	2
18.	Lechwe Waterbuck *(Kobus Lechwe)*............	2
19.	Inyala *(Tragelaphus Angasi)*..................	2

ALFRED SHARPE,
His Majesty's Commissioner and Consul-General.

Zomba, October 31, 1902.

PROCLAMATION.

(AVIS DU GOUVERNEMENT N° 6 DE 1903.)

Règlements concernant la protection du gibier.

Bureau de l'Administrateur, Fort Jameson,
Rhodésie nord-orientale, 9 février 1903.

Attendu qu'il est prévu par la section 12 des « Règlements concernant le gibier, 1902 » que l'Administrateur peut, par voie de proclamation, modifier et amender chacun des tableaux annexés aux dits règlements :

En conséquence, de par et en vertu des pouvoirs dont je suis investi, je proclame, déclare et publie par la présente :

Le tableau I est amendé par la présente par la suppression des mots « Élan, Taurotragus ».

PROCLAMATION.

(GOVERNMENT NOTICE NO. 6 OF 1903.)

Regulations for the Preservation of Game.

Administrator's Office, Fort Jameson,
North-Eastern, Rhodesia, February 9, 1903.

Whereas it is provided by Section 12 of « The Game Regulations, 1902 », that the Administrator may, by Proclamation, alter and amend any of the Schedules to the said Regulations :

Now, therefore, under and by virtue of the powers in me vested, I do hereby proclaim, declare, and make known :—

Le tableau II est supprimé par la présente et remplacé par ce qui suit :

1. L'éléphant;
2. Le rhinocéros;
3. Le wildebeest gnou (sauf l'espèce à queue blanche);
4. Les zèbres des espèces non mentionnées au tableau I;
5. L'élan.

Le tableau III est supprimé par la présente et remplacé par ce qui suit :

1. Antilopes sables ou rouannes;
2. Koudou;
3. Buffles;
4. Hippopotames;
5. Sanglier à verrues;
6. Sanglier des bois;
7. Toutes antilopes et gazelles non mentionnées aux tableaux I ou II;

Schedule I is hereby amended by deleting the words « Eland, Taurotragus ».

Schedule II is hereby cancelled, and the following substituted therefore :

1. The elephant;
2. The rhinoceros;
3. The wildebeest gnu (except white-tailed species);
4. Zebras of the species not referred to in Schedule I;
5. Eland.

Schedule III is hereby cancelled, and the following substituted therefore :

1. Sable or roan;
2. Kudu;
3. Buffaloes;
4. Hippopotamus;
5. Wart-hog;

8. Ibex;
9. Chevrotins;
10. Puku;
11. Lechwe;
12. Inyala.

La présente proclamation sortira ses effets à partir de la date de sa publication dans la *Gazette*.

ROBERT CODRINGTON,
Administrateur.

Fort Jameson, 9 février 1903.

---

6. Bush-pig;
7. Any antelopes and gazelles not named in Schedule I or II;
8. Ibex;
9. Chevrotains;
10. Puku;
11. Lechwe;
12. Inyala.

This Proclamation shall take effect from the date of its publication in the *Gazette*.

ROBERT CODRINGTON,
Administrator.

Fort Jameson, February 9, 1903.

RHODÉSIE NORD-ORIENTALE

RHODESIE NORD-ORIENTALE

ADMINISTRATION DE LA RHODÉSIE NORD-ORIENTALE.

(AVIS GOUVERNEMENTAL N° 9 DE 1902.)

Dispositions en vue de la protection du gibier.

Bureaux de l'Administrateur, Fort Jameson.

Le 1er août 1902.

Attendu qu'en exécution des dispositions du *North-Eastern Rhodesia Order in Council, 1900,* l'Administrateur a, moyennant approbation du Commissaire de Sa Majesté, le pouvoir d'arrêter les dispositions nécessaires pour assurer la paix, l'ordre et la bonne administration, il est notifié

NORTH-EASTERN RHODESIA

ADMINISTRATION OF NORTH-EASTERN RHODESIA.

(GOVERNMENT NOTICE NO. 9 OF 1902.)

Regulations for the Preservation of Game.

Administrator's Office, Fort Jameson,

August 1, 1902.

Whereas, under the provisions of *The North-Eastern Rhodesia Order in Council, 1900,* the Administrator, with the approval of His Majesty's Commissioner, has power to make Regulations for peace, order, and good government, it is hereby notified that the

par le présent avis que l'Administrateur, en vertu des pouvoirs susdits, a arrêté les dispositions suivantes :

Protection des animaux sauvages.

1. Les « Dispositions concernant le gibier de 1900 » sont abrogées.

2. Les présentes dispositions peuvent être citées sous le nom de « Dispositions concernant le gibier, 1902 ».

3. Dans les présentes dispositions les termes « chasser, tuer ou capturer » signifient la chasse, le massacre ou la capture par n'importe quelle méthode ainsi que toute tentative de chasser, de tuer ou de capturer et par « chasser » on entend également « molester ».

« Gibier » signifie tout animal mentionné dans un des tableaux.

« Personne » signifie un individu de n'importe quelle nationalité.

« Indigène » signifie un indigène d'Afrique n'étant pas de race européenne ou américaine.

« Réserve de gibier » signifie la réserve de Mweru Marsh

Administrator has, in pursuance of the above powers, made the following Regulations :—

Preservation of Wild Animals.

1. « The Game Regulations of 1900 » are hereby repealed.

2. These Regulations may be cited as « The Game Regulations, 1902 ».

3. In these Regulations, « hunt, kill, or capture » mean hunting, killing, or capturing by any method, also all attempts to hunt, kill, or capture, and « hunting » includes molesting.

« Game » means any animal mentioned in any of the Schedules.

« Person » means an individual of any nationality.

« Native » means a native of Africa not being of European or American race.

et comprend toute étendue de territoire spécialement réservée aux fins de préserver les animaux et renseignée comme telle par une proclamation de l'Administrateur.

« Emprisonnement » signifie emprisonnement avec ou sans travaux forcés.

4. L'Administrateur peut, par voie de poclamation, désigner toute étendue de territoire comme étant une « réserve de chasse » et peut de temps en temps en définir ou modifier les limites et frontières; pareille étendue de territoire devient alors une « réserve de chasse » d'après les présentes dispositions.

5. Quiconque chassera, tuera ou capturera quelque animal à l'intérieur d'une réserve de chasse, sauf ce qui peut être expressément permis par les présentes dispositions ou par un permis spécial quelconque, ou sera trouvé à l'intérieur d'une réserve de chasse dans telles circonstances prouvant qu'il était illégalement à la poursuite d'un animal quelconque, sera coupable de contravention aux présentes dispositions.

« Game reserve » means the Mweru Marsh Reserve, and includes any tract of land specially set aside with the object of preserving animals and notified as such by the Administrator by Proclamation.

« Imprisonment » means imprisonment with or without hard labour.

4. The Administrator may by Proclamation notify any tract of land to be a « game reserve », and may from time to time define or alter the limits and boundaries thereof, and such tract of land shall then be a « game reserve » within these Regulations.

5. Any person who shall hunt, kill, or capture any animal within a game reserve, save as in these Regulations or in any special licence may be expressly allowed, or shall be found within a game reserve in such circumstances as show that he was unlawfully in pursuit of any animal, shall be guilty of an offence against these Regulations.

6. Aucune des présentes dispositions ne dispensera une personne quelconque de l'obligation de se munir d'un permis qui, actuellement, doit être obtenu pour la possession ou l'usage d'un fusil avec cette exception que le porteur d'un permis spécial ne sera pas tenu de prendre un port d'armes.

7. Nul ne peut chasser, tuer ou capturer un des animaux mentionnés aux tableaux 1, 2 ou 3, à moins d'y être autorisé par un permis ordinaire.

8. Nul ne peut chasser, tuer ou capturer un des animaux mentionnés au tableau 2, à moins d'y être autorisé par un permis spécial.

9. Nul ne peut chasser, tuer ou capturer un des animaux mentionnés au tableau 1, à moins d'y être autorisé par un permis délivré par l'Administrateur.

10. Nul ne peut chasser, tuer ou capturer les jeunes non adultes d'éléphant, ni la femelle accompagnant ses petits, ni les jeunes non adultes d'un des animaux mentionnés aux tableaux 1, 2 ou 3, sans y être autorisé par un permis délivré par l'Administrateur.

---

6. Nothing in these Regulations shall relieve any person from the obligation of taking out any licence which for the time being is required to be taken out for the possession or use of a gun, except that the holder of any special licence shall not be required to take out a gun licence.

7. No person shall hunt, kill, or capture any of the animals in Schedules 1, 2, or 3 mentioned, unless he is authorized by an ordinary licence.

8. No person shall hunt, kill, or capture any of the animals in Schedule 2 mentioned, unless he is authorized by a special licence.

9. No person shall hunt, kill, or capture any of the animals in Schedule 1 mentioned, unless he is authorized by an Administrator's licence.

10. No person shall hunt, kill, or capture the immature young

11. Toute personne trouvée en possession de défenses d'éléphant d'un poids inférieur à 11 livres, ou de quelqu'ivoire constituant, de l'avis du tribunal, une partie d'une défense d'éléphant, d'un poids inférieur à 11 livres, sera jugée coupable de contravention aux présentes dispositions et la défense ou l'ivoire sera confisqué, à moins que le détenteur ne prouve que la défense en question n'a pas été acquise en contravention aux présentes dispositions.

12. L'Administrateur peut, par voie de proclamation, modifier ou amender l'un ou l'autre des tableaux ci-annexés en y ajoutant le nom d'une espèce, d'une variété ou d'un sexe de quelqu'animal ou poisson, ou en transférant des noms d'un tableau sur un autre et il peut, s'il le juge opportun, rendre toute modification pareille applicable à tout le territoire ou en limiter l'application au district où il peut y avoir intérêt soit à protéger certains animaux, soit à réduire leur nombre.

13. L'Administrateur peut en tout temps et de temps en temps stipuler toutes conditions quant aux nombres, à

---

of the elephant, or the female when accompanying its young, of any of the animals mentioned in Schedules 1, 2, or 3, unless he is authorized by an Administrator's licence.

11. If any person is found in possession of any elephant tusks weighing less than 11 lb., or of any ivory being, in the opinion of the Court, part of an elephant's tusk which would have weighed less than 11 lb., he shall be guilty of an offence against these Regulations, and the tusk or ivory shall be forfeited, unless he proves that the tusk was not obtained in breach of these Regulations.

12. The Administrator may, by Proclamation, alter and amend any of the Schedules hereto by adding the name of any species, variety, or sex of any animal or fish thereto, or by transferring any names from one Schedule to another, and may, if he

l'âge ou au sexe des animaux qui peuvent être chassés, tués ou capturés, en mentionnant ces conditions sur le permis avant que celui-ci ne soit délivré. Toute infraction à ces conditions constituera une contravention aux présentes dispositions.

14. Nul ne peut chasser, tuer ou molester quelqu'animal mentionné aux tableaux 1, 2 ou 3, durant tout laps de temps, qui, à la suite des présentes, est notifié par l'Administrateur comme « temps prohibé » à l'égard de ces animaux.

15. Nul ne peut établir ni faire usage de trébuchets, pièges, trappes ou engins quelconques pour tuer ou capturer l'un des animaux mentionnés aux tableaux 1, 2 ou 3.

16. Nul ne peut faire usage de dynamite ni de quelqu'autre explosif, ni d'un poison quelconque pour prendre du poisson, à moins de permission écrite accordée par l'Administrateur.

---

shall think fit, apply any such alteration to the whole territory, or confine it to any district in which such animals may require either protection or reduction in numbers.

13. The Administrator may at any time and from time to time make any conditions as to the numbers, age, or sex to be hunted, killed, or captured, by inserting such conditions in the licence before it is granted. Any breach of such conditions shall be an offence against these Regulations.

14. No person shall hunt, kill, or molest any animal in Schedules 1, 2, or 3 mentioned during any time that may hereafter be notified by the Administrator as a « close time » in respect to such animals.

15. No person shall make or use any pitfall, snare, trap, or engine for the purpose of killing or capturing any of the animals mentioned in Schedules 1, 2, or 3,

16. No person shall use dynamite or any other explosive or any

17. Un fonds peut être constitué par l'Administrateur en vue de récompenser les personnes apportant à un Commissaire Civil, un mâle, une femelle, des jeunes ou des œufs de l'une ou l'autre espèce d'animaux mentionnés au tableau 4.

18. S'il appert à l'Administrateur que l'une ou l'autre méthode suivie pour tuer ou capturer certains animaux ou poissons est par trop destructive, il peut, par voie de proclamation, défendre ou limiter l'application de pareille méthode, après quoi l'usage de cette méthode constituera une contravention aux présentes dispositions.

19. Les permis délivrés en vertu des présentes dispositions

(1) seront valables du 1er janvier au 31 décembre;

(2) seront personnels;

(3) devront être produits sur réquisition de tout agent de l'administration de la Rhodésie nord-orientale;

---

poison for the purpose of taking fish unless by the written permission of the Administrator.

17. A reward fund may be established by the Administrator for the reward of persons bringing in to any Civil Commissioner any male or female, or young or egg, of any of the animals mentioned in Schedule 4.

18. Where it appears to the Administrator that any method employed for killing or capturing any animals or fish is unduly destructive, he may, by Proclamation, prohibit or limit any such method, and the use thereof shall thereafter be an offence against these Regulations.

19. Licences granted under these Regulations shall be—

(1) From the 1st January to the 31st December;

(2) Not transferable;

(3) Produced on demand by any officer in the Administration of North-Eastern Rhodesia;

(4) pourront être subordonnés à toute condition générale ou spéciale que l'Administrateur jugera opportun d'exiger ;

(5) seront révocables en cas d'une infraction quelconque aux présentes dispositions ou d'inobservance de l'une ou l'autre condition générale ou spéciale ; et

(6) l'octroi ou le refus de n'importe quel permis pareil sera absolument à la discrétion de l'Administrateur.

20. Aucun permis délivré en vertu des présentes dispositions ne donnera au porteur le droit de traverser une propriété privée, si ce n'est en poursuivant un animal légalement blessé en dehors de pareille propriété.

21. Quiconque chassera, tuera ou capturera un animal quelconque en contravention aux présentes dispositions ou contreviendra de toute autre manière aux présentes dispositions ou (s'il est porteur d'un permis) à l'une ou l'autre condition générale ou spéciale de son permis, sera, après preuve de ce fait, passible d'une amende ne dépassant pas 50 *l.* et dans le cas où la contravention se rap-

---

(4) Indorsed with any general or special condition that it may seem good to the Administrator to require;

(5) Revocable on conviction for any breach of those Regulations or of any such general or special condition; and

(6) The granting or refusal of all such licence shall be absolutely in the discretion of the Administrator.

20. No licence granted under these Regulations shall entitle the holder to trespass on private property, except in pursuit of an animal lawfully wounded outside of such property.

21. Any person who shall hunt, kill, or capture any animal in breach of these Regulations, or shall otherwise commit any breach of these Regulations or (being a licence-holder) of any general or special condition of his licence, shall, on conviction, be liable to a fine not exceeding 50 *l.*, or where the offence relates

porte à plus de deux animaux, d'une amende, par animal, n'excédant pas 25 *l.* et dans chaque cas d'un emprisonnement pour un terme n'excédant pas deux mois, avec ou sans une amende.

22. Dans tous les cas où une contravention quelconque aux présentes dispositions est établie, tous animaux vivants et toutes têtes, cornes, défenses, peaux ou autres dépouilles d'animaux trouvées en la possession ou sous la garde du coupable pourront être confisqués.

23. Rien, dans les présentes dispositions, ne donnera le caractère d'une contravention au fait de chasser et, si nécessaire. de tuer un animal causant du dommage ou de tuer tel animal, si c'est nécessaire pour préserver la vie humaine; mais dans tous ces cas-là, le fardeau de la preuve incombera à la personne qui de ce chef réclame l'immunité.

24. Nul ne peut vendre, acheter, troquer, exporter des cornes, peaux, défenses, dents, plumes ni chair d'aucun animal ni oiseau mentionné aux tableaux 1, 2 et 3 ci-an-

---

to more animals than two, to a fine in respect of each animal not exceeding 25 *l.*, and in either case to imprisonment for a term not exceeding two months, with or without a fine.

22. In all cases of conviction for any offence against these Regulations, any live animals and any heads, horns, tusks, skins, or other remains of any animals found in the possession or under the control of the person convicted shall be liable to forfeiture.

23. Nothing in these Regulations shall make it an offence to hunt, and, if necessary, to kill any animal damage feasant, or to kill any such animal when necessary to do so for the preservation of human life; but in all such cases the onus of proof shall be on the person claiming exemption.

24. No person shall, or shall attempt to, sell, purchase, barter, or export any horns, skins, tusks, teeth, feathers, or flesh of any

nexés, ni faire des tentatives à cette fin, à moins que l'animal en question n'ait été tué dans les conditions prévues par les présentes dispositions.

25. Tout magistrat, magistrat-assesseur ou juge de paix, s'il a des raisons de croire qu'une partie quelconque d'animaux ou d'oiseaux, ainsi tués en dépit de la loi, se trouve dans la possession ou sous la garde d'une personne quelconque, ou est destinée à être exportée, peut faire ou ordonner des recherches dans tout endroit où il a des raisons de supposer la présence de ces objets et il peut les saisir et les détenir et en empêcher l'exportation jusqu'à ce qu'il lui soit prouvé, à sa satisfaction, que ces animaux ou oiseaux ont été tués en conformité avec les présentes dispositions et pas autrement ; à défaut de pareille preuve, il peut ordonner la confiscation des objets saisis qui seront alors effectivement confisqués.

26. Nul ne peut utiliser un indigène pour chasser, tuer ou capturer du gibier. Cependant, un porteur de permis

---

animal or bird in either of the 1st, 2nd, 3rd Schedules hereto mentioned, unless the same has been killed in accordance with these Regulations.

25. Any Magistrate, Assistant Magistrate, or Justice of the Peace, if he has reason to believe that any portion of any animals or birds so wrongfully killed is in the possession or under the control of any person, or is intended to be exported, may search, or cause to be searched, any place where he has reason to believe any such articles to be, and may seize and detain them and prevent their exportation until he shall be satisfied that such animals or birds were killed in conformity with these Regulations and not otherwise, and, in default of such proof, may declare the same to be forfeited, and they shall be forfeited accordingly.

26. No person shall employ a native to hunt, kill, or capture any game. A licence-holder, however, when hunting animals,

peut se faire assister d'indigènes pour la chasse; mais ces indigènes ne se serviront pas d'armes à feu.

27. S'il est établi que les membres d'une tribu indigène ou les habitants indigènes d'un village ont besoin de la chair d'animaux sauvages pour leur subsistance, le magistrat du district peut, moyennant approbation de l'Administrateur, autoriser, par une ordonnance écrite, les membres de cette tribu ou ces habitants, selon le cas, à tuer des animaux dans tel rayon et sous telles conditions qu'il jugera opportun de prescrire dans son ordonnance.

Robert Codrington,
Administrateur.

Approuvé :
Alfred Sharpe,
C mmissaire de Sa Majesté
et Consul Général.

Zomba, Afrique Centrale Britannique.
Le 31 août 1902.

---

may employ natives to assist him; but such natives shall not use fire-arms.

27. When the members of any native tribe, or the native inhabitants of any village, appear to be dependent on the flesh of wild animals for their subsistence, the Magistrate of the district may, with the approval of the Administrator, by order in writing, authorize the tribesmen or inhabitants, as the case may be, to kill animals within such area and subject to such conditions as may be prescribed by the order.

Robert Codrington,
Administrator.

Approved :
Alfred Sharpe,
His Majesty's Commissioner
and Consul-General.
Zomba, British Central Africa,
August 31, 1902.

TABLEAUX.

(Il se peut que ces tableaux portent les noms de certaines espèces ou variétés qu'on ne trouve pas dans la Rhodésie nord-orientale.)

TABLEAU 1.

Animaux qui ne peuvent être chassés, tués ou capturés que par le porteur d'un permis délivré par l'Administrateur :

Série A. — A cause de leur utilité :

1. Les vautours;
2. L'oiseau-secrétaire;
3. Les hiboux;
4. Les pique-bœuf;

Série B. — A cause de leur rareté et du danger de leur disparition :

1. La girafe;

SCHEDULES.

(These Schedules may contain the names of some species or varieties not found in North-Eastern Rhodesia.)

SCHEDULE 1.

Animals to be hunted, killed, or captured, only under an Administrator's licence :

Series A. — On account of their usefulness :—

1. Vultures;
2. The Secretary-bird;
3. Owls;
4. Rhinoceros-birds, or Beef-eaters (« Buphaga »);

Series B. — On account of their rarity and threatened extermination :—

1. The Giraffe;

2. Le gorille;
3. Le chimpanzé;
4. Le zèbre des montagnes;
5. Les ânes sauvages;
6. Le gnou à queue blanche;
7. Les élans *(Taurotragus)*;
8. Le petit hippopotame de Libéria.

TABLEAU 2.

Animaux qui ne peuvent être chassés, tués ou capturés que par le porteur d'un permis spécial :

1. L'éléphant;
2. Le rhinocéros;
3. Le « wildebeest gnou » (excepté l'espèce à queue blanche);
4. La zibeline;
5. Le coudou;
6. L'hippopotame;

---

2. The Gorilla;
3. The Chimpanzee;
4. The Mountain Zebra;
5. Wild Asses;
6. The White-tailed Gnu (*Connochoetes* gnu);
7. Elands *(Taurotragus)*;
8. The Little Liberian Hippopotamus.

SCHEDULE 2.

Animals to be hunted, killed, or captured, only under a special licence :—

1. The Elephant;
2. The Rhinoceros;
3. The Wildebeest Gnu (except white-tailed species);
4. Sable, or Roan;
5. Kudu;

7. Les zèbres des espèces non visées au tableau 1;
8. Les buffles.

TABLEAU 3.

Animaux qui ne peuvent être chassés, tués ou capturés que par le porteur d'un permis de chasse ordinaire :

1. L'hippopotame;
2. Le verrat *(wart-hog)*;
3. Le sanglier des bois;
4. Toutes les antilopes et gazelles non visées aux tableaux 1 et 2;
5. Les ibex;
6. Les chevrotins.

TABLEAU 4.

1. Le lion;
2. Le léopard;

---

6. Hippopotamus;
7. Zebras of the species not referred to in Schedule 1;
8. Buffaloes.

SCHEDULE 3.

Animals to be hunted, killed, or captured, under an ordinary game licence :—

1. The Hippopotamus;
2. The Wart-hog;
3. The Bush-pig;
4. Any antelopes and gazelles not named in Schedules 1 or 2;
5. Ibex;
6. Chevrotains.

SCHEDULE 4.

1. The Lion;
2. Leopard;

3. Les hyènes;
4. Le chien-chasseur *(Lycaon pictus)*;
5. La loutre *(Lutra)*;
6. Les cynocéphales et autres singes nuisibles;
7. Les grands oiseaux de proie, sauf les vautours, l'oiseau-secrétaire et les hiboux;
8. Les crocodiles;
9. Les serpents venimeux;
10. Les pythons.

PROCLAMATION N° 6 DE 1901.

Réserve de chasse de Mweru-Marsh.

Attendu qu'en vertu des stipulations des « Dispositions concernant le gibier, 1900 », l'Administrateur a le pouvoir

---

3. Hyænas;
4. The Hunting-dog (*Lycaon pictus*);
5. The Otter (*Lutra*);
6. Baboons (*Cynocephalus*) and other harmful monkeys;
7. Large birds of prey, except Vultures, the Secretary-bird, and Owls;
8. Crocodiles;
9. Poisonous Snakes;
10. Pythons.

PROCLAMATION N° 6 OF 1901.

Mweru Marsh Game Reserve.

Whereas under the provisions of « The Game Regulations, 1900 », the Administrator has power to extend or restrict the

d'étendre ou de restreindre les limites de toute réserve de gibier, il est notifié par la présente que les frontières de la réserve de Mweru-Marsh sont modifiées comme suit :

Frontières de la Réserve de gibier de Mweru-Marsh.

Partant de la rive nord de la rivière Kalungwisi à l'embouchure de la rivière Lintomvu, la frontière suit la rivière Lintomvu vers le nord jusqu'à sa source ; ensuite elle va en ligne droite vers la source de la rivière Katete et de là suit la rivière Katete vers le nord jusqu'au pont de Kaulogombe où la route de Chienji-Choma traverse la rivière Katete ; puis la frontière suit une ligne tracée directement vers le nord jusqu'à la frontière de l'État Indépendant du Congo ; de là elle suit la frontière de l'État Indépendant du Congo vers l'Est jusqu'à la rivière Chisyela ; puis la frontière suit la rivière Chisyela vers le sud jusqu'au village de Mkula ; de là elle suit une ligne tracée dans la

---

limits of any game reserve, it is hereby notified that the boundaries of the Mweru Marsh Game Reserve are amended as follows :—

Boundaries of the Mweru Marsh Game Reserve.

Starting on the north bank of the Kalungwisi River at the mouth of the Lintomvu River, the boundary follows the Lintomvu River northwards to its source; thence in a straight line to the Katete River, and thence follows the Katete River northwards to the Kaulongombe Bridge, where the Chienji-Choma road crosses the Katete River; thence the boundary follows a line drawn due north to the boundary of the Congo Free State; thence the boundary follows the boundary of the Congo Free State eastwards to the Chisyela River; thence the boundary follows the Chisyela River southwards to Mkula's village; thence the boundary follows a line drawn in a southerly direction to Abdullah-bin-Suliman's village; thence the boundary follows the Abercorn-

direction sud jusqu'au village d'Abdullah-bin-Suliman; ensuite la frontière suit la route d'Abercorn-Kalungwisi dans la direction ouest à travers le village de Nsama jusqu'au cours d'eau de Kalumba; puis elle suit le sentier vers le gué de Msoro sur la rivière Kalungwisi et de là la frontière suit la rivière Kalungwisi vers l'ouest jusqu'au point de départ.

ROBERT CODRINGTON,
Administrateur.

Approuvé :
W. H. MANNING, *Lieutenant-Colonel,*
Commissaire ff. de Sa Majesté
et Consul Général.

Zomba, Afrique Centrale Britannique,
le 11 mars 1901.

Kalungwisi road in a westerly direction, through Nsama's village to the Kalumba water-course; thence the boundary follows the footpath to the Msoro Ford on the Kalungwisi River; thence the boundary follows the Kalungwisi River westwards to the point of starting.

ROBERT CODRINGTON,
Administrator.

Approved :
W. H. MANNING, *Lieutenant-Colonel,*
His Majesty's Acting Commissioner
and Consul-General.
Zomba, British Central Africa,
March 11, 1901.

PROCLAMATION

(en vertu du chapitre 4 des « Dispositions concernant le gibier, 1902 »):

Attendu qu'en exécution du chapitre 4 des « Dispositions concernant le gibier, 1902 », l'Administrateur peut, par voie de proclamation, constituer en réserve de chasse toute partie quelconque de la Rhodésie nord-orientale :

Je déclare par la présente que le territoire suivant constitue une réserve de chasse conformément aux stipulations des dites dispositions :

La Réserve de Luangwa.

« Partant du point où la rivière Lusangazi se jette dans la rivière Luangwa, la frontière suivra le cours de la rivière Luangwa en aval jusqu'au point où la rivière Msanzara se jette dans la rivière Luangwa, puis longera le cours de la rivière Msanzara en amont jusqu'au point où cette rivière

---

PROCLAMATION

(under Section 4 of « The Game Regulations, 1902 »).

Whereas pursuant to Section 4 of « The Game Regulations, 1902 », the Administrator; may by Proclamation, declare any portion of North-Eastern Rhodesia to be a game reserve :

I hereby declare the following area to be a game reserve in accordance with the provisions of the said Regulations :—

The Luangwa Reserve.

« Commencing at the point where the Lusangazi River flows into the Luangwa River, the boundaries shall follow the course of the Luangwa River down stream to the point where the Msanzara River flows into the Luangwa River, thence following the course of the Msanzara River up stream to the point where the said river

traverse la route du Fort Jameson-Petauke et de là elle suivra la dite route dans une direction nord-est jusqu'à l'endroit où la dite route traverse la rivière Lusangazi et puis, suivant le cours de cette rivière en aval, elle rejoindra le point de départ. »

ROBERT CODRINGTON,
Administrateur.

31 décembre 1904.

PROCLAMATION

(en vertu des « Dispositions concernant le gibier, 1904 »*).*

Attendu qu'en vertu des « Dispositions concernant le gibier, 1904 », l'Administrateur peut, par voie de proclamation, arrêter des mesures pour la protection du gibier dans tout district quelconque;

Je proclame par la présente et fais connaître qu'à la

---

crosses the Fort Jameson-Petauke road, thence following the said road in a north-easterly direction to where the said road crosses the Lusangazi River and thence following the course of that river down stream to the point of commencement. »

ROBERT CODRINGTON,
Administrator.

December 31, 1904.

PROCLAMATION

(under the Game Regulations, 1904).

Whereas under the provisions of the Game Regulations, 1904, the Administrator may, by Proclamation, apply measures for the protection of game in any district :

I hereby proclaim and make known that on and after the first

date et à partir du 1er juin 1906, il sera défendu de chasser, tuer ou capturer les hippopotames sur les rives ou dans les eaux de la rivière Luangwa, partout entre le point où cette rivière est rejointe par la rivière Mwalezi et le point où elle est rejointe par la rivière Mpamadzi.

ROBERT CODRINGTON,
Administrateur.

Par ordre de Son Honneur l'Administrateur,

RICHARD GOODE,
Secrétaire.

Fort Jameson,
11 mai 1906.

---

day of June, 1906, the hunting, killing, or capturing of hippopotami shall be prohibited on the banks or in the waters of the Luangwa River anywhere between the point where this river is joined by the Mwalezi River and the point where it is joined by the Mpamadzi River.

ROBERT CODRINGTON,
Administrator.

By command of His Honour the Administrator,

RICHARD GOODE,
Secretary.

Fort Jameson,
May 11th, 1906.

NIGÉRIE SEPTENTRIONALE

NIGÉRIE SEPTENTRIONALE

PROCLAMATION

faite par le Gouverneur de la Nigérie septentrionale.

E. P. C. GIROUARD.

Proclamation en vue de protéger les animaux et oiseaux vivant à l'état sauvage et les poissons.

Considérant que le Protectorat de la Nigérie septentrionale se trouve dans la zone décrite à l'article 1 de la convention sur la protection des animaux et oiseaux vivant à l'état sauvage et des poissons en Afrique, signée à Londres, le 19 mai 1900 :

Il est décrété ce qui suit par le Gouverneur de la Nigérie septentrionale :

1. La présente proclamation peut être citée sous le nom

NORTHERN NIGERIA

A PROCLAMATION

Enacted by the Governor of Northern Nigeria.

E. P. C. GIROUARD,

A Proclamation to provide for the preservation of Wild Animals, Birds, and Fish.

Whereas the Protectorate of Northern Nigeria is within the zone specified in the first Article of a Convention for the preservation of Wild Animals, Birds, and Fish in Africa signed at London on the 19th day of May 1900 :

Be it enacted by the Governor of Northern Nigeria as follows:—

1. This Proclamation may be cited as « The Wild Animals Proclamation 1909 ».

de « Proclamation de 1909 concernant les animaux vivant à l'état sauvage ».

2. Sont abrogés « La proclamation n° 15 de 1901 sur la protection des animaux et oiseaux vivant à l'état sauvage et des poissons », ainsi que tous les règlements arrêtés pour son exécution.

3. Aux fins de la présente proclamation, les mots suivants auront les significations suivantes :

« Animal » et « oiseau » signifient tout animal ou oiseau vivant à l'état sauvage, qu'il soit adulte ou non.

« Collectionner » signifie capturer ou tuer dans un but scientifique ou pour les besoins d'un musée public ou autre collection publique organisée dans un intérêt scientifique.

« Jeune » appliqué à un éléphant mâle signifie cet animal ayant des défenses pesant moins de 15 livres.

Les mots « chasser », « capturer », « tuer », et « blesser » comprennent respectivement le fait d'essayer de chasser, capturer, tuer et blesser ou le fait d'y prêter assistance.

---

2. « The Wild Animals, Birds, and Fish Preservation Proclamation » No. 15 of 1901 and all Regulations made thereunder are hereby repealed.

3. For the purposes of this Proclamation the following words shall have the meanings hereunder :—

« Animal » and « bird » mean any wild animal or bird whether adult or immature.

« Collect » means to capture or kill for scientific purposes, or on behalf of a public museum or other public collection maintained for scientific purposes.

« Young » as applied to a male elephant means having a tusk weighing less than 15 lbs. avoirdupois.

« Hunt, » « Capture, » « Kill, » and « Injure » include respectively attempting or aiding to hunt, capture, kill, and injure.

« Fonctionnaire préposé » signifie tout fonctionnaire autorisé par le Gouverneur à délivrer des permis.

« Cour » signifiera la haute cour ou toute cour provinciale.

Dispositions générales.

4. (1) Toute personne tuant, capturant ou blessant un jeune éléphant sera coupable d'une contravention et passible, après preuve de ce fait, d'une amende ne dépassant pas 50 livres sterling ou d'un emprisonnement de six mois au maximum, ou des deux peines à la fois.

(2) Quiconque sera trouvé en possession d'une défense d'éléphant pesant moins de 15 livres, sera passible d'une amende ne dépassant pas 50 livres sterling ou d'un emprisonnement de six mois au maximum, et la défense sera dans tous les cas confisquée au nom de Sa Majesté, à moins que le détenteur ne prouve qu'il l'a acquise avant la date à laquelle la présente proclamation est entrée en vigueur.

« Licensing Officer » means any Officer authorized by the Governor to grant licences hereunder.

« Court » shall mean « The Supreme Court or any Provincial Court.

General Provisions.

4. (1) Any person killing, capturing or injuring a young elephant shall be guilty of an offence, and on conviction shall be liable to a penalty not exceeding £50 or to imprisonment for a period not exceeding six months or both.

(2) Any person found in the possession of any elephant tusk weighing less than 15 lbs. avoirdupois shall be liable to a penalty not exceeding £50 or to imprisonment not exceeding six months, and such tusk shall in every case be liable to be forfeited to His

5. (1) Aux fins de la présente proclamation, les animaux et les oiseaux vivant à l'état sauvage sont groupés dans les trois tableaux numérotés ci-après 1, 2, 3.

(2) Le Gouverneur peut, en tout temps, par notification dans la *Gazette*, rayer tout animal ou oiseau d'un tableau ou y comprendre d'autres.

6. Quiconque, porteur d'un permis ou non :

(a) Tuera, capturera ou blessera des animaux ou oiseaux mentionnés au tableau 1, à moins d'y être spécialement autorisé en vertu des dispositions de la présente proclamation, sera passible, après preuve du fait, s'il est non indigène, d'une amende ne dépassant pas 100 livres sterling ou d'un emprisonnement de douze mois au maximum pour chaque éléphant, rhinocéros et chimpanzé capturé ou blessé, et d'une amende ne dépassant pas 50 livres sterling ou d'un emprisonnement de six mois au maximum pour tout autre animal mentionné au tableau 1 et d'une amende ne dépassant pas 5 livres ster-

---

Majesty, unless such person can prove that he acquired such tusk before the date on which this Proclamation shall come into force.

5. (1) For the purposes of this Proclamation, Wild Animals and Birds are divided into the 3 schedules hereinafter numbered 1, 2 and 3.

(2) The Governor may at any time by notice in the *Gazette* remove any animal or bird from any schedule, or include any animal or bird in any schedule.

6. Any person, whether the holder of a licence or not, who shall :

(*a*) Kill, capture or injure any of the animals or birds included in Schedule 1 unless specially authorized thereto under the provisions of this Proclamation shall, if a non-native, be liable on conviction to a fine not exceeding £ 100 or imprisonment not exceeding twelve months for each and every elephant, rhino-

ling ou d'un emprisonnement de quatorze jours au plus pour chaque oiseau compris dans le dit tableau; lorsqu'il s'agit d'un indigène, celui-ci sera passible dans chaque cas de la moitié des pénalités indiquées ci-dessus;

(b) Tuera, capturera ou blessera intentionnellement la femelle d'un animal ou d'un oiseau compris dans les tableaux 1 et 2, sera passible, après preuve de ce fait et lorsqu'il s'agit d'un non indigène, d'une amende ne dépassant pas 50 livres sterling ou d'un emprisonnement de six mois au maximum; s'il s'agit d'un indigène, les peines ci-dessus seront réduites à la moitié;

(c) Employera du poison, de la dynamite ou un autre explosif en vue de capturer ou détruire des poissons dans les cours d'eau, lacs, étangs, etc., sera passible, après preuve de ce fait, d'une amende ne dépassant pas 50 livres sterling ou d'un emprisonnement de six mois au maximum.

7. Nonobstant toute disposition contenue dans la pré-

---

ceros, and chimpanzee so captured or injured, and to a fine not exceeding £ 50 or imprisonment not exceeding six months for each other animal included in Schedule 1, and to a fine not exceeding £ 5 or imprisonment not exceeding fourteen days for any bird included in the said schedule; and if a native he shall be liable to half the penalties aforesaid in each case;

(*b*) Intentionally kill, capture or injure the female of any animal (or bird) included in Schedules 1 and 2, shall be liable on conviction if a non-native to a fine not exceeding £ 50 or imprisonment not exceeding six months and if a native to half the penalties aforesaid;

(*c*) Use poison or dynamite or any other explosive for the purpose of taking or destroying fish in any waters, shall be liable on conviction to a fine not exceeding £ 50 or imprisonment not exceeding six months.

7. Notwithstanding anything in this Proclamation contained

sente, nul ne sera censé avoir commis une infraction à cette proclamation du chef d'avoir tué ou blessé un animal ou un oiseau pour défendre sa vie ou celle de toute autre personne, mais il devra donner immédiatement connaissance du fait au fonctionnaire délivrant les permis.

Toute personne négligeant de le faire sera passible d'une pénalité ne dépassant pas 5 livres sterling ou d'un emprisonnement d'un mois au plus.

8. Tout animal, oiseau ou poisson capturé ou tué en contravention aux dispositions de la présente proclamation et toute partie de cet animal, oiseau ou poisson seront confisqués au nom de Sa Majesté. Toutefois, s'il est établi à la satisfaction de la cour, que le propriétaire (un indigène du Protectorat) d'une défense d'éléphant dont la valeur dépasse la peine qui aurait dû être infligée en vertu de cette section, a tué de bonne foi l'éléphant, la cour pourra se borner à infliger une peine totale, comprenant la confiscation de la défense, qui lui semble pouvoir être requise ;

---

no person shall be deemed to have committed an offence against this Proclamation by reason of his having killed or injured any animal or bird in defence of himself or any other person, but he shall report such occurrence forthwith to the licensing officer. Any person failing to so report shall be liable to a penalty not exceeding £ 5 or to imprisonment not exceeding one month.

8. Any animal, bird, or fish which has been captured or killed contrary to the provisions of this Proclamation and any part of such animal, bird, or fish shall be liable to be forfeited to His Majesty. Provided that if it is shown to the satisfaction of a Court that there was ground for believing that the owner of an elephant tusk (being a native of the Protectorate) the value of which exceeds the penalty which it considers should be inflicted under this section, killed the elephant in *bona fide* ignorance of the law, it shall be lawful for the Court to inflict only such total penalty, including the confiscation of the tusk, as may seem in

à cet effet, elle peut ordonner la vente de la défense et la restitution au propriétaire d'une partie de la valeur.

9. Sont absolument interdits la vente, l'achat ou l'exposition en vente des cuirs, cornes, viandes, œufs ou d'autres dépouilles d'animaux ou oiseaux repris aux tableaux 1 et 2 ci-annexés (autres que l'ivoire et les plumes d'autruche) recueillis en contravention à la présente proclamation.

Quiconque contreviendra à cette section sera passible d'une amende ne dépassant pas 10 livres sterling ou d'un emprisonnement de deux mois au maximum et tous les objets susdits seront confisqués.

10. (1) Nul ne pourra, se trouvant à bord d'un steamer en marche, tirer un animal ou oiseau vivant à l'état sauvage au moyen d'un fusil à canon rayé ou d'une carabine.

Quiconque contreviendra à cette section sera passible d'une amende ne dépassant pas 5 livres sterling ou d'un emprisonnement de quinze jours au maximum.

---

its discretion to be required, and for this purpose may cause the tusk to be sold and part value returned to the owner.

9. The sale, purchase or exposure for sale of the hides, horns, flesh, or eggs or of any trophies of any of the animals and birds included in Schedules 1 and 2 hereto (other than ivory or ostrich feathers), obtained in contravention of this Proclamation is absolutely prohibited.

Any person contravening this section shall be liable to a fine not exceeding £ 10 or to imprisonment not exceeding two months and all such articles as aforesaid shall be liable to confiscation.

10. (1) No person shall fire at any wild animal or bird with a rifle or gun from a steamer in motion.

Any person contravening this section shall be liable to a fine not exceeding £ 5 or in default to imprisonment not exceeding fourteen days.

Permis à délivrer aux non indigènes.

11. (1) Le fonctionnaire préposé peut, à sa discrétion, délivrer à tout non indigène qui le demande, un permis pour chasser, tuer et capturer les animaux et oiseaux mentionnés aux tableaux 2 et 3.

Ces permis seront de deux espèces appelées respectivement A et B.

(A) Permis pour chasser, tuer ou capturer des animaux ou oiseaux autres que ceux visés au tableau 1.

(B) Permis pour chasser, tuer ou capturer des animaux ou oiseaux autres que ceux visés aux tableaux 1 et 2.

(2) Si le porteur d'un permis A désire chasser, tuer ou capturer un animal ou oiseau du tableau 1, il peut le faire jusqu'à concurrence d'un exemplaire de chaque espèce, à la condition de payer une taxe d'une livre sterling pour chaque animal ou oiseau de ce tableau ainsi tué ou capturé.

Licences to Non-Natives.

11. (1) Licences for the hunting, killing, and capturing of animals and birds included in Schedules 2 and 3 may be granted by a licensing Officer, in his discretion, to any non-native applying for the same. Such licences shall be of two kinds called respectively A, and B.

(A) Licence to hunt, kill, or capture any animals or birds other than those in Schedule 1.

(B) Licence to hunt, kill, or capture any animals or birds other than those in Schedules 1 and 2.

(2) If the holder of a Licence « A » desires to hunt, kill, or capture any animal or bird in Schedule 1, he may do so to the extent of one only of each species or kind, provided that a fee of £ 1 shall subsequently be paid on each animal or bird in Schedule 1 so killed or captured.

Si le dit porteur désire tuer deux exemplaires des animaux ou oiseaux repris au tableau 1, il doit d'abord obtenir l'autorisation du Résident de la province et payer la taxe; toutefois, le Résident ne donnera pas l'autorisation de tuer une seconde autruche ou girafe. Il n'est pas permis de tuer ou de capturer plus de deux animaux ou oiseaux d'une espèce en vertu de chaque permis.

(3) Tout permis sera valable pendant une année à partir de la date de sa délivrance; toutefois, un permis peut être renouvelé à l'expiration de l'année moyennant un paiement mensuel à fixer par les règlements arrêtés en vertu de la présente proclamation.

(4) Les taxes payables par les porteurs de permis seront fixées par arrêté du Gouverneur publié dans la *Gazette*.

(5) Nul porteur de permis ne pourra capturer ou tuer plus d'animaux ou d'oiseaux des espèces visées au tableau 2, que le nombre stipulé de temps en temps par le

---

If the holder aforesaid desires to kill two of any animal or bird in Schedule 1, he must first obtain the sanction of the Resident of the Province and subsequently pay the fee, provided that the Resident shall not sanction a second ostrich or giraffe. Not more than two in all of any such animal or bird may be killed or captured under each licence.

(3) Every licence shall remain in force for one year from the date of issue, provided that a licence may be renewed at the expiration of the year on a monthly payment as fixed by the regulations under this Proclamation.

(4) The fees payable by the holders of licences shall be fixed by regulation made by the Governor and published in the *Gazette*.

(5) No holder of a licence shall capture or kill a greater number of animals or birds of any species included in Schedule 2 than the number specified from time to time by the Governor and published in the regulations under this Proclamation.

Gouverneur et publié dans les règlements arrêtés en vertu de la présente proclamation.

(6) Le Gouverneur peut en tout temps, par notification dans la *Gazette*, modifier le nombre des espèces d'animaux ou d'oiseaux visés aux tableaux 2 et 3 qui peuvent être capturés ou tués par le porteur d'un permis ; il peut aussi, de la même manière, changer les zones dans lesquelles ces espèces peuvent être tuées.

(7) Si le nombre des espèces d'animaux ou d'oiseaux tués, capturés ou blessés dépasse, d'après le *Sportsman's Record*, le nombre autorisé en vertu de la présente proclamation et si le fonctionnaire préposé a la conviction que le fait de tuer ou de blesser les animaux ou oiseaux a été involontaire, il pourra ordonner le paiement par le porteur du permis de la taxe fixée au tableau 4 pour chaque animal ou oiseau tué ou blessé au delà du nombre permis au lieu de faire prononcer la peine par une cour de justice.

---

(6) The Governor may at any time by notice in the *Gazette* alter the number of any species of animal or bird shown in Schedule 2 and Schedule 3 which may be captured or killed by the holder of a licence and may vary the areas in which such species may be killed.

(7) If the number of any species of animals or birds killed, captured or injured as shown in the « Sportsman's Record » (as described hereinafter) shall be found to be in excess of the number authorized under this Proclamation, and the licensing officer shall be satisfied that the killing or injuring of the animals or birds was not intentional, it shall be lawful for him to cause the holder of the licence to pay the fee laid down in Schedule 4 for each animal or bird so killed or injured in lieu of enforcing the penalty in a Court of Law.

(8) All huntsmen, beaters, and other assistants aiding the holder of a Licence A or B to hunt, capture or kill auy animal or bird which such licence holder is authorized by his licence to hunt,

(8) Tous les chasseurs, traqueurs et autres personnes aidant le porteur d'un permis A ou B à chasser, capturer ou tuer un animal ou oiseau que ce porteur est autorisé de par son permis à chasser, capturer ou tuer seront couverts par ce permis, à la condition qu'ils ne tireront ou ne blesseront en aucune façon un animal ou oiseau non blessé au moyen d'une arme à feu, d'un arc, d'une flèche ou d'autres armes.

(9) Aucun permis n'est transmissible et, si un original est perdu ou détruit, un duplicata peut en être obtenu du fonctionnaire préposé moyennant paiement d'un shilling.

(10) Tout porteur d'un permis A tiendra une liste de tous les animaux et oiseaux capturés ou tués par lui des espèces visées au tableau 2 et des espèces visées au tableau 1 mentionnées spécialement dans son permis ou qu'il a capturés ou tués en vertu de la section 11 (2) ci-dessus. Cette liste, appelée le *Sportsman's Record*, sera

---

capture or kill shall be covered while so acting by such licence, provided that such huntsmen, beaters or assistants shall not fire at or in any way injure any unwounded animal or bird with any firearm or bow or arrow, or other weapon.

(9) No licence is transferable, and if an original licence be lost or destroyed a duplicate may be obtained from the licensing officer on payment of 1s.

(10) Every holder of a Licence A, shall keep an account of all animals and birds captured or killed by him of the species included in Schedule 2, and of any species in Schedule 1 which may be specially mentioned in his licence, or which he may have captured or killed under Section 11 (2) above.

This account, which shall be called the « Sportsman's Record », shall be in the form laid down in the Regulations under Schedule 5 hereto. The signature of the holder of the licence to the « Sportsman's Record » shall be held to be a declaration that all such animals or birds as should appear therein have been included, and

conforme au modèle prescrit dans les règlements au tableau 5 ci-annexé. La signature du porteur du permis sur le *Sportsman's Record* sera considérée comme une déclaration que tous les animaux ou oiseaux y mentionnés y ont été compris et que la liste est à tous égards fidèle et exacte. Seront inscrits également au *Sportsman's Record* les mêmes renseignements concernant tout autre gros gibier capturé ou tué, dont la chasse n'est pas interdite, y compris les antilopes ou gazelles, lions, léopards, hyènes, chacals, servals, chiens-chasseurs ou autres animaux ou oiseaux non dénommés au tableau. Tout porteur de permis produira son *Sportsman's Record* avec son permis à toute réquisition d'un fonctionnaire de district ou de police du Gouvernement et délivrera une copie de cette liste, signée par lui, au fonctionnaire préposé à l'expiration de son permis, au moment de son départ du Protectorat si ce départ a lieu avant l'expiration du permis, ou à toute date mentionnée dans le permis ou fixée en vertu d'un règle-

---

that the account is in all respects to the best of his knowledge and belief a true and accurate account. There shall be entered also in the « Sportsman's Record » the same details, respecting any other large game captured or killed, the hunting of which is not prohibited, including any antelope or gazelle, lion, leopard, hyena, jackal, serval cat, hunting dog, or other animals or birds not named in the schedule.

Every licence holder shall produce his « Sportsman's Record » together with his licence whenever called upon to do so by any district or police officer of the Government, and shall deliver a copy of such account, signed by himself, to the licensing officer upon the expiration of his licence or upon his leaving the Protectorate, whichever first happens, or upon any other day named in the licence or under any Regulation, for the purpose of compiling the annual returns, or for any other purpose.

ment aux fins de compiler les listes annuelles ou à toute autre fin.

(11) Un permis B en cours peut être échangé contre un permis A moyennant payement de la différence entre les taxes complètes des permis; toutefois, le permis substitué expirera le jour où le permis primitif aura pris fin.

(12) Si un porteur de permis reçoit l'ordre du Gouvernement de quitter le Protectorat pour congé de maladie ou pour remplir une mission, le fonctionnaire préposé peut rembourser, à la demande du porteur, la moitié des taxes payées si le permis n'a pas encore servi pendant six mois.

(13) Quiconque tuera, blessera ou capturera un animal ou un oiseau en contravention à cette section, refusera de produire sur demande son permis ou *Sportsman's Record*, ou produira sciemment une liste inexacte, sera passible d'une amende ne dépassant pas 100 livres sterling ou d'un emprisonnement de douze mois au maximum.

---

(11) A licence B, while operative may be changed for a licence A on payment of the difference between the full fees chargeable on each licence, but the substituted licence shall expire upon the day when the original licence would have expired.

(12) If a holder of a licence be ordered by the Government to leave the Protectorate either on sick leave or duty, it shall be lawful for a licensing officer, on the application of the holder of the licence if the licence has not yet run for six months, to refund a half of the fees paid therefore.

(13) Any person killing, injuring, or capturing any animal or bird in contravention of this section, or refusing to produce his licence or « Sportsman's Record » as aforesaid when called upon to do so, or wilfully producing an incorrect account, shall be liable on conviction to a fine not exceeding £100 or to imprisonment for a term not exceeding twelve months.

Permis de collectionneur.

12. Le Gouverneur peut autoriser l'octroi à un collectionneur ou, dans des circonstances spéciales, à toute autre personne, d'un permis spécial appelé permis de collectionneur ; ce permis peut comporter l'autorisation de chasser, tuer ou capturer toutes espèces et toutes quantités d'animaux ou d'oiseaux des tableaux 2 et 3 et les animaux ou oiseaux du tableau 1 y indiqués par le Gouverneur.

Le porteur d'un permis de collectionneur sera passible des pénalités stipulées dans la section 6 s'il tue, capture ou blesse des animaux ou oiseaux visés au tableau 1 et non indiqués sur son permis ; sous tous les autres rapports, il est soumis aux mêmes restrictions qu'un porteur de permis A.

Restriction de massacre de gibier par les indigènes.

13. (1) Un permis du modèle C peut être délivré par le fonctionnaire préposé, avec la sanction du Résident de la

---

Collector's Licence.

12. The Governor may authorize the grant to a Collector, or, in special circumstances, to any other person, of a special licence to be called a Collector's licence, and such licence may include authority to hunt, kill or capture any species or numbers of any animal or bird in Schedules 2 and 3, and such specified animals or birds in Schedule 1 as may be endorsed thereon by the Governor.

The holder of a Collector's licence shall be liable to the penalties laid down in Section 6 if he kills, captures or injures any animals or birds in Schedule 1 not shown upon his licence and in all other respects is bound by the same restrictions as a holder of Licence A.

Restriction on Killing Game by Natives.

13. (1) A permit in the Form C may be granted by a licensing officer with the sanction of the Resident of the Province to any

province, à tout indigène, groupe d'indigènes ou tribu du Protectorat pour chasser, tuer ou capturer les animaux et oiseaux vivant à l'état sauvage mentionnés au tableau 2. Ce permis indiquera le nombre de chaque espèce qui peut être tué ou capturé et peut comprendre tout animal ou oiseau du tableau 1 avec la sanction spéciale du Gouverneur. Ce permis peut aussi spécifier la zone dans laquelle l'indigène, le groupe d'indigènes ou la tribu peuvent chasser, tuer ou capturer.

Tout indigène n'étant pas en possession d'un permis C ou ne faisant pas partie d'un groupe d'indigènes ou d'une tribu qui chassera, capturera, tuera ou blessera un des animaux ou oiseaux repris aux tableaux 1 et 2, sera passible, après preuve de ce fait, d'une amende ne dépassant pas 10 livres sterling ou d'un emprisonnement de trois mois au maximum, pour chaque animal ou oiseau tué ou capturé ou pour avoir contrevenu d'une autre façon aux dispositions de cette section (13).

---

native, or group of natives, or tribe of the Protectorate to hunt, kill or capture any wild animal or bird in Schedule 2, such permit shall specify the numbers of each species or kind which may be killed or captured and may include any animal or bird in Schedule 1 with the special sanction of the Governor. Such permit may also specify the area over which such native or group of natives or tribe may hunt, kill, or capture.

Any native, not being in possession of a permit C, or not being included in a group of natives, or tribe as above, who shall hunt, capture, kill or injure any animal or bird included in Schedules 1 and 2 shall be liable on conviction to a fine not exceeding £10 or imprisonment not exceeding three months for each such animal or bird which shall have been killed or captured or for contravening in any other way the provisions of this Section (13).

(2) Any native of the Protectorate may hunt, kill, or capture any animal or bird in Schedule 3.

(2) Tout indigène du Protectorat peut chasser, tuer ou capturer les animaux repris au tableau 3.

(3) Nul indigène ne peut faire usage de filets, pièges, etc., pour tuer ou capturer les animaux ou les oiseaux repris aux tableaux 1 et 2.

(4) Tout indigène trouvé en possession d'un animal ou d'un oiseau mort ou vivant, d'une partie d'animal ou d'oiseau ou d'œufs d'autruche ou de marabout, sera censé avoir tué ou capturé cet animal ou pris ces œufs, à moins que le contraire ne soit prouvé. Il est entendu que si des cornes, de l'ivoire, des peaux ou d'autres parties d'un animal ou d'un oiseau ou les œufs ont été réellement acquis avant la date à laquelle la présente proclamation entrera en vigueur, le propriétaire de ces objets ne sera pas censé avoir commis une contravention à la présente proclamation.

(5) Le Gouverneur peut, par notification dans la *Gazette*, suspendre l'effet de tout ou partie de cette section,

---

(3) No native may use any pitfall, net, or trap for the purpose of killing or capturing any animal or bird included in Schedules 1 and 2.

(4) Any native who is found in possession of any animal or bird living or dead, or any part of such animal or bird, or of the eggs of ostrich or marabout, shall be deemed to have killed or captured such animal or bird or taken such eggs unless the contrary be shown. Provided that if any horn, ivory, skin, or other part of an animal or bird or the eggs as aforesaid had clearly been acquired before the date on which this Proclamation shall come into force, the owner of such horn, ivory, skin, &c., shall not be deemed to have committed an offence against this Proclamation.

(5) The Governor may by notice in the *Gazette* suspend the operation of this section or any part of it, whether, as regards any Province for reason of any temporary administrative difficulty in enforcing the same, or for other good reason, it shall seem to him

lorsqu'il croit utile de le faire pour une province quelconque à raison d'une difficulté administrative temporaire ou pour toute autre bonne raison. Cette suspension n'autorisera pas le massacre de jeunes éléphants ou de femelles d'éléphant.

(6) Si le Résident d'une province a la conviction que des animaux ou oiseaux ne cessent de commettre des dégâts sur des terres cultivées, de détruire les récoltes ou de mettre en péril la vie des indigènes résidant sur ces terres ou dans leur voisinage et que tous les moyens ordinaires pour protéger les dites terres et récoltes des indigènes et pour chasser les dits animaux et oiseaux ont été essayés vainement, il sera loisible au Résident en fonctions d'autoriser les dits indigènes ou un porteur de permis à tuer un certain nombre de ces animaux ou oiseaux de la manière et pendant la période qu'il jugera nécessaires. Dans ce cas, il fera rapport au Gouverneur sur toutes les circonstances.

14. Sont interdits les « traques de gibier » et le massacre

---

expedient to do so. Provided that no such suspension shall be deemed to authorize the killing of young elephants, or female elephants.

(6) If it shall be shown to the satisfaction of the Resident of a Province that any animals or birds are continually committing depredations upon cultivated lands, or are destroying crops, or endangering the lives of natives resident upon or in the vicinity of such lands, and that all ordinary means for protecting the said lands, crops or natives, and of driving away the said animals and birds have been duly tried without success, it shall be lawful for the Resident in charge to permit the said natives resident thereon or a holder of licence to kill or capture a certain number of such animals or birds, in such a manner and during such period, as he, in his discretion, may consider necessary. Provided that in such a case he shall report all the circumstances to the Governor.

14. « Game drives, » and the indiscriminate slaughter of any

général des animaux ou oiseaux mentionnés aux tableaux 1 et 2, par des bandes d'indigènes. Le chef de toute ville, de tout village ou de toute communauté qui contreviendra aux dispositions de la présente section, sera passible d'une amende ne dépassant pas 50 livres sterling ou d'un emprisonnement de douze mois au maximum.

Procédure légale.

15. Lorsqu'un Résident, un magistrat cantonal ou un officier de police supérieur (tel qu'il est défini dans la proclamation de 1908 relative à la police, section 2), juge qu'il est utile de vérifier le *Sportsman's Record* d'un porteur de permis, ou soupçonne qu'une personne s'est rendue coupable d'infraction à l'une ou l'autre des dispositions de la présente proclamation ou à l'une des conditions de son permis, il peut inspecter et fouiller ou autoriser tout fonctionnaire subordonné à inspecter et fouiller les bagages, l'emballage, le wagon, la tente, la construction,

---

animals or birds in Schedules 1 and 2 by bands of natives is prohibited. The chief or headman of any town, village, or community which shall contravene the provisions of this section shall be liable to a fine not exceeding £ 50 or to imprisonment not exceeding 12 months.

Legal Procedure.

15. Where any Resident, Cantonment Magistrate, or Superior Officer of Police (as defined in the Police Proclamation, 1908, Section 2) considers it expedient to verify the « Sportsman's Record » of a licence holder, or suspects that any person has been guilty of a breach of any of the provisions of this Proclamation or of the conditions of his licence, he may inspect and search, or authorize any subordinate officer to inspect and search, any baggage, package, waggon, tent, building, caravan, canoe or boat of any description belonging to or under the control of such

la caravane, le canot ou le bateau de toute espèce appartenant à ou placés sous la garde de cette personne ou de son agent; si le fonctionnaire trouve des têtes, cornes, défenses, peaux, plumes ou autres dépouilles d'animaux paraissant avoir été tués ou des animaux vivants paraissant avoir été capturés en contravention à la présente proclamation, il les confisquera et les transmettra à une cour où il en sera disposé conformément à la loi.

16. Quiconque agira de bonne foi ne sera pas poursuivi pour saisie ou détention d'animaux, d'oiseaux ou de poissons ou de parties d'animaux, etc., soumis ou présumés soumis aux conditions de la présente proclamation.

17. (1) Toute personne coupable de contravention à la présente proclamation pour avoir tué, chassé ou capturé un animal ou oiseau protégé, sans être porteur d'un permis ou porteur d'un permis insuffisant, sera passible de toutes les taxes qu'elle aurait dû payer pour un permis

---

person or his agent, and if the officer finds any heads, horns, tusks, skins, feathers, or other remains of the animals appearing to have been killed, or any live animals appearing to have been captured in contravention of this Proclamation, he shall seize and take the same before a Court to be dealt with according to law.

16. Any person acting *bona fide* shall not be liable to any suit for seizing or detaining any animal, bird, or fish subject, or presumably subject, to the terms of this Proclamation.

17. (1) Any person convicted of contravening this Proclamation by killing, hunting, or capturing any animal or bird protected by this Proclamation, without a licence, or with an insufficient licence ,shall be liable to all fees which would have been payable by him for taking out a sufficient licence, in addition to any fine or imprisonment.

(2) The licence of any person convicted under this Proclamation shall be liable to be forfeited.

25.

suffisant, indépendamment de toute amende ou de tout emprisonnement.

(2) Le permis d'une personne condamnée en vertu de la présente proclamation sera confisqué.

(3) Tous les animaux, oiseaux, peaux, cornes, défenses, plumes, œufs, dépouilles et carcasses d'animaux ou d'oiseaux tués en contravention de la présente proclamation, seront confisqués et peuvent être saisis par tout fonctionnaire des douanes ou agent de police, sauf le droit d'appel devant une cour ayant juridiction à l'endroit de la saisie.

18. Toute personne trouvée en possession de cuirs. cornes, viandes, œufs ou dépouilles d'un des animaux ou oiseaux mentionnés aux tableaux 1 et 2 (à l'exception d'ivoire ou de plumes d'autruche), sera censée les avoir recueillis pour les vendre, jusqu'à preuve du contraire ou à moins que ces objets n'aient été recueillis avant la date à laquelle la présente proclamation est entrée en vigueur,

Conditions d'exportation.

19. (1) Un droit de 10 p. c. *ad valorem* sera payable à

---

(3) All animals, birds, skins, horns, tusks, feathers, eggs, trophies, and carcases of animals or birds killed in contravention of this Proclamation shall be liable to confiscation and may be seized by any customs or police officer subject to a right of appeal to any court having jurisdiction at the place of seizure.

18. Any person found in possession of any hides, horns, or flesh, or eggs, or of any trophies of any of the animals and birds included in Schedules 1 and 2 (other than ivory or ostrich feathers) shall be deemed to have collected them for sale unless the contrary be shown, or unless they have been collected prior to the date on which this Proclamation came into operation.

Conditions of Export.

19. (1) There shall be payable on export from the Protecto-

l'exportation du Protectorat sur les cornes, cuirs, peaux et autres dépouilles de tous les animaux et oiseaux mentionnés aux tableaux 1 et 2 (autres que les plumes d'autruche), qu'ils aient été obtenus dans le Protectorat ou en dehors. Toutefois, le porteur d'un permis ne sera pas passible des dits droits pour l'exportation des cuirs, peaux, cornes ou autres dépouilles obtenus par lui en vertu de son permis.

(2) Quiconque ne paie pas les droits imposés par cette section ou essaie d'y échapper, sera passible d'une amende ne dépassant pas trois fois le montant du dit droit, et les dépouilles, etc., seront confisquées comme marchandises fraudées.

20. (1) Toute personne exportant à l'état vivant un des animaux repris au tableau 4, payera un droit d'exportation conformément à l'échelle de ce tableau, à moins que l'animal n'ait été capturé par cette personne en vertu d'un permis autre qu'un permis de collectionneur à l'égard d'un animal ou oiseau compris dans le tableau 1.

(2) Quiconque ne paie pas le droit imposé par la pré-

---

rate a duty of 10 per cent. *ad valorem* on all horns, hides, skins, and other trophies of all animals and birds in Schedules 1 and 2 (other than ostrich feathers) whether obtained in, or from beyond, the Protectorate. Provided that the holder of a licence shall not be liable for the said duties in respect of the export of any hides, skins, horns, or other trophies obtained by him under his licence.

(2) Any person failing to pay or attempting to evade the duties imposed by this section shall be liable to a fine not exceeding three times the amount of the said duty, and the said trophies, &c., shall be liable to confiscation, as smuggled goods.

20. (1) Any person exporting alive any of the animals named in Schedule 4, unless the same shall have been captured by himself under a licence (other than a Collector's licence in res-

sente section ou essaie d'y échapper, sera passible d'une amende ne dépassant pas trois fois le montant du droit et l'animal ou l'oiseau sera confisqué comme marchandise fraudée.

Réserve de chasse.

21. Le Gouverneur peut, par notification dans la *Gazette*, déclarer réserve toute zone de ce Protectorat dans laquelle il sera interdit de capturer ou de tuer, ou d'essayer de capturer ou de tuer tout animal ou oiseau de n'importe quelle espèce, si ce n'est aux conditions stipulées dans les règlements arrêtés de la manière mentionnée ci-dessous; quiconque contreviendra aux dispositions de cette section sera passible, après preuve de ce fait, d'une amende ne dépassant pas 50 livres sterling ou d'un emprisonnement de six mois au maximum.

22. Nul ne pourra déplacer, déranger ou endommager les œufs d'autruche, de marabout ou de tout autre oiseau

---

pect of any animal or bird included in Schedule 1), shall pay an export duty according to the scale set down in that Schedule.

(2) Any person failing to pay or attempting to evade the duty imposed by this section shall be liable to a fine not exceeding three times the amount of the duty, and the animal or bird shall be liable to confiscation as smuggled goods.

Game Reserves.

21. The Governor may by notice in the *Gazette* declare any area within this Protectorate to be a reserve, and thereupon it shall be unlawful to capture or kill or to attempt to capture or kill any animal or bird of any kind whatsoever within such area, except as provided by regulations made in the manner hereinafter mentioned; and any person offending against the provisions of this section, shall be liable on conviction to a penalty not exceeding £ 50, or to imprisonment for a period not exceeding six months.

mentionné de temps en temps dans la *Gazette*, si ce n'est avec l'autorisation écrite du Résident chargé de l'administration de la province; dans ce cas, le nombre d'œufs déplacés ou endommagés sera indiqué dans son *Sportsman's Record.*

23. Le Gouverneur peut arrêter des règlements pour l'exécution des dispositions de la présente proclamation; il peut aussi abroger, modifier, amender ou compléter chacun de ces règlements et spécialement prendre des dispositions pour :

(a) Fixer un temps prohibé (ou des temps prohibés) pendant lequel (ou lesquels) les animaux ou oiseaux vivant à l'état sauvage, indiqués dans ces dispositions, ne pourront être chassés, capturés ou tués ou les viandes en être vendues ou offertes en vente;

(b) Restreindre la capture ou le massacre de femelles d'animaux et d'oiseaux;

---

22. No person shall remove, disturb, or injure the eggs of an ostrich, marabout, or of any other bird which may from time to time be notified in the *Gazette*, except with the written permission of the Resident in charge of the Province, in which case the number of eggs removed or injured shall be stated in his *Sportsman's Record.*

23. The Governor may make regulations for the carrying out of the provisions of this Proclamation and may cancel, alter, add to, or amend any such regulation, and particularly may make regulations with regard to the following matters :—

(a) Declaring a close time or close times during which any wild animal or bird specified in such regulations shall not be hunted, captured, or killed, or the flesh thereof sold or offered for sale;

(b) Restricting the capturing or killing of the females of animals and birds;

(c) Permitting the capturing or killing of any animals and birds on reserves;

(c) Permettre la capture ou le massacre d'animaux et d'oiseaux dans les réserves;

(d) Définir les oiseaux « gibier » dans le sens du tableau 3;

(e) Délivrer des permis pour tuer ou capturer des animaux, des oiseaux et des poissons et rendre ces permis révocables pour contravention a toutes ou partie de leurs conditions;

(f) Délivrer des permis pour collectionner des animaux et oiseaux vivant à l'état sauvage et des poissons;

(g) Demander, délivrer et arrêter les modèles des permis;

(h) Fixer les taxes des permis;

(i) Réglementer les listes à fournir par les porteurs de permis;

(j) Organiser des saisons de clôture pour faciliter l'élevage de jeunes animaux, oiseaux et poissons;

(k) Interdire la capture ou le massacre des poissons mentionnés au règlement;

(*d*) Defining what are game birds within the meaning of Schedule 3 hereof;

(e) Granting of licences to kill or capture animals, birds, and fish and making such licences revocable upon breach of any conditions thereof;

(f) Granting licences to collect wild animals, birds, and fishes;

(g) The application for, issue, and form of licences;

(h) Fees to be charged for licences;

(i) Returns to be furnished by holders of licences;

(j) The creating of close seasons for facilitating the rearing of young by animals, birds, and fish;

(k) Prohibiting the capturing or killing of any fish specified in such regulation;

(l) Prohibiting the capturing or killing of any fish specified in such regulation, below the size therein mentioned;

(l) Interdire la capture ou le massacre de poissons mentionnés au règlement, en dessous de la dimension y indiquée;

(m) Interdire la destruction des frayères ou tout banc ou écueil sur lequel le frai peut se trouver;

(n) Restreindre l'usage de filets et pièges de toute nature pour capturer des animaux, oiseaux ou poissons;

(o) Interdire ou régler l'emploi de chiens pour la capture ou la chasse d'animaux et d'oiseaux;

(p) Interdire ou régler l'exportation de défenses d'éléphant;

(q) 1° Surveiller et isoler les animaux domestiques atteints de maladies contagieuses; 2° prendre des mesures pour prévenir la transmission de maladies contagieuses de ces animaux et oiseaux domestiques aux animaux et oiseaux vivant à l'état sauvage; et 3° réglementer l'abatage d'animaux et oiseaux domestiques ainsi que le payement d'indemnités pour les animaux et oiseaux ainsi abattus;

(m) Prohibiting the destroying of any spawning bed or any bank or shallow on which the spawn of fish may be;

(n) Restricting the use of nets, pitfalls, or traps of any kind for capturing animals, birds, and fish;

(o) Prohibiting or regulating the use of dogs in the capturing and killing of animals and birds;

(p) Prohibiting or regulating the export of elephant tusks;

(q) The supervision and isolation of domestic animals suffering from contagious diseases, and the taking of measures to prevent the transmission of contagious diseases from such domestic animals and birds to wild animals and birds and for enforcing and regulating the killing of any domestic animals and birds as aforesaid and the payment of compensation for any animals and birds so killed;

(r) Insuring the protection of the eggs of ostriches marabout

(r) Assurer la protection des œufs d'autruche, de marabout et d'autres oiseaux que le Gouverneur juge utile de protéger ;

(s) Encourager la destruction des œufs de crocodiles, serpents venimeux et pythons ;

(t) Permettre (s'il paraît en tout temps que des animaux, oiseaux dont la capture et le massacre sont interdits en vertu de la proclamation, endommagent les récoltes, le bétail, les terres ou autres propriétés), la capture et le massacre de ces animaux et oiseaux par certaines personnes, dans les conditions et par les moyens indiqués dans l'autorisation ;

(u) Encourager et faciliter la domestication de zèbres, éléphants, autruches et autres animaux susceptibles de domestication ;

(v) Offrir des récompenses pour l'exécution des dispositions dont il est question dans la proclamation ou dans un arrêté qui en est la conséquence.

---

and of such other birds as the Governor may think it expedient to protect;

(s) Procuring the destruction of the eggs of crocodiles, poisonous snakes and pythons;

(t) Permitting (if it shall at any time appear that any animals, or birds the capturing and killing of which is unlawful under this Proclamation, are seriously injuring crops, cattle, lands, or other property) the capturing and killing of such animal or birds, by certain persons upon such conditions and by such means as are mentioned in such permit;

(u) Encouraging and affording facilities for the domestication of zebras, elephants, ostriches, and other animals capable of, or susceptible to domestication;

(v) Offering rewards for the carrying out of any of the objects referred to in the Proclamation or any regulation thereunder.

And may attach a penalty not exceeding £25 or imprisonment

Le Gouverneur peut soumettre toute contravention à chacune de ces règles à une amende ne dépassant pas 25 livres sterling ou à un emprisonnement de trois mois au maximum.

24. Les règlements contenus dans le tableau 5 ci-annexé resteront en vigueur jusqu'à ce qu'ils aient été modifiés ou révoqués.

25. La présente prcolamation entrera en vigueur le 5 août 1909.

TABLEAU 1.

Animaux qui ne peuvent être chassés, tués ou capturés que moyennant autorisation spéciale du Gouverneur pour chaque animal ou oiseau :

(a) Par les collectionneurs;
(b) Par les indigènes;
(c) Par les porteurs du permis A :

La girafe;

---

for any period not exceeding three months, to the breach of any such rule or regulation.

24. Unless and until varied or revoked in manner above provided the regulations contained in Schedule 5 hereto shall be and remain in force.

25. This Proclamation shall commence and come into operation on the 5th day of August in the year of our Lord, One thousand nine hundred and nine.

SCHEDULE 1.

Animals which may not be hunted, killed or captured except by special sanction of the Governor in case of each individual animal or bird :

(a) By collectors;
(b) By natives;
(c) By holders of Licence A :

L'éléphant;
Le rhinocéros;
Le zèbre;
L'autruche;
Le calao *(Buceros)*;
L'oiseau-secrétaire;
Le lamantin;
Les vautours;
Les hiboux;
Les pique-bœufs;
Les chimpanzés;
Les wildebeest;
Les coudous;
Les hippopotames;
Les élans.

Giraffe;
Elephant;
Rhinoceros;
Zebra;
Ostrich;
Ground horn-bill;
Secretary bird;
Manatee;
Vulture;
Owl;
Rhinoceros bird;
Chimpanzee;
Wildebeest;
Kudu;
Hippopotamus;
Eland.

TABLEAU 2.

Animaux dont un nombre indiqué (d'accord avec les règlements) peut être tué ou capturé par les porteurs du permis A :

Le buffle;
L'antilope rouanne;
Le kobe à croissant;
Le bushbuck;
L'antilope chevreuil;
Le bougo;
L'antilope de l'Afrique occidentale;
L'antilope du Sénégal;
Le kobe de Buffon;
La gazelle à tête rouge du Sénégal;
La gazelle addra;
La gazelle Dama;

SCHEDULE 2.

Animals of which a specified number (in accordance with Regulations) may be killed or captured by the holder of Licence A :

Buffalo;
Roan Antelope;
Sing-Sing Water Buck;
West African Bush Buck, or Harnessed Antelope;
Reed Buck;
Bongo;
West African Hartebeest;
Senegal Hartebeest;
Buffon's Kob;
Senegal or Red-fronted Gazelle;
Addra Gazelle;
Dama Gazelle;
Dorcas Gazelle;

La gazelle Dorcas;
Le duiker (toutes les espèces);
L'oryx blanc;
L'ourébi;
Le sanglier à verrues *(Phacochère);*
Le sanglier des bois ou de rivière;
L'aigrette;
La grue couronnée;
La grande outarde;
La cigogne marabout.

TABLEAU 3.

Oiseaux-gibier, lièvres et lapins :

Les pintades;
Les grouses;
Les pigeons à yeux rouges et les pigeons verts;
Les bizets ou pigeons de roche;

Duiker (all species);
White Oryx;
Oribi;
Wart Hog;
River Hog or Bush Pig;
Egret;
Crowned Crane;
Greater Bustard;
Marabout Stork.

SCHEDULE 3.

Game Birds and Ground Game:

Guinea Fowl;
Sand Grouse;
Red-eyed, and green Pigeons;
Rock Fowl;

Les francolins;
Les *floricans;*
Les perdrix;
Les cailles;
Les oies;
Les canards et canards sauvages;
Les sarcelles;
Les bécasses;
Les lièvres;
Les porcs-épics;
Les petites outardes.

TABLEAU 4.

Droit d'exportation sur les animaux et oiseaux vivants :

	£.	s.	d.
Éléphant, rhinocéros, chimpanzé, hippopotame..................................	10	0	0

Francolins;
Floricans;
Partridges;
Quail;
Geese,
Duck, Widgeon, Mallard;
Teal,
Snipe;
Hares,
Porcupines;
Lesser Bustards.

SCHEDULE 4.

Export tax on living animals and birds :—

	£.	s.	d.
Elephant, Rhinoceros, Chimpanzee, Hippopotamus..	10	0	0
Giraffe, Ostrich, Kudu, Zebra, Eland, Wildebeest,			

	£	s.	d.
Girafe, autruche, coudou, zèbre, élan, wildebeest, lamantin, gazelle addra, oryx blanc..	5	0	0
Oiseau-secrétaire, calao, colobus, léopard...	3	0	0
Tous les autres animaux et oiseaux mentionnés aux tableaux 1 et 2..................	1	0	0

Donné sous ma signature et le sceau du Protectorat de la Nigérie septentrionale, le 5 avril 1909.

E. P. C. GIROUARD,
Gouverneur.

TABLEAU 5.

Règlements.

1. Le fonctionnaire préposé à la délivrance des permis A et B et des permis d'indigènes sera l'officier de police et, à son défaut, le fonctionnaire de district qui le remplace.

	£	s.	d.
Manatee, Addra Gazelle, White Oryx..................	5	0	0
Secretary bird, Ground horn-bill, Colobus Monkey, Lion, Leopard..................................	3	0	0
All others named in Schedules 1 and 2..............	1	0	0

Given under my hand and the Seal of the Protectorate of Northern Nigeria this 5th day of April in the year of our Lord, One thousand nine hundred and nine.

E. P. C. GIROUARD,
Governor.

SCHEDULE 5.

Regulations.

1. A licensing officer in respect of Licences A and B, and native permits shall be any police officer, and in the absence of a police officer any district officer on his behalf.

2. Les permis seront rédigés suivant l'un ou l'autre des modèles figurant au tableau A ci-annexé et seront subordonnés aux conditions et pénalités y stipulées ou à telles autres conditions et pénalités que le Gouverneur, agissant conformément aux dispositions de la proclamation, y ajoutera ou y substituera de temps en temps.

3. Les taxes à payer pour les permis seront les suivantes :

	£.	s.	d.
Taxe d'un permis de collectionneur.......	10	0	0
Taxe en cas de renouvellement mensuel....	1	5	0
Taxe du permis A......................	2	0	0
Taxe en cas de renouvellement mensuel....	0	5	0
Taxe du permis B......................	0	5	0
Taxe en cas de renouvellement mensuel....	0	1	0

Un permis renouvelé n'autorise pas son porteur à tuer ou à capturer des animaux ou oiseaux supplémentaires au delà des nombres indiqués sur son permis original.

---

2. Licences shall be in one or other of the forms set out in Schedule « A » hereto and shall be subject to the conditions and to the penalties in respect of the breach of any such conditions therein set out, or to such other conditions and penalties as the Governor acting in accordance with the provisions of the Proclamation, may from time to time add to or substitute therefor.

3. The fees payable in respect of licences shall be as follows :—

	£.	s.	d.
Collector's licence fee..........................	10	0	0
Monthly renewal fee..............................	1	5	0
Licence « A » fee................................	2	0	0
Monthly renewal fee..............................	0	5	0
Licence « B » fee................................	0	5	0
Monthly renewal fee..............................	0	1	0

A renewed licence does not entitle the holder to kill or capture

4. Quiconque désire exporter un ou plusieurs des objets ou animaux indiqués dans les sections 18 et 19, ou des animaux vivant soumis à un droit aux termes de la présente proclamation, sera tenu de les déclarer au fonctionnaire des douanes à Lokoja ou Illorin.

5. En cas de confiscation d'ivoire en vertu de la présente proclamation (défenses pesant moins de 15 livres ou défenses confisquées de personnes sans permis), le Résident le transmettra de temps à autre au Receveur des douanes de Lokoja, qui l'adjugera au plus offrant et versera le produit de la vente au Trésor, au crédit des fonds de la province intéressée. Le Receveur en accusera réception et renverra au Résident la lettre de voiture de l'ivoire avec une note du montant réalisé, à fin d'inscription aux registres des fonds de la province.

6. Le Receveur des douanes fera transporter, par un vaisseau du Gouvernement, les défenses ainsi achetées à Burutu, où elles seront remises à l'acheteur par le Super-

---

any additional animals or birds beyond the numbers stated on his original licence.

4. Any person desiring to export any of the articles or animals named in Sections 18 and 19 or any live animals which are subject to duty under the terms of this Proclamation shall be bound to declare them to the Customs Officer at Lokoja or Illorin.

5. Whenever ivory is confiscated under this Proclamation (either tusks under 15 lbs. in weight, or tusks confiscated from an unlicensed person), the Resident will forward them from time to time to the Collector of Customs, Lokoja, who will dispose of them to the highest bidder, and pay in the proceeds to the Treasury to the credit of the Revenue of the Province concerned. He will receipt and return to the Resident the way-bill for the ivory, together with a note of the amount realised, for entry in the Provincial Revenue returns.

6. The Collector of Customs will consign the tusks so pur-

intendant adjoint de la marine. Si l'acheteur ne peut en prendre possession à Burutu, le Receveur des douanes peut, dans des cas exceptionnels, délivrer à l'acheteur un permis d'exportation; dans ce cas, il marquera les défenses de façon à correspondre avec le permis.

7. Le nombre de chaque espèce d'animaux ou oiseaux repris au tableau 2 qui peut être tué ou capturé par le porteur d'un permis A est le suivant :

Buffles	4
Antilopes rouannes	4
Kobes à croissant	4
Bushbuck de l'Afrique occidentale	2
Antilopes-chevreuils	4
Bongos	2
Antilopes de l'Afrique occidentale	4
Antilopes du Sénégal	4
Kobes de Buffon	6
Gazelles du Sénégal	4

---

chased to Burutu by a Government vessel, where they will be handed over to the purchaser by the Assistant Marine Superintendent. If the purchaser is unable to take delivery at Burutu, the Collector of Customs may in exceptional cases furnish the purchaser with a permit for export, and will mark the tusks to correspond with the permit.

7. The number of each species of animal and bird in Schedule 2 which may be killed or captured by the holder of a Licence « A » is as follows :—

Buffalo	4
Roan Antelope	4
Sing Sing Water Buck	4
West African Bush Buck (Harnessed Antelope)	2
Reed Buck	4
Bongo	2
West African Hartebeest	4

26.

Gazelles Addra.......................... 2
Gazelles Dama.......................... 2
Gazelles Dorcas........................ 2
Duikers............................... 4
Oryx blancs........................... 2
Ourébis............................... 4
Sangliers à verrues..................... 4
Sangliers des bois ou de rivière.............. 4
Aigrettes............................. 4
Grues couronnées....................... 4
Grandes outardes....................... 2
Cigognes marabouts (mais non dans une distance de 2 milles d'une ville, d'un village ou d'une station)......................... 2

Dans les provinces de Muri-Bassa, Nassarawa et Yola, il peut être tiré le double des nombres ci-dessus.

8. Les Résidents de provinces établiront des saisons de clôture dans leurs provinces pour les oiseaux « gibier »

Senegal Hartebeest 4
Buffon's Cob........................... 6
Senegal (or red-fronted) Gazelle............ 4
Addra Gazelle.......................... 2
Dama Gazelle........................... 2
Dorcas Gazelle......................... 2
Duiker 4
White Oryx............................ 2
Oribi 4
Wart Hog.............................. 4
River Hog or Bush Pig.................... 4
Egrets 4
Crown Crane........................... 4
Greater Bustard......................... 2
Marabout Stork (but not within two miles of any town, village, or station)................. 2

énumérés au tableau 3. Ces saisons seront publiées par le Gouverneur dans la *Gazette*.

9. Seront réserves de chasse :

(a) Toute terre située à moins de 3 milles du canton de Zungeru;

(b) Toute terre située à moins de 3 milles du canton de Lokoja;

(c) Toute la partie britannique du lac Chad et les rivages occidentaux de ce lac compris entre les lignes des frontières anglo-germaines et anglo-françaises, et une ligne tirée de la frontière anglo-germaine près de Billa Butube à travers Ngelewa, Ngornu, Maduari, Kengoa, Arge, à Yo et de là le long du bord sud de la rivière Yo jusqu'au lac.

Quiconque désire tuer ou capturer des animaux ou oiseaux dans les limites d'une réserve de chasse, peut s'adresser au Gouverneur pour obtenir un permis. La délivrance de ce permis dépendra du Gouverneur et sera

---

Provided that double the above numbers may be shot in the Provinces of Muri, Bassa, Nassarawa, Yola.

8. Residents of Provinces will make close seasons in their Provinces for the game birds enumerated in Schedule 3. Such seasons shall with the concurrence of the Governor be published in the *Gazette*.

9. The following shall be game reserves :—

(a) All land within 3 miles of the Cantonment of Zungeru;

(b) » » » Lokoja;

(c) The whole of the British portion of Lake Chad and the western shores thereof which are enclosed within the lines of the lines of the Anglo-German and Anglo-French boundaries and a line drawn from the Anglo-German Frontier near Billa Butube through Ngelewa, Ngornu, Maduari, Kengoa, Arge, to Yo, and thence along the South bank of the Yo river to the Lake.

Any person desiring to kill or capture animals or birds within

subordonnée à toutes les conditions et pénalités de la proclamation.

10. Les zones suivantes ne tombent pas sous l'application de la section 13 :

Les districts de Okpoto, Agato et Igbo de la province Bassa.

TABLEAU A.

Modèles de permis.

PROCLAMATION

de 1909 sur les animaux vivant à l'état sauvage.

Permis de collectionneur.................... *Taxe*......

Date .... Permis N° ....

Autorisation est accordée par le présent à ....
de .... de tuer ou capturer les nombres

---

the precincts of game reserve may apply to the Governor for a permit. The granting of such a permit shall be in the discretion of the Governor and shall be subject to all the conditions and penalties of the Proclamation.

10. The following areas are declared to be exempt from the operation of Section 13 :—

Okpoto, Agato, and Igbo districts of the Bassa Province.

SCHEDULE A.

Forms of Licences.

THE WILD ANIMALS PROCLAMATION, 1909.

Collector's Licence......................*Fee*..........

Date..Licence N°......

Licence is hereby granted to..............................of.................
to kill or capture the following numbers of the animals and birds

suivants des animaux et oiseaux indiqués ci-dessous pendant douze mois, à partir d'aujourd'hui, sous réserve des conditions et pénalités de la présente proclamation :

Girafe;
Éléphant;
Rhinocéros;
Zèbre;
Autruche;
Calao;
Oiseau-secrétaire;
Lamantin;
Vautour;
Hibou;
Pique-bœufs;
Chimpanzé;
Wildebeest;
Coudou;

---

specified hereinunder for twelve calendar months from this date subject to the conditions and penalties of this Proclamation :—

Giraffe;
Elephant;
Rhinoceros;
Zebra;
Ostrich;
Ground Horn-bill,
Secretary Bird;
Manatee;
Vulture;
Owl;
Rhinoceros Bird;
Chimpanzee;
Wildebeest;
Kudu;
Hippopotamus;

Hippopotame;
Élan;
Buffle;
Antilope rouanne;
Kobe à croissant;
Bushbuck;
Antilope-chevreuil;
Bongo;
Antilope;
Antilope du Sénégal;
Cob;
Gazelle du Sénégal;
Gazelle Addra;
Gazelle Dama;
Gazelle Dorcas;
Duiker;
Oryx blanc;
Ourébi;

Eland;
Buffalo;
Roan Antelope;
Water Buck;
Bush Buck;
Reed Buck;
Bongo;
Hartebeest;
Senegal Hartebeest;
Cob;
Senegal Gazelle;
Addra Gazelle;
Dama Gazelle;
Dorcas Gazelle;
Duiker;
White Oryx;

Sanglier à verrues;
Sanglier des bois; ou de rivière;
Aigrette;
Grue couronnée;
Grande outarde;
Cigogne marabout.

Gouverneur.

PROCLAMATION.

de 1909 sur les animaux vivant à l'état sauvage.

Permis A *Taxe.........*

Date.................................... Permis N°......

Autorisation est accordée par le présent à ....
de ...., de tuer ou capturer les nombres suivants des animaux et oiseaux indiquées ci-dessous,

---

Oribi;
Wart Hog;
River Hog or Bush Pig;
Egret;
Crowned Crane;
Greater Bustard;
Marabout Stork.

Governor.

THE WILD ANIMALS PROCLAMATION, 1909.

Licence « A » Fee......

Date...Licence N°........

Licence is hereby granted to.............................of.................
to kill or capture the following numbers of the animals and birds specified hereinunder for twelve calendar months from this

pendant douze mois, à partir d'aujourd'hui, sous réserve des conditions et pénalités de la présente proclamation :

Buffle;
Antilope rouanne;
Kobe à croissant;
Bush Buck;
Antilope-chevreuil;
Bongo;
Antilope;
Antilope du Sénégal;
Cob;
Gazelle Addra;
Gazelle Dama;
Gazelle Dorcas;
Duiker;
Oryx blanc;
Ourébi;

---

date subject to the conditions and penalties of this Proclamation :—

Buffalo;
Roan Antelope;
Water Buck;
Bush Buck;
Reed Buck;
Bongo;
Hartebeest;
Senegal Hartebeest;
Cob;
Senegal Gazelle;
Addra Gazelle;
Dama Gazelle;
Dorcas Gazelle;
Duiker;
White Oryx;

Sanglier à verrues;
Sanglier des bois ou de rivière;
Aigrette;
Grue couronnée;
Grande outarde;
Marabout (mais pas dans une distance de 2 milles d'une ville, d'un village ou d'une station).

Fonctionnaire préposé.

PROCLAMATION

de 1909 sur les animaux vivant à l'état sauvage.

Permis B *Taxe* ....

Date .... Permis N° ....

Autorisation est accordée à ...., de .... de tuer ou capturer les oiseaux « gibier » et lièvres et lapins

---

Oribi;
Wart Hog;
River Hog or Bush Pig;
Egret;
Crowned Crane;
Greater Bustard;
Marabout (but not within two miles of any town, village, or station).

Licensing Officer.

THE WILD ANIMALS PROCLAMATION, 1909.

Licence « B » *Fee*..........

Date...Licence N°...........

Licence is hereby granted to.................of...............................

(ground game), pendant douze mois, à partir d'aujourd'hui, sous réserve des conditions et pénalités de la présente proclamation :

Pintades;
Grouses;
Pigeons aux yeux rouges;
Pigeons verts;
Bizets ou pigeons de roche;
Francolins;
Floricans;
Perdrix;
Cailles;
Oies;
Canards, canards sauvages;
Sarcelles;
Bécasses;
Lièvres;

---

to kill or capture the following game birds and ground game for twelve calendar months from this date, subject to the conditions and penalties of this Proclamation :—

Guinea Fowl;
Sand Grouse;
Red-eyed Pigeons;
Green Pigeons;
Rock Fowl;
Francolins;
Floricans;
Partridges;
Quail;
Geese;
Duck, Widgeon, Mallard;
Teal;
Snipe;
Hares;

Porcs-épics;
Petites outardes.

Fonctionnaire préposé.

PROCLAMATION

de 1909 sur les animaux vivant à l'état sauvage.

Permis d'indigène.

Date .... Permis N° ....

Autorisation est accordée à ...., de .... de tuer ou capturer les nombres suivants d'animaux et d'oiseaux indiqués ci-dessus, pendant douze mois, à partir d'aujourd'hui, sous réserve des conditions et pénalités de la présente proclamation :

	Hausa.
Buffle,	Bauna;
Antilope rouanne,	Gwanki;

Porcupines;
Lesser Bustards.

Licensing Officer.

THE WILD ANIMALS PROCLAMATION, 1909.

Native Permit.

Date...Permit N°.............

Permission is hereby granted to.....................of..................... to kill or capture the numbers of the animals and birds specified hereinunder for twelve calendar months from this date, subject to the conditions and penalties of this Proclamation :—

	Hausa.
Buffalo,	Bauma;
Roan Antelope,	Gwanke;

Kobe à croissant,	Dodoka (1);
Bush Buck,	Mazu (2);
Antilope-chevreuil;	Kaje;
Bongo,	—
Antilope,	Kanki;
Antilope du Sénégal,	Derri;
Cob,	Mareya;
Gazelle du Sénégal,	Barewa;
Gazelle Addra,	Mai farin gindi;
Gazelle Dama,	—
Gazelle Dorcas,	Farin barewa;
Duiker,	Gadda;
Oryx blanc,	Walwadje;
Ourébi,	Batsia;
Sanglier à verrues,	Gadu;
Sanglier des bois ou de rivière,	—

(1) Connu également sous le nom de Yakumba ou Guambaza.
(2) Connu également sous le nom de Bulumgito.

Water Buck,	Dodoka (1);
Bush Buck,	Mazu (2);
Reed Buck,	Kaje;
Bongo,	—
Hartebeest,	Kanki;
Senegal Hartebeest,	Derri;
Cob,	Mareya;
Senegal Gazelle,	Barewa.
Addra Gazelle,	Mai farin gindi;
Dama Gazelle,	—
Dorcas Gazelle,	Farin barewa;
Duiker,	Gadda;
White Oryx,	Walwadje;
Oribi,	Batsia;

(1) Said to be known also as Yakumba and Gwambaza.
(2) Said to be known also as Bulumgito.

Aigrette,	Zerbi;
Grue couronnée,	Gauraka;
Grande outarde,	Touji;
Cigogne marabout,	Borintinki.

Fonctionnaire préposé.

Wart Hog,	Gadu;
River Hog or Bush Pig,	—
Egret,	Zerbi;
Crown Crane,	Gauraka;
Greater Bustard,	Touji;
Marabout Stork,	Borintinki;

Licensing Officer.

SPORTSMAN'S RECORD

Liste des animaux et oiseaux tués ou capturés.

Nom du porteur ....

Description et N° du permis ....

Date de la délivrance ....

Lieu où le permis a été délivré ....

Date à laquelle le permis a été obtenu.	Lieu où le permis a été obtenu.	Espèces.	Sexe.	Longueur des cornes.	Circonférence des cornes à la base.	D'une extrémité à l'autre.	Remarques.

SPORTSMAN'S RECORD.

List of Animals and Birds Killed or Captured.

Name of Holder ....

Description and Number of Licence ....

Date of Issue ....

Where Issued ....

Date when obtained.	Place where obtained.	Species.	Sex.	Length of Horns.	Circumference at base of Horns.	Tip to Tip.	Remarks.

Signature of Holder of Licence.

INSTRUCTIONS

pour le mesurage des cornes et pour le « Sportsman's Record »

1. Toujours mesurer, si possible, avec un ruban d'acier.

2. La mesure doit être appliquée du côté le plus long de la corne en suivant les courbes, mais ne doit pas être pressée dans les corrugations de la corne.

3. Les mesures doivent être relevées en pouces.

4. Les cornes de buffles doivent être mesurées le long de la courbe extérieure.

5. Inscrire dans la colonne des remarques le poids, la taille ou tous autres renseignements possibles de l'animal ou de l'oiseau tué. Indiquer si ces renseignements sont exacts ou seulement approximatifs.

6. Lorsque l'espèce d'un animal tué ou capturé est douteuse, des détails complets doivent être inscrits dans la colonne des remarques quant à la coloration générale

---

DIRECTIONS

As to Measurement of Horns and General Particulars for Sportsman's Record.

1. Always measure when possible with steel tape.

2. The tape should be carried along the front of the longest horn following the curves but *not* pressed into the annular corrugations of the horn.

3. Measurements to be recorded in inches.

4. Buffalo horns to be measured along outside curve.

5. Under the heading of remarks, record the weight, height or any other particulars possible of the animal or bird killed. State whether these are accurate or only estimated.

6. When the species of any animal obtained is doubtful, full

de l'animal et aux particularités observées sur celui-ci. Une attention spéciale doit être prêtée aux oreilles, aux dents, au museau, aux pieds et à toute nuance spéciale observée dans la peau. La taille de l'animal avant l'enlèvement de la peau est importante.

7. En prenant les mesures d'animaux carnivores, procéder comme suit, là où les circonstances le permettent, lorsque le cadavre est couché sur le sol :

Placer le museau et la gueule de façon à obtenir aussi exactement que possible une ligne droite. Fixer six pieux dont l'un (A) à l'extrémité du museau, un autre (B) à la nuque derrière les oreilles, un (C, au garrot, un (D) à la racine de la queue, un (E) à l'extrémité de la queue, un (F) à l'extrémité des pattes de devant étendues. Donner les mesures suivantes : A à E (en ligne droite); A, B, C, D (en suivant la ligne de la tête et du dos ; D à E ; A à B ; C à F.

---

details should be entered in Remarks Column as to general colouration and any markings observable on the animal. Special attention should be paid to ears, teeth, muzzle, feet, and any special shade observed in the skin. The size of the animal before skinning is important.

7. When recording the measurements of carnivorous animals as the body lies on the ground, where circumstances permit, proceed as follows :—Pull the nose and tail so as to get them as near as possible in a straight line. Fix six pegs one (A) at end of nose, one (B) at nape of neck behind ears, one (C) at top of withers, one (D) at root of tail, one (E) at end of tail, one (F) at end of extended fore-paws. Give the following measurements :—

A to E (in str. line). A B C D (following line of head and back). D to E. A to B. C to F.

PROCLAMATION

faite par le Gouverneur de la Nigérie septentrionale.

H. HESKETH BELL,
Gouverneur.
(L. S.)

(Proclamation amendant la « Proclamation de 1909 sur les animaux vivant à l'état sauvage ».

Il est décrété ce qui suit par le Gouverneur de la Nigérie septentrionale :

1. La présente proclamation peut être citée sous le nom de « Proclamation d'amendement de 1910 sur les animaux vivant à l'état sauvage » et sera lue et interprétée comme formant corps avec la « Proclamation de 1909 sur les animaux vivant à l'état sauvage », appelée ci-après la proclamation principale.

2. La proclamation principale est amendée par la présente comme suit :

(1) A la section 5 (2), première ligne, substituer le

A PROCLAMATION

Enacted by the Governor of Northern Nigeria.

I. HESKETH BELL.
Governor.

(A Proclamation to amend « The Wild Animals Proclamation 909 ».)

Be it enacted by the Governor of Northern Nigeria as follows:—

1. This Proclamation may be cited as « The Wild Animals (Amendment) Proclamation 1910 » and shall be read and construed as one with « The Wild Animals Proclamation 1909 » hereinafter referred to as the principal Proclamation.

2. The principal Proclamation is hereby amended as follows:—

(1) In Section 5 (2) in the first line thereof substitute the word « regulation » for the words « notice in the *Gazette* ».

mot « règlement » aux mots « notification dans la *Gazette* ».

(2) La section 9 est abrogée par la présente et remplacée par la suivante :

Section 9. Sont absolument interdits la vente, l'achat ou l'exposition en vente des cuirs, cornes ou viandes et œufs, ou d'autres dépouilles d'animaux ou d'oiseaux repris aux tableaux 1 et 2 ci-annexés, autres que l'ivoire et les plumes d'autruche ou de marabout non recueillis en contravention à la présente proclamation.

Quiconque contreviendra à cette section sera passible d'une amende ne dépassant pas 10 livres sterling ou d'un emprisonnement de deux mois au plus et tous les objets susdits seront confisqués.

(3) La section 11 (2) est abrogée par la présente et remplacée par la suivante :

Section 11 (2). Le porteur d'un permis A supplémentaire pour chasser, tuer ou capturer les animaux et les oiseaux repris aux tableaux 2 et 3 peut, au moment de la délivrance du permis, obtenir anticipativement

---

(2) Section 9 is hereby repealed and the following substituted therefore :—

Section 9. The sale, purchase or exposure for sale of the hides, horns, or flesh and eggs or of any trophies, of any of the animals and birds included in the Schedules 1 and 2 hereto other than ivory and ostrich or marabout feathers not obtained in contravention of this Proclamation is absolutely prohibited.

Any person contravening this section shall be liable to a fine not exceeding £10 or to imprisonment not exceeding two months, and all such articles as aforesaid shall be liable to confiscation.

(3) Section 11 (2) is hereby repealed and the following substituted therefore :—

Section 11 (2). A holder of a licence A in addition to hunting, killing and capturing such animals and birds as are included in Schedules 2 and 3, may at the time of issue of such licence obtain

l'autorisation de chasser, tuer ou capturer les animaux mentionnés au tableau 1 indiqués par le fonctionnaire préposé à la délivrance des permis, à la condition qu'une taxe d'une livre sterling soit payée ultérieurement pour chaque animal ou oiseau ainsi tué ou capturé; toutefois, il ne peut être tué ou capturé dans ces conditions qu'une girafe et une autruche et deux exemplaires de chacune des autres espèces.

(4) (Il s'agit ici d'une erreur typographique dans le texte anglais. Cet amendement ne s'applique donc pas au texte français.)

(5) Dans la section 11 (6), première ligne, substituer le mot « règlement » aux mots « notification dans la *Gazette* ».

(6) Dans la section 11 (10), quatrième ligne, substituer les mots « des espèces comprises » au mot « espèces »; et le mot « relevé » au mot « listes ».

(7) A la section 11 (13), cinquième ligne, substituer le mot « relevé » au mot « liste ».

---

authority in advance to hunt, kill or capture any of the animals (not exceeding one Giraffe and one Ostrich and two of any of the species) included in Schedule 1 as the Licensing Officer may determine—provided that a fee of £1 shall subsequently be paid on each animal or bird in Schedule 1 so killed or captured.

(4) In Section 11 (5) in the fifth line thereof substitute the word « under » for « nder ».

(5) In Section 11 (6) in the first line thereof substitute the word « regulation » for the words « notice in the *Gazette* ».

(6) In Section 11 (10) in the fourth line thereof substitute the words « of the species included » for the word « species »; the word « Schedule » for « Schdule » in the ninth line thereof; and the word « record » for the word « account » in the twelfth, fourteenth and twenty-third lines thereof.

(7) In Section 11 (13) in the fifth line thereof substitute the word « record » for the word « account ».

(8) A la section 13 (1) biffer les mots « du modèle C » dans la première ligne et « C » dans la onzième ligne.

(9) Dans la section 13 (2) ajouter les mots « autres que les marabouts capturés auxquels on ne peut enlever que leurs plumes et que l'on doit libérer immédiatement après ».

(10) Dans la section 13 (5), première ligne, substituer le mot « règlement » aux mots « notification dans la *Gazette* » et, à la troisième ligne, le mot « s'il » au mot « lorsqu'il ».

(11) (Les notes marginales n'étant pas imprimées, il est inutile de reproduire cet amendement.)

(12) (Ne s'applique pas au texte français.)

(13) Dans la section 16 intercaler entre les mots « poisson » et « soumis », les mots « ou de parties d'animaux, etc. »

(14) Dans la section 19 (1) entre les mots « que » et

---

(8) In Section 13 (1) delete the words « in the form C » in the first line thereof, and « C » in the eleventh line thereof.

(9) In Section 13 (2) add the words « other than marabouts captured only to be deprived of their plumes and immediately liberated afterwards ».

(10) In Section 13 (5) substitute the word « regulation » for the words « notice in the *Gazette* » in the first line thereof, and the word « if » for the word « whether » in the third line thereof.

(11) In the marginal note to 13 (6) substitute the word « Natives » for « Native ».

(12) In Section 15 substitute the word « any » for the word « the » in the thirteenth line thereof.

(13) In Section 16 between the words « fish » and « subject » insert the words « or any part or parts thereof ».

(14) In Section 19 (1) between the words « than » and « ostrich »

« plumes d'autruche » intercaler les mots « ivoire et marabout ».

(15) Dans la section 21, à la première ligne, substituer le mot « règlement » aux mots « notification dans la *Gazette* ».

3. La présente proclamation entrera en vigueur le 28 février 1910.

Donnée sous ma signature et le sceau du Protectorat de la Nigérie sptentrionale, le 31 janvier 1910.

H. HESKETH BELL,
Gouverneur.

---

insert the words « ivory and marabout or » in the fourth line thereof.

(15) In Section 21 in the first line thereof substitute the word « regulation » for the words « notice in the *Gazette* ».

3. This Proclamation shall commence and come into operation on the 28th day of February in the year of our Lord, One thousand nine hundred and ten.

Given under my hand and the Seal of the Protectorate of Northern Nigeria this 31st day of January in the year of our Lord, One thousand nine hundred and ten.

H. HESKETH BELL,
Governor.

NIGÉRIE MÉRIDIONALE

NIGÉRIE MÉRIDIONALE

ANIMAUX SAUVAGES, ETC. PROTECTION.

Nº 15 de 1900.

Considérant que la colonie de la Nigérie méridionale est située dans la zone décrite dans l'article premier de la convention pour la protection des animaux sauvages, oiseaux et poissons dans l'Afrique, signée à Londres le 19 mai 1900.

1. La présente ordonnance peut être citée à toutes fins comme « L'Ordonnance sur la protection des animaux sauvages, oiseaux et poissons ».

2. Dans la présente ordonnance, à moins que le contexte ne stipule le contraire :

Le mot « colonie » comprend comme signification protectorat.

SOUTHERN NIGERIA

WILD ANIMALS, ETC. PRESERVATION.

(Nº. 15 — 1900.

Whereas the Colony of Southern Nigeria is within the zone specified in the first article of a Convention for the Preservation of Wild Animals, Birds and Fish in Africa, signed at London on the 19th day of May, 1900.

1. This Ordinance may be cited for all purposes as « The Wild Animals, Birds and Fish Preservation Ordinance. »

2. In this Ordinance unless the context otherwise requires—
« Colony » includes Protectorate.

Le mot « animal » signifie tout animal vivant à l'état sauvage.

Le mot « oiseau » signifie tout oiseau vivant à l'état sauvage.

Le mot « collectionner » signifie prendre et tuer de toute façon des animaux, des oiseaux ou des poissons dans des buts scientifiques.

Le mot « malade » signifie atteint de maladie.

Le mot « maladie » signifie toute maladie infectieuse ou contagieuse d'animaux et d'oiseaux sauvages ou domestiques.

Le mot « chasser » signifie chasser ou poursuivre des animaux ou des oiseaux dans un but de nourriture ou de sport, et comprendra comme signification traquer ou chasser des animaux pour un tiers.

Le mot « dangereux » signifie sauvage, vicié ou propre à répandre la maladie.

Le mot « jeune », appliqué à un éléphant, signifie cet

« Animal » means any wild animal.

« Bird » means any wild bird.

« Collect » means to take and kill by any means any animals, birds or fish for scientific purposes.

« Diseased » means affected with disease.

« Disease » means any infectious or contagious disease of wild or domestic animals or birds.

« Hunt » means to chase or pursue animals or birds for the sake of food or sport, and shall include to beat or to drive animals for another.

« Dangerous » means savage, vicious, or likely to spread disease.

« Young, » as applied to an elephant, means having a tusk weighing less than twenty-five pounds. (Amended, 1907.

3. The Governor in Council may by order published in the *Gazette* do the following things or any of them : —

(a) Prohibit the hunting, capture and killing of any animal or

animal ayant des défenses pesant moins de vingt-cinq livres (amendé en 1907).

3. Le Gouverneur en conseil peut, par arrêté publié dans la *Gazette* :

(a) Interdire de chasser, capturer et tuer les animaux ou oiseaux visés au tableau I ci-annexé, les jeunes des animaux visés au tableau II et les femelles des animaux repris au tableau III, lorsqu'elles sont accompagnées de leurs petits ;

(b) Déterminer les districts et prescrire le nombre d'animaux mâles ou femelles des espèces visées au tableau IV pouvant être tués ou capturés légalement pendant la période stipulée dans l'arrêté, par les personnes et dans les districts ainsi désignés ;

(c) Défendre l'enlèvement du nid ou la destruction dans le nid des œufs des oiseaux mentionnés dans l'arrêté ;

(d) Interdire la pêche, la capture et le massacre des poissons indiqués dans l'arrêté ;

---

bird mentioned in the Schedule I. hereto, or the young of any animal mentioned in the Schedule II. hereto, or the female of any animal mentioned in the Schedule III. hereto when accompanied by its young;

(b) Define districts and prescribe the number of animals or male or female animals of the species specified in Schedule IV. which may lawfully be killed or captured during the period mentioned in the order by any person in any district so defined ;]

(c) Prohibit the taking out of the nest or the destroying in the nest of the eggs of any bird mentioned in the order ;

(d) Prohibit the hunting, capture and killing of any fish specified in the order ;

(e) Prohibit the capture and killing of the young of any fish specified in the order, below the size therein mentioned ;

(f) Prohibit the destroying of any spawning bed or any bank or shallow on which the spawn of fish may be ;

(e) Interdire la pêche et le massacre des jeunes des poissons indiqués dans l'arrêté en dessous de la dimension spécifiée ;

(f) Interdire la destruction des frayères ou des bancs ou écueils sur lesquels le frai peut se trouver ;

(g) Prescrire une ou des périodes pendant lesquelles il sera défendu de chasser, capturer ou tuer les animaux mâles ou femelles, les jeunes des animaux, les oiseaux et les poissons ou alevins indiqués dans l'arrêté, d'enlever ou de détruire les œufs des oiseaux spécifiés dans le même arrêté ;

(h) Désigner une étendue (ou des étendues) de terrains dans laquelle (lesquelles) il sera défendu de chasser, capturer ou tuer des animaux, des oiseaux ou des poissons, sauf ceux pour lesquels l'arrêté stipule une exception ;

(i) Interdire l'emploi de poison, de dynamite, d'explosifs ou de pièges, trébuchets, filets ou d'autres engins indiqués dans l'arrêté, aux fins de prendre ou de tuer les animaux, oiseaux ou poissons y mentionnés ;

(j) Permettre et régler l'abattage d'animaux domes-

(g) Prescribe a period or periods during which it shall not be lawful to hunt, capture or kill any animal or male or female animal, or the young of any animal, or any bird, or any fish or immature fish specified in the order, or take or destroy the eggs of any bird specified in the order ;

(h) Appoint any tract or tracts of land within which it shall not be lawful to hunt, capture or kill any animal, bird or fish with the exception of those exempted by the order from the operation thereof ;

(i) Prohibit the use of any poison or dynamite or any explosive or any trap, pit, snare, net or other instrument, device or means, mentioned in the order, for the purpose of taking or killing any animal, bird or fish specified in the order ;

tiques et sauvages malades ou suspectés de maladie, nonobstant les dispositions de la présente ordonnance ou toute décision prise en vue de son exécution; le Gouverneur peut de la même manière autoriser et régler le paiement d'indemnités pour les animaux domestiques ainsi abattus et, en général, prendre toutes les mesures qu'il juge utiles pour prévenir la transmission de maladies entre les animaux sauvages et entre ceux-ci et d'autres;

(k) Interdire ou régler l'exportation de défenses d'éléphant;

(l) Établir des droits de sortie sur les cuirs et peaux de girafe, antilope, zèbre, rhinocéros et hippopotame, sur les cornes de rhinocéros et d'antilope, sur les défenses d'hippopotame, sur les cuirs, peaux et défenses de tout animal et sur la peau et les plumes des oiseaux indiqués dans l'arrêté;

(m) Régler la destruction des animaux des espèces visées au tableau V et, en général, des animaux, oiseaux ou insectes venimeux, dangereux ou nuisibles;

(n) Régler la destruction des œufs de crocodiles, de

(j) Permit and regulate the killing when diseased or suspected of disease of domestic animals and of wild animals, notwithstanding the provisions of this Ordinance or any order thereunder, and the payment of compensation for domestic animal so killed, and generally make such further or other provisions for preventing the transmission of disease from or to or between wild animals as he may think fit;

(k) Prohibit or regulate the export of elephants' tusks;

(l) Establish export duties to be charged upon hides and skins of giraffes, antelopes, zebras, rhinoceroses and hippopotami, on rhinoceros and antelope horns, and on hippopotamus tusk, and upon the hides, skins, horns and tusks of any animal and on the skin and plumage of any bird specified in the order;

serpents venimeux et de pythons et de tous les reptiles venimeux, dangereux ou nuisibles, ainsi que des oiseaux et insectes venimeux, dangereux ou nuisibles;

(o) S'il semble à n'importe quel moment, que des animaux ou oiseaux dont la chasse, la capture et le massacre sont interdits en vertu de la présente ordonnance, causent sérieusement des dommages aux récoltes, au bétail, aux terres ou à d'autres propriétés, le Gouverneur peut également autoriser la chasse, la capture et le massacre de ces animaux ou oiseaux par les personnes, dans les conditions et par les moyens indiqués dans l'arrêté;

(p) En général, prendre des décisions et arrêter des règlements, retirer, modifier ou amender ceux-ci pour la meilleure exécution de la présente ordonnance et aux fins de protéger les animaux, les oiseaux et les poissons.

4. Le Gouverneur peut, par un arrêté ou un règlement pris en vertu de la section III de la présente ordonnance,

---

(m) Regulate the destruction of animals of the species mentioned in Schedule V. and generally of any poisonous, dangerous or destructive animal, bird or insect;

(n) Regulate the destruction of the eggs of crocodiles, poisonous snakes and pythons, and of any other poisonous, dangerous or destructive reptile, and of any poisonous, dangerous or destructive bird or insect;

(o) If it shall at any time appear that any animals or birds, the hunting, capture and killing of which is unlawful under this Ordinance, are seriously injuring crops, cattle, lands or other property, permit the hunting, capture and killing of such animals or bird by such persons upon such conditions and by such means as are mentioned in such order, and

(p) Generally make orders and regulations, and revoke, alter, or add to any such orders and regulations for the better execution of this Ordinance, and for the purpose of preserving animals, birds, and fish.

stipuler pour chaque contravention à cet arrêté ou règlement, une pénalité ne dépassant pas 50 livres sterling ou un emprisonnement de six mois au maximum, selon qu'il le juge convenable.

5. Le Gouverneur en conseil peut arrêter des règlements en vue des objets suivants :

(a) Demande, délivrance et modèle de permis de chasse et de permis de collectionneur;

(b) Taxe à payer pour les permis;

(c) Relevés à fournir par les porteurs de permis en vertu de la présente ordonnance; et

(d) L'imposition et la sanction de peines pour toute contravention aux règlements arrêtés en exécution de la présente section.

6. Les arrêtés et les règlements promulgués en vertu des dispositions de la présente ordonnance seront publiés

---

4. The Governor may by any order or regulation made by him under the provisions of section 3 of this Ordinance impose for every offense against any order or regulation such penalty not exceeding fifty pounds or such term of imprisonment not exceeding six months, as he may think fit.

5. The Governor in Council may make regulations with respect to all or any of the following matters : —

(a) Application for, issue and form of, hunting and collecting licenses;

(b) Fees to be charged for licenses;

(c) Returns to be furnished by holders of licenses under this Ordinance; and

(d) The imposition and enforcement of penalties for any breach of any regulation made in pursuance of this section.

6. Every order and regulation made under the provisions of this Ordinance shall be published in the *Gazette*, and shall upon such publication have full force and effect.

dans la *Gazette* et auront force de loi après cette publication.

Les arrêtés et les règlements visés au tableau VI resteront en vigueur jusqu'à ce qu'ils aient été modifiés ou retirés de la manière prescrite ci-dessus.

TABLEAU I.

(Série A.)

1. Les vautours;
2. L'oiseau secrétaire;
3. Les hiboux;
4. Les pique-bœufs.

(Série B.)

1. La girafe;
2. Le gorille;
3. Le chimpanzé;
4. Le zèbre des montagnes;
5. Les ânes sauvages;
6. Le gnou à queue blanche;

Unless and until varied or revoked in the manner above prescribed the orders and regulations contained in Schedule VI. hereto shall be and remain in force.

SCHEDULE I.

(Series A.)

1. Vultures;
2. The Secretary-bird;
3. Owls;
4. Rhinoceros-birds or Beef-eaters (Buphaga).

(Series B.)

1. The Giraffe;
2. The Gorilla;
3. The Chimpanzee;
4. The Mountain Zebra;
5. Wild Asses;
6. The White-tailed Gnu (Connochoetes Gnu);

7. Les élans *(Taurotragus)*;
8. Le petit hippopotame de Libéria.

TABLEAU II.

1. L'éléphant;
2. Les rhinocéros;
3. L'hippopotame;
4. Les zèbres des espèces non visées au tableau I;
5. Les buffles;
6. Les antilopes et gazelles, notamment les espèces des genres *Bubalis, Damaliscus, Connochoetes, Cephalophus, Oreotragus, Oribia, Rhaphiceros, Nesotragus, Madoqua, Cobus, Cervicapra, Pelea, Aepyceros, Antidorcas, Gazella, Ammodorcas, Lithocranius, Dorcotragus, Oryx, Addax, Hippotragus, Taurotragus, Strepsiceros, Tragelaphus;*
7. Les ibex;
8. Les chevrotins *(Tragulus)*.

---

7. Elands (Taurotragus);
8. The little Liberian Hippopotamus.

SCHEDULE II.

1. The Elephant;
2. Rhinoceroses;
3. The Hippopotamus;
4. Zebras of species not referred to in Schedule I;
5. Buffaloes;
6. Antelopes and Gazelles, namely, species of the genera *Bubalis, Damaliscus, Connochoetes, Cephalophus, Oreotragus, Oribia, Rhaphiceros, Nesotragus, Madoqua, Cobus, Cervicapra, Pelea, Aepyceros, Antidorcas, Gazella, Ammodorcas, Lithocranius, Dorcotragus, Oryx, Addax, Hippotragus, Taurotragus, Strepsiceros, Tragelaphus.*
7. Ibex;
8. Chevrotains *(Tragulus)*.

TABLEAU III.

1. L'éléphant;
2. Les rhinocéros;
3. L'hippopotame;
4. Les zèbres des espèces non visées au tableau I;
5. Les buffles;
6. Les antilopes et gazelles, notamment les espèces des genres *Bubalis*, *Damaliscus*, *Connochoetes*, *Cephalophus*, *Oreotragus*, *Oribia*, *Rhaphiceros*, *Nesotragus*, *Madoqua*, *Cobus*, *Cervicapra*, *Pelea*, *Aepyceros*, *Antidorcas*, *Gazella*, *Ammodorcas*, *Lithocranius*, *Dorcotragus*, *Oryx*, *Addax*, *Hippotragus*, *Taurotragus*, *Strepsiceros*, *Tragelaphus;*
7. Les ibex;
8. Les chevrotins *(Tragulus)*.

TABLEAU IV.

1. L'éléphant;

SCHEDULE III.

1. The Elephant;
2. Rhinoceroses;
3. The Hippopotamus;
4. Zebras of species not referred to in Schedule I;
5. Buffaloes;
6. Antelopes and Gazelles, namely, species of the genera *Bubalis*, *Damaliscus*, *Connochoetes*, *Cephalophus*, *Oreotragus*, *Oribia*, *Rhaphiceros*, *Nesotragus*, *Madoqua*, *Cobus*, *Cervicapra*, *Pelea*, *Aepyceros*, *Antidorcas*, *Gazella*, *Ammodorcas*, *Lithocranius*, *Dorcotragus*, *Oryx*, *Addax*, *Hippotragus*, *Taurotragus*, *Strepsiceros*, *Tragelaphus*.
7. Ibex;
8. Chevrotains *(Tragulus)*.

SCHEDULE IV.

1. The Elephant;

2. Les rhinocéros;
3. L'hippopotame;
4. Les zèbres des espèces non visées au tableau I;
5. Les buffles;
6. Les antilopes et gazelles, notamment les espèces des genres *Bubalis*, *Damaliscus*, *Connochoetes*, *Cephalophus*, *Oreotragus*, *Oribia*, *Rhaphiceros*, *Nesotragus*, *Madoqua*, *Cobus*, *Cervicapra*, *Pelea*, *Aepyceros*, *Antidorcas*, *Gazella*, *Ammodorcas*, *Lithocranius*, *Dorcotragus*, *Oryx*, *Addax*, *Hippotragus*, *Taurotragus*, *Strepsiceros*, *Tragelaphus;*
7. Les ibex;
8. Les chevrotins *(Tragulus);*
9. Les divers sangliers;
10. Les collabus et tous les singes à fourrure;
11. Les fourmiliers (genre *Orycteropus);*
12. Les dugongs (genre *Halicore);*

---

2. Rhinoceroses;
3. The Hippopotamus;
4. Zebras of species not referred to in Schedule I;
5. Buffaloes;
6. Antelopes and Gazelles, namely, species of the genera *Bubalis*, *Damaliscus*, *Connochoetes*, *Cephalophus*, *Oreotragus*, *Oribia*, *Rhaphiceros*, *Nesotragus*, *Madoqua*, *Cobus*, *Cervicapra*, *Pelea*, *Aepyceros*, *Antidorcas*, *Gazella*, *Ammodorcas*, *Lithocranius*, *Dorcotragus*, *Oryx*, *Addax*, *Hippotragus*, *Taurotragus*, *Strepsiceros*, *Tragelaphus*.
7. Ibex;
8. Chevrotains *(Tragulus);*
9. The various Pigs;
10. Colobi and all fur-Monkeys;
11. Aard-Varks (genus *Orycteropus);*
12. Dugongs (genus *Halicore);*
13. Manatees (genus *Manatus);*

13. Les lamantins (genre *Manatus);*
14. Les petits félins;
15. Le serval;
16. Le guépard *(Cynaelurus);*
17. Les chacals;
18. Le faux-loup *(Proteles);*
19. Les petits singes;
20. Les autruches;
21. Les marabouts;
22. Les aigrettes;
23. Les outardes;
24. Les francolins, pintades et autres oiseaux « gibier »;
25. Les grands chéloniens.

TABLEAU V.

1. Le lion;
2. Le léopard;
3. Les hyènes;

---

14. The small Cats;
15. The Serval;
16. The Cheetah *(Cynoelurus);*
17. Jackals;
18. The Aard-wolf *(Proteles);*
19. Small Monkeys;
20. Ostriches;
21. Marabous;
22. Egrets;
23. Bustards;
24. Francolins, Guinea-fowl and other « Game Birds »;
25. Large Tortoises.

SCHEDULE V.

1. The Lion;
2. The Leopard;
3. Hyænas;

4. Le chien chasseur *(Lycaon pictus)*;
5. La loutre *(Lutra)*;
6. Les cynocéphales *(Cynocephalus)* et autres singes nuisibles;
7. Les grands oiseaux de proie, sauf les vautours, l'oiseau secrétaire et les hiboux;
8. Les crocodiles;
9. Les serpents venimeux;
10. Les pythons.

TABLEAU VI.

1. — ARRÊTÉ.

(24 août 1905.)

Sont interdits par le présent :

1. La chasse, la capture ou le massacre :

(a) Des oiseaux et animaux suivants : vautours, oi-

---

4. The Hunting Dog *(Lycaon pictus)*;
5. The Otter *(Lutra)*;
6. Baboons *(Cynocephalus)* and other harmful Monkeys;
7. Large birds of prey, except Vultures, the Secretary-bird and Owls;
8. Crocodiles;
9. Poisonous Snakes;
10. Pythons.

SCHEDULE VI.

1. ORDER.

(24th August, 1905.)

The following acts are hereby prohibited :—

1. The hunting, capture or killing of —

(a) Any of the following birds or animals, viz., Vultures,

seaux secrétaires, hiboux, pique-bœufs, girafes, gorilles, chimpanzés, zèbres des montagnes, ânes sauvages, gnous à queue blanche, élans et petits hippopotames de Libéria;

(b) Des jeunes des animaux suivants : éléphants, hippopotames, buffles, antilopes et gazelles, sauf par les porteurs d'un permis de collectionneur; et

(c) Des femelles des animaux visés à la sous-section *(b)* quand elles sont accompagnées de leurs petits;

(d) Des oiseaux pendant la couvaison qui s'étend du 1er août au 15 décembre pour les perdrix et du 1er mars jusqu'au 30 juin pour les canards, les oies et autres oiseaux aquatiques.

2. La chasse, la capture ou le massacre d'éléphants par d'autres personnes que les porteurs de permis.

3. (1) L'emploi de dynamite, d'explosifs ou de poison pour capturer ou tuer des poissons dans les rivières, fleuves, ruisseaux, lacs, étangs ou lagunes dans la colonie ou le protectorat.

Secretary Birds, Owls, Rhinoceros-Birds, Giraffes, Gorillas, Chimpanzees, Mountain Zebras, Wild Asses, White-tailed Gnus, Elands and little Liberian Hippopotami;

(b) The young of any of the following animals, viz., Elephants, Hippopotami, Buffaloes, Antelopes and Gazelles, except by the holders of collector's licences; and

(c) The female of any of the animals mentioned in subsection *(b)* when accompanied by its young;

(d) Birds during the nesting season, which in the case of Partridges is to be considered to extend from August 1st to December 15th, and in the case of Ducks, Geese and other waterfowl, from March 1st to June 30th.

2. The hunting, capture or killing of Elephants by persons other than the holders of licenses.

3. (1) The use of dynamite or any explosive or poison for

(2) L'usage de poison pour tuer des animaux ou oiseaux sauvages.

4. La possession ou la vente de défenses d'éléphants pesant moins de vingt-cinq livres, à moins qu'il ne soit prouvé que ces défenses proviennent d'éléphants tués avant la mise en vigueur de la présente ordonnance ou avant le 31 octobre 1901, lorsqu'il s'agit de défenses pesant moins de dix livres.

5. La possession d'animaux, oiseaux ou poissons, de peaux, cuirs, cornes, défenses ou d'une partie quelconque d'un animal, oiseau ou poisson ou d'œufs d'oiseaux dont la chasse, la capture, le massacre ou l'enlèvement sont interdits par le présent arrêté.

Quiconque contreviendra au présent arrêté sera passible, après preuve de ce fait devant un Commissaire de district, d'une amende ne dépassant pas 25 livres sterling ou d'un emprisonnement de trois mois au maximum, avec ou sans travaux forcés.

---

the purpose of capturing or killing fish in any river, stream, brook, ake, pond or lagoon within the Colony or Protectorate.

(2) The use of poison to kill any wild animal or bird.

4. The possession or sale of Elephants' tusks of less than twenty-five pounds in weight, unless it be proved that such tusks are those of Elephants killed before the date of the commencement of this Ordinance, or in case of tusks of less than ten pounds in weight, before the 31st October, 1901.

5. The possession of any animal, bird or fish, or any hide, skin, horn, tusk or any part of any animal, bird or fish, or any egg of any bird, the hunting, capture, killing or taking of which is prohibited by this Order.

Any person doing any act in contravention of this Order shall be liable, on conviction before a District Commissioner, to a fine not exceeding twenty-five pounds, or to imprisonment, with or

Dans le présent arrêté, le Commissaire de district comprend, comme signification, le Résident ou tout autre fonctionnaire désigné par le Gouverneur pour administrer un district dans la colonie ou le protectorat.

2. RÈGLEMENTS.

(29 août 1905.)

Permis.

1. Des permis peuvent être délivrés dans tout district par le Commissaire de district.

2. Tout permis portera le nom du district où le porteur peut chasser. Si celui-ci désire chasser ou collectionner dans un autre district, son permis doit être endossé par le Commissaire de ce district.

3. Les permis seront délivrés pour six mois ou pour un an, moyennant les taxes suivantes :

---

without hard labour, for any period not exceeding three months.

In this Order District Commissioner includes Resident or other officer appointed by the Governor to be in charge of any district in the Colony or Protectorate.

2. REGULATIONS.

(29th August, 1905.)

Licenses.

1. Licenses may be issued in any district by the District Commissioner.

2. Every license shall have inscribed upon it the district in which the licensee may hunt. If a licensee desire to hunt or collect in any other district he must have his license endorsed by the District Commissioner of such district.

3. Licenses shall be issued for periods of six months or one year, and the following fees shall be payable thereon : —

Permis de chasse à l'éléphant.

Permis pour six mois... £ 10 — Permis pour un an... £ 20

Permis de collectionneur.

Permis de six mois.... £ 6 — Permis d'un an....... £ 10

4. Les permis seront conformes aux modèles de l'appendice ci-après :

Les règles 2, 5, 6, 7, 8, 9 et 10 y seront inscrites.

5. A l'expiration ou lors du retrait d'un permis, celui-ci sera remis par le porteur au Commissaire de district du district.

6. Il sera payé au Gouvernement un droit de 25 p. c. sur l'ivoire récolté ou sur la valeur de celui-ci au prix courant du marché à la date où l'éléphant a été tué.

7. Vingt-cinq pour cent de la viande de chaque éléphant tué seront donnés aux indigènes propriétaires de la forêt où l'animal a été tué.

Elephant Licenses.

License for six months.... £ 10 — License for one year.... £ 20

Collector's Licenses.

License for six months.... £ 6 — License for one year...... £ 10

4. Licenses shall be in the forms in the appendix hereto.

Rules 2, 5, 6, 7, 8, 9 and 10 shall be endorsed on every license.

5. Upon the expiration or revocation of a license such license shall be handed by the licensee to the District Commissioner of the district.

6. A royalty of twenty-five per cent. of ivory obtained, or the value thereof at the current market price at the date when the Elephant was killed, shall be paid to the Government.

7. Twenty-five per cent. of the meat of every Elephant killed shall be given to the natives who own the bush in which the elephant is killed.

8. Chaque porteur de permis est tenu à faire connaître au Commissaire de district du district, le 1er ou avant le 15 de chaque mois, le nombre, le sexe et l'espèce des animaux ou oiseaux tués ou collectionnés. Les défenses de chaque éléphant tué seront présentées dans le même délai au Commissaire de district à fin de payement des droits en vertu de la règle 6.

9. Chaque porteur est tenu à produire son permis à la requête de tout Commissaire de district.

10. Quiconque contreviendra à l'une des règles ci-dessus sera passible d'une amende ne dépassant pas 25 livres sterling ou d'un emprisonnement de trois mois au plus, avec ou sans travaux forcés; en outre, le permis peut être retiré.

11. Dans les présentes règles, l'expression « Commissaire de district » comprend comme signification tout résident ou autre fonctionnaire désigné par le Gouverneur pour administrer un district dans la colonie ou le protectorat.

---

8. Every licensee shall report to the District Commissioner of the district on the first day of every month or within fourteen days thereafter, the number of animals or birds killed or collected by him, and also their sex and species. The tusk of any elephant killed shall be brought at the same time to such District Commissioner, and the royalties payable under rule 6 hereof shall be paid.

9. Every licensee shall produce his licence at the request of any District Commissioner.

10. Any person who contravenes any of the foregoing regulations shall be liable to a penalty not exceeding twenty-five pounds, or to imprisonment for a term not exceeding three months, with or without hard labour, and his license may be revoked.

11. In these rules District Commissioner includes Resident or other officer appointed by the Governor to be in charge of any district in the Colony or Protectorate.

APPENDICE.

Permis de chasse à l'éléphant.

N°......

« ORDONNANCE SUR LA PROTECTION DES ANIMAUX SAUVAGES, OISEAUX ET POISSONS. »

District.

Autorisation est accordée par le présent à .... de chasser l'éléphant dans le district de .... à partir du .... 19....., jusqu'au .... 19.......

Le .... 19.......

La taxe est payée.

Commissaire de district.

(Les règles 2, 5, 6, 7, 8, 9 et 10 doivent être imprimées au verso de ce permis.)

N°......

« ORDONNANCE SUR LA PROTECTION DES ANIMAUX SAUVAGES, OISEAUX ET POISSONS. »

District.

Autorisation est accordée par le présent à ...., de chasser l'éléphant dans le district de .... à partir du .... 19...... jusqu'au .... 19.......

Le .... 19.......

La taxe est payée.

Commissaire de district.

(Les règles 2, 5, 6, 7, 8, 9 et 10 doivent être imprimées au verso de ce permis.)

APPENDIX.

Elephant License.

N°.........

« THE WILD ANIMALS, BIRDS AND FISH PRESERVATION ORDINANCE. »

District.

Permission is hereby granted to .... to hunt elephants in .... District for the period extending from the .... day of ...., 19....., to the .... day of ...., 19......

Dated the .... day of ...., 19......

Fee paid.

District Commissioner.

(Rules 2, 5, 6, 7, 8, 9 and 10 to be endorsed on this license.)

N°.........

« THE WILD ANIMALS, BIRDS AND FISH PRESERVATION ORDINANCE. »

District.

Permission is hereby granted to .... to hunt elephants in .... District for the period extending from the .... day of ...., 19....., to the .... day of ...., 19......

Dated the .... day of ...., 19......

Fee paid.

District Commissioner.

(Rules 2, 5, 6, 7, 8, 9 and 10 to be endorsed on this license.)

Permis de collectionneur.

N°......

« ORDONNANCE SUR LA PROTECTION DES ANIMAUX SAUVAGES, OISEAUX ET POISSONS. »

Autorisation est accordée par le présent à .... de collectionner tous les animaux (sauf les éléphants) ou les oiseaux dans le district de .... du .... 19....... jusqu'au .... 19.....

La taxe est payée.

Commissaire de district.

N°......

« ORDONNANCE SUR LA PROTECTION DES ANIMAUX SAUVAGES, OISEAUX ET POISSONS. »

Autorisation est accordée par le présent à .... de collectionner tous les animaux (sauf les éléphants) ou les oiseaux dans le district de .... du .... 19....... jusqu'au .... 19.....

La taxe est payée.

Commissaire de district.

Collector's License.

N°..........

« THE WILD ANIMALS, BIRDS AND FISH PRESERVATION ORDINANCE. »

Permission is hereby granted to .... to collect any animals (except elephants) or birds in .... District from the .... day of ...., 19....., to the ....day of ...., 19........
Dated the .... day of ...., 19......

Fee paid.

District Commissioner.

N°..........

« THE WILD ANIMALS, BIRDS AND FISH PRESERVATION ORDINANCE. »

Permission is hereby granted to .... to collect any animals (except elephants) or birds in .... District from the .... day of ...., 19....., to the ....day of ...., 19........
Dated the .... day of ...., 19......

Fee paid.

District Commissioner.

3. ORGANISATION D'UNE RÉSERVE.

(23 mai 1907.)

L'étendue suivante de terrains est constituée en réserve où il sera interdit de chasser, capturer ou tuer des animaux ou oiseaux quelconques :

La zone située entre les limites formées à l'ouest par la crique de Gwato, au sud par la rivière Benin, à l'est par la crique Davey ou Oligi et au nord par la route entre Gilli-Gilli et Kolo-Kolo.

4. TEMPS PROHIBÉ POUR LA CHASSE A L'ÉLÉPHANT.

Il sera interdit de chasser, capturer ou tuer l'éléphant entre le 1er juin et le 30 novembre, ces deux jours compris.

---

3. APPOINTMENT OF A RESERVE.

(23rd May, 1907.)

The following tract of land is appointed a reserve, within which it shall not be lawful to hunt, capture or kill any animal or bird whatsoever; that is to say :—

All that tract of land which lies within the boundaries formed by the Gwato Creek, the Benin River, and the Davey or Ologi Creek on the west, south and east respectively, and the road between Gilli-Gilli and Kolo-Kolo on the north.

4. CLOSE TIME FOR ELEPHANTS.

It shall not be lawful to hunt, capture or kill any Elephant on any day of the year falling between the 1st June and the 30th November, both inclusive.

Règle n° 9 de 1909.

RÈGLEMENTS

arrêtés en vertu de l'ordonnance sur la protection des animaux sauvages, oiseaux et poissons.

Séance du Conseil exécutif au Palais du Gouvernement à Lagos, le 24 août 1909.

PRÉSENTS :

S. E. le Gouverneur et Commandant en chef, sir Walter Egerton, K. C. M. G.

L'honorable Lieutenant-Gouverneur, J. J. Thorburn, C. M. G.

L'honorable Attorney-Général, A. R. Pennington, Esq.

L'honorable Commissaire des finances, C. E. Dale, Esq.

L'honorable Commissaire provincial faisant fonctions

Rule No. 9 of 1909.

REGULATIONS

under the Wild Animals, Birds, and Fish Preservation Ordinance.

At a meeting of the Executive Council held at Government House, Lagos, on the 24th day of August, 1909.

PRESENT :

His Excellency the Governor and Commander-in-Chief, Sir Walter Egerton, K. C. M. G.

The Honourable Lieutenant-Governor, J. J. Thorburn, C. M. G.

The Honourable Attorney-General, A. R. Pennington, Esq.

The Honourable Financial Commissioner, C. E. Dale, Esq.

The Honourable the Acting Provincial Commissioner, Western Province, Lieutenant-Colonel Moorhouse, D. S. O.

des provinces occidentales, le Lieutenant-Colonel Moorhouse, D. S. O.

L'honorable F. C. M. Anson.

Des permis peuvent être délivrés dans tout district par le Commissaire de district ou par tout fonctionnaire du Département des forêts, d'un rang non inférieur à celui de Conservateur-adjoint (2e grade) qui se trouve dans le district.

2. Tout permis portera le nom du district où le porteur peut chasser. Si celui-ci désire chasser ou collectionner dans un autre district, son permis doit être endossé par le Commissaire de ce district ou par un fonctionnaire du Département des forêts d'un rang non inférieur à celui de Conservateur-adjoint (2e grade).

3. Les permis de chasse à l'éléphant seront délivrés pour la saison, c'est-à-dire du 1er décembre au 31 mai inclus ; la taxe est de 10 livres sterling pour toute ou partie de la saison.

The Honourable F. C. M. Anson.

Licenses may be issued in any district by the District Commissioner or by any officer of the Forestry Department of not less rank than Assistant Conservator, 2nd grade, who is in the said district.

2. Every licence shall have inserted upon it the district in which the licensee may hunt. If a licensee desire to hunt or collect in any other district he must have his license endorsed by the District Commissioner of such district, or by an officer ot the Forestry Department of not less rank than Assistant Conservator, 2nd grade.

3. Elephant licences shall be issued for the season, that is to say, from December the 1st to May 31st inclusive, and the following fee shall be paid thereon :—

Elephant Licences.

Licence for the season or any part thereof........£ 10

Les permis de collectionneur sont délivrés pour six mois ou un an, moyennant les taxes respectives de 6 livres sterling et 10 livres sterling.

4. Les permis seront conformes aux modèles de l'appendice ci-après.

Les règles 2, 5, 6, 7, 8, 9 et 10 y seront inscrites.

5. A l'expiration ou au retrait d'un permis, celui-ci sera remis par le porteur au Commissaire de district du district ou au fonctionnaire du Département des forêts dans ce district qui le transmettra au Commissaire de district.

6. Il sera payé au Gouvernement un droit de 25 p. c. sur l'ivoire récolté ou sur la valeur de celui-ci au prix courant du marché à la date où l'éléphant a été tué.

7. Vingt-cinq pour cent de la viande de chaque éléphant tué seront donnés aux indigènes propriétaires de la forêt où l'animal a été tué.

8. Tout porteur de permis est tenu à faire connaître au Commissaire de district ou au fonctionnaire du Dépar-

---

Collector's licences shall be issued for periods of six months or one year, and the following fees shall be paid thereon :—

Collector's Licences.

Licence for six months ....£	6
Licence for one year	10

4. Licences shall be in forms in the appendix hereto. Rules 2, 5, 6, 7, 8, 9 and 10 shall be endorsed on every licence.

5. Upon the expiration or revocation of a licence such licence shall be handed by the licensee to the District Commissioner of the district, or to any officer of the Forestry Department as aforesaid in such district, who shall forward the same to the District Commissioner.

6. A royalty of twenty-five per cent. of ivory obtained, or the value thereof at the current market price at the date when the elephant was killed, shall be paid to the Government.

tement des forêts, qui en informera le Commissaire, le 1er ou avant le 15 de chaque mois, le nombre, le sexe et l'espèce des animaux ou oiseaux qu'il a tués ou collectionnés. Les défenses de chaque éléphant tué seront présentées dans le même délai, à ce Commissaire de district ou fonctionnaire du Département des forêts et les taxes dues en vertu de la règle 6 seront payées.

9. Tout porteur de permis produira celui-ci à la demande de tout Commissaire de district, de tout fonctionnaire du Département des forêts ou de tout agent de police d'un rang non inférieur à celui de Commissaire-adjoint.

10. Quiconque contreviendra à l'une des règles précédentes sera passible, après preuve du fait devant un Magistrat de police ou un Commissaire de district, d'une amende n'excédant pas 25 livres sterling ou d'un emprisonnement de trois mois au maximum, avec ou sans travaux forcés; son permis sera également retiré.

---

7. Twenty-five per cent. of the meat of every elephant killed shall be given to the natives who own the bush in which the elephant is killed.

8. Every licensee shall report to the District Commissioner or to the officer of the Forestry Department as aforesaid who shall forward the same to the District Commissioner of the district on the first day of every month or within fourteen days thereafter, the number of animals or birds killed or collected by him, and also their sex and species. The tusks of any elephant killed shall be brought at the same time to such District Commissioner or to the officer of the Forestry Department as aforesaid and the royalties payable under rule 6 hereof shall be paid.

9. Every licensee shall produce his licence at the request of any District Commissioner, or officer of the Forestry Department as aforesaid, or officer of the Police Force of not less rank than Assistant Commissioner.

11. Dans les présentes règles, les mots « Commissaire de district » comprennent comme signification le Résident ou tout autre fonctionnaire désigné par le Gouverneur pour administrer un district quelconque dans la colonie ou le protectorat.

Fait en Conseil, le 24 août 1909.

W. EGERTON,
Gouverneur et Commandant en chef.

---

10. Any person who contravenes any of the foregoing Regulations shall be liable on conviction before a Police Magistrate or District Commissioner to a penalty not exceeding twenty-five pounds or to imprisonment for a term not exceeding three months, with or without hard labour; his licence shall also be revoked.

11. In these rules District Commissioner includes Resident or other officer appointed by the Governor to be in charge of any district in the Colony or Protectorate.

Ordered in Council this 24th day of August, 1909.

W. EGERTON,
Governor and Commander-in-Chief.

APPENDICE.

Permis de chasse a l'éléphant.

N° ....

« *Ordonnance sur la protection des animaux et oiseaux sauvages et des poissons.* »

District de ....

Est accordé à .... un permis de chasse à l'éléphant dans le district de .... pour la période du .... 19..... au .... 19......

Le .... 19.....

La taxe a été payée.

Commissaire de district ou fonctionnaire du Département des Forêts.

(Les règles 2, 5, 6, 7, 8, 9 et 10 doivent être inscrites au dos du présent permis.)

APPENDIX.

Elephant licence.

N°........

« *The wild animals, birds, and fish preservation ordinance.* »

District.

Permission is hereby granted to .... to hunt elephants in .... District for the period extending from the .... day of ...., 19....., to the .... day of ....,19...

Dated the .... day of ...., 19......

Fee paid.

District Commissioner or Officer of the Forestry Department.

(Rules 2, 5, 6, 7, 8, 9, and 10 to be endorsed on this licence.)

PERMIS DE COLLECTIONNEUR.

N°.......

« *Ordonnance sur la protection des animaux et oiseaux sauvages et des poissons.* »

Est accordé à .... un permis de collectionner tous animaux (les éléphants exceptés) ou oiseaux dans le district de .... pendant la période du .... 19..... au .... 19.....

Le .... 19.....

La taxe a été payée.

Commissaire de district
ou fonctionnaire
du Département des forêts.

(Les règles 2, 5, 6, 7, 8, 9 et 10 doivent être inscrites au dos du présent permis.)

Collector's Licence.

N°........

« *The wild animals, birds, and fish preservation ordinance.* »

Permission in hereby granted to .... to collect any animals (except elephants) or birds in .... District from the .... day of ...., 19....., to the .... day of ...., 19......

Dated the .... day of ...., 19......

Fee paid.

District Commissioner or
Officer of the Forestry Departement.

(Rules 2, 5, 6, 7, 8, 9, and 10 to be endorsed on this licence.)

Réserve de chasse marquée « A » sur la carte.

Organisation d'une réserve.
(23 mai 1907.)

L'étendue suivante de terrains est constituée en réserve où il sera interdit de chasser, capturer ou tuer des animaux ou oiseaux quelconques :

La zone située entre les limites formées à l'ouest par la crique de Gwato, au sud par la rivière Benin, à l'est par la crique Davey ou Oligi et au nord par la route entre Gilli-Gilli et Kolo-Kolo.

Réserve de chasse marquée « B » sur la carte.

(Extrait de l'arrêté n° 35 de 1908.)

L'étendue suivante de terrains est constituée en réserve où il sera interdit de chasser, capturer ou tuer des animaux ou oiseaux quelconques :

Game Reserve marked « A » on map.

Appointment of a Reserve.
(23rd May, 1907.)

The following tract of land is appointed a Reserve, within which it shall not be lawful to hunt, capture or kill any animal or bird whatsoever; that is to say :—

All that tract of land which lies within the boundaries formed by the Gwato Creek, the Benin River, and the Davey or Ilogi Creek on the West, South and East respectively, and the road between Gilli-Gilli and Kolo-Kolo on the North.

Game Reserve marked « B » on map.

(Extract from Order N° 35 of 1908.)

The following tract of land is appointed a Reserve, within which it shall not be lawful to hunt, capture or kill any animal or bird whatsoever; that is to say :—

Toute la zone comprise entre les limites formées à l'est par le Niger, au sud et à l'ouest par la rivière Ore et au nord par la frontière méridionale de la Nigérie septentrionale.

RÉSERVE DE CHASSE MARQUÉE « C » SUR LA CARTE.

(Extrait de l'arrêté n° 36 de 1908.)

L'étendue suivante de terrains est constituée en réserve où il sera interdit de chasser, capturer ou tuer des animaux ou des oiseaux quelconques :

Toute la zone comprise entre les limites formées par le Niger, l'Anambra et une ligne tracée de l'est à l'ouest à partir du confluent de la crique Anam et du Niger jusqu'à la rivière Anambra.

All that tract of land which lies within the boundaries formed by the River Niger on the East, the Ore River on the South and West, and the southern boundary of Northern Nigeria on the North.

GAME RESERVE MARKED « C » ON MAP.

(Extract from Order N° 36 of 1908.)

The following tract of land is appointed a Reserve within which it shall not be lawful to hunt, capture or kill any animal whatever; that is to say :—

All that tract of land which lies within the boundaries formed by the River Niger, the Anambra River, and a demarcated boundary running East and West from the junction of the Anam Creek with the Niger River to the Anambra River.

SIERRA-LEONE

SIERRA-LEONE

ORDONNANCE N° 30 DE 1901

pour la protection des animaux et des oiseaux vivant à l'état sauvage et des poissons en Sierra Leone.

Au nom de Sa Majesté, je donne mon assentiment à la présente ordonnance, ce 20 novembre 1901.

(L. S.) C. A. KING-HARMAN,
Gouverneur.

Considérant que la colonie de Sierra Leone se trouve dans la zone décrite à l'article premier de la Convention pour la protection des animaux et oiseaux vivant à l'état sauvage et des poissons en Afrique, signée à Londres le 19 mai 1900 :

Il est décrété ce qui suit par le Gouverneur de la colonie

SIERRA-LEONE

AN ORDINANCE

for the Preservation of Wild Animals, Birds, and Fish in Sierra Leone. N° 30 of 1901.

In His Majesty's name I assent to this Ordinance, this 20th day of November, 1901.

(L. S.) C. A. KING-HARMAN,
Governor.

Whereas the Colony of Sierra Leone is within the zone specified in the first Article of a Convention for the preservation of wild animals, birds, and fish in Africa, signed at London on the 19th May, 1900 :

Be it therefore enacted by the Governor of the Colony of Sierra

de Sierra Leone, de l'avis et avec le consentement du Conseil législatif :

1. La présente ordonnance peut être citée à toutes fins comme « l'Ordonnance de 1901 sur la protection des animaux et oiseaux vivant à l'état sauvage et des poissons ».

2. Le Gouverneur en conseil peut, de temps en temps, arrêter, modifier et retirer des règlements à publier dans la *Sierra Leone Royal Gazette* concernant :

(1) L'interdiction de chasser et de tuer les animaux visés au tableau I ci-annexé, ainsi que tous autres animaux qu'il est nécessaire de protéger soit à cause de leur rareté, soit à cause du danger de leur disparition ;

(2) L'interdiction de chasser et de tuer les animaux non adultes des espèces mentionnées au tableau II ci-annexé ;

(3) L'interdiction de chasser et de tuer les femelles des espèces mentionnées au tableau III ci-annexé, lorsqu'elles sont accompagnées de leurs petits ;

(4) L'interdiction, dans une certaine mesure, de tuer toute femelle, pour autant qu'elle puisse être reconnue, à

Leone, with the advice and consent of the Legislative Council thereof, as follows :—

1. This Ordinance may be cited for all purposes as « The Wild Animals, Birds, and Fish Preservation Ordinance, 1901 ».

2. The Governor-in-Council may, from time to time, make, alter, and revoke Regulations to be published in the *Sierra Leone Royal Gazette*, with respect to—

(1) The prohibition of the hunting and destruction of the animals mentioned in Schedule I hereto, and also of any other animals whose protection. whether owing to their rarity or threatened extermination, may be considered necessary;

(2) The prohibition of the hunting and destruction of young animals of the species mentioned in Schedule II hereto;

(3) The prohibition of the hunting and destruction of the

l'exception des espèces mentionnées au tableau V ci-annexé;

(5) L'interdiction de chasser et de tuer, si ce n'est en nombre restreint, les animaux des espèces mentionnées au tableau IV ci-annexé;

(6) L'organisation de réserves dans lesquelles il sera interdit de chasser, capturer ou tuer des oiseaux ou autres animaux vivant à l'état sauvage, sauf ceux qui seront spécialement exceptés;

(7) L'établissement de saisons de clôture de chasse pour favoriser l'élevage des petits;

(8) La délivrance et les modèles de permis et les conditions auxquelles ces permis seront délivrés;

(9) L'interdiction de chasser des animaux vivant à l'état sauvage, si ce n'est par les porteurs de permis délivrés en vertu de la présente ordonnance;

(10) La restriction de l'usage de filets et de trappes pour capturer les animaux;

(11) L'établissement de droits d'exportation sur les

---

females of the species in Schedule III hereto, when accompanied by their young;

(4) The prohibition, to a certain extent, of the destruction of any females, when they can be recognized as such, with the exception of those of the species mentioned in Schedule V hereto;

(5) The prohibition of the hunting and destruction, except in limited numbers, of animals of the species mentioned in Schedule IV hereto;

(6) The establishment of reserves within which it shall be unlawful to hunt, capture, or kill any bird or other wild animal, except those which shall be specially exempted from protection;

(7) The establishment of close seasons with the view to facilitate the rearing of young animals;

cuirs et peaux de girafe, d'antilope, de zèbre, de rhinocéros et d'hippopotame, ainsi que sur les cornes de rhinocéros et d'antilope et sur les dents d'éléphant et d'hippopotame;

(12) L'interdiction de chasser ou de tuer les jeunes éléphants et la confiscation des défenses d'éléphant pesant moins de 10 livres;

(13) L'application de mesures propres à empêcher que les maladies contagieuses parmi les animaux domestiques ne se transmettent aux animaux vivant à l'état sauvage;

(14) L'application de mesures propres à assurer la réduction suffisante du nombre des animaux des espèces mentionnées au tableau V ci-annexé;

(15) La destruction des œufs de crocodiles, de serpents venimeux et de pythons.

Pour chaque contravention à un de ces règlements, le Gouverneur peut stipuler une peine ne dépassant pas

---

(8) The issue and forms of licences and the conditions under which such licences may be issued;

(9) The prohibition of the hunting of wild animals by any persons except holders of licences issued under this Ordinance;

(10) The restriction of the use of nets and pitfalls for taking animals;

(11) The imposition of export duties on the hides and skins of giraffes, antelopes, zebras, elephants, rhinoceroses, and hippopotami, on rhinoceros and antelope horns and on elephant and hippopotamus tusks;

(12) The prohibition of hunting or killing young elephants and the confiscation of all elephant tusks weighing less than 10 lbs.;

(13) The application of measures for preventing the transmission of contagious diseases from domestic to wild animals;

(14) The application of measures for effecting the sufficient reduction of the numbers of the animals of the species mentioned in Schedule V hereto;

25 livres sterling ou un emprisonnement de six mois au maximum avec ou sans travaux forcés.

3. Tout règlement arrêté en exécution de la section 2 concernant les oiseaux, peut également prévoir des stipulations en ce qui concerne les œufs de ces oiseaux.

4. Nonobstant son règlement arrêté en vertu des paragraphes 1, 2, 3, 4 et 6 de la section 2 de la présente ordonnance, le Gouverneur peut, par un décret muni de sa signature, autoriser le collectionnement de spécimens d'animaux pour les musées et jardins zoologiques ou dans tout autre but scientifique.

5. Les poursuites en vertu de la présente ordonnance seront exercées devant le magistrat de police, un commissaire de district ou devant deux juges de paix qui auront pleine juridiction pour statuer sommairement sur ces poursuites.

6. Si la cour a des motifs fondés de croire qu'une per-

---

(15) The destruction of the eggs of crocodiles, poisonous snakes, and pythons;

And for any breach of any such Regulation he may impose a penalty not exceeding £ 25 or imprisonment with or without hard labour not exceeding six months.

3. In any Regulation made in pursuance of Section 2 dealing with birds, provision may also be made with respect to the eggs of such birds.

4. Notwithstanding any Regulations made under paragraphs 1, 2, 3, 4, and 6 of Section 2 of this Ordinance, the Governor may by an order under his hand permit the collection of specimens of animals, referred to in such Regulations for Museums, or Zoological Gardens, or for any other scientific purpose.

5. Proceedings under this Ordinance shall be taken before the Police Magistrate, a District Commissioner, or any two Justices of the Peace, who shall have full jurisdiction to determine summarily all such proceedings.

sonne se soit rendue coupable d'une contravention à la présente ordonnance, elle peut délivrer un mandat autorisant le fonctionnaire y dénommé à visiter les bagages, emballages, wagons, tentes, constructions ou caravanes appartenant à cette personne; si le fonctionnaire trouve des cuirs, peaux, cornes ou défenses d'animaux, des peaux ou des plumes d'oiseaux ou d'autres dépouilles d'animaux ou d'oiseaux paraissant avoir été tués en contravention à la présente ordonnance, il les saisira et les portera devant la Cour qui en disposera conformément à la loi.

7. Dans tous les cas d'infraction à la présente ordonnance, les cuirs, peaux, cornes, défenses et toute partie d'un animal ou oiseau en possession du délinquant, que la Cour juge avoir appartenus à un animal ou oiseau tué en contravention à la présente ordonnance, peuvent être confisqués.

---

6. Where the Court has reasonable cause to believe that any person has been guilty of a breach of this Ordinance, the Court may issue a warrant authorizing the officer named therein to search any baggage, packages, waggons, tents, buildings, or caravans, belonging to such person, and if the officer shall find any hide, skin, horn, tusk of any animal, or the skin or plumage of any bird or other remains of animals or birds appearing to have been killed in contravention of this Ordinance, he shall seize and take the same before the Court to be dealt with according to law.

7. In all cases of conviction under this Ordinance, any hide, skin, horn, tusk, and any part of any animal or bird in the possession of the offender, and appearing to the Court to have belonged to such animal or bird as shall have been killed in contravention of this Ordinance, may be forfeited.

If the person convicted is the holder of a licence, his licence may be revoked by the Court.

8. All offences against this Ordinance may and shall be pro-

Si le condamné est porteur d'un permis, celui-ci peut être retiré par la Cour.

8. Toutes les contraventions à la présente ordonnance peuvent être et seront poursuivies en tout temps pendant une année après la date à laquelle elles auront été commises.

9. Tous les objets confisqués en vertu de la présente ordonnance peuvent être détruits, vendus ou il en sera disposé autrement, selon que la Cour ordonnera.

10. Celui qui aura contribué à amener une condamnation en vertu de la présente ordonnance touchera une somme, à fixer par le Gouverneur, ne dépassant pas la moitié de l'amende infligée et recouvrée; le restant de l'amende sera versé au trésor général de la colonie; toutefois, le Gouverneur peut toujours refuser d'allouer une récompense au dénonciateur.

11. Aucune disposition de la présente ordonnance

---

secuted at any time within one year after the offence shall have been committed.

9. Any forfeiture incurred under or by virtue of this Ordinance may be destroyed, sold, or otherwise disposed of, or dealt with, as the Court may direct.

10. Any informer, prosecuting to conviction under this Ordinance, shall receive out of every penalty recovered in consequence of such prosecution, such sum not exceeding one moiety of such penalty, as the Governor shall determine, and the remainder of such penalty shall be applied in aid of the general revenue of the Colony; provided that the Governor may at any time at his discretion disallow any payment under this section to an informer.

11. Nothing in this Ordinance shall prevent any person from capturing or killing any animal or bird injuring or about to injure crops, cattle, land, or other property.

12. Every Order or Regulation made under the provisions of this Ordinance shall be published in the *Sierra Leone Royal*

n'est de nature à empêcher une personne de capturer ou de tuer un animal ou un oiseau qui endommage ou est sur le point d'endommager des récoltes, du bétail, des terres ou d'autres propriétés.

12. Les arrêtés et les règlements promulgués en vertu de la présente ordonnance seront publiés dans la *Sierra Leone Royal Gazette* et auront, à partir de cette publication, le même effet que s'ils faisaient partie de la présente.

13. La présente ordonnance s'appliquera au Protectorat aussi bien qu'à la colonie de Sierra Leone.

14. La présente ordonnance entrera en vigueur le jour que fixera le Gouverneur par proclamation.

I.

(Série A) :

1. Les vautours;
2. L'oiseau-secrétaire;
3. Les hiboux;
4. Les pique-bœufs;

Gazette, and shall, upon such publication, have the same force and effect as though it formed part of this Ordinance.

13. This Ordinance shall apply to the Protectorate as well as to the Colony of Sierra Leone.

14. This Ordinance shall come into operation on such day hereafter as the Governor shall notify by Proclamation.

I.

(Series A.):

1. Vultures;
2. The secretary-bird;
3. Owls;
4. Rhinoceros-birds or Beef-eaters *(Buphaga)*.

(Series B.) :

1. The giraffe;
2. The gorilla;

(Série B) :

1. La girafe;
2. Le gorille;
3. Le chimpanzé;
4. Le zèbre des montagnes;
5. Les ânes sauvages;
6. Le gnou à queue blanche;
7. Les élans *(Taurotragus)*;
8. Le petit hippopotame de Libéria.

II.

1. L'éléphant;
2. Le rhinocéros;
3. L'hippopotame;
4. Les zèbres des espèces non visées au tableau I;
5. Les buffles;
6. Les antilopes et gazelles, notamment les espèces des genres *Bubalis*, *Damaliscus*, *Connochoetes*, *Cephalophus*, *Oreotragus*, *Oribia*, *Raphiceros*, *Nesotragus*, *Madoqua*,

---

3. The chimpanzee;
4. The mountain Zebra;
5. Wild asses;
6. The white-tailed gnu *(Connochoetes Gnu)*;
7. Elands *(Tauratragus)*;
8. The little liberian hippopotamus.

II.

1. The elephant;
2. Rhinoceroses;
3. The hippopotamus;
4. Zebras of species not referred to in Schedule I;
5. Buffaloes;
6. Antelopes and gazelles, namely, species of the genera *Bubalis*, *Damaliscus*, *Connochoetes*, *Cephalophus*, *Oreotragus*, *Oribia*, *Rhaphiceros*, *Nesotragus*, *Madoqua*, *Cobus*, *Cervicapra*,

Cobus, Cervicapra, Pelea, Aepyceros, Antidorcas, Gazella, Ammodorcas, Lithocranius, Dorcotragus, Oryx, Addax, Hippotragus, Taurotragus, Strepsiceros, Tragelaphus;

7. Les ibex;

8. Les chevrotins *(Tragulus)*.

III.

1. L'éléphant;

2. Les rhinocéros;

3. L'hippopotame;

4. Les zèbres des espèces non visées au tableau I;

5. Les buffles;

6. Les antilopes et gazelles, notamment les espèces des genres *Bubalis, Damaliscus, Connochoetes, Cephalophus, Oreotragus, Oribia, Raphiceros, Nesotragus, Madoqua, Cobus, Cervicapra, Pelea, Aepyceros, Antidorcas, Gazella, Ammodorcas, Lithocranius, Dorcotragus, Oryx, Addax, Hippotragus, Taurotragus, Strepsiceros, Tragelaphus;*

Pelea, Æpyceros, Antidorcas, Gazella, Ammodorcas, Lithocranius Dorcotragus, Oryx, Addax, Hippotragus, Taurotragus, Strepsiceros, Tragelaphus;

7. Ibex;

8. Chevrotains *(Tragulus)*.

III.

1. The elephant;

2. Rhinoceroses;

3. The Hippopotamus;

4. Zebras of the species not referred to in Schedule I;

5. Buffaloes;

6. Antelopes and Gazelles, namely, species of the genera *Bubalis, Damaliscus, Connochoetes, Cephalophus, Oreotragus, Oribia, Raphiceros, Nesotragus, Madoqua, Cobus, Cervicapra, Pelea, Æpyceros, Antidorcas, Gazella, Ammodorcas, Lithocranius, Dorcotragus, Oryx, Addax, Hippotragus, Taurotragus, Strepsiceros, Tragelaphus;*

7. Les ibex;
8. Les chevrotins *(Tragulus)*.

IV.

1. L'éléphant;
2. Le rhinocéros;
3. L'hippopotame;
4. Les zèbres des espèces non visées au tableau I;
5. Les buffles;
6. Les antilopes et gazelles, notamment les espèces des genres *Bubalis*, *Damaliscus*, *Connochoetes*, *Cephalophus*, *Oreotragus*, *Oribia*, *Raphiceros*, *Nesotragus*, *Madoqua*, *Cobus*, *Cervicapra*, *Pelea*, *Aepyceros*, *Antidorcas*, *Gazella*, *Ammodorcas*, *Lithocranius*, *Dorcotragus*, *Oryx*, *Addax*, *Hippotragus*, *Taurotragus*, *Strepsiceros*, *Tragelaphus;*
7. Les ibex;
8. Les chevrotins *(Tragulus)*.
9. Les divers sangliers;

---

7. Ibex;
8. Chevrotains *(Tragulus)*.

IV.

1. The elephant;
2. Rhinoceroses;
3. The Hippopotamus;
4. Zebras of the species not referred to in Schedule I;
5. Buffaloes.
6. Antelopes and gazelles, namely, species of the genera *Bubalis*, *Damaliscus*, *Connochoetes*, *Cephalophus*, *Oreotragus*, *Oribia*, *Raphiceros*, *Nesotragus*, *Madoqua*, *Cobus*, *Cervicapra*, *Pelea*, *Æpyceros*, *Antidorcas*, *Gazella*, *Ammodorcas*, *Lithocranius*, *Dorcotragus*, *Oryx*, *Addax*, *Hippotragus*, *Taurotragus*, *Strepsiceros*, *Tragelaphus;*
7. The ibex;
8. The chevrotain *(Tragulus);*
9. The various pigs;

10. Les collabus et tous les singes à fourrure;
11. Les fourmiliers (genre *Orycteropus);*
12. Les dugongs (genre *Halicore);*
13. Les lamantins (genre *Manatus);*
14. Les petits félins;
15. Le serval;
16. Le guépard *(Cynaelurus);*
17. Les chacals;
18. Les faux-loups *(Proteles);*
19. Les petits singes;
20. Les autruches;
21. Les marabouts;
22. Les aigrettes;
23. Les outardes;
24. Les francolins, pintades et autres oiseaux « gibier »;
25. Les grands chéloniens.

---

10. The colobi and all fur-monkeys;
11. The aard-vark *(genus Orycteropus);*
12. The dugong *(genus Halicore);*
13. The manatee *(genus Manatus);*
14. The small cat;
15. The serval;
16. The cheetah *(Cynoelurus);*
17. The jackal;
18. The aard-wolf *(Proteles);*
19. The small monkey;
20. The ostrich;
21. The marabou;
22. The egret;
23. The bustard;
24. The francolin, guinea-fowl, and other « Game birds »;
25. Thé lárge tortoise.

V.

1. Le lion;

2. Le léopard;

3. Les hyènes;

4. Le chien-chasseur *(Lycaon pictus);*

5. La loutre *(Lutra);*

6. Les cynocéphales *(Cynocephalus)*, et autres singes nuisibles;

7. Les grands oiseaux de proie, sauf les vautours, l'oiseau-secrétaire et les hiboux;

8. Les serpents venimeux;

9. Les pythons.

Passée au Conseil législatif, le 7 novembre 1901.

F. A. Miller,
Greffier du Conseil législatif.

V.

1. The lion;

2. The leopard;

3. The hyena;

4. The hunting-dog *(Lycaon pictus);*

5. The otter *(Lutra);*

6. The baboon *(Cynocephalus)* and other harmful monkeys.

7. Large birds of prey, except the vulture, the secretary-bird, and the owl.

8. Poisonous snakes.

9. The python.

Passed in the Legislative Council this 7th day of November, in the year of Our Lord, 1901.

F. A. Miller,
Clerk of Legislative Council.

RÈGLEMENTS

pour la protection d'animaux vivant à l'état sauvage dans la colonie et le protectorat de Sierra Leone.

Considérant que la section 2 de « l'Ordonnance n° 30 de 1901 sur la protection des animaux et des oiseaux vivant à l'état sauvage et des poissons » dispose que le Gouverneur en conseil peut faire, modifier et révoquer des règlements en ce qui concerne la délivrance et les modèles de permis, les conditions auxquelles ils peuvent être délivrés et l'interdiction de chasser les animaux vivants à l'état sauvage si ce n'est par les porteurs de permis :

Pour ces motifs, nous, Gouverneur de la colonie de Sierra Leone, de l'avis et avec le consentement du conseil exécutif de la colonie, révoquons les règlements arrêtés en conseil exécutif le 30 septembre 1902 et entrés en vi-

---

REGULATIONS

as to the Preservation of Wild Animals in the Colony and Protectorate of Sierra Leone.

Whereas it is provided by section 2 of « The Wild Animals, Birds, and Fish Preservation Ordinance, 1901 (No. 30 of 1901) », that the Governor in Council may make, alter, and revoke Regulations with respect to the issue and forms of licences, and the conditions under which such licences may be issued, and also with respect to the prohibition of the hunting of wild animals by any persons except holders of such licences :

Now, therefore, I, Governor of the Colony of Sierra Leone, with the advice of the Executive Council of the Colony, do hereby revoke the Regulations made in the Executive Council on the 30th day of September, 1902, and which came into force on the

gueur le 1er janvier 1903, et y substituons les règlements suivants :

1. Dans les présents règlements :

« Non-indigène » signifie une personne qui n'est pas née ni domiciliée dans la colonie ou le protectorat, suivant le cas;

Par « chasser » il faut entendre tuer ou capturer de toute manière et toutes les tentatives de chasser, tuer ou capturer;

Les mots « animal vivant à l'état sauvage » signifient tout animal mentionné aux tableaux I à IV de la dite ordonnance, à l'exception des francolins, pintades et autres oiseaux « gibier ».

2. Aucun non-indigène ne peut chasser un animal vivant à l'état sauvage dans la colonie ou le protectorat de Sierra Leone sans être pourvu d'un permis délivré par le Gouverneur suivant un des modèles prescrits dans l'an-

---

1st day of January, 1903, and in lieu thereof do make the following Regulations : —

1. In these Regulations—

« Non-native » means any person not born in or domiciled in the Colony or the Protectorate, as the case may be;

« Hunt » includes killing or capturing by any methods, and all attempts to hunt, kill, or capture;

« Wild animal » means any of the animals mentioned in Schedules I to IV of the said Ordinance, except Francolin Guinea fowl and other game birds.

2. No non-native shall hunt any wild animal within the Colony or Protectorate of Sierra Leone without having a licence from the Governor in one of the forms in the Schedule hereto, or as provided by Regulation 7 hereof.

3. Any non-native hunting any wild animal without a licence or contrary to the terms of his licence shall be liable to a fine not

nexe ci-jointe ou suivant le modèle prescrit par la règle 7.

3. Tout non-indigène chassant un animal vivant à l'état sauvage sans être pourvu d'un permis ou en transgressant les conditions de son permis, sera passible d'une amende ne dépassant pas 25 livres sterling ou d'un emprisonnement de six mois au plus, avec ou sans travaux forcés.

4. Avant de délivrer un permis, le Gouverneur peut, à son gré, obliger le requérant de déposer une somme de 100 livres sterling à titre de garantie de l'observance des conditions du permis.

5. Avant de délivrer un permis, le Gouverneur peut modifier celui-ci de la façon suivante :

(a) En interdisant le massacre ou la capture de plus d'un des animaux vivant à l'état sauvage, dont le permis permet la chasse;

(b) En interdisant la chasse de tous les animaux vivant à l'état sauvage mentionnés dans le permis; ou

(c) En ajoutant à la liste des animaux vivant à l'état sauvage mentionnés dans le permis et dont la chasse est

---

exceeding £25, or imprisonment, with or without hard labour, not exceeding six months.

4. The Governor, before issuing a licence, may, in his discretion, require the applicant to deposit £100 as security for his compliance with the terms of the licence.

5. It shall be lawful for the Governor, before issuing a licence, to modify such licence in any one or more of the following ways:—

(a) By prohibiting the killing or capturing of more than one of the wild animals permitted by a licence to be hunted;

(b) By prohibiting the hunting of any wild animal mentioned in any licence;

(c) By adding to the list of wild animals in any licence prohibited to be hunted the names of any other wild animals.

6. Every licence must be produced when called for by any

interdite, les noms de tous autres animaux vivant à l'état sauvage.

6. Tout permis doit être produit sur demande faite par un fonctionnaire de la colonie ou du protectorat. Si le porteur refuse sans bonnes ou suffisantes raisons de le produire sur demande, il sera passible de la même peine que celle qu'il aurait encourue s'il n'avait pas de permis.

7. Dans le cas où un permis est perdu ou détruit, le porteur peut, en payant une taxe ne dépassant pas le cinquième de celle de l'original, en détenir un nouveau pour le temps restant à courir du terme pour lequel était valable son premier permis.

8. Les présents règlements s'appliqueront au Protectorat aussi bien qu'à la colonie de Sierra Leone.

9. Les présents règlements entreront en vigueur le 1er avril 1903.

---

officer of the Colony or Protectorate. Its non-production without good and sufficient reason when demanded shall render the holder liable to the same penalty as if he had no licence.

7. If a licence is lost or destroyed, the licensee may, on payment of a fee not exceeding one-fifth of the original, obtain a fresh licence for the remainder of the term for which his former licence was available.

8. These Regulations shall apply to the Protectorate as well as to the Colony of Sierra Leone.

9. These Regulations shall come into force on the 1st day of April, 1903.

ANNEXE.

A. — *Permis limité de fonctionnaire du Gouvernement.*
Taxe : 10 shillings.

Autorisation est donnée par le présent à (1) .... (2) ...., de chasser pendant une année à partir de la date du présent permis, tous les animaux sauvages à l'exception des éléphants, rhinocéros et hippopotames, à la condition que le dit (1).................... soit fonctionnaire de la colonie pendant l'année.

Le .... 19......

Gouverneur.

(Le présent permis est personnel.)

B. — *Permis complet de fonctionnaire du Gouvernement.*
Taxe : 5 livres sterling.

Autorisation est accordée par le présent à (1) .... (2) ...., de chasser tout animal vivant à l'état sauvage. Le présent permis n'autorisera pas le massacre

---

SCHEDULE.

A. — *Qualified Licence to Government Officer.* — *Fee* 10*s.*

Licence is hereby granded to (1)...............(2).................. to hunt any wild animal except elephants, rhinoceroses, and hippopotami for one year from the date hereof, provided the said (1)...................................is during the year an officer of the Colony.

Dated at...................this................ day of............,.......19.....

Governor.

(This licence is not transferable.)

B. — *Full Licence to Government Officer.* — £ 5.

Licence is hereby granted to (1).................. (2)................ to hunt any wild animal : provided that this licence shall not authorize the killing or capturing of more than two of each of the

ou la capture de plus de deux de chacun des animaux suivants : éléphants, rhinocéros, ou hippopotames, ni la chasse d'aucune femelle d'éléphant. Le présent permis sera valable pendant une année à partir de sa date, à la condition que le dit (1) soit pendant cette période fonctionnaire de la colonie.

A ...., le .... 19.....

Gouverneur.

(Le présent permis est personnel.)

C. — *Permis limité général.* — *Taxe : 3 livres sterling.*

Autorisation est accordée par le présent à .... de.................., de chasser les animaux vivant à l'état sauvage, pendant une année à partir de la date du présent permis, à l'exception des éléphants, rhinocéros et hippopotames.

A ...., le .... 19.....

Gouverneur.

(Le présent permis est personnel.)

---

following animals, viz.. : elephants, rhinoceroses, or hippopotami, nor the hunting of any cow elephant.

This licence shall be in force for the period of one year from the date hereof, provided that the said (1)...........................is during such period an officer of the Colony.

Dated at..................this................day of....................., 19..

Governor.

(This licence is not transferable.)

C. — *Qualified General Licence.* — *Fee* £ 3.

Licence is hereby granted to....................of.......................... to hunt any wild animal except elephants, rhinoceroses, and hippopotami for one year from the date hereof.

Dated at.....................this..................day of............., 19.....

Governor.

(This licence it not transferable.)

D. — *Permis général complet.* — *Taxe : 25 livres sterling.*

Autorisation est accordée à ...., de .... de chasser tout animal vivant à l'état sauvage; le présent n'autorisera pas le massacre ou la capture de plus de deux de chacun des animaux suivants : éléphants, rhinocéros ou hippopotames, ni la chasse d'aucune femelle d'éléphant. Le présent permis sera valable pendant une année à partir de sa date.

A ...., le .... 19......

Gouverneur.

(Le présent permis est personnel.)

Arrêté en conseil exécutif, le 19 mars 1903.

F. A. Miller,
Greffier du Conseil exécutif.

D. — *Full General Licence.* — *Fee* £ 25.

Licence is hereby granted to............ of............................ to hunt any wild animal : provided that this licence shall not authorize the killing or capturing of more than two of each of the following animals, viz. : elephants, rhinoceroses, or hippopotami, nor the hunting of any cow elephant. This licence shall be in force for the period of one year from the date hereof.

Dated at......................this..................day of..............., 19......

Governor.

(This licence is not transferable.)

Made in Executive Council, this 19th day of March, 1903.

F. A. Miller,
Clerk of the Executive Council.

ORDONNANCE N° 6 DE 1907

amendant « l'Ordonnance n° 30 de 1901 sur la protection des animaux et des oiseaux vivant à l'état sauvage et des poissons ».

Au nom de Sa Majesté, nous donnons notre assentiment à la présente ordonnance, ce 26 mars 1907.

(L. S.) G. B. HADDON SMITH,
Gouverneur ff.

Considérant qu'il est utile d'amender « l'Ordonnance n° 30 de 1901 sur la protection des animaux et des oiseaux vivant à l'état sauvage et des poissons » :

Il est décrété ce qui suit par le Gouverneur de la colonie de Sierra Leone, de l'avis et avec le consentement du Conseil législatif :

ORDINANCE N° 6 OF 1907

to amend « The Wild Animals, Birds and Fish Preservation Ordinance, 1901 » (N° 30 of 1901).

In His Majesty's name I assent to this Ordinance, this Twenty-sixth day of March, 1907.

(L. S.) G. B. HADDON SMITH,
Acting Governor.

Whereas it is expedient to amend « The Wild Animals, Birds and Fish Preservation Ordinance, 1901 » (N° 30 of 1901) :

Be it therefore enacted by the Governor of the Colony of Sierra Leone with the advice and consent of the Legislative Council thereof as follows :—

1. This Ordinance may be cited for all purposes as « The Wild

1. La présente ordonnance peut être citée à toutes fins comme « l'Ordonnance d'amendement de 1907 sur la protection des animaux et des oiseaux vivant à l'état sauvage et des poissons » et elle sera lue et interprétée comme formant corps avec « l'Ordonnance n° 30 de 1901 sur la protection des animaux et des oiseaux vivant à l'état sauvage et des poissons », appelée ci-après l'ordonnance principale et avec toute ordonnance qui l'amende.

2. La section 2 de l'ordonnance principale est amendée par la présente en supprimant la sous-section 12 et en y substituant ce qui suit :

(12) L'interdiction de chasser ou de tuer de jeunes éléphants; la fixation d'un poids en dessous duquel des défenses d'éléphant ne peuvent être vendues ou trafiquées ou dont la vente ou le trafic ne peut être tenté; la confiscation de défenses pesant moins que le poids fixé, vendues, trafiquées ou dont la vente ou le trafic est tenté.

Il sera ajouté après la sous-section 15 ce qui suit :

Animals, Birds and Fish Preservation Amendment Ordinance, 1907 », and shall be read and construed as one with « The Wild Animals, Birds and Fish Preservation Ordinance, 1901 » (N° 30 of 1901) hereinafter called the Principal Ordinance, and with any Ordinance amending the same.

2. Section 2 of the Principal Ordinance is hereby amended by deleting sub-section 12 thereof and substituting therefore the following :—

(12) The prohibition of hunting or killing young elephants, and the prescribing of a weight under which elephant tusks may not be sold or bartered, or attempted to be sold or bartered, and the confiscation of tusks sold, bartered, or attempted to be sold or bartered of less than the prescribed weight.

And by adding after sub-section 15 thereof the following :—

(16) Annual returns by licence holders of all game killed by them.

(16) Les relevés annuels à fournir par les porteurs de permis du gibier tué par eux.

Passée au Conseil législatif, le 6 mars 1907.

F. A. Miller,
Greffier du Conseil législatif.

RÈGLEMENTS

arrêtés par le Gouverneur en conseil en vertu de la section 2 de « l'Ordonnance nº 30 de 1901 sur la protection des animaux et des oiseaux vivant à l'état sauvage et des poissons ».

Aucune défense d'éléphant de moins de 25 livres sterling ne peut être vendue ou trafiquée et quiconque vendra ou trafiquera, ou essayera de vendre ou de trafiquer une défense semblable, sera passible, après condamnation

---

Passed in the Legislative Council this sixth day of March in the year of our Lord one thousand nine hundred and seven.

F. A. Miller,
Clerk of Legislative Council.

REGULATIONS

made by the Governor-in-Council under Section 2 of « The Wild Animals, Birds, and Fish Preservation Ordinance, 1901 » (Nº 30 of 1901).

No elephant tusk weighing less than twenty-five pounds shall be sold or bartered and any person selling or bartering or attempting to sell or barter any such tusk shall be liable on summary conviction to a fine not exceeding twenty-five pounds or to imprisonment with or without hard labour for six months, and every

sommaire, d'une amende ne dépassant pas 25 livres sterling ou d'un emprisonnement de 6 mois, avec ou sans travaux forcés. Toute défense ainsi vendue ou trafiquée ou dont la vente ou le trafic est tenté, sera confisquée au profit du Gouvernement.

Tout porteur de permis fournira chaque année un relevé exact du gibier qu'il aura tué; s'il néglige de fournir ce relevé dans le mois après l'expiration de son permis ou s'il fournit sciemment un relevé inexact, il sera passible, après condamnation sommaire, d'une amende ne dépassant pas 25 livres sterling.

Arrêté par le Gouverneur en Conseil, le 9 avril 1907.

F. A. Miller,
Greffier du Conseil exécutif.

---

such tusk sold or bartered or attempted to be sold or bartered shall be forfeited to the Government.

Every licence-holder shall make an accurate return every year of all game killed by him, and every licence-holder failing to make such return within one month after the expiry of his licence, or wilfully making an inaccurate return shall on summary conviction be liable to a fine not exceeding twenty-five pounds.

Made by the Governor-in-Council this ninth day of April, 1907.

F. A. Miller,
Clerk of Executive Council.

RÈGLEMENTS

arrêtés en vertu de la section II (8) de « l'Ordonnance nº 30 de 1901, sur la protection des animaux et des oiseaux vivant à l'état sauvage et des poissons ».

En vertu des pouvoirs conférés au Gouverneur en conseil par la section II (8) de « l'Ordonnance de 1901 sur la protection des animaux et des oiseaux vivant à l'état sauvage et des poissons », il est stipulé que les permis autorisant les porteurs à tuer ou à chasser des éléphants ne seront délivrés qu'aux conditions suivantes :

(1) Le demandeur de permis produira un certificat, signé par son officier commandant s'il est officier militaire, et par un membre du Conseil exécutif ou par un Commissaire de district, s'il s'agit d'autres personnes, qu'il possède un fusil à canon rayé d'une charge d'au moins 70 grains de cordite ou autre explosif de force équivalente et d'une balle pesant au moins 480 grains.

REGULATIONS

made under Section II. (8) of « The Wild Animals. Birds and Fish Preservation Ordinance, 1901. » (No. 30 of 1901.)

By virtue of the powers vested in the Governor-in-Council by Section II. (8) of « The Wild Animals Birds and Fish Preservation Ordinance, 1901, » it is hereby ordered that licences authorizing the holders thereof to kill or shoot elephants will be issued only upon the following conditions :—

(1) The applicant therefore shall produce a certificate signed in the case of a military officer by his Commanding Officer and in the case of other persons by a member of the Executive Council or by a District Commissioner that he is in possession of a rifle which shall fire a charge of not less than 70 grains of cordite

(2) En aucune circonstance, le porteur d'un permis ne tirera pour la première fois sur un éléphant avec une arme ayant une charge d'explosif moindre ou une balle plus légère que celles indiquées ci-dessus.

(3) Dans le cas où le porteur du permis partira de Freetown aux fins de chasser l'éléphant, il prendra toutes les dispositions nécessaires pour la location de porteurs et l'achat de riz à Freetown; s'il part pour cette expédition d'une autre localité que Freetown, il prendra pour la location de porteurs et pour l'achat de riz les dispositions qu'approuvera le Commissaire de district du district dans lequel il voyage; dans aucun cas, le porteur du permis n'aura le droit d'engager des porteurs ou d'acheter du riz dans le Protectorat au cours de l'expédition, sans avoir obtenu au préalable le consentement du Commissaire de district.

---

or other explosive of equivalent force, and bullet of not less than 480 grains in weight.

(2) Under no circumstances shall the holder of any such licence in the first instance fire at any elephant with any weapon which shall fire a lesser charge of explosive or a lighter bullet than those hereinbefore described.

(3) If the holder of such licence shall proceed on an expedition from Freetown for the purpose of shooting elephants, he shall make all necessary arrangements for the hire of carriers and the purchase of rice at Freetown, and if such person shall proceed upon such expedition from any place other than Freetown, then he shall make such arrangements for carriers or for the purchase of rice as the District Commissioner of the District in which such person is travelling shall approve; and in no case shall such person be entitled to engage carriers or to purchase rice in the Protectorate when upon such expedition, unless the consent of such District Commissioner shall have been previously obtained.

(4) Quiconque contreviendra aux règlements ci-dessus sera passible, après condamnation sommaire, d'une pénalité ne dépassant pas 25 livres sterling et, à défaut de payement, d'un emprisonnement de six mois au maximum, avec ou sans travaux forcés.

Passés par le Gouverneur en conseil, le 30 août 1909.

F. A. Miller,
Greffier du Conseil exécutif

---

(4) If any person shall commit a breach of the regulations hereinbefore set out he shall upon summary conviction be liable to a penalty not exceeding £ 25 or in default of payment thereof to imprisonment with or without hard labour for any period not exceeding six months.

Done and passed by the Governor-in-Council this Thirtieth day of August, 1909.

F. A. Miller,
Clerk of Executive Council.

CÔTE D'OR

CÔTE D'OR

PREMIÈRE ANNÉE
DU RÈGNE DE SA MAJESTÉ EDOUARD VII.
MAJOR MATTHEW NATHAN R. E., C. M. G., GOUVERNEUR.

ORDONNANCE

pour exécuter la Convention internationale concernant la protection des animaux et des oiseaux vivant à l'état sauvage et des poissons en Afrique, signée à Londres le 19 mai 1900.

5 février 1901.

Considérant que la colonie de la Côte d'Or est située dans la zone décrite à l'article premier de la Convention sur la protection des animaux et des oiseaux vivant à

GOLD COAST

IN THE FIRST YEAR
OF THE REIGN OF HIS MAJESTY KING EDWARD VII.
MAJOR MATTHEW NATHAN R. E., C. M. G., GOVERNOR.

AN ORDINANCE

to carry into effect an International Convention concerning the preservation of Wild Animals, Birds and Fish in Africa signed at London on the 19th day of May, 1900.

5th February, 1901,

Whereas the Gold Coast Colony is within the zone specified in the first Article of a Convention for the preservation of Wild

l'état sauvage et des poissons en Afrique, signée à Londres le 19 mai 1900;

Il est décrété ce qui suit par le Gouverneur de la colonie de la Côte d'Or, de l'avis et avec le consentement du Conseil législatif :

1. La présente ordonnance peut être citée sous le nom de « Ordonnance de 1901 sur la protection des animaux vivant à l'état sauvage ».

2. Le Gouverneur en conseil peut de temps en temps arrêter, modifier et révoquer des règles à publier dans la *Gazette* concernant :

(1) L'interdiction de chasser et de tuer les animaux visés au tableau I ci-annexé, ainsi que tous autres animaux qu'il est nécessaire de protéger, soit à cause de leur rareté, soit à cause du danger de leur disparition;

(2) L'interdiction de chasser et de tuer les animaux non adultes, des espèces mentionnées au tableau II ci-annexé;

Animals, Birds and Fish in Africa, signed at London on the 19th day of May, 1900;

Be it enacted by the Governor of the Gold Coast Colony, with the advice and consent of the Legislative Council thereof, as follows :—

1. This Ordinance may be cited as « The Wild Animals Preservation Ordinance, 1901. »

2. The Governor in Council may from time to time make, alter and revoke regulations to be published in the *Gazette* with respect to—

(1) The prohibition of the hunting and destruction of the animals mentioned in Schedule I hereto, and also of any other animals whose protection, whether owing to their rarity or threatened extermination, may be considered necessary;

(2) The prohibition of the hunting and destruction of young animals of the species mentioned in Schedule II hereto;

(3) The prohibition of the hunting and destruction of the

(3) L'interdiction de chasser et de tuer les femelles des espèces mentionnées au tableau III ci-annexé, lorsqu'elles sont accompagnées de leurs petits;

(4) L'interdiction, dans une certaine mesure, de tuer les femelles, pour autant qu'elles puissent être reconnues, sauf pour ce qui concerne celles des espèces mentionnées au tableau V ci-annexé;

(5) L'interdiction de chasser et de tuer, si ce n'est en nombre restreint, les animaux des espèces mentionnées au tableau IV ci-annexé;

(6) L'organisation de réserves dans lesquelles il sera interdit de chasser, capturer ou tuer des oiseaux ou autres animaux vivant à l'état sauvage, sauf ceux qui ne seront pas spécialement protégés;

(7) L'établissement de saisons de clôture de chasse pour favoriser l'élevage des petits;

(8) L'interdiction de chasser des animaux sauvages à

---

females of the species in Schedule III hereto, when accompanied by their young;

(4) The prohibition, to a certain extent, of the destruction of any females, when they can be recognized as such with the exception of those of the species mentioned in Schedule V hereto;

(5) The prohibition of the hunting and destruction, except in limited numbers, of animals of the species mentioned in Schedule IV hereto;

(6) The establishment of reserves within which it shall be unlawful to hunt, capture or kill any bird or other wild animal except those which shall be specially exempted from protection;

(7) The establishment of close seasons with the view to facilitate the rearing of young animals;

(8) The prohibition of the hunting of wild animals by any persons except holders of licences issued by the Governor on such terms as to him shall seem fit;

toute personne non pourvue d'un permis délivré par le Gouverneur aux conditions qu'il juge convenables;

(9) La restriction de l'usage de filets et de trappes pour capturer les animaux;

(10) L'établissement de droits d'exportation sur les cuirs et peaux de girafes, d'antilopes, de zèbres, de rhinocéros et d'hippopotames, ainsi que sur les cornes de rhinocéros et d'antilopes et les dents d'hippopotames;

(11) L'interdiction de chasser et de tuer les jeunes éléphants et la confiscation des défenses d'éléphant pesant moins de 10 livres;

(12) L'application de mesures propres à empêcher que les maladies contagieuses parmi les animaux domestiques ne se transmettent aux animaux vivant à l'état sauvage;

(13) L'application de mesures propres à assurer la réduction suffisante du nombre des animaux des espèces mentionnées au tableau V ci-annexé;

(14) L'application de mesures propres à assurer la protection des œufs d'autruches;

---

(9) The restriction of the use of nets and pitfalls for taking animals;

(10) The imposition of export duties on the hides and skins of giraffes. antelopes, zebras, rhinoceroses and hippopotami, on rhinoceros and antelope horns, and on hippopotamus tusks;

(11) The prohibition of hunting or killing young elephants and the confiscation of all elephant tusks weighing less than ten pounds;

(12) The application of measures for preventing the transmission of contagious diseases from domestic to wild animals;

(13) The application of measures for effecting the sufficient reduction of the numbers of the animals of the species mentioned in Schedule V hereto;

(14) The application of measures for ensuring the production of the eggs of ostriches;

(15) La destruction des œufs de crocodiles, de serpents venimeux et de pythons.

Pour chaque contravention à une de ces règles, le Gouverneur peut prescrire une peine ne dépassant pas 25 livres sterling ou un emprisonnement de six mois au maximum avec ou sans travaux forcés, ou les deux ensemble.

3. Toute règle arrêtée en vertu de la section 2 concernant les oiseaux, peut également prévoir des stipulations pour les œufs de ces oiseaux.

4. Nonobstant toute règle arrêtée en vertu des paragraphes 1, 2, 3, 4 et 6 de la section 2 de la présente ordonnance, le Gouverneur peut, par arrêté muni de sa signature, autoriser le collectionnement de spécimens d'animaux pour les musées, jardins zoologiques ou dans tout autre but scientifique.

MATTHEW NATHAN,
Gouverneur.

---

(15) The destruction of the eggs of crocodiles, poisonous snakes and pythons.

And for the breach of any such regulation he may impose a penalty not exceeding £ 25 or imprisonment with or without hard labour not exceeding three months or both.

3. In any regulation made in pursuance of section 2 dealing with birds, provision may also be made with respect to the eggs of such birds.

4. Notwithstanding any regulations made under paragraphs 1, 2, 3, 4, and 6 of section 2 of this Ordinance, the Governor may by an order under his hand permit the collection of specimens of animals referred to in such regulations for Museums, or Zoological gardens, or for any other scientific purpose.

MATTHEW NATHAN,
Governor.

TABLEAU I.

(Série A) :

1. Les vautours;
2. L'oiseau-secrétaire;
3. Les hiboux;
4. Les pique-bœufs;

(Série B) :

1. La girafe;
2. Le gorille;
3. Le chimpanzé;
4. Le zèbre des montagnes;
5. Les ânes sauvages;
6. Le gnou à queue blanche;
7. Les élans *(Taurotragus)*;
8. Le petit hippopotame de Libéria.

TABLEAU II.

1. L'éléphant;

SCHEDULE I.

(Series A) :—

1. Vultures;
2. The Secretary-bird;
3. Owls;
4. Rhinoceros-birds or Beef-eaters *(Buphaga)*.

(Series B) :—

1. The Giraffe;
2. The Gorilla;
3. The Chimpanzee;
4. The Mountain Zebra;
5. Wild Asses;
6. The White-Tailed Gnu *(Connochoetes gnu)*.
7. Elands *(Taurotragus)*;
8. The little Liberian Hippopotamus.

SCHEDULE II.

1. The Elephant;

2. Les rhinocéros;

3. L'hippopotame;

4. Les zèbres des espèces non visées au tableau I;

5. Les buffles;

6. Les antilopes et gazelles, notamment les espèces des genres *Bubalis, Damaliscus, Connochoetes, Cephalophus, Oreotragus, Oribia, Rhaphiceros, Nesotragus, Madoqua, Cobus, Cervicapra, Pelea, Aepyceros, Antidorcas, Gazella, Ammodorcas, Lithocranius, Dorcotragus, Oryx, Addax, Hippotragus, Taurotragus, Strepsiceros, Tragelaphus;*

7. Les ibex;

8. Les chevrotins *(Tragulus)*.

TABLEAU III.

1. L'éléphant;

2. Les rhinocéros;

3. L'hippopotame;

4. Les zèbres des espèces non visées au tableau I;

---

2. Rhinoceroses;

3. The Hippopotamus;

4. Zebras of the species not referred to in Schedule I;.

5. Buffaloes;

6. Antelopes and Gazelles, especially species of the genera *Bubalis, Damaliscus, Connochoetes, Cephalophus, Oreotragus, Oribia, Rhaphiceros, Nesotragus, Madoqua, Cobus, Cervicapra, Pelea, Æpiceros, Antidorcas, Gazella, Ammodorcas, Lithocranius, Dorcotragus, Oryx, Addax, Hippotragus, Taurotragus, Strepsiceros, Tragelaphus.*

7. Ibex;

8. Chevrotains *(Tragulus)*.

SCHEDULE III.

1. The Elephant;

2. Rhinoceroses;

3. The Hippopotamus;

4. Zebras of the species not referred to in Schedule I;

5. Les buffles;

6. Les antilopes et gazelles, notamment les espèces des genres *Bubalis*, *Damaliscus*, *Connochoetes*, *Cephalophus*, *Oreotragus*, *Oribia*, *Rhaphiceros*, *Nesotragus*, *Madoqua*, *Cobus*, *Cervicapra*, *Pelea*, *Aepyceros*, *Antidorcas*, *Gazella*, *Ammodorcas*, *Lithocranius*, *Dorcotragus*, *Oryx*, *Addax*, *Hippotragus*, *Taurotragus*, *Strepsiceros*, *Tragelaphus;*

7. Les ibex;

8. Les chevrotins *(Tragulus)*.

TABLEAU IV.

1. L'éléphant;

2. Les rhinocéros;

3. L'hippopotame;

4. Les zèbres des espèces non visées au tableau I;

5. Les buffles;

6. Les antilopes et gazelles, notamment les espèces des genres *Bubalis*, *Damaliscus*, *Connochoetes*, *Cephalophus*,

---

5. Buffaloes;

6. Antelopes and Gazelles, especially species of the genera *Bubalis*, *Damaliscus*, *Connochoetes*, *Cephalophus*, *Oreotragus*, *Oribia*, *Rhaphiceros*, *Nesotragus*, *Madoqua*, *Cobus*, *Cervicapra*, *Pelea*, *Æpiceros*, *Antidorcas*, *Gazella*, *Ammodorcas*, *Lithocranius*, *Dorcotragus*, *Oryx*, *Addax*, *Hippotragus*, *Taurotragus*, *Strepsiceros*, *Tragelaphus*.

7. Ibex;

8. Chevrotains *(Tragulus)*.

SCHEDULE IV.

1. The Elephant;

2. Rhinoceroses;

3. The Hippopotamus;

4. Zebras of the species not referred to in Schedule I;

5. Buffaloes;

6. Antelopes and Gazelles, especially species of the genera *Bubalis*, *Damaliscus*, *Connochoetes*, *Cephalophus*, *Oreotragus*,

Oreotragus, Oribia, Rhaphiceros, Nesotragus, Madoqua, Cobus, Cervicapra, Pelea, Aepyceros, Antidorcas, Gazella, Ammodorcas, Lithocranius, Dorcotragus, Oryx, Addax, Hippotragus, Taurotragus, Strepsiceros, Tragelaphus;

7. Les ibex;
8. Les chevrotins *(Tragulus)*;
9. Les divers sangliers;
10. Les colobus et tous les singes à fourrure;
11. Les fourmiliers (genre *Orycteropus)*;
12. Les dugongs (genre *Halicore)*;
13. Les lamantins (genre *Manatus)*;
14. Les petits félins;
15. Le serval;
16. Le guépard *(Cynaelurus)*;
17. Les chacals;
18. Les faux-loups *(Proteles)*;
19. Les petits singes;

Oribia, Rhaphiceros, Nesotragus, Madoqua, Cobus, Cervicapra, Pelea, Æpiceros, Antidorcas, Gazella, Ammodorcas, Lithocranius, Dorcotragus, Oryx, Addax, Hippotragus, Taurotragus, Strepsiceros, Tragelaphus.

7. Ibex;
8. Chevrotains *(Tragulus)*.
9. The various Pigs;
10. Colobi and all the fur-Monkeys;
11. Aard-Varks (genus *Orycteropus)*;
12. Dugongs (genus *Halicore*);
13. Manatees (genus *Manatus*);
14. The small Cats;
15. The Serval;
16. The Cheetah *(Cynœlurus)*;
17. Jackals;
18. The Aard-Wolf *(Proteles)*;
19. Small Monkeys;

20. Les autruches ;
21. Les marabouts ;
22. Les aigrettes ;
23. Les outardes ;
24. Les francolins, pintades et autres oiseaux « gibier » ;
25. Les grands chéloniens.

TABLEAU V.

1. Le lion ;
2. Le léopard ;
3. Les hyènes ;
4. Le chien-chasseur *(Lycaon pictus)* ;
5. La loutre *(Lutra)* ;
6. Les cynocéphales *(Cynocephalus)* et autres singes nuisibles ;
7. Les grands oiseaux de proie sauf les vautours, l'oiseau-secrétaire et les hiboux ;
8. Les crocodiles ;

---

20. Ostriches ;
21. Marabous ;
22. Egrets ;
23. Bustards ;
24. Francolins, Guinea-fowl and other « Game » birds ;
25. Large Tortoises.

SCHEDULE V.

1. The Lion ;
2. The Leopard ;
3. Hyaenas ;
4. The Hunting Dog *(Lycaon pictus)* ;
5. The Otter *(Lutra)* ;
6. Baboons *(Cynocephalus)* and other harmful Monkeys ;
7. Large birds of prey, except Vultures, the Secretary-bird and Owls ;
8. Crocodiles ;

9. Les serpents venimeux;
10. Les pythons.

Passée au Conseil législatif, le 5 février 1901.

G. C. CLARK,
Greffier du Conseil législatif.

N° 139.

RÈGLEMENTS

relatifs à la protection des animaux vivant à l'état sauvage.

Considérant que la section 2 de « l'Ordonnance n° 2 de 1901 sur la protection des animaux vivant à l'état sauvage » dispose que le Gouverneur peut de temps en temps faire, modifier et révoquer des règlements à publier dans la *Gazette*, sur l'interdiction de chasser les animaux vivant à l'état sauvage à toute personne non pourvue d'un per-

---

9. Poisonous Snakes;
10. Pythons.

Passed in the Legislative Council this Fifth day of February, in the year of our Lord, One thousand, nine hundred and one.

G. C. CLARK,
Clerk of the Legislative Council.

N° 139.

REGULATIONS

as to the Preservation of Wild Animals.

Whereas it is provided by Section 2 of « The Wild Animals Preservation Ordinance, 1901 » (N° 2 of 1901), that the Governor in Council may from time to time make, alter, and revoke Regulations to be published in the *Gazette* with respect to the prohibi-

mis délivré par ce haut fonctionnaire aux conditions qu'il jugera convenables;

Et considérant qu'il est utile de révoquer les règlements arrêtés en vertu de la dite section par le Gouverneur en conseil, le 22 avril 1902 et d'y substituer d'autres :

Pour ces motifs, nous, Sir Matthew Nathan, Chevalier Commandeur de l'Ordre de Saint-Michel et de Saint-Georges, Major du Corps Royal des Ingénieurs, Gouverneur de la colonie de la Côte d'Or, de l'avis et avec le consentement du Conseil exécutif de la colonie, révoquons les règlements arrêtés le 22 avril 1902 et y substituons les suivants :

1. Dans les présents règlements :

« Non-indigène » signifie une personne qui n'est pas née ni domiciliée dans la colonie.

Par « chasser » il faut entendre tuer ou capturer de

---

tion of the hunting of wild animals by any persons except holders of licences issued by the Governor on such terms as to him shall seem fit;

And whereas it is expedient to revoke the Regulations made under the said section of the said Ordinance by the Governor in Council on the 22nd April, 1902, and to substitute new Regulations therefore :

Now, therefore, I, Sir Matthew Nathan, Knight Commander of the Most Distinguished Order of St. Michael and St. George, Major in the Corps of Royal Engineers, Governor of the Gold Coast Colony, with the advice of the Executive Council of the Colony, do hereby revoke the said Regulations made on the 22nd April, 1902, and do substitute the following Regulations therefore :—

1. In these Regulations :

« Non-native » means any person not born in or domiciled in the Colony.

toute manière et toutes les tentatives de chasser et de capturer.

Les mots « animal sauvage » ne comprennent pas comme signification les lions, léopards, hyènes, crocodiles, serpents et pythons.

2. Aucun non-indigène ne peut chasser un animal vivant à l'état sauvage dans la colonie sans être pourvu d'un permis délivré par le Commissaire de district suivant l'un des modèles prescrits dans l'annexe ci-jointe ou suivant le modèle prescrit par la règle 8, à moins qu'il ne soit porteur d'un permis valable momentanément en vertu d'une ordonnance ou règlement sur la protection d'animaux vivant à l'état sauvage en Ashanti ou dans les territoires septentrionaux de la Côte d'Or.

3. La taxe du permis délivré par le Commissaire de district sera celle indiquée dans le permis du modèle spé-

---

« Hunt » includes killing or capturing by any methods, and all attempts to hunt, kill, or capture.

« Wild animal » shall not include lions, leopards, hyænas, crocodiles, snakes, or pythons.

2. No non-native shall hunt any wild animal within the Colony without having a licence from a District Commissioner in one of the forms in the Schedule hereto, or as provided by Regulation 8 hereof, unless he be the holder of a licence for the time being in force under any Ordinance or Regulation for the preservation of wild animals in Ashanti or the northern territories of the Gold Coast.

3. The fee for any such licence granted by a District Commissioner shall be as stated in the particular form of licence in the said Schedule or as provided in Regulation 8 hereof.

4. Any non-native hunting any wild animal without a licence or contrary to the terms of his licence shall be liable to a fine not exceeding £25 or imprisonment with or without hard labour, not exceeding three months, or both.

cial de la dite annexe, ou telle qu'elle est prévue dans la règle 8.

4. Tout non-indigène chassant un animal vivant à l'état sauvage sans être pourvu d'un permis ou en transgressant les conditions de son permis, sera passible d'une amende ne dépassant pas 25 livres sterling ou d'un emprisonnement avec ou sans travaux forcés de trois mois au maximum, ou des deux peines à la fois.

5. Avant de délivrer un permis, le Commissaire de district peut, à son gré, obliger le requérant de déposer une somme de 100 livres sterling à titre de garantie de l'observance des conditions du permis.

6. Avant de délivrer un permis, le Commissaire de district peut, avec le consentement préalable et par écrit du Gouverneur, le modifier de la façon suivante :

(a) En interdisant de tuer ou de capturer plus d'un de chacun des animaux dont le permis autorise la chasse;

(b) En interdisant la chasse de certains animaux mentionnés dans le permis;

---

5. The District Commissioner, before issuing a licence, may in his discretion require the applicant to deposit £100 as security for his compliance with the terms of the licence.

6. It shall be lawful for the District Commissioner, with the previous consent in writing of the Governor, before issuing a licence to modify such licence in any one or more of the following ways :—

(a) By prohibiting the killing or capturing of more than one of the animals permitted by a licence to be hunted;

(b) By prohibiting the hunting of any animal mentioned in any licence;

(c) By adding to the list of animals in any licence prohibited to be hunted the names of any other animals; and

(d) In any of the above cases by decreasing the licence fee accordingly.

(c) En ajoutant à la liste des animaux mentionnés dans le permis dont la chasse est interdite, les noms de tous les autres animaux; et

(d) En réduisant proportionnellement la taxe du permis dans chacun des cas visés ci-dessus.

7. Tout porteur d'un permis en vertu des présents règlements ou d'un permis de l'Ashanti ou des territoires septentrionaux sera tenu de le produire à la demande de tout fonctionnaire de la colonie. Quiconque refusera, sans de bonnes et suffisantes raisons, de produire son permis, ou, en cas de destruction ou de perte de celui-ci, n'aura pas fait de démarches pour se conformer à la règle suivante, sera passible de la même peine que celle qu'il encourrait s'il n'avait pas de permis.

8. Dans le cas où un permis est perdu ou détruit, le porteur peut, en payant une taxe ne dépassant pas le cinquième de celle de l'original, en obtenir un nouveau pour le temps restant à courir du terme pour lequel était valable le premier permis. Toutefois, si le permis primitif

---

7. Every person holding a licence under these Regulations or an Ashanti or Northern Territories licence shall produce his licence on the demand of any officer of the Colony. Every person who shall fail to produce his licence without good and sufficient reason, or who, in the case of loss or destruction of his licence, has taken no steps to comply with the next succeeding Regulation, shall be liable to the same penalty as if he had no licence.

8. If a licence is lost or destroyed the licensee may, on payment of a fee not exceeding one-fifth of the original, obtain a fresh licence for the remainder of the term for which his former licence was available. Provided that if the original licence shall have been granted in Ashanti or the Northern Territories, it shall be lawful for a District Commissioner to defer granting the application of a fresh licence until he has made such inquiries as he thinks fit, and to require a deposit of £25 from the licensee which deposit shall be

a été délivré en Ashanti ou dans les territoires septentrionaux, le Commissaire de district peut surseoir à l'octroi d'un nouveau, jusqu'à ce qu'il ait fait les enquêtes qu'il juge utiles et exiger du porteur le dépôt d'une somme de 25 livres sterling, laquelle sera confisquée si l'un ou l'autre des renseignements fournis sur le permis primitif par le porteur au Commissaire de district est trouvé inexact.

9. Tout permis levé en vertu des règlements précités du 22 avril 1902 ou des règlements précédemment en vigueur en Ashanti ou dans les territoires septentrionaux et non expiré à la date de la mise en vigueur des présents règlements, sera, à partir de cette date, soumis aux présents règlements dans les limites où ils sont applicables et ce pour le terme restant à courir.

Toutefois, un permis général limité obtenu en Ashanti avant la mise en vigueur des présents règlements, ne donnera pas au porteur le droit de chasser dans la colonie des animaux vivant à l'état sauvage, à moins et avant qu'il n'ait payé la somme de 2 livres sterling au Commissaire

---

forfeited, if any of the particulars of the original licence furnished by the licensee to the District Commissioner shall turn out on inquiry to be incorrect.

9. Every licence which shall have been taken out under the aforesaid Regulations of the 22nd April, 1902, or under the Regulations heretofore in force in Ashanti or the Northern Territories, and which shall not have expired on the date of the coming into force of these Regulations, shall as from that date for the remainder of its unexpired period be held subject to these Regulations so far as the same are applicable. Provided that a qualified general licence obtained in Ashanti prior to the coming into force of these Regulations shall not be deemed to be extended so as to give the holder any right to hunt wild animals in the Colony unless and until he shall have paid the sum of £2 to a District

de district; le permis mentionnera le payement de cette somme.

10. Les présents règlements entreront en vigueur le 1er juillet 1903.

ANNEXE.

A. — *Permis limité de fonctionnaire du Gouvernement.*
Taxe : 10 shillings.

Autorisation est accordée à (1) .... (2) ...., de chasser tous les animaux vivant à l'état sauvage, sauf les éléphants, rhinocéros, hippopotames, pendant une année à partir de la date du présent, à la condition que le dit (1)..................... soit fonctionnaire de la colonie pendant cette année.

A ...., le .... 19.....

(Signé) ....

Commissaire de district.

(Le présent permis est personnel.)

Commissioner, and shall have a receipt therefore endorsed on his said licence.

10. These Regulations shall come into force on the 1st day of July, 1903.

SCHEDULE.

A. — Qualified Licence to Government Office. — Fee, 10s.

Licence is hereby granted to (1) .... (2) .... to hunt any wild animal, except elephants, rhinoceroses, and hippopotami, for one year from the date hereof, provided the said (1) ....is during the year an officer of the Colony.

Dated at .... this .... day of ...., 190...

(Signed) ....

District Commissioner.

(This licence is not transferable.)

B. — *Permis complet de fonctionnaire du Gouvernement.*

Taxe : 5 livres sterling.

Autorisation est accordée par le présent à (1) .... (2) ...., de chasser tout animal vivant à l'état sauvage. Le présent permis n'accorde pas le droit de tuer ou de capturer plus de deux spécimens de chacun des animaux suivants : éléphants, rhinocéros ou hippopotames, ni de chasser aucune femelle d'éléphant.

Le présent permis sera valable pendant un an à partir de sa date, à la condition que le dit (1)...................... soit pendant ce temps fonctionnaire de la colonie.

A ...., le .... 190......

(Signé) ....

Commissaire de district.

(Le présent permis est personnel.)

B. — Full Licence to Government Officer. — Fee, £ 5.

Licence is hereby granted to (1)...................................... (2)... to hunt any wild animal : provided this licence shall not authorize the killing or capturing of more than two of each of the following animals ,viz., elephants, rhinoceroses, or hippopotami, nor the hunting of any cow elephant.

This licence shall be in force for the period of one year from the date hereof, provided that the said (1) .... is during such period an officer of the Colony.

Dated at .... this .... day of ...., 190...

(Signed) ....

District Commissioner.

(This licence is not transferable.)

C. — *Permis limité général.* — *Taxe : 5 livres sterling.*

Autorisation est accordée par le présent à .... de ...., de chasser tout animal vivant à l'état sauvage, sauf les éléphants, rhinocéros ou hippopotames, pendant une année à partir de la date du présent.

A ...., le .... 19.....

(Signé) ....

Commissaire de district.

(Le présent permis est personnel.)

D. — *Permis général complet.* — *Taxe : 25 livres sterling,*

Autorisation est accordée à ...., de .... de chasser tout animal vivant à l'état sauvage. Le présent permis n'accorde pas le droit de tuer ou de capturer plus de deux spécimens de chacun des animaux suivants : éléphants, rhinocéros ou hippopotames, ni de chasser une femelle d'éléphant.

C. — Qualified General Licence. — Fee, £ 5.

Licence is hereby granted to .... of .... to hunt any wild animal except elephants, rhinoceroses, and hippopotami for one year from the date hereof.

Dated at .... this .... day of ....,190...

(Signed) ....

District Commissioner.

(This licence is not transferable.)

D. — Full General Licence. — Fee, £ 25.

Licence is hereby granted to .... of .... to hunt any wild animal : provided that this licence shall not authorize the killing or capturing of more than two of each of the following animals, viz., elephants, rhinoceroses, or hippopotami, nor the hunting of any cow elephant.

Le présent permis sera en vigueur pendant un an à partir de sa date.

A ...., le .... 19.....

(Signé) ....

Commissaire de district.

(Le présent permis est personnel.)

Fait en Conseil exécutif, le 30 juin 1903.

H. L. Stevens,

Greffier du Conseil

This licence shall be in force for the period of one year from the date hereof.

Dated at .... this .... day of ...., 190....

(Signed) ....

District Commissioner.

(This licence is not transferable.)

Made in Executive Council, this 30th day of June, 1903.

H. L. Stevens,

Clerk of Council.

N° 140.

Territoires septentrionaux de la Côte d'Or (1).

RÈGLEMENTS

concernant la protection des animaux vivant à l'état sauvage.

En vertu du pouvoir et de l'autorité qui nous sont conférés par « l'Ordonnance de 1901 sur la protection des animaux vivant à l'état sauvage », telle qu'elle est modifiée par la section 22 de « l'Ordonnance de 1902 sur l'administration des territoires septentrionaux », nous, Sir Matthew Nathan, Chevalier Commandeur de l'Ordre de Saint-Michel et de Saint-Georges, Major au Corps des Ingénieurs Royaux, Gouverneur et Commandant en chef de la colonie de la Côte d'Or, révoquons les règlements

(1) Des règlements semblables ont été mis en vigueur dans l'Ashanti.

No. 140.

Northern Territories of the Gold Coast (1).

REGULATIONS

As to the Preservation of Wild Animals.

By virtue of the power and authority conferred on me by « The Wild Animals Preservation Ordinance, 1901 », as modified by Section 22 of « The Northern Territories Administration Ordinance. 1902 », I, Sir Matthew Nathan, Knight Commander of the Most Distinguished Order of St. Michael and St. George, Major in

(1) Similar Regulations were brought into force for Ashanti.

sur la protection des animaux vivant à l'état sauvage dans les territoires septentrionaux de la Côte d'Or, arrêtés par nous le 22 avril 1902, et y substituons les dispositions suivantes :

1. Dans ces règlements :

« Protectorat » signifie les territoires septentrionaux de la Côte d'Or.

« Non-indigène » signifie toute personne qui n'est pas née ni domiciliée dans le Protectorat ;

Par « chasser » il faut entendre tuer ou capturer de toute manière et toutes les tentatives de tuer, chasser ou capturer.

Les mots « animal vivant à l'état sauvage » ne comprendront pas comme signification les lions, léopards, hyènes, crocodiles, serpents ou pythons.

2. Aucun non-indigène ne pourra chasser un animal vivant à l'état sauvage dans le Protectorat, sans être

---

the Corps of Royal Engineers, Governor and Commander-in-Chief of the Gold Coast Colony, do hereby revoke the Regulations as to the preservation of wild animals in the Northern Territories of the Gold Coast made by me on the 22nd day of April, 1902, and do substitute the following Regulations therefore :—

1. In these Regulations—

« Protectorate » means the Northern Territories of the Gold Coast.

« Non-native » means any person not born in or domiciled in the Protectorate.

« Hunt » includes killing or capturing by any methods, and all attempts to hunt, kill, or capture.

« Wild animal » shall not include lions, leopards, hyænas, crocodiles, snakes, or pythons.

2. No non-native shall hunt any wild animal within the Protectorate without having a licence from the Chief Commissioner in one of the forms in the Schedule hereto, or as provided by

pourvu d'un permis délivré par le Haut Commissaire suivant l'un des modèles de l'annexe ci-jointe ou dans la forme prévue par la règle 8 des présents, à moins qu'il ne soit porteur d'un permis momentanément en vigueur en vertu d'une ordonnance ou d'un règlement sur la protection des animaux vivant à l'état sauvage dans la colonie de la Côte d'Or ou dans l'Ashanti.

3. La taxe du permis délivré par le Haut Commissaire sera celle fixée dans le modèle spécial du permis de l'annexe ou celle prévue dans la règle 8.

4. Tout non-indigène chassant un animal vivant à l'état sauvage, sans être pourvu d'un permis ou en transgressant les conditions de son permis, sera passible d'une amende ne dépassant pas 25 livres sterling ou d'un emprisonnement de trois mois au maximum, avec ou sans travaux forcés, ou des deux peines à la fois.

Il est entendu que tout fonctionnaire du Protectorat

Regulation 8 hereof, unless he be the holder of a licence for the time being in force under any Ordinance or Regulation for the preservation of wild animals in the Gold Coast Colony or Ashanti.

3. The fee for a licence granted by the Chief Commissioner shall be as stated in the particular form of licence in the said Schedule, or as provided in Regulation 8 hereof.

4. Any non-native hunting any wild animal without a licence, or contrary to the terms of his licence, shall be liable to a fine not exceeding £ 25, or imprisonment, with or without hard labour, not exceeding three months, or both. Provided that any officer of the Protectorate holding a licence in the form (A)—

(a) Whilst he is Chief Commissioner, or acting as Chief Commissioner, may, throughout the Protectorate, and—

(b) Whilst he is Commissioner, or acting as Commissioner, of a district, may, within such district, hunt any wild animal without any of the restrictions imposed by the said licence.

5. The Chief Commissioner, before issuing a licence, may, in his

porteur d'un permis suivant le modèle A, peut chasser tout animal vivant à l'état sauvage sans être soumis à aucune des restrictions imposées par le dit permis :

(a) Dans le Protectorat, pendant qu'il est Haut Commissaire ou faisant fonctions comme tel, et

(b) Pendant qu'il est Commissaire ou Commissaire faisant fonctions d'un district, dans ce district.

5. Avant de délivrer un permis, le Haut Commissaire peut, à son gré, requérir le demandeur de déposer une somme de 100 livres sterling à titre de garantie de l'observance des conditions du permis.

6. Avant de délivrer un permis, le Haut Commissaire peut modifier celui-ci de la façon suivante :

(a) En interdisant de tuer ou de capturer plus d'un de chacun des animaux dont la chasse est autorisée par le permis ;

(b) En interdisant la chasse de certains animaux mentionnés dans le permis ;

(c) En ajoutant à la liste des animaux mentionnés

---

discretion, require the applicant to deposit £ 100 as security for his compliance with the terms of the licence.

6. It shall be lawful for the Chief Commissioner, before issuing a licence, to modify such licence in any one or more of the following ways :—

(a) By prohibiting the killing or capturing of more than one of any of the animals permitted by a licence to be hunted;

(b) By prohibiting the hunting of any animal mentioned in any licence;

(c) By adding to the list of animals in any licence prohibited to be hunted the names of any other animals; and,

(d) In any of the above cases, by decreasing the licence fee accordingly.

7. Every person holding a licence under these Regulations, or

dans le permis dont la chasse est interdite, les noms de tous autres animaux; et

(d) En réduisant proportionnellement la taxe du permis dans chacun des cas visés ci-dessus.

7. Quiconque est porteur d'un permis en vertu des présents règlements où d'un permis de la Côte d'Or ou de l'Ashanti, sera tenu de le produire à la demande de tout fonctionnaire du Protectorat. Quiconque refusera, sans de bonnes et suffisantes raisons, de produire son permis, ou, en cas de perte ou de destruction de celui-ci, n'aura pas fait de démarches pour se conformer à la règle suivante, sera passible de la même peine que celle qui lui serait infligée s'il n'avait pas de permis.

8. Dans le cas où un permis est perdu ou détruit, le porteur peut, en payant une taxe ne dépassant pas le cinquième de celle de l'original, obtenir un nouveau permis pour le restant à courir du terme pour lequel le permis primitif était valable. Toutefois, si le permis primitif a été délivré dans la colonie de la Côte d'Or ou dans l'Ashanti,

---

a Gold Coast or Ashanti licence, shall produce his licence on the demand of any officer of the Protectorate. Every person who shall fail to produce his licence without good and sufficient reason, or who, in the case of loss or destruction of his licence, has taken no steps to comply with the next succeeding Regulation, shall be liable to the same penalty as if he had no licence.

8. If a licence is lost or destroyed, the licensee may, on payment of a fee not exceeding one-fifth of the original, obtain a fresh licence for the remainder of the term for which his former licence was available. Provided that, if the original licence shall have been granted in the Gold Coast Colony or Ashanti, it shall be lawful for the Chief Commissioner to defer granting the application of a fresh licence until he has made such inquiries as he thinks fit, and to require a deposit of £ 25 from the licensee,

le Haut Commissaire peut surseoir à l'octroi d'un nouveau, jusqu'à ce qu'il ait fait les investigations qu'il juge utiles et exiger du porteur le dépôt d'une somme de 25 livres sterling, laquelle sera confisquée si l'un ou l'autre des renseignements fournis par le porteur concernant le permis primitif au Haut Commissaire sera trouvé inexact.

9. Tout permis levé en vertu des règlements précités du 22 avril 1902 ou des règlements en vigueur avant cette date dans la colonie de la Côte-d'Or ou en Ashanti ou dans les Territoires septentrionaux et qui ne sera pas expiré à la date de la mise en vigueur des présents règlements sera, à partir de cette date, soumis aux présents règlements dans les limites où ils sont applicables, et ce pour le terme restant à courir. Toutefois, un permis général limité obtenu dans la colonie de la Côte d'Or ou en Ashanti avant la mise en vigueur des présents règlements, ne donnera pas au porteur le droit de chasser dans la colonie des animaux vivant à l'état sauvage, à moins et avant qu'il n'ait

---

which deposit shall be forfeited if any of the particulars of the original licence furnished by the licensee to the Chief Commissioner shall turn out on enquiry to be incorrect.

9. Every licence which shall have been taken out under the aforesaid Regulations of the 22nd April, 1902, or under the Regulations heretofore in force in the Gold Coast Colony or Ashanti, and which shall not have expired on the date of the coming into force of these Regulations, shall, as from that date, for the remainder of its unexpired period be held subject to these Regulations, so far as the same are applicable. Provided that a qualified general licence, obtained in the Gold Coast Colony or Ashanti prior to the coming into force of these Regulations, shall not be deemed to be extended so as to give the holder any right to hunt wild animals in the Protectorate unless and until he shall have paid the sum of £ 2 to the Chief Commissioner, and shall have a receipt therefore endorsed on his said licence.

payé la somme de 2 livres sterling au Haut Commissaire et que le payement de cette somme ne soit endossé sur le permis.

10. A la fin de chaque semestre, le Haut Commissaire transmettra au Gouverneur un relevé du nombre d'éléphants, rhinocéros et hippopotames tués par les fonctionnaires du Gouvernement dans les territoires septentrionaux pendant le semestre écoulé, spécifiant le sexe des animaux tués et le nom du fonctionnaire qui les a tués.

11. Les présents règlements entreront en vigueur le 1er juillet 1903.

Annexe.

A. — *Permis limité de fonctionnaire du Gouvernement.*

Taxe : 10 shillings.

Autorisation est accordée par le présent à (1)................ (2)......................, de chasser tous les animaux vivant à l'état sauvage, sauf les éléphants, rhinocéros et hippopo-

---

10. At the end of every half-year a Return shall be sent to the Governor by the Chief Commissioner, stating the number of elephants, rhinoceroses, and hippopotami killed by Government officers in the Northern Territories during such half-year, specifying the sex of the animals killed and the name of the officer killing.

11. These Regulations shall come into force on the 1st day of July, 1903.

Schedule.

A. — *Qualified Licence to Government Officer.* — *Fee,* 10s

Licence is hereby granted to (1)...................... (2) .... to hunt any wild animal except elephants, rhinoceroses, and hippopotami for one year from the date hereof, provided that the

tames, pendant une année à partir de la date du présent, à la condition que le dit (1)................ soit pendant cette période fonctionnaire du Gouvernement dans les territoires septentrionaux.

A ...., le .... 19.....

(Signé) ....

Haut Commissaire.

(Le présent permis est personnel.)

B. — *Permis complet de fonctionnaire du Gouvernement. Taxe : 5 livres sterling.*

Autorisation est accordée par le présent à (1)................ (2)................, de chasser tout animal vivant à l'état sauvage. Le présent permis n'accorde pas le droit de tuer ou de capturer plus de deux spécimens de chacun des animaux suivants : éléphants, rhinocéros ou hippopotames, ni de chasser une femelle d'éléphant.

Le présent permis sera valable pendant une année à

---

said (1) .... is during such period an officer of the Government of Northern Territories.

Dated at .... this .... day of .... 190....

(Signed) ....

Chief Commissioner.

(This licence is not transferable.)

B. — *Full Licence to Government Officer. — Fee, £ 5.*

Licence is hereby granted to (1) .... (2) ...., to hunt any wild animal : provided that this licence shall not authorize the killing or capturing of more than two of each of the following animals, viz. :—elephants, rhinoceroses, or hippopotami, nor the hunting of any cow elephant.

This licence shall be in force for the period of one year from the

partir de sa date, à la condition que le dit (1)..................... soit pendant cette période fonctionnaire du Gouvernement des territoires septentrionaux.

A ...., le .... 19......

(Signé) ....

Haut Commissaire.

(Le présent permis est personnel.)

C. — *Permis limité général.* — *Taxe : 5 livres sterling.*

Autorisation est accordée par le présent à .... de ...., de chasser tout animal vivant à l'état sauvage, sauf les éléphants, rhinocéros et hippopotames, pendant une année à partir de la date du présent.

A ...., le .... 19......

(Signé) ....

Haut Commissaire.

(Le présent permis est personnel.)

---

date hereof, provided that the said (1) .... is during such period an officer of the Government of Northern Territories.

Dated at .... this .... day of .... 190....

(Signed) ....

Chief Commissioner.

(This licence is not transferable.)

C. — *Qualified General Licence.* — *Fee, £ 5.*

Licence is hereby granted to .... of .... to hunt any wild animal except elephants, rhinocerooses, and hippopotami for one year from the date hereof.

Dated at .... this .... day of ....190....

(Signed) ....

Chief Commissioner.

(This licence is not transferable.)

D. — *Permis général complet.* — *Taxe : 25 livres sterling.*

Autorisation est accordée à ...., de .... de chasser tout animal sauvage. Le présent permis n'accorde pas le droit de tuer ou de capturer plus de deux spécimens de chacun des animaux suivants : éléphants, rhinocéros ou hippopotames ni de chasser une femelle d'éléphant. Le présent permis sera valable pendant une année à partir de sa date.

A ...., le .... 19......

(Signé) ....
Haut Commissaire.

(Le présent permis est personnel.)

Fait par nous, le 30 juin 1903.

MATTHEW NATHAN,
Gouverneur
de la colonie de la Côte d'Or.

D. — *Full General Licence.* — *Fee, £ 25.*

Licence is hereby granted to .... of .... to hunt any wild animal : provided that this licence shall not authorize the killing or capturing of more than two of each of the following animals, viz. : — elephants, rhinoceroses, or hippopotami, nor the hunting of any cow elephant. This licence shall be in force for the period of one year from the date hereof.

Dated at ....this .... day of .... 190...

(Signed) ....
Chief Commissioner.

(This licence is not transferable.)

Made by me, this 30th day of June, 1903.

MATTHEW NATHAN,
Governor of the Gold Coast Colony.

Nous donnons notre assentiment à la présente ordonnance, ce 11 novembre 1907.

H. Bryan,
Gouverneur ff.

N° 10 de 1907.

Dans la septième année du règne de Sa Majesté le Roi Édouard VII.

ORDONNANCE

amendant « l'Ordonnance de 1901 sur la protection des animaux vivant à l'état sauvage ».

Il est décrété ce qui suit par le Gouverneur de la Côte d'Or, de l'avis et avec le consentement du Conseil législatif :

1. La présente ordonnance peut être citée sous le nom de « Ordonnance d'amendement de 1907 sur la protection

---

I assent to this Ordinance, this 11th day of November, 1907.

H. Bryan,
Acting Governor.

No. 10, 1907.

In the Seventh Year of the Reign of His Majesty King Edward VII.

AN ORDINANCE

to amend « The Wild Animals Preservation Ordinance, 1901. »

Be it enacted by the Governor of the Gold Coast Colony, with the advice and consent of the Legislative Council thereof, as follow :—

1. This Ordinance may be cited as « The Wild Animals Preservation (Amendment) Ordinance, 1907, » and shall be read and

GAMBIE

ORDONNANCE

sur la protection des animaux et oiseaux vivant à l'état sauvage et des poissons.

Considérant que la colonie de Gambie se trouve dans la zone décrite à l'article premier de la Convention sur la protection des animaux vivant à l'état sauvage et des poissons en Afrique, signée à Londres le 19 mai 1900;

Il est décrété ce qui suit par l'Administrateur de la Gambie. de l'avis et avec le consentement du Conseil législatif :

I. La présente ordonnance peut être citée à toutes fins comme « l'Ordonnance sur la protection des animaux et oiseaux sauvages et des poissons ».

GAMBIA

AN ORDINANCE

for the preservation of wild Animals, Birds and Fish.

Whereas the Colony of the Gambia is within the zone specified in the first article of a Convention for the preservation of Wild Animals, Birds and Fish in Africa, signed at London on the 19th day of May, 1900.

Be it therefore, enacted by the Administrator of the Colony of the Gambia, with the advice and consent of the Legislative Council thereof, as follows, vizt. :—

I. This Ordinance may be cited for all purposes as « The Wild Animals, Birds and Fish Preservation Ordinance, 1901 ».

d'animaux vivant à l'état sauvage», et sera lue et interprétée avec «l'Ordonnance de 1901 sur la protection des animaux vivant à l'état sauvage» appelée ci-après l'ordonnance principale.

2. La sous-section (10) de la section 2 de l'ordonnance principale est abrogée par la présente et remplacée par la sous-section suivante :

« (10) L'établissement de droits d'exportation sur et
» l'interdiction de vente de cuirs, peaux, cornes ou dé-
» fenses de tout animal mentionné dans les quatre pre-
» miers tableaux de l'ordonnance principale. »

3. La sous-section (11) de la section 2 de l'ordonnance principale est amendée par la présente en remplaçant le mot *dix*, à la troisième ligne, par les mots *vingt-cinq*.

Passée au Conseil législatif, le 11 novembre 1907.

L. W. Bristowe,
Greffier du Conseil législatif.

---

construed with «The Wild Animals Preservation Ordinance, 1901,» hereinafter referred to as the principal Ordinance.

2. Sub-section (10) of section 2 of the principal Ordinance is hereby repealed and the following sub-section substituted therefore :—

«(10) The imposition of export duties on, and the prohibition
» of the sale of, the hides, skins, horns, or tusks of the animals
» mentioned in the first foor Schedules of the principal Ordi-
» nance.»

3. Sub-section (11) of section 2 of the principal Ordinance is hereby amended by striking out the word «ten» in line three thereof and substituting therefore the words «twenty five».

Passed in the Legislative Council this Eleventh day of November, in the year of our Lord, one thousand nine hundred and seven.

L. W. Bristowe,
Clerk of the Legislative Council.

GAMBIE

GAMBIE

ORDONNANCE

sur la protection des animaux et oiseaux vivant à l'état sauvage et des poissons.

Considérant que la colonie de Gambie se trouve dans la zone décrite à l'article premier de la Convention sur la protection des animaux vivant à l'état sauvage et des poissons en Afrique, signée à Londres le 19 mai 1900;

Il est décrété ce qui suit par l'Administrateur de la Gambie. de l'avis et avec le consentement du Conseil législatif :

I. La présente ordonnance peut être citée à toutes fins comme « l'Ordonnance sur la protection des animaux et oiseaux sauvages et des poissons ».

GAMBIA

AN ORDINANCE

for the preservation of wild Animals, Birds and Fish.

Whereas the Colony of the Gambia is within the zone specified in the first article of a Convention for the preservation of Wild Animals, Birds and Fish in Africa, signed at London on the 19th day of May, 1900.

Be it therefore, enacted by the Administrator of the Colony of the Gambia, with the advice and consent of the Legislative Council thereof, as follows, vizt. :—

I. This Ordinance may be cited for all purposes as « The Wild Animals, Birds and Fish Preservation Ordinance, 1901 ».

II. Dans la présente ordonnance, à moins que le contexte ne stipule le contraire :

« Colonie » comprend comme signification protectorat;

« Animal » signifie tout animal vivant à l'état sauvage;

« Oiseau » signifie tout oiseau vivant à l'état sauvage;

« Collectionner » signifie prendre et tuer de toute façon des animaux, des oiseaux ou des poissons pour des buts scientifiques;

« Malade » signifie atteint de maladie;

« Maladie » signifie toute maladie infectieuse ou contagieuse d'animaux et d'oiseaux sauvages ou domestiques;

« Chasser » signifie chasser ou poursuivre des animaux ou des oiseaux dans un but de nourriture ou de sport et comprendra comme signification : traquer ou chasser des animaux pour un tiers;

« Dangereux » signifie sauvage, vicié ou propre à répandre la maladie;

II. In this Ordinance unless the context otherwise requires—

« Colony » includes Protectorate;

« Animal » means any wild animals;

« Bird » means any wild bird;

« Collect » means to take and kill by any means any animals, birds or fish for scientific purposes;

« Diseased » means affected with disease;

« Disease » means any infectious or contagious disease of wild or domestic animals or birds;

« Hunt » means to chase or pursue animals or birds for the sake of food or sport, and shall include to beat or to drive animals for another;

« Dangerous » means savage, vicious or likely to spread disease;

« Young », as applied to an Elephant, means having a tusk weighing less than 10lbs.

III. The Administrator-in-Council may by order published in the *Gazette* do the following things for any of them:—

Le mot « jeune » appliqué à un éléphant, signifie cet animal ayant des défenses pesant chacune moins de dix livres.

III. L'Administrateur en conseil peut, par arrêté publié dans la *Gazette* :

(a) Interdire de chasser, capturer et tuer les animaux ou oiseaux visés au tableau I ci-annexé, les jeunes des animaux visés au tableau II ou les femelles des animaux visés au tableau III, lorsqu'elles sont accompagnées de leurs petits;

(b) Déterminer les districts et prescrire le nombre de mâles ou de femelles d'animaux des espèces visées au tableau IV qui peut être tué ou capturé légalement pendant le laps de temps stipulé dans l'arrêté, par toute personne dans les districts ainsi déterminés;

(c) Interdire l'enlèvement du nid ou la destruction dans le nid, des œufs des oiseaux mentionnés dans l'arrêté;

(a) Prohibit the hunting, capture and killing of any animal or bird mentioned in the Schedule I hereto, or the young of any animal mentioned in the Schedule II hereto, or the female of any animal mentioned in the Schedule III hereto when accompanied by its young;

(b) To define districts and prescribe the number of animals, or male or female animals, of the species specified in Schedule IV, which may lawfully be killed or captured during the period mentioned in the order, by any person, in any district so defined;

(c) Prohibit the taking out of the nest or the destroying in the nest of the eggs of any bird mentioned in the order;

(d) Prohibit the hunting, capture and killing of any fish specified in the order;

(e) Prohibit the capture and killing of the young of any fish specified in the order below the size therein mentioned;

(f) Prohibit the destroying of any spawning bed or any bank or shallow on which the spawn of fish may be;

(d) Interdire la chasse, la capture et le massacre des poissons indiqués dans l'arrêté;

(e) Interdire la capture et le massacre des jeunes des poissons indiqués dans l'arrêté, en dessous de la dimension stipulée;

(f) Interdire la destruction des frayères, des bancs ou écueils sur lesquels le frai peut se trouver;

(g) Prescrire une ou des périodes pendant lesquelles il est interdit de chasser, capturer ou tuer les animaux mâles ou femelles, les jeunes des animaux, les oiseaux, les poissons ou les alevins indiqués dans l'arrêté et d'enlever ou de détruire les œufs des oiseaux y mentionnés;

(h) Désigner une étendue ou des étendues de terrains où il sera défendu de chasser, de capturer ou de tuer des animaux, des oiseaux ou des poissons, sauf ceux pour lesquels l'arrêté stipule une exception;

(i) Interdire l'emploi de poison, de dynamite, d'explosifs, de pièges, trébuchets, filets ou d'autres instruments ou engins indiqués dans l'arrêté, aux fins de prendre ou de tuer les animaux, oiseaux ou poissons y mentionnés;

(g) Prescribe a period or periods during which it shall not be lawful to hunt, capture or kill any animal or male or female animal or the young of any animal or any bird or any fish or immature fish specified in the order or take or destroy the eggs of any bird specified in the order;

(h) Appoint any tract or tracts of land within which it shall not be lawful to hunt, capture or kill any animal, bird or fish with the exception of those exempted by the order from the operation thereof;

(i) Prohibit the use of any poison or dynamite or any explosive or any trap, pit, snare, net or other instrument, device or means, mentioned in the order, for the purpose of taking, or killing any animal, bird or fish specified in the order;

(j) Autoriser et régler : 1° le massacre d'animaux domestiques et sauvages, malades ou suspectés de maladie, nonobstant toute disposition de la présente ordonnance ou toute décision prise pour son exécution ; 2° le payement d'indemnités pour les animaux domestiques abattus et, en général, prendre toutes les mesures qu'il jugé utiles pour prévenir la transmission de maladies entre les animaux sauvages et entre ceux-ci et d'autres ;

(k) Interdire ou régler l'exportation de défenses d'éléphants ;

(l) Etablir des droits de sortie sur les cuirs et peaux de girafe, antilope, zèbre, rhinocéros et hippopotame, sur les cornes de rhinocéros et d'antilope, sur les défenses d'hippopotame, sur les cuirs, peaux, cornes et défenses d'animaux et sur la peau et les plumes des oiseaux indiqués dans l'arrêté ;

(m) Régler la destruction des animaux des espèces visées au tableau V et, en général, des animaux, oiseaux ou insectes venimeux, dangereux ou nuisibles ;

(n) Régler la destruction des œufs de crocodiles, de

(j) Permit and regulate the killing, when diseased or suspected of disease of domestic animals and of wild animals, notwithstanding the provisions of this Ordinance or any order thereunder, and the payment of compensation for domestic animals so killed and generally make such further or other provisions for preventing the transmission of disease from or to or between wild animals, as he may think fit;

(k) Prohibit or regulate the export of Elephants' tusks;

(l) Establish export duties to be charged upon hides and skins of giraffes, antilopes, zebras, rhinoceroses and hippopotami, on rhinoceros and antilope horns, and on hippopotamus tusks, and upon the hides, skins, horns and tusks of any animal and on the skin and plumage of any bird specified in the order;

serpents venimeux, de pythons et de tous les reptiles venimeux, dangereux ou nuisibles, ainsi que des oiseaux et insectes venimeux, dangereux ou nuisibles ;

(o) Lorsqu'il semble, à n'importe quel moment, que des animaux ou oiseaux dont la chasse, la capture et le massacre sont interdits en vertu de la présente ordonnance, causent réellement des dommages aux récoltes, au bétail, aux terres ou à d'autres propriétés, l'Administrateur en conseil peut, dans les mêmes conditions, autoriser la chasse, la capture et le massacre de ces animaux ou oiseaux par les personnes, sous les réserves et par les moyens indiqués dans l'arrêté ;

(p) En général, ce haut fonctionnaire peut prendre des arrêtés et des règlements, les retirer, modifier ou amender pour la meilleure exécution de la présente ordonnance et aux fins de protéger les animaux, les oiseaux et les poissons.

(m) Regulate the destruction of animals of the species mentioned in Schedule V and generally of any poisonous, dangerous or destructive animal, bird or insect ;

(n) Regulate the destruction of the eggs of crocodiles, poisonous snakes, and pythons, and of any other poisonous, dangerous or destructive reptile, and of any poisonous, dangerous or destructive bird or insect ;

(o) If it shall at any time appear that any animals or birds the hunting, capture and killing of which is unlawful under this Ordinance, are seriously injuring crops, cattle, lands or other property, permit the hunting, capture and killing of such animals or birds by such persons upon such conditions and by such means as are mentioned in such order ; and

(p) Generally make orders and regulations and revoke, alter, or add to any such orders and regulations for the better execution of this Ordinance, and for the purpose of preserving animals, birds, and fish.

IV. L'Administrateur peut, par arrêté ou règlement pris en vertu de la section III de la présente ordonnance, décréter pour chaque contravention aux dispositions stipulées, une amende ne dépassant pas 25 livres sterling; il peut aussi arrêter des règlements pour la sanction des pénalités.

V. L'Administrateur en conseil peut arrêter des règlements concernant :

(a) La demande, la délivrance et le modèle de permis de chasse et de permis de collectionneur;

(b) Les taxes à payer pour les permis;

(c) Les relevés à fournir par les porteurs de permis en vertu de la présente ordonnance; et

(d) L'imposition et la sanction des peines pour chaque contravention aux règlements arrêtés en exécution de la présente section.

VI. Les arrêtés et les règlements pris en vertu des dis-

IV. The Administrator may by any order or regulation made by him under the provisions of Section 3 of this Ordinance impose on offenders against any order or regulation such penalties not exceeding £ 25 for every offence as he may think fit and make regulations as to the enforcement of such penalties.

V. The Administrator-in-Council may make regulations with respect to all or any of the following matters :—

(a) Application for, issue and form of hunting and collecting licence;

(b) Fees to be charged for licences;

(c) Returns to be furnished by holders of licences under this Ordinance; and

(d) The imposition and enforcement of penalties for any breach of any regulation made in pursuance of this section.

VI. Every order and regulation made under the provisions of this Ordinance shall be published in the *Gazette*, and shall upon such publication have full force and effect.

positions de la présente ordonnance seront publiés dans la *Gazette* et auront plein effet après cette publication.

VII. La présente ordonnance entrera en vigueur le jour à stipuler ultérieurement par l'Administrateur dans une proclamation.

TABLEAU I.

(Série A) :

1. Les vautours;
2. L'oiseau-secrétaire;
3. Les hiboux;
4. Les pique-bœufs.

(Série B) :

1. La girafe;
2. Le gorille;
3. Le chimpanzé;
4. Le zèbre des montagnes;
5. Les ânes sauvages;

VII. This Ordinance shall come into operation on such day hereafter as the Administrator may notify by Proclamation.

SCHEDULE I.

(Series A) :

1. Vultures;
2. The Secretary-bird;
3. Owls;
4. Rhinoceros-birds or Beef eaters *(Buphaga)*;

(Series B) :

1. The Giraffe;
2. The Gorilla;
3. The Ghimpanzee;
4. The Mountain Zebra;
5. Wild Asses;
6. The white-tailed Gnu *(Connochœtes Gnu)*;

6. Le gnou à queue blanche;
7. Les élans *(Taurotragus)*;
8. Le petit hippopotame de Libéria.

TABLEAU II.

1. L'éléphant;
2. Les rhinocéros;
3. Les hippopotames;
4. Les zèbres des espèces non visées au tableau I;
5. Les buffles;
6. Les antilopes et gazelles, notamment les espèces des genres *Bubalis*, *Damaliscus*, *Connochœtes*, *Cephalophus*, *Oreotragus*, *Oribia*, *Rhaphiceros*, *Nesotragus*, *Madoqua*, *Cobus*, *Cervicapra*, *Pelea*, *Aepyceros*, *Antidorcas*, *Gazella*, *Ammodorcas*, *Lithocranius*, *Dorcotragus*, *Oryx*, *Addax*, *Hippotragus*, *Taurotragus*, *Strepsiceros*, *Tragelaphus*;
7. Les Ibex;
8. Les chevrotins *(Tragulus)*.

---

7. Elands *(Taurotragus)*;
8. The little Liberian Hippopotamus.

SCHEDULE II.

1. The Elephant;
2. Rhinoceroses;
3. The Hippopotamus;
4. Zebras of species not referred to in Schedule I;
5. Buffaloes;
6. Antelopes and Gazelles, namely, species of the genera *Bubalis*, *Damaliscus*, *Connochœtes*, *Cephalophus*, *Oreotragus*, *Oribia*, *Rhaphiceros*, *Nesotragus*, *Madoqua*, *Cobus*, *Cervicapra*, *Pelea*, *Aepyceros*, *Antidorcas*, *Gazella*, *Ammodorcas*, *Lithocranius*, *Dorcotragus*, *Oryx*, *Addax*, *Hippotragus*, *Taurotragus*, *Strepsiceros*, *Tragelaphus*;
7. Ibex;
8. Chevrotains *(Tragulus)*.

Tableau III.

1. L'éléphant;
2. Les rhinocéros;
3. Les hippopotames;
4. Les zèbres des espèces non visées au tableau I;
5. Les buffles;
6. Les antilopes et gazelles, notamment les espèces des genres *Bubalis*, *Damaliscus*, *Connochætes*, *Cephalophus*, *Oreotragus*, *Oribia*, *Rhaphiceros*, *Nesotragus*, *Madoqua*, *Cobus*, *Cervicapra*, *Pelea*, *Aepyceros*, *Antidorcas*, *Gazella*, *Ammodorcas*, *Lithocranius*, *Dorcotragus*, *Oryx*, *Addax*, *Hippotragus*, *Taurotragus*, *Strepsiceros*, *Tragelaphus*;
7. Les ibex;
8. Les Chevrotins *(Tragulus)*.

Tableau IV.

1. L'éléphant;

Schedule III.

1. The Elephant;
2. Rhinoceroses;
3. The Hippopotamus;
4. Zebras of species not referred to in Schedule I;
5. Buffaloes;
6. Antelopes and Gazelles, namely, species of the genera *Bubalis*, *Damaliscus*, *Connochætes*, *Cephalophus*, *Oreotragus*, *Oribia*, *Rhaphiceros*, *Nesotragus*, *Madoqua*, *Cobus*, *Cervicapra*, *Pelea*, *Aepyceros*, *Antidorcas*, *Gazella*, *Ammodorcas*, *Lithocranius*, *Dorcotragus*, *Oryx*, *Addax*, *Hippotragus*, *Taurotragus*, *Strepsiceros*, *Tragelaphus*;
7. Ibex;
8. Chevrotains *(Tragulus)*.

Schedule IV.

1. The Elephant;

2. Les rhinocéros;

3. Les hippopotames;

4. Les zèbres des espèces non visées au tableau I;

5. Les buffles;

6. Les antilopes et gazelles, notamment les espèces des genres *Bubalis, Damaliscus, Connochœtes, Cephalophus, Oreotragus, Oribia, Rhaphiceros, Nesotragus, Madoqua, Cobus, Cervicapra, Pelea, Aepyceros, Antidorcas, Gazella, Ammodorcas, Lithocranius, Dorcotragus, Oryx, Addax, Hippotragus, Taurotragus, Strepsiceros, Tragelaphus;*

7. Les Ibex;

8. Les Chevrotins *(Tragulus)*;

9. Les divers sangliers;

10. Les collobus et tous les singes à fourrure;

11. Les fourmiliers (genre *Orycteropus);*

12. Les dugongs (genre *Halicore);*

13. Les lamantins (genre *Manatus);*

---

2. Rhinoceroses;

3. The Hippopotamus;

4. Zebras of species not referred to in Schedule I;

5. Buffaloes;

6. Antelopes and Gazelles, namely, species of the genera *Bubalis, Damaliscus, Connochœtes, Cephalophus, Oreotragus, Oribia, Rhaphiceros, Nesotragus, Madoqua, Cobus, Cervicapra, Pelea, Aepyceros, Antidorcas, Gazella, Ammodorcas, Lithocranius, Dorcotragus, Oryx, Addax, Hippotragus, Taurotragus, Strepsiceros. Tragelaphus;*

7. Ibex;

8. Chevrotains *(Tragulus)*.

9. The various Pigs;

10. Colobi and all fur-Monkeys;

11. Aard-Varks (Genus *Orycteropus)*;

12. Dugongs (Genus *Halicore)*;

13. Manatees (Genus *Manatus)*;

14. Les petits félins;
15. Le serval;
16. Le guépard *(Cynoelurus)*;
17. Les chacals;
18. Le faux-loup *(Proteles)*;
19. Les petits singes;
20. Les autruches;
21. Les marabouts;
22. Les aigrettes;
23. Les outardes;
24. Les francolins, pintades et autres oiseaux « gibier »;
25. Les grands chéloniens.

TABLEAU V.

1. Le lion;
2. Le léopard;
3. Les hyènes;
4. Le chien chasseur *(Lycaon pictus)*;

---

14. The small Cats;
15. The Serval;
16. The Cheetah *(Cynoelurus)*;
17. Jackal;
18. The Aard-wolf *(Proteles)*;
19. Small Monkeys;
20. Ostriches;
21. Marabouts;
22. Egrets;
23. Bustards;
24. Francolins, Guinea-Fowl and other « Game birds ».
25. Large Tortoises.

SCHEDULE V.

1. The Lion;
2. The Leopard;
3. Hyaenas;

5. La loutre *(Lutra)*;

6. Les cynocéphales *(Cynocephalus)* et autres singes nuisibles;

7. Les grands oiseaux de proie, sauf les vautours, l'oiseau-secrétaire et les hiboux;

8. Les crocodiles;

9. Les serpents venimeux;

10. Les pythons.

Passé au Conseil législatif, le 6 mars 1901.

H F SPROSTON,
Lieutenant,
Secrétaire ff. du Conseil législatif.

Approuvée au nom de Sa Majesté, le 6 mars 1901.

GEORGE C. DENTON,
Administrateur
de la colonie de la Gambie.

---

4. The hunting Dog *(Lycaon pictus)*;

5. The Otter *(Lutra)*;

6. Baboons *(Cynocephalus)* and other harmful Monkeys;

7. Large birds of prey, except Vultures, the Secretary-bird and Owls;

8. Crocodiles;

9. Poisonous Snakes;

10. Pythons.

Passed in the Legislative Council this Sixth day of March, in the year of our Lord One thousand nine hundred and one.

H. F. SPROSTON,
Lieut.
Acting Clerk of Legislative Council.

Assented to in His Majesty's name, this Sixth day of March, 1901.

GEORGE C. DENTON,
Administrator of the Colony of the Gambia.

RÈGLEMENTS

arrêtés en vertu de la section 3 de «l'Ordonnance de 1901, sur la protection des animaux et oiseaux vivant à l'état sauvage et des poissons».

I. Nul ne pourra en aucun temps chasser, capturer ou tuer les animaux ou oiseaux mentionnés au tableau I ci-annexé.

II. Nul ne pourra chasser, capturer ou tuer les animaux mentionnés au tableau II, depuis le 30 juin jusqu'au 1er mars de l'année suivante.

III. Nul ne pourra chasser, capturer ou tuer les oiseaux mentionnés au tableau III ci-annexé, du 30 juin jusqu'au 31 décembre suivant.

IV. Nul ne pourra à aucun moment enlever du nid ou détruire dans le nid, les œufs des oiseaux mentionnés au tableau III ci-annexé.

REGULATIONS

under Section III of «The Wild Animals, Birds and Fish Preservation Ordinance, 1901.»

I. No person shall at any time hunt, capture or kill any animal or bird mentioned in Schedule I hereto.

II. From the 30th June in any year until the 1st of March next following, no person shall hunt, capture or kill any animal mentioned in Schedule II hereto.

III. From the 30th June until the 31st of December in any year, no person shall hunt, capture or kill any bird mentioned in Schedule III hereto.

IV. No person shall at any time take out of the nest or destroy in the nest the eggs of any bird mentioned in Schedule III hereto.

V. Nul ne pourra à aucun moment chasser, capturer ou tuer les animaux ou les oiseaux mentionnés aux tableaux II et III ci-annexés sans avoir au préalable obtenu un des permis annuels suivants :

Permis de sportsman (ou nº I); permis de fonctionnaire public (ou nº II); permis de marchand (ou nº III), ou permis d'indigène (ou nº IV).

VI. Les permis seront conformes au modèle prescrit au tableau IV ci-annexé, et les taxes suivantes seront payables annuellement :

		£.	s.	d.
Nº I.	Permis de sportsman............	5	0	0
Nº II.	Permis de fonctionnaire public....	1	0	0
Nº III.	Permis de marchand.............	1	0	0
Nº IV.	Permis d'indigène................	0	4	0

VII. Tous les permis seront annuels et cesseront d'être valables à la date du 1er juillet après celle de la délivrance.

VIII. Les permis seront soumis aux dispositions des

V. No person shall at any time hunt, capture or kill any animal or bird mentioned in Schedules II and III hereto without having first obtained one of the following annual licences, viz. :—

Sportsman's (or No. I.), Public Officer's (or No. II.), Trader's (or No. III.), or Native's (or No. IV.).

VI. Licences shall be in the form set out in Schedule IV hereto, and the following fees shall be payable therefore annually. viz. :—

		£.	s.	d.
No. I.	Sportsman's Licence	5	0	0
No. II.	Public Officer's Licence...............	1	0	0
No. III.	Trader's Licence	1	0	0
No. IV.	Native's Licence......................	0	4	0

VII. All licences shall be annual and shall cease to be in force on the 1st of July next following the date of issue.

VIII. Licences shall be subject to the provisions of these Regulations and of any other regulations for the time being in

présents règlements et de tous autres en vigueur pour le moment; ces règlements seront endossés sur chaque permis.

IX. Les permis de sportsmen et de fonctionnaires publics seront délivrés annuellement par le Trésorier colonial et subordonnés à l'approbation du Gouverneur. Les permis de marchands et d'indigènes peuvent être délivrés annuellement par le même fonctionnaire ou par tout Commissaire itinérant.

X. S'il y a doute quant à la question de savoir quel permis doit être délivré à une personne, ce doute sera tranché par le Gouverneur, dont la décision est sans appel.

XI. Avant le 31 juillet de chaque année, tout porteur de permis adressera au Commissaire itinérant du district dans lequel les animaux sont capturés ou tués, un relevé de tous les animaux mentionnés au tableau II ci-annexé qu'il a capturés ou tués depuis le dernier jour de février précédent.

---

force; and these Regulations shall be endorsed on the back of each licence.

IX. Sportsmen's and Public Officers' licences shall be issued annually by the Colonial Treasurer and shall be subject to the approval of the Governor. Traders' and Natives' licences may be issued annually by the Colonial Treasurer or by any Travelling Commissioner.

X. If there be a doubt as to which licence should be granted to any person, such doubt shall be decided by the Governor whose decision shall be final.

XI. Every licence holder shall before the 31st of July in every year render to the Travelling Commissioner of the district in which the animals are captured or killed a return of all the animals mentioned in Schedule II hereto which he has captured or killed since the previous lâst day of February.

A cette fin, des formules peuvent être obtenues en tout temps chez le Trésorier colonial ou chez tout Commissaire itinérant; trois formules au moins seront jointes à chaque certificat.

XII. Aucune disposition des présents règlements n'est de nature à empêcher une personne dont la récolte, le bétail, les terres ou autre propriété ont été sérieusement endommagés par des animaux ou des oiseaux, de chasser, capturer ou tuer ces animaux ou ces oiseaux afin de prévenir ces dommages; toutefois, la preuve du dommage réellement causé devra toujours être faite par la personne chassant, capturant ou tuant un animal ou un oiseau en contravention aux présents règlements.

XIII. Quiconque contreviendra aux présents règlements sera passible d'une amende ne dépassant pas 25 livres sterling pour chaque contravention ou, à défaut de payement, d'un emprisonnement de six mois au plus avec ou sans travaux forcés.

For this purpose forms may be obtained at any time from the Colonial Treasurer or any Travelling Commissioner, and at least three forms shall be given with each certificate.

XII. Nothing in these Regulations shall prevent any person whose crops, cattle, lands or other property are being seriously injured by any animals or birds whatsoever from hunting, capturing or killing such animals or birds in order to prevent such injury; provided that the burden of proving that such serious injury is actually taking place shall always rest upon any person so hunting, capturing or killing any animal or bird, in contravention of these regulations.

XIII. Any person contravening these Regulations shall be liable to a penalty not exceeding £ 25 for each offence or in default of payment to imprisonment with or without hard labour for a period not exceeding six months.

TABLEAU I.

Animaux et oiseaux complètement protégés.

FRANÇAIS.	LATIN.	MANDINGO.
Éléphant.	*Elephas Africanus.*	Sammo.
Hippopotame.	*Hippopotamus amphibius.*	Malo.
Girafe.	*Giraffa camelopardalis peralta.*	Tero.
Buffle du Congo.	*Bos caffer nanus.*	Seo Wullengo.
Buffle de la Sénégambie.	*Bos caffer planiceros.*	Seo Fingo.
Élan de l'Afrique occidentale.	*Taurotragus derbianus.*	Jinki-janko.
Vautour.	—	—

SCHEDULE I.

Animals and Birds absolutely protected.

ENGLISH.	LATIN.	MANDINGO.
Elephant.	*Elephas Africanus.*	Sammo.
Hippopotamus.	*Hippopotamus amphibius.*	Malo.
Giraffe.	*Giraffa camelopardalis peralta.*	Tero.
Congo Buffalo.	*Bos caffer nanus.*	Seo Wullengo.
Senegambian Buffalo.	*Bos caffer planiceros.*	Seo Fingo.
West African Eland.	*Taurotragus derbianus.*	Jinki-janko.
Vulture.	—	—

Tableau II.

Animaux protégés du 30 juin au 1er mars suivant :

Français.	Latin.	Mandingo.
Antilope de l'Afrique occidentale.	*Bubalis major.*	Tangkongo Koio.
Antilope genre *Corrigum.*	*Damaliscus corrigum typicus.*	Tangkongo.
Antilope rougeâtre.	*Cephalophus rufilatus.*	Kuntango.
Antilope de Maxwell.	*Cephalophus Maxwelli.*	Mankero.
Antilope à couronne.	*Cephalophus coronatus.*	Mankero Wullengo.
Ourébi de la Gambie.	*Oribia nigricaudata.*	Mankero Koio.
Kobe à croissant.	*Cobus defassa unctuosus.*	Sinsing.
Kobus de Buffon.	*Cobus Kob.*	Wanto.

Schedule II.

Animals protected from 30th June to the 1st of March next following.

English.	Latin.	Mandingo.
West African Hartebeest.	*Bubalis major.*	Tangkongo Koio.
Korrigum Hartebeest.	*Damaliscus corrigum typicus.*	Tangkongo.
Red-flanked Duiker.	*Cephalophus rufilatus.*	Kuntango.
Maxwell's Duiker.	*Cephalophus Maxwelli.*	Mankero.
Crowned Duiker.	*Cephalophus coronatus.*	Mankero Wullengo.
Gambian Oribi.	*Oribia nigricaudata.*	Mankero Koio.
Waterbuck.	*Cobus defassa unctuosus.*	Sinsing.
Buffon's Kob.	*Cobus Kob.*	Wanto.

Français.	Latin.	Mandingo.
Antilope-chevreuil.	*Cervicapra redunca.*	Kongkotong.
Antilope rouanne.	*Hippotragus equinus.*	Da Koio.
—	*Tragelaphus gratus.*	Bato Menango.
—	*Tragelaphus scriptus typicus.*	Menango.
Phacochère (sanglier à verrues).	*Phacochærus æthiopicus.*	Saio.
—	*Sus porcus.*	Saio Wullengo.

Tableau III.

Oiseaux protégés du 30 juin au 31 décembre et œufs protégés en tout temps :

Marabouts;

Aigrettes;

English.	Latin.	Mandingo.
Nagor Reedbuck.	*Cervicapra redunca.*	Kongkotong.
Roan Antelope.	*Hippotragus equinus.*	Da Koio.
West African Situtunga.	*Tragelaphus gratus.*	Bato Menango.
Lesser Bushbuck.	*Tragelaphus scriptus typicus.*	Menango.
Wart-Hog.	*Phacochærus æthiopicus.*	Saio.
Red River Hog.	*Sus porcus.*	Saio Wullengo.

Schedule III.

Birds protected from the 30th June to the 31st December and eggs protected at all times.

Marabouts;

Egrets;

Outardes;
Francolins;
Pintades;
Grouses;
Cailles;
Grues couronnées.

TABLEAU IV.

(Modèle de Permis.)

N° I. Permis de sportsman;
N° II. Permis de fonctionnaire public;
N° III. Permis de marchand;
N° IV. Permis d'indigène.

Taxe annuelle .... livres sterling.

Ordonnance de 1901 sur la protection des animaux et oiseaux sauvages et des poissons.

Est délivré par le présent à A. B............, de ....

Bustards;
Francolins (or Bush-Fowl);
Guinea-Fowl;
Sand-Grouse;
Quail;
Crown Birds (Crested Cranes).

SCHEDULE IV.

(Form of Licence.)

No. I. Sportsman's licence.
No. II. Public Officer's licence.
No. III. Trader's licence.
No. IV. Native's licence.

Annual Fee payable........................... £.

The Wild Animals, Birds and Fish Preservation Ordinance, 1901.

A.. licence is hereby granted to A. B.,................................. of.............................. to hunt,

un permis de .... pour chasser, capturer et tuer les animaux ou oiseaux repris aux tableaux II et III et mentionnés au verso de ce permis, pendant les laps de temps durant lesquels ces animaux ou oiseaux sont protégés et sous réserve des règlements y inscrits et de tous autres momentanément en vigueur.

Le ...., 19......

....
Trésorier colonial
(ou Commissaire itinérant).

Approuvé :
....
Gouverneur.

Le présent permis est personnel et expire le 30 juin suivant la date du présent.

Les règlements seront inscrits sur le permis.

Passés en séance du Conseil exécutif, le 29 juillet 1907.

(L. S.) GEORGE C. DENTON.
Gouverneur.

---

capture and kill any of the animals or birds mentioned in Schedules II and III on the back hereof except during such times as such animals or birds are protected, and subject to the regulations endorsed on the back hereof and to any other regulations for the time being in force.

Dated this..........................day of........................... 19.....

....
Colonial Treasurer
(or Travelling Commissioner)

Approved :
....
Governor.

This licence is not transferable and expires on the 30th June next following the date hereof.

Regulations to be endorsed on the back.

Passed at a meeting of the Executive Council this Twenty-ninth day of July, 1907.

(L. S.) GEORGE C. DENTON,
Governor.

CONGO FRANÇAIS

CONGO FRANÇAIS

CIRCULAIRE

datée de Libreville, le 23 juillet 1900.

Le Commissaire Général *p. i.* du Gouvernement à Messieurs les Administrateurs, Commandants de région et de cercle, Chefs de station et de poste.

MESSIEURS,

J'ai l'honneur de porter à votre connaissance qu'une convention internationale a été conclue récemment à Londres, dans le but d'enrayer en Afrique l'extermination d'un certain nombre d'espèces animales dont la conservation est reconnue utile ou nécessaire.

Je vous prie de me faire connaître dans le plus bref délai possible, les mesures d'application qui vous paraîtront susceptibles de donner des résultats appréciables dans la région que vous administrez.

Vous trouverez reproduite ci-dessous la nomenclature des espèces d'animaux à ménager et les moyens de protection proposés par la Conférence.

J. LEMAIRE.

(Suivent le classement des animaux visés par la Conférence de Londres et les mesures d'application proposées par elle.)

ARRÊTÉ

du 15 mai 1902, interdisant dans la colonie la chasse aux oiseaux insectivores dénommés pique-bœufs.

LE COMMISSAIRE GÉNÉRAL DU GOUVERNEMENT DANS LE CONGO FRANÇAIS.

Vu, etc., etc.

Considérant qu'il importe d'enrayer dans la colonie l'extermination des oiseaux insectivores dénommés pique-bœufs, dont la conservation est reconnue nécessaire pour l'élevage du gros bétail;

Le Conseil d'administration entendu,

ARRÊTE :

ARTICLE PREMIER.

La chasse aux oiseaux insectivores dénommés pique-bœufs est interdite dans toute l'étendue de la colonie.

ARTICLE 2.

Les contraventions au présent arrêté seront considérées comme contraventions de simple police et punies des mêmes peines.

ARTICLE 3.

Le présent arrêté sera communiqué partout où besoin sera et publié au *Journal* et au *Bulletin* officiels de la colonie.

Libreville, le 15 mai 1902.

ALBERT GRODET.

ARRÊTÉ

du 13 novembre 1902 réglementant l'exercice, par des personnes étrangères à la colonie, du droit de chasse dans le périmètre du cercle du Cap Lopez.

LE COMMISSAIRE GÉNÉRAL DU GOUVERNEMENT.

Vu, etc., etc.

Considérant qu'il y a lieu de réglementer l'exercice, par des personnes étrangères à la colonie, du droit de chasse dans le périmètre du cercle du Cap Lopez;

Le Conseil d'administration entendu,

ARRÊTE :

ARTICLE PREMIER.

Le cercle du Cap Lopez est ouvert à la chasse pour les personnes non domiciliées dans la colonie du Congo français.

ARTICLE 2.

Ces personnes ne pourront exercer le droit de chasse que sur les terres libres et à la condition d'être munies d'un permis. Le permis sera délivré à Libreville, par le Commissaire Général du Gouvernement; à Cap Lopez, par le Commandant de cercle, qui en réfèrera immédiatement au Chef de la colonie.

ARTICLE 3.

Le coût du permis de chasse est de 500 francs; il est individuel et incessible; il est valable pendant un an à compter de sa date et doit être présenté à toute réquisition des agents de l'administration.

ARTICLE 4.

Sa délivrance ne fait pas obstacle au paiement du droit de port d'armes prévu par l'arrêté local du 16 février 1901, et des droits de douane qui peuvent frapper l'ivoire à sa sortie de la colonie.

ARTICLE 5.

Toute contravention aux dispositions du présent arrêté sera poursuivie devant les tribunaux de simple police, sans préjudice du droit de 500 francs représentant le prix du permis.

ARTICLE 6.

Le présent arrêté sera enregistré et communiqué partout où besoin sera et publié au *Journal* et au *Bulletin* officiels de la colonie.

Libreville, le 13 novembre 1902.

ALBERT GRODET.

ARRÊTÉ

du 1er juillet 1904, interdisant dans toute l'étendue du Congo français et dépendances, la vente et l'exportation des pointes d'ivoire de 2 kilogrammes et au-dessous.

LE COMMISSAIRE GÉNÉRAL DU GOUVERNEMENT DANS LES POSSESSIONS DU CONGO FRANÇAIS ET DÉPENDANCES.

Vu, etc., etc.;

Vu les dépêches ministérielles relatives aux mesures de protection à prendre pour prévenir la destruction de certaines espèces d'animaux dans l'Afrique centrale;

Considérant, d'autre part, que l'ivoire constitue dans la colonie du Congo français l'un des éléments de trafic les plus importants;

Qu'il y a lieu, par suite, aussi bien dans l'intérêt du commerce que dans un but de conservation de l'espèce, de ne pas détruire les jeunes éléphants porteurs de dents de petite dimension;

Sous réserve de la ratification en Conseil du Gouvernement;

Arrête :

Article premier.

Sont interdites dans toute l'étendue du Congo français et dépendances, à dater du 1er juillet 1904, la vente et l'exportation des pointes d'ivoire de 2 kilogrammes et au-dessous. Toutefois, il sera accordé jusqu'au 31 octobre 1904 inclus, un délai de tolérance pour l'écoulement des dites pointes qui se trouveraient à ce jour dans les magasins des négociants et des sociétés concessionnaires.

Article 2.

Le présent arrêté sera enregistré et communiqué partout où besoin sera, inséré et publié aux *Journaux officiels* et *Bulletins officiels* des possessions du Congo français et dépendances.

Brazzaville, le 1er juillet 1904.

Émile Gentil.

AFRIQUE OCCIDENTALE FRANÇAISE

HAUT-SÉNÉGAL-NIGER

ARRÊTÉ

portant interdiction de la chasse aux aigrettes sur tout le territoire du Haut-Sénégal-Niger, pendant une durée de deux ans.

LE GOUVERNEUR GÉNÉRAL *p. i.* DE L'AFRIQUE OCCIDENTALE FRANÇAISE, OFFICIER DE LA LÉGION D'HONNEUR,

Vu le décret du 18 octobre 1904, réorganisant le Gouvernement général de l'Afrique occidentale française ;

Vu le décret du 30 septembre 1887, déterminant les pouvoirs répressifs des Administrateurs ;

Sur la proposition du Lieutenant-Gouverneur du Haut-Sénégal-Niger,

ARRÊTE :

ARTICLE PREMIER.

La chasse aux aigrettes, grande aigrette *(ardea alba)*, aigrette garzette *(garzetta)*, est interdite sur tout le territoire du Haut-Sénégal-Niger, pendant une durée de deux ans, à compter du 1er janvier 1908.

Cette interdiction s'applique également aux concessions territoriales provisoires et aux propriétés privées autres que les terrains attenant à une habitation et entourés d'une clôture continue faisant obstacle à toute communication avec les héritages voisins.

En conséquence, la détention, la circulation et la vente des plumes d'aigrettes et crosses provenant du Haut-Sénégal-Niger sont interdites à partir de la même date.

ARTICLE 2.

Le commerce des plumes provenant des établissements d'élevage des aigrettes domestiques sera pratiqué à l'aide de laissez-passer spéciaux délivrés par les Commandants de cercle, après constatation dûment effectuée par ces fonctionnaires de l'origine de chaque lot.

ARTICLE 3.

Les Européens et assimilés reconnus coupables d'infraction au présent arrêté seront passibles des peines de simple police. Les peines prévues à l'article 2 du décret du 30 septembre 1887 seront appliquées dans le même cas aux indigènes non citoyens français.

La confiscation du produit de la chasse, des lots trouvés en circulation et en vente sera en outre toujours prononcée.

ARTICLE 4.

Le Lieutenant-Gouverneur du Haut-Sénégal-Niger est chargé de l'exécution du présent arrêté qui sera enregistré et communiqué partout où besoin sera.

Dakar, le 25 août 1907.

W. PONTY.

(*Journal officiel colonial*, 1er septembre 1907.)

CIRCULAIRE

du Lieutenant-Gouverneur au sujet de l'élevage indigène de l'autruche.

LE GOUVERNEUR DES COLONIES,
LIEUTENANT-GOUVERNEUR DU HAUT-SÉNÉGAL-NIGER,

à Messieurs les Administrateurs et Commandants de cercles et à Monsieur le Commandant du Territoire militaire du Niger.

L'élevage de l'autruche, tel qu'il est pratiqué actuellement par les indigènes dans plusieurs cercles de la colonie, tout rudimentaire qu'il apparaisse, permet d'envisager dès à présent, la possibilité d'un perfectionnement et d'une extension, devant conduire, avec le temps, à des tentatives mieux conditionnées, à un élevage rationnel. Si les études spéciales que le Gouvernement de la colonie a fait entreprendre dans ce but doivent vraisemblablement éclairer cette question et y apporter, par la suite, un ensemble de renseignements et de faits d'expérience, le but immédiat à poursuivre est la formation d'un troupeau local, assez nombreux et convenablement constitué, pour permettre dans l'avenir, une exploitation raisonnée et étendue, qui ne semble pas encore possible aujourd'hui. Il est, en effet, très difficile d'acquérir actuellement des oiseaux reproducteurs, les indigènes les détruisant à un âge (4 ans), où ils deviennent encombrants ou dangereux, ou les parquant ailleurs, à l'endroit, dans des conditions aussi défavorables que possible à la reproduction. Pour cette raison, les plumes présentées au commerce, provenant d'oiseaux jeunes, apparaissent comme un produit assez médiocre, les seules ayant une réelle valeur provenant la plupart du temps d'autruches sauvages adultes. Il y a donc lieu, dès à présent, de conseiller aux indigènes

de rechercher dans l'élevage des oiseaux adultes une ressource qui sera certainement très appréciable et de les engager à parquer commodément les autruches, dès qu'elles approchent de leur quatrième année. D'autre part, s'il n'est pas encore possible d'interdire ou même de réglementer la chasse de l'autruche sauvage, il y a lieu de se préoccuper, en particulier, dans l'intérieur de la boucle du Niger, d'enrayer, par des conseils fréquents, la destruction d'un animal appelé à en disparaître, si les indigènes ne comprennent pas, eux-mêmes, l'intérêt qu'ils ont à le conserver.

Enfin, il y aurait peut-être beaucoup à attendre, en vue du perfectionnement de l'élevage indigène et de l'amélioration de la plume, de l'envoi à l'autrucherie de Niafunké de quelques jeunes indigènes, d'esprit suffisamment ouvert, auxquels on enseignerait avec les diverses manutentions, le détail de procédés d'élevage mieux conditionnés et plus délicats.

Dans ces conditions, et sans perdre de vûe toutes les difficultés inhérentes à l'éloignement, comme à la rusticité des entreprises indigènes, il est permis d'espérer qu'avec le meilleur procédé, la mode en quelque sorte locale de l'élevage de l'autruche se généralisera normalement. Ces efforts se recommanderaient d'eux-mêmes s'ils ne devaient avoir d'autre résultat que de ne pas laisser disparaître ou végéter un élément de la prospérité publique : ils paraissent propres en face d'un riche produit, dont la valeur apparaît relativement stable, à en augmenter sensiblement l'importance et la qualité.

Des instructions relatives à l'apprentissage professionnel seront données par la suite.

CLOZEL.

Bamako, le 18 juillet 1908.

(*Journal officiel colonial*, 1er août 1908.)

ARRÊTÉ

du Lieutenant-Gouverneur interdisant la chasse aux aigrettes pour une nouvelle période de deux ans, à compter du 1er janvier 1910.

LE GOUVERNEUR DES COLONIES, LIEUTENANT-GOUVERNEUR DU HAUT-SÉNÉGAL-NIGER, OFFICIER DE LA LÉGION D'HONNEUR,

Vu le décret du 18 octobre 1904, réorganisant le Gouvernement général de l'Afrique occidentale française;

Vu le décret du 30 septembre 1887, déterminant les pouvoirs répressifs des Administrateurs;

Vu l'arrêté du 25 août 1907, portant interdiction de la chasse aux aigrettes sur tout le territoire du Haut-Sénégal-Niger pendant une durée de deux ans,

ARRÊTE :

ARTICLE PREMIER.

La chasse aux aigrettes, grande aigrette *(ardea alba)*, aigrette garzette *(ardea garzetta)* est interdite sur tout le territoire du Haut-Sénégal-Niger pour une nouvelle période de deux ans, à compter du 1er janvier 1910.

Cette interdiction s'applique également aux concessions territoriales provisoires et aux propriétés privées, autres que les terrains attenant à une habitation et entourés d'une clôture continue faisant obstacle à toute communication avec les héritages voisins.

En conséquence, la détention, la circulation et la vente des plumes d'aigrette et crosses provenant du Haut-Sénégal-Niger sont interdites à partir de la même date.

ARTICLE 2.

Le commerce des plumes provenant des établissements d'élevage des aigrettes domestiques sera pratiqué à l'aide de laissez-passer spéciaux délivrés par les Commandants de cercle après constatation dûment effectuée par ces fonctionnaires de l'origine de chaque lot.

ARTICLE 3.

Les Européens et assimilés reconnus coupables d'infraction au présent arrêté, seront passibles des peines de simple police. Les peines prévues à l'article 2 du décret du 30 septembre 1887 seront appliquées dans le même cas aux indigènes non citoyens français.

La confiscation du produit de la chasse des lots trouvés en circulation et en vente sera, en outre, toujours prononcée.

ARTICLE 4.

MM. les Commandants de cercle et le Commandant du Territoire militaire sont chargés de l'exécution du présent arrêté qui sera enregistré et communiqué partout où besoin sera.

Bamako, le 21 septembre 1909.

CLOZEL.

(*Journal officiel colonial*, 1er octobre 1909.)

ARRÊTÉ

du Lieutenant-Gouverneur p. i. portant interdiction, à compter du 1er janvier 1910, et dans toute l'étendue de la colonie du Haut-Sénégal-Niger, de la récolte, de la circulation et du commerce des œufs d'autruche.

Le Secrétaire Général des colonies, Lieutenant-Gouverneur *p. i.* du Haut-Sénégal-Niger, Chevalier de la Légion d'honneur,

Vu le décret du 18 octobre 1904, réorganisant le Gouvernement général de l'Afrique occidentale française;

Vu le décret du 30 septembre 1887, déterminant les pouvoirs répressifs des Administrateurs;

Vu la nécessité d'interdire la destruction et le commerce des œufs d'autruche, pour éviter la disparition de cet oiseau;

Vu l'approbation de M. le Gouverneur général, en date du 27 décembre 1909,

Arrête :

Article premier.

A compter du 1er janvier 1910, la récolte, la circulation et le commerce des œufs d'autruche seront interdits dans toute la colonie du Haut-Sénégal-Niger.

Article 2.

Les Européens et assimilés, reconnus coupables d'infraction au présent arrêté, seront passibles des peines de simple police. Les peines prévues à l'article 2 du décret du 30 septembre 1887 seront appliquées dans le même cas aux indigènes non citoyens français.

La confiscation des lots trouvés en circulation ou en vente sera, en outre, toujours prononcée.

ARTICLE 3.

MM. les Commandants de cercle et le Commandant du Territoire militaire du Niger sont chargés de l'exécution du présent arrêté, qui sera enregistré et communiqué partout où besoin sera.

Bamako, le 31 janvier 1910.

H. LEJEUNE.

(*Journal officiel* du 15 février 1910.)

ARRÊTÉ

du Lieutenant-Gouverneur p. i. interdisant sur le territoire du Haut-Sénégal-Niger, la chasse aux pique-bœufs.

LE SECRÉTAIRE GÉNÉRAL DES COLONIES, LIEUTENANT-GOUVERNEUR *p. i.* DU HAUT-SÉNÉGAL-NIGER, CHEVALIER DE LA LÉGION D'HONNEUR,

Vu le décret du 18 octobre 1904, portant réorganisation du Gouvernement général de l'Afrique occidentale française;

Vu le décret du 30 septembre 1887, déterminant les pouvoirs répressifs des Administrateurs;

Vu le télégramme de M. le Gouverneur Général de l'Afrique occidentale française, n° 622, du 12 juillet 1910, portant autorisation d'interdire dans le Haut-Sénégal-Niger la chasse aux pique-bœufs,

ARRÊTE :

ARTICLE PREMIER.

La chasse aux pique-bœufs *(Buphaga Africana L.)* est interdite sur tout le territoire du Haut-Sénégal-Niger.

Cette interdiction s'applique également aux conces-

sions territoriales provisoires et aux propriétés privées autres que les terrains attenant à une habitation et entourés d'une clôture continue faisant obstacle à toute communication avec les propriétés voisines.

En conséquence, la détention, la circulation et la vente des plumes de pique-bœufs provenant du Haut-Sénégal-Niger sont interdites.

ARTICLE 2.

Les Européens et assimilés, reconnus coupables d'infraction au présent arrêté, seront passibles des peines de simple police. Les peines prévues à l'article 2 du décret du 30 septembre 1887 seront appliquées dans le même cas aux indigènes non citoyens français.

La confiscation du produit de la chasse ainsi que des lots trouvés en circulation et en vente sera, en outre, toujours prononcée.

ARTICLE 3.

M. le Commandant du Territoire militaire du Niger, les Administrateurs et Commandants de cercle et le Chef du bureau des douanes de Kayes sont chargés de l'exécution du présent arrêté qui sera enregistré, inséré au *Journal officiel* de la Colonie et communiqué partout où besoin sera.

Bamako, le 18 juillet 1910.

H. LEJEUNE.

(*Journal officiel de la Colonie*, 1er août 1910.)

DAHOMEY

ARRÊTÉ

LE LIEUTENANT-GOUVERNEUR DU DAHOMEY
ET DÉPENDANCES,

Vu, etc., etc.,

ARRÊTE :

ARTICLE PREMIER.

Il est interdit dans toute l'étendue du Dahomey et Dépendances, de chasser et de tuer, à cause de leur utilité ou de leur rareté, les animaux désignés ci-après :

1° A cause de leur utilité : les vautours, les hiboux, les pique-bœufs ;

2° A cause de leur rareté et du danger de leur disparition : les autruches, les girafes, les ânes sauvages.

ARTICLE 2.

La chasse aux aigrettes est interdite pendant la période de la ponte de ces échassiers. Cette chasse fera annuellement l'objet d'une décision qui en déterminera la période d'ouverture et de clôture.

ARTICLE 3.

Les contraventions au présent arrêté seront considérées comme contraventions de simple police et punie des mêmes peines : emprisonnement de un à cinq jours, amende de 1 à 15 francs inclusivement.

En cas de récidive, la confiscation de l'arme sera toujours prononcée comme peine accessoire à celle d'emprisonnement ou d'amende.

Sera considéré comme étant en état de récidive, tout individu convaincu de nouvelle contravention au présent arrêté, dans les douze mois qui suivront une précédente condamnation.

ARTICLE 4.

Le présent arrêté sera enregistré, communiqué partout où besoin sera et publié au *Journal officiel* de la Colonie.

Porto Novo, le 14 octobre 1904.

LIOTARD.

(*Journal officiel du Dahomey et Dépendances*, du 1er novembre 1904, p. 245.)

CÔTE D'IVOIRE

Un arrêté du 6 novembre 1904, publié dans le *Journal officiel de la Côte d'Ivoire* du 15 novembre 1904, page 11, institue une prime variant entre fr. 1.50 et 0.25, pour la destruction des serpents capturés vivants ou fraîchement tués.

On ne dit pas si cette mesure a pour but la préservation de la faune indigène ou des animaux domestiques.

PROVINCE D'ANGOLA

PROVINCE D'ANGOLA

RÈGLEMENT DE CHASSE.

(3 octobre 1907.)

ARTICLE PREMIER.

On entend par « chasse » l'acte de capturer, blesser, tuer ou détruire les animaux terrestres non domestiqués et le même mot sert à désigner aussi les animaux ou leurs dépouilles qui constituent l'objet de cet acte.

ARTICLE 2.

La chasse peut être faite au moyen :

1° D'armes à feu (fusils ou carabines);

2° D'armes indigènes parmi lesquelles sont compris les fusils, généralement dénommés « armes de commerce »,

---

PROVINCIA DE ANGOLA

REGULAMENTO DA CAÇA

(3 de outubro 1907.)

ARTIGO PRIMEIRO.

Caça significa o acto de apresar, ferir, matar, ou destruir os animaes terrestres não domesticados, e exprime tambem os animaes ou seus despojos, que constituem o objecto d'aquelle acto.

ARTIGO 2.°

A caça pode ser feita com :

1.° Armas de fogo (espingardas ou carabinas);

2.° Armas gentilicas, nas quaes se comprehendem as espingardas denominadas vulgarmente « armas de commercio » defi-

définies à l'article 6 du règlement du 13 septembre 1899.

3° De lacets, nœuds coulants, pièges, trappes, trébuchets et fosses ou d'autres moyens non spécifiés.

§ 1. Les moyens dont il est question au 3° de cet article sont seulement autorisés pour la chasse aux animaux féroces et nuisibles mentionnés au paragraphe 2 de l'article 3 et à celle des oiseaux, sous peine d'une amende de 30,000 reis.

§ 2. Sous menace des peines fixées dans la circulaire provinciale n° 126 du 26 février de l'année écoulée, il est défendu de mettre le feu à la forêt (ou bruyère) pour tuer ou capturer les animaux.

§ 3. Pour les effets du paragraphe 1 de cet article, sont considérés comme oiseaux, ceux seulement de taille égale, de petite taille ou ceux égaux où inférieure à la tourterelle ordinaire.

Article 3.

L'exercice de la chasse n'est permis à personne sans

---

nidas no artigo 6.° do regulamento de 13 de septembro de 1899.

3.° Laços, armadilhas, ratoeiras e fossos, ou outros meios não especificados.

§ 1.° Os meios constantes do n.° 3.° d'este artigo, só são permittidos na caça dos animaes ferozes e nocivos, indicados no § 2.° do artigo 3.° e na dos passaros, sob a pena de multa de 30.000 réis.

§ 2.° Sob comminação das penas fixadas na portaria provincial n.° 126 de 26 de fevereiro do anno findo é prohibido lançar o fogo ao matto para matar ou apresar a caça.

§ 3.° Para os effeitos do § 1.° d'este artigo, consideram-se passaros, só as aves de tamanho inferior ou egual ao da rola commum.

Artigo 3.°

A ninguem é permittido o exercicio da caça sem estar monido

être muni d'un permis, modèle I ou I-A, sous peine d'une amende de 50,000 reis.

§ 1. Sont dispensés du permis :

a) Les fonctionnaires civils et militaires de l'État;

b) Les membres de l'Union des Tireurs Civils Portugais, ou de ses succursales établies en province, classifiés comme tirailleurs de 1re classe et reconnus par la dite Union ou ses succursales;

c) Les propriétaires ou détenteurs de propriétés à quelque titre que ce soit — pour faire la chasse aux animaux féroces ou nuisibles qui sont rencontrés causant des dégâts dans les cultures ou jardins.

§ 2. Le permis n'est pas obligatoire pour faire la chasse aux animaux suivants : le lion, le léopard, la panthère, le lynx, l'once, le jaguar, l'hyène, le chacal, le sanglier, le loup, le caïman, les couleuvres, les serpents, les crocodiles, les lézards et les oiseaux de proie.

---

de uma licença escripta, modelo 1 ou 1-A, sob pena de multa de 50.000 réis.

§ 1.º Não carecem de licença :

a) Os funccionarios civis e militares do Estado;

b) Os socios da União dos Atiradores Civis Portuguezes, ou das suas filiaes estabelecidas na provincia, classificados como atiradores de 1.ª classe e reconhecidos pela mesma União, ou filiaes;

c) Os donos ou detentores por qualquer titulo de propriedades, para caçarem os animaes bravios, que ali sejam encontrados a fazer estragos nas culturas ou jardins;

§ 2.º Ninguem carece de licença para dar caça aos seguintes animaes : leão, leopardo, pantera, lynce, onça, jaguar, hyena, chacal, javali, lobo, jacaré, cobras, serpentes, lagartos e aves de rapina.

ARTICLE 4.

Les permis de chasse sont accordés :

a) Par les gouverneurs de district pour toute l'étendue de celui-ci;

b) Par l'autorité de la circonscription administrative inférieure pour toute l'étendue de celle-ci.

§ 1. L'individu muni d'un permis de chasse pour une circonscription et qui désirerait chasser en dehors des limites de celle-ci, devra se présenter, soit au Gouverneur du district respectif, soit au chef du Conseil municipal ou autorité équivalente qui statueront sur le cas.

§ 2. L'individu qui chasse dans une circonscription autre que celle pour laquelle il lui a été délivré un permis, et sans que l'autorité de la dite circonscription en ait eu connaissance, sera puni d'une amende de 20,000 reis.

ARTICLE 5.

Les permis de chasse ne peuvent être cédés.

ARTIGO 4.º

As licenças de caça são concedidas :

a) Pelos governadores de districto para toda a area dos mesmos districtos;

b) Pela auctoridade da circumscripção administrativa para a respectiva area;

§ 1.º O individuo monido de licença de caça passada n'uma circumscripção, e que desejar caçar, n'outra, deverá apresental-a ao respectivo governador do districto, chefe de concelho ou auctoridade equivalente, afim de a visarem.

§ 2.º O individuo que caçar em uma circumscripção, diversa d'aquella, onde lhe foi concedida licença, sem que esta esteja visada pela auctoridade da circumscripção, onde andar a caçar fica sujeito á multa de 20.000 réis.

ARTIGO 5.º

As licenças de caça são intransmissiveis.

Article 6.

Les permis de chasse peuvent être obtenus en tout temps, mais toujours ils cessent d'être valables à la fin de l'année même pour laquelle ils ont été octroyés.

Article 7.

La taxe pour les permis de chasse est fixée à 15,000 reis, y compris les émoluments et le timbre.

Article 8.

Les chefs de conseil et autorités de même rang, les commandants de postes militaires et les supérieurs de missions ont la faculté d'accorder un permis gratuit, modèle nº 2, à un indigène à leur service pour se procurer le gibier nécessaire à leur subsistance personnelle.

§ unique. Les gérants d'exploitations agricoles, ayant un personnel de plus de cinquante serviteurs, qui demandent et obtiennent un permis de chasse en leur nom per-

---

Artigo 6.º

As licenças de caça são concedidas em qualquer epoca, mas terminam sempre com o anno, em que foram passadas.

Artigo 7.º

A taxa de licença de caça é de 15.000 réis, incluindo emolumentos e sello.

Artigo 8.º

Os chefes de concelho e auctoridades a elles equiparados, os commandantes de postos militares, e os superiores das missoes podem conceder licença gratuita, modelo n.º 2, a um indigena ao seu serviço para lhes obter caça para subsistencia pessoal.

§ unico. Aos gerentes de fazendas agricolas com mais de 50 serviçaes, quando esses gerentes pedirem e obtiverem licença para caça em seu nome proprio, poderá ser concedida uma segunda

sonnel, peuvent aussi obtenir un deuxième permis au nom d'un serviteur indigène à leur service, dans les termes et aux fins de cet article s'ils le désirent.

ARTICLE 9.

Les chefs de conseil et autorités de même rang peuvent aussi accorder des permis gratuits, modèle nº 2, aux colons pauvres et aux indigènes dans les régions où la chasse est absolument indispensable aux besoins de l'existence.

§ 1. Les indigènes à qui ce permis aura été accordé, pourront seulement chasser avec leurs armes primitives et les fusils dits « de commerce » auxquelles se réfère le nº 2 de l'article 2.

§ 2. Les chefs des municipalités ou autorités similaires enverront au Gouverneur de leur district respectif, des rapports mensuels et nominatifs des permis qu'ils auront accordés dans les termes de cet article et du para-

---

licença em nome de um indigena ao seu serviço, nos termos e para os fins d'este artigo, se assim o requisitarem.

ARTIGO 9.º

Tambem os chefes de concelho, e auctoridades equiparadas, podem conceder licenças gratuitas, modelo n.º 2, a colonos pobres e a indigenas nas regioes, onde a caça seja absolutamente indispensavel para as subsistencias.

§ 1.º Os indigenas, a quem for concedida esta licença, só poderão caçar com armas gentilicas ou espingardas de commercio, a que se refere o n.º 2.º do artigo 2.º

§ 2.º Os chefes de concelho e auctoridades equivalentes enviarão ao governo do districto respectivo, relaçoes nominaes e mensaes das licenças que concederem nos termos d'este artigo e § unico do artigo antecedente, com indicação das povoaçoes ou sobados para onde foram concedidas.

graphe unique de l'article précédent, avec indication des localités ou régions pour lesquelles ils ont été concédés.

Article 10.

L'individu qui perdra son permis pourra obtenir un duplicata moyennant le payement d'une nouvelle taxe fixée à 3,000 reis.

Article 11.

Un permis de chasse donne droit à l'usage et au port de fusil ou de carabine, mais un permis pour usage et port d'armes ne donne pas droit à l'exercice de la chasse.

Article 12.

Un permis de chasse donne la faculté d'importer ou d'acquérir les munitions nécessaires, exception faite pour les balles qui ne peuvent être acquises sans autorisation supérieure dans les termes du règlement respectif.

Artigo 10.º

O individuo que perder a sua licença poderá obter um duplicado, mediante o pagamento da taxa fixa de 3.000 réis.

Artigo 11.º

A licença de caça envolve a de uso e porte de espingarda ou carabina; mas a licença de uso e porte de armas não dá direito ao exercicio da caça.

Artigo 12.º

A licença de caça envolve a faculdade de importar ou adquirir as muniçoes necessarias, excepto as de bala, que não podem ser adquiridas sem auctorisação superior, nos termos do regulamento respectivo.

ARTICLE 13.

Aucun permis de chasse ne sera délivré à des mineurs de 18 ans, ni aux condamnés à des peines graves, (sauf s'ils sont graciés).

ARTICLE 14.

Un permis de chasse peut être refusé pour raisons d'ordre public, mais sur la demande de l'intéressé, on doit lui faire connaître le motif du refus.

§ unique. Contre le refus du permis, il y aura recours : pour le Gouverneur général, de la décision prise par le Gouverneur du district et, pour celui-ci, de la décision prise par les chefs de conseil ou autorités équivalentes.

ARTICLE 15.

S'il y a des motifs, tout permis de chasse peut être annulé par ordre du Gouverneur du district sans que l'intéressé ait droit à aucune indemnité.

ARTIGO 13.º

Não serão concedidas licenças de caça aos menores de 18 annos, nem a condemnados a penas maiores, emquanto não tiverem baixa de culpa.

ARTIGO 14.º

A licença de caça poderá ser recusada, quando para isso haja motivos de ordem publica; mas, a requerimento do interessado, ser-lhe-ha declarado o motivo da recusa.

§ unico. Da recusa de licença haverá recurso : para o governador geral da decisão tomada pelo governador de districto e para este da decisão tomada pelos chefes de concelhos ou auctoridades equiparadas.

ARTIGO 15.º

Qualquer licença de caça póde ser cassada por ordem do governo de districto, quando para isso haja motivos, sem direito do desapossado a qualquer indemnisação.

ARTICLE 16.

La chasse est défendue dans chaque district pendant une période déterminée selon les circonstances et les époques de procréation.

§ 1. Forme une exception aux dispositions de cet article la chasse aux animaux suivants :

a) Canards et tourterelles, cailles et pigeons sauvages;

b) Les animaux féroces et nuisibles indiqués au paragraphe 2 de l'article 3;

c) Les animaux sauvages surpris à causer des dégâts dans les cultures; toutefois, le chasseur est tenu d'établir la preuve du fait.

§ 2. Une contravention à cet article sera punie d'une amende de 50,000 reis.

ARTICLE 17.

Il est défendu de chasser ou de poursuivre la chasse dans

ARTIGO 16.º

E' defeso caçar durante um periodo determinado, em cada districto, segundo as circumstancias e epocas da procreação.

§ 1.º Exceptua-se da disposição d'este artigo a caça aos seguintes animaes :

a) Patos e rolas, codornizes e pombos bravos.

b) Animaes ferozes e nocivos indicados no § 2.º do art. 3.º

c) Os animaes bravios, encontrados a fazer estragos nas culturas, ficando, porém o caçador obrigado a provar o facto.

§ 2.º A contravenção d'este artigo será punida com a multa de 50.000 réis.

ARTIGO 17.º

A ninguem é permittido caçar ou perseguir a caça nas propriedades vedadas, sem licença do respectivo proprietario ou arrendatario.

les propriétés privées sans l'autorisation du propriétaire ou locataire respectif.

Article 18.

Il est défendu, sans un permis spécial (modèle 3) du Gouverneur du district, de faire la chasse aux animaux suivants : éléphants, hippopotames, buffles ou pacaça, girafes, rhinocéros, zèbres, autruches, « cefo », « palanca », « guelengue ».

§ 1. La liste des animaux désignés dans le présent article pourra, de temps à autre, être augmentée ou réduite par les Gouverneurs de district, moyennant approbation du Gouverneur général et publiée dans le *Bulletin Officiel* de la province.

§ 2. Le permis spécial auquel se réfère cet article, indiquera :

1º La région pour laquelle il est accordé;

2º Les espèces d'animaux et la quantité de chacune d'elles qu'il est permis de chasser;

Artigo 18.º

A ninguem é permittido, sem licença especial do governador de districto, modelo 3, dar caça aos seguintes animaes : elephante, hyppopotamo, bufalo ou pacaça, girafa, rhinoceronte, zebra, avestruz, cefo, palança, guelengue.

§ 1.º A lista dos animaes, constantes do presente artigo, poderá ser, de tempos a tempos, accrescentada ou diminuida pelos governadores de districto, com approvação do governo geral, e publicaçao no *Boletim Official* da provincia.

§ 2.º A licença especial, a que se refere esto artigo, indicará :

1.º A região para onde é concedida;

2.º As especies de animaes e quantidade de cada uma que fôr permittido caçar;

3.º O tempo porque é concedida.

3º Le laps de temps pour lequel il est concédé.

§ 3. Le permis est personnel et ne peut être cédé.

§ 4. Un permis spécial sera délivré pour le nombre de mois désiré et, pour celui-ci, il sera dû en outre des émoluments et timbres, dans les termes de la loi générale, une taxe fixe de 20,000 reis pour chaque mois de durée, taxe qui sera augmentée, pour chaque éléphant abattu, de 10 p. c. de la valeur sur le marché de l'ivoire respectif, à dater de la mort.

§ 5. Le permis spécial dont traite cet article comprend les droits de chasse conférés par le permis, modèle I.

§ 6. Le manque de permis spécial, dans les termes de cet article, ou l'exercice de la chasse dont il s'agit en dehors de la zone pour laquelle ce permis a été concédé, sera puni d'une amende de 50,000 reis.

Cette peine sera applicable à tous et à chacun des chasseurs et de leurs auxiliaires, armés ou non, à leur service.

§ 7. A tout porteur d'un permis spécial, il sera remis un imprimé, modèle 4, qu'il devra présenter dans le délai

---

§ 3.º A licença é pessoal e intransmissivel.

§ 4.º A licença especial será passada pelo numero de mezes desejado, e por ella é devida, além dos emolumentos e sellos nos termos da lei geral, a taxa fixa de 20.000 réis por cada mez de duração, accrescida, por cada elephante abatido de 10 % do valor do respectivo marfim, no mercado, á data da morte.

§ 5.º A licença especial, de que trata este artigo, envolve os direitos de caça, conferidos pela licença modelo 1.

§ 6.º A falta de licenca especial nos termos d'este artigo, ou exercicio de caça de que se trata, fóra da area para que a licença foi concedida, serão punidos com a multa de 50.000 réis.

Na pena incorrerão todos e cada um dos caçadores e seus auxiliares, ou serviçaes armados, ou não.

§ 7.º Ao portador da licença especial será entregue um im-

de quinze jours après l'échéance du permis dûment accomplie.

Article 19.

Il est absolument défendu au porteur de ce permis de faire la chasse aux petits, aux femelles accompagnées de leurs petits et spécialement au jeune éléphant dont les dents pèsent chacune moins de 5 kilogrammes, sous peine des amendes indiquées au paragraphe 6 de l'article précédent.

§ unique. Il y a infraction à cet article lorsqu'une dent d'éléphant de moins de 5 kilogrammes ou un morceau d'ivoire quelconque reconnu comme faisant partie d'une dent dans ces conditions, est trouvée en possession de chasseurs, de leurs invités, indigènes ou commerçants, et que ces derniers ne peuvent établir la preuve que cette dent ou partie de celle-ci a été importée par mer ou introduite par voie de terre dans la province.

Article 20.

Il est défendu, sous peine d'une amende de 50,000 reis,

---

presso, modelo 4, que este deverá apresentar no praso de 15 dias depois de terminada a licença devidamente preenchida.

Artigo 19.º

Ao portador da dita licença é absolutamente prohibido a caça de crias, de femeas com crias, e particularmente de elephante novo, cujo dentes pesem, cada um, menos de 5 kilogrammas, sob as penas declaradas no § 6.º do artigo antecedente.

§ unico. Considera-se infringido este artigo sempre que um dente de elephante com menos de 5 kilos ou qualquer pedaço de marfim, que se reconheça ser parte de um dente n'aquellas condições, for encontrado em poder de caçadores, suas comitivas, indigenas ou commerciantes, uma vez que estes ultimos não provem efficazmente que o dente ou parte d'elle foi importado por mar, ou introduzido na provincia pela fronteira terrestre.

de vendre ou d'exposer en vente des pièces de chasse vivantes ou mortes capturées au moyen de pièges ou autres engins non autorisés par le présent règlement, et à l'époque de défense, la chasse morte.

§ unique. Sont exceptés les animaux mentionnés au paragraphe 1 de l'article 16.

ARTICLE 21.

Il est défendu, sous peine d'une amende de 50,000 reis, de prendre ou de détruire les nids et œufs d'oiseaux non domestiqués (à l'exception de ceux des oiseaux de proie), ainsi que de vendre ces œufs ou de les exposer en vente.

ARTICLE 22.

Tout chasseur ou porteur de fusil ou de carabine est obligé d'exhiber son permis de chasse, chaque fois qu'il en est requis, aux autorités énumérées à l'article 25 de ce règlement, sous peine de se voir appliquer la pénalité indiquée à l'article 3.

§ unique. Sont dispensés de cette obligation les fonc-

ARTIGO 20.º

E' prohibido sob pena de multa de 50.000 réis, vender ou expor á venda qualquer peça de caça viva ou morta por meio de armadilha ou qualquer fórma não permittida no presente regulamento; e na epoca do defeso, caça morta.

§ unico. Exceptuam-se os animaes mencionados no § 1.º do artigo 16.º

ARTIGO 21.º

Não é permittido, sob pena de multa de 50.000 réis apanhar ou destruir ninhos e ovos de aves não domesticadas, com excepção das de rapina, assim como expór á venda ou vender aquelles ovos.

ARTIGO 22.º

Todo o caçador ou portador de espingarda ou carabina, é

tionnaires et autres personnes auxquelles il est fait allusion aux paragraphes 1 et 2 du même article 3, mais ils doivent, comme il est dit à l'alinéa *b)* du même paragraphe 1, exhiber le document établissant leur qualité de tirailleurs civils classifiés de première classe.

ARTICLE 23.

En cas de suspicion de contravention au présent règlement, les autorités compétentes pourront passer l'inspection, dans les formes légales, des habitations, paquets ou bagages du contrevenant suspecté et dans le cas où des dépouilles d'animaux paraissant avoir été tués en contravention à ce règlement seraient découvertes, le coupable sera appréhendé pour qu'il soit donné à la contravention la suite qu'elle comporte.

ARTICLE 24.

Tout chasseur qui, à l'époque de la chasse, commettrait trois transgressions ou plus punies par le présent règle-

---

obrigado a mostrar a sua licença de caça sempre que lhe for exigido pelas auctoridades enumeradas no artigo 25.º d'este regulamento, sob pena de ser julgado incurso na penalidade declarada pelo artigo 3.º

§ unico. São dispensados d'esta obrigação os funccionarios e mais pessoas alludidas nos § 1.º et 2.º do mesmo artigo 3.º tendo, porém as visadas na alinea *b)* do mesmo § 1.º que exibir documento comprovativo da sua qualidade de atirador civil classificado de 1.ª classe.

ARTIGO 23.º

No caso de suspeita de contravenção do presente regulamento, poderão as auctoridades competentes passar busca, com as formalidades legaes, ás habitaçoes e revistar volumes ou bagagens do suspeito transgressor, e, no caso de encontrar despojos de animaes, que pareçam ter sido caçados em contravenção d'este regu-

ment, perdra son permis qu'il ne pourra plus obtenir qu'après un terme de cinq ans.

§ 1. L'autorité qui annulerait un permis en vertu des dispositions du présent règlement, devra en donner avis au secrétariat du district, qui, à son tour, en référera au secrétariat du Gouverneur général et aux autres autorités administratives de ce même district.

§ 2. Dans les secrétariats des Gouverneurs de district, des chefs et des circonscriptions équivalentes, se trouvera un registre dans lequel seront inscrits les individus dont le permis de chasse aura été annulé.

ARTICLE 25.

L'inspection et la police des dispositions de ce règlement incombent :

a) Aux autorités administratives et de police;
b) Aux surveillants municipaux;
c) Aux employés de la douane et de l'administration;
d) Aux commandants militaires.

---

lamento, apprehende-los levantando o respectivo auto para os effeitos devidos.

ARTIGO 24.º

Todo o caçador que, durante uma epoca de caça, commetter tres ou mais transgressoes, punidas pelo presente regulamento, perderá a sua licença, ficando inhabilitado para obtel-a de novo durante cinco annos.

§ 1.º A auctoridade que cassar uma licença, em virtude do disposto n'este regulamento, deverá communicar lo á secretaria do governo do districto, afim d'esta fázer identica communicação á secretaria do governo geral e ás restantes auctoridades administrativas do mesmo districto.

§ 2.º Nas secretarias dos governos de districto, chefados e circumscripçoes equivalentes haverá um registo dos individuos, a quem for cassada a licença de caça.

ARTICLE 26.

Les chefs et employés des stations et le personnel des chemins de fer sont autorisés à saisir tout gibier mort ou capturé en contravention à ce règlement, en transit ou qui est présenté pour expédition dans les gares de chemins de fer.

§ unique. La même autorisation est donnée aux inspecteurs du gouvernement auprès de ces mêmes chemins de fer.

ARTICLE 27.

Les entités mentionnées dans les deux articles précédents prendront, si possible, au moins deux témoins de chaque transgression dont ils auraient connaissance, et rédigeront, contre les transgresseurs, un rapport sommaire qu'ils enverront à l'autorité administrative de la localité où la transgression a été commise.

ARTIGO 25.º

A fiscalisação e policia das disposiçoes d'este regulamento, incumbe :

a) A's auctoridades administrativas e policial;

b) Aos zeladores municipaes;

c) Aos empregados aduaneiros e administrativos;

d) Aos commandantes militares.

ARTIGO 26.º

Os chefes e encarregados das estaçoes e apeadeiros dos caminhos de ferro, teem competencia para apprehender toda a caça, morta ou capturada em contravenção d'este regulamento, que transite ou se apresente a despacho no caminho de ferro.

§ unico. Egual competencia teem os fiscaes do governo junto dos mesmos caminhos de ferro.

ARTIGO 27.º

As entidades mencionadas nos dois artigos antecedentes tomarão, pelo menos, duas testemunhas, quando possivel, de

ARTICLE 28.

Aussitôt que l'autorité administrative aura reçu les rapports mentionnés à l'article précédent elle intimera aux transgresseurs l'ordre d'avoir à payer, dans le délai de cinq jours à dater de la réception de ces rapports, le montant de l'amende qu'ils auraient encourue.

§ 1. En cas où les transgresseurs résideraient hors du rayon administratif, l'autorité qui aurait reçu le rapport prierait l'autorité compétente de se charger de l'exécution de la décision prise par elle.

§ 2. Quand à la transgression correspond aussi une peine d'emprisonnement ou le payement d'une amende rachetable, ou lorsque les transgresseurs ne payent pas dans le délai indiqué, la confirmation de l'intimation sera jointe au rapport et le tout remis à l'agent du ministère public ou au juge d'instruction compétent.

---

cada transgressão do que tiverem noticia, e levantarão auto summario contra os transgressores, enviando-o á auctoridade administrativa da area onde a transgressão tiver sido commettida.

ARTIGO 28.º

A auctoridade administrativa, logo que receba os autos alludidos no artigo antecedente, fará intimar os transgressores para, no praso de cinco dias, pagarem na competente recebedoria a multa, em que tiverem incorrido.

§ 1.º Se os transgressores residirem, em area administrativa diversa a auctoridade que recebeu o auto, deprecará á d'essa area a execução d'aquellas diligencias.

§ 2.º Quando á transgressão corresponder tambem pena de prisão ou multa remivel, ou quando os intimados não paguem no praso designado, será o auto acompanhado da certidão de intimação, havendo a, remettido ao agente do ministerio publico, ou juiz instructor competente.

§ 3.º Do mesmo modo se procederá sempre que os transgres-

§ 3. Il sera procédé de la même façon chaque fois que les transgresseurs se trouveront en état de contravention pour manque de permis de chasse et seraient en outre coupables du délit d'usage et port d'armes sans permis.

ARTICLE 29.

Si pendant l'instruction d'un procès contre les transgresseurs, les armes ou dépouilles de quelque valeur auraient été saisies et que le procès se terminerait par une condamnation, ces objets seront remis à l'État et vendus en adjudication publique annoncée avec anticipation de trois jours au moins.

§ 1. Le gibier mort saisi se trouvant dans des conditions à pouvoir servir d'alimentation, sera remis immédiatement à un établissement de bienfaisance, là où il existe, au siège de la circonscription où la saisie s'est effectuée, et s'il n'en existe pas, il sera destiné à la chambrée des forces militaires casernées au même siège.

§ 2. Les animaux vivants saisis resteront à la dispo-

---

sores autuados por falta de licença de caça, forem tambem reus do crime de uso e porte de armas sem licença.

ARTIGO 29.º

Se na instrucção do processo para a punição dos transgressores forem apprehendidas armas, ou despojos de algum valor, e o processo terminar com a condemnação d'aquelles, a quem a apprehensão foi feita, serão taes objectos perdidos a favor do Estado e vendidos em hasta publica annunciada com antecipação de não menos de tres dias.

§ 1.º A caça morta apprehendida que estiver em condiçoes de servir de alimentação, será remettida immediatamente a um estabelecimento de beneficencia, havendo-o, na séde da circumscripção onde a apprehensão teve logar e não o havendo será destinada ao rancho das forças militares aquarteladas na mesma séde.

sition de l'autorité administrative qui, s'il s'agit d'espèces dont il convient d'avoir la reproduction, les enverra dans les locaux les mieux appropriés pour cette reproduction; leur donnant, dans le cas contraire, la destination indiquée dans le paragraphe précédent.

Article 30.

Les directions des succursales de l'Union des Tirailleurs Civils Portugais pourront nommer un délégué dans chacun des conseils ou circonscriptions similaires où ils auraient leur siège, auquel délégué joint aux fonctionnaires et personnes énumérées dans les articles précédents incombera la surveillance pour l'observance des dispositions du présent règlement; et il portera à la connaissance de la direction qui l'a nommé, les irrégularités ou faits les plus importants qui, concernant la chasse dans le conseil, viendraient à sa connaissance.

§ unique. Les nominations ainsi faites seront communiquées à l'autorité administrative du conseil et

---

§ 2.º A caça viva apprehendida ficará ao dispor da auctoridade administrativa, a qual, se se tratar de especies que haja conveniencia em reproduzir, a mandará soltar nos locaes mais apropriados a essa reproducção, dando-lhe o destino indicado no paragrapho antecedente no caso contrario.

Artigo 30.º

As direcçoes das filiaes da União dos Atiradores Civis Portuguezes, poderão nomear um delegado em cada um dos concelhos, ou circumscripçoes equiparadas, do districto onde tiverem a sua séde, incumbindo a esse delegado, cumulativamente com os funccionarios e mais pessoas enumeradas nos artigos antecedentes, a fiscalisação da observancia das disposiçoes do presente regulamento, e levarão ao conhecimento da direcção, que o nomeou, as irregulariades ou factos mais importantes, que a respeito da caça no concelho, cheguem ao seu conhecimento.

publiées officiellement dans le *Bulletin Officiel* de la province.

MODÈLE N° 1.

GOUVERNEMENT DU DISTRICT DE ....

Taxes...........reis	7.600
Timbre.............	2.400
Emoluments.........	5.000
Reis	15.000

Permis n° ....

Par le présent, F.........., soumis aux prescriptions du règlement de chasse pendant l'année courante, est autorisé à faire la chasse aux animaux sauvages dans la région du district de ....

.... le .... 19......

Le porteur du permis (1), *Le Gouverneur*,
F......... F..........

(1) Si le porteur ne sait pas écrire, il devra présenter sa photographie pour être collée sur ce document.

---

§ unico. As nomeaçoes assim feitas, serão communicadas á auctoridade administrativa do concelho e officialmente publicadas no *Boletim Official* da provincia.

MODELO N.° 1.

GOVERNO DO DISTRICTO DE................

Taxas...........reis	7.600
Sello...............	2.400
Emolumentos.......	5.000
Reis	15.000

Licença n°.....

Pela presente é auctorisado F.............................. sujeito ás prescripçoes do regulamento de caça durante o anno corrente a caçar animaes bravios na area do districto de ....

.... de .... de 19.......

O portador da licença (1), *O governador*,
F..... F.....

(1) Se o portador não souber escrever terá de apresentar a sua photographia em papel para ser collada a este documento.

MODÈLE Nº 1-A.

Taxes............reis	7.600
Timbre..............	2.400
Emoluments.........	5.000
Reis	15.000

Permis nº ....

DISTRICT DE ....

Conseil municipal, circonscription, capitainerie générale, ou commandement militaire de ....

Par la présente, F.......... est autorisé, en se soumettant aux prescriptions du règlement de chasse pendant l'année courante, à chasser les animaux sauvages dans la région de ....

Le porteur du permis (1),
F..........

Le Chef, Administrateur, Résident, etc.,
F..........

(1) Si le porteur ne sait pas écrire, il est tenu de présenter sa photographie pour être collée sur ce document.

MODELO N.º 1-A

Taxas............reis	7.600
Sello................	2.400
Emolumentos........	5.000
Reis	15.000

Licença nº......

DISTRICTO DE.........

Concelho, circumscripção, capitania-mór ou commando militar de..................

Pela presente é auctorisado F.......... sujeito ás prescripçoes do regulamento de caça durante o anno corrente a caçar animaes bravios na area do.......... de ....

.... de .... de 19......

O portador da licença (1)
F.......

O chefe, administrador, residente, etc.,
F.......

(1) Se o portador não souber escrever terá de apresentar a sua photographia em papel para ser collada a este documento.

MODÈLE N° 2.

DISTRICT DE ....

Conseil municipal, circonscription, capitainerie générale, commandement militaire ou mission de.........

Par le présent permis gratuit, F......... est autorisé, dans les termes de l'article ...... (1) du règlement sur la chasse, à faire la chasse aux animaux sauvages pendant l'année courante, en se soumettant aux prescriptions s'appliquant au dit règlement.

.... le .... 19......

L'Administrateur, Résident, etc.,

F.........

(1) 8 ou 9.

MODELO N.º 2

DISTRICTO DE ....

Concelho, circumscripção, capitania-mór, commando militar ou missão de ....

Pela presente licença gratuite é auctorisado F........., nos termos do artigo ..... (1) do regulamento de caça, a caçar animaes bravios durante o anno corrente, sujeito ás prescripçoes applicaveis ao mesmo regulamento.

.... de .... de 19........

O administrador, residente, etc.,

F.........

(1) 8.º ou 9.º

Modèle No 3.

Taxe (1)	reis	7.600
Timbre		2.400
Emoluments		5.000
Taxe spéciale		— —
Total		— —

Permis nº ......

DISTRICT DE ....

Permis de chasse spécial.

Par la présente F......... est autorisé, en se soumettant aux prescriptions du règlement sur la chasse dans............ dans le district de .... et pour le délai de ..... mois, à faire la chasse aux animaux sauvages en général et spécialement aux espèces et dans les quantités indiquées au verso.

.... le .... 19......

Le porteur (1), F.........

Le Gouverneur, F.........

(1) Si celui-ci ne sait pas écrire, il présentera sa photographie qui sera collée sur le permis.

Modelo N.º 3

Taxa (1)	reis	7.600
Sello		2.400
Emolumentos		5.000
Taxa especial		— —
Somma		— —

Licença n.º......

DISTRICTO DE ....

Licença especial de caça.

Pela presente é auctorisado F........, sujeito ás prescripçoes do regulamento de caça a caçar em ...... no districto de .... e pelo praso de .... mezes, animaes bravios em geral e em especial as especies e nas quantidades no verso relacionadas.

.... de .... de 19........

O portador (1), F........

O governador, F........

(1) Quando este não soubér escrever apresentará uma photographia sua para ser collada na licença.

Modèle N° 4.

Bulletin spécial de chasse.

Espèces	Nombre	Sexe	Localité	Dates			Observations
				Jour	Mois	Année	

Je déclare que le présent bulletin renseigne exactement les animaux tués par moi dans le district de..................... sous le couvert du permis spécial n° ...... qui m'a été concédé le .... de .... de ....

F...........

Modelo N.º 4

Registo de caça especial

Especies	Numero	Sexo	Localidade	Data			Observações
				Dia	Mez	Anno	

Declaro que o presente registo é a relação fiel dos animaes mortos por mim no districto de .... ao abrigo da licença especial n.º ..... que me foi concedida em .... de .... de ....

F.........

N° 277 :

Reconnaissant que les taxes établies par le règlement de chasse (n° II de la ciculaire n° 510 du 3 octobre 1907) dans la partie qui a trait à l'éléphant, ne sont pas suffisantes pour limiter la pratique de cette chasse de la façon que le gouvernement juge indispensable pour la conservation d'une espèce aussi utile et précieuse, sous réserve d'approbation par les pouvoirs compétents, je décrète :

1° Que la taxe fixe de 20,000 reis pour chaque mois de durée, du permis spécial de chasse auquel se réfère l'article 18, paragraphe 4 du règlement sus-mentionné, sera augmentée, pour chaque éléphant abattu, de 50 p. c. au lieu de 10 p. c. de la valeur marchande de l'ivoire;

2° Qu'aux défenses de l'article 19 soit substituée la désignation de « femelles avec leurs petits » par les « femelles » sans aucune restriction. Aux autorités et aux

---

N.° 277 :

Reconhecendo-se que o encargo estabelecido pelo regulamento da caça (n.° II da portaria n.° 510 de 3 de outubro de 1907) na parte que respeita ao elephante, não é sufficiente para conter esse exercicio dentro dos limites que o governo julga indispensaveis á conservação de uma especie tão util e valiosa : hei por conveniente sob reserva de approvação pelos poderes competentes, determinar :

1.° Que a taxa fixa de 20.000 réis por cada mez de duração, de licença especial de caça a que se refere o artigo 18.°, § 4.° do mencionado regulamento, seja accrescida, por cada elephante abatido, de 50 %, em vez de 10 % do valor do respectivo marfim no mercado á data da morte;

2.° Que nas prohibiçoes do artigo 19.° seja substituida a desi-

personnes qui ont connaissance de ce qui précède, il incombe d'observer ou de faire observer les présentes modifications.

Palais du Gouverneur à Loanda, 1er avril 1909.

HENRIQUE DE PAIVA COUCEIRO,
Gouverneur général intérimaire.

---

gnação de « femeas com crias » pela designação de « femeas » sem nenhumas restricçoes.

As auctoridades e mais pessoas a quem o conhecimento d'esta competir assim o tenham entendido e cumpram.

Palacio do governo em Loanda, 1 de abril de 1909.

HENRIQUE DE PAIVA COUCEIRO,
Governador geral interino.

PROVINCE DE MOZAMBIQUE

PROVINCE DE MOZAMBIQUE

DÉCRET

Attendu qu'il est nécessaire d'appliquer à toute la province de Mozambique, administrée directement par l'État, le règlement de l'exercice du droit de chasse dans le district de Lourenço Marques, approuvé par le décret du 28 décembre 1903, dûment modifié en harmonie avec les indications du Gouvernement Général de la dite province et des autres autorités compétentes, et d'accord avec les dispositions de la convention internationale, signée à Londres le 19 mai 1900 et approuvée par la loi du 9 mai 1901;

Après avoir entendu la Junte consultative d'Outre-Mer et le Conseil des Ministres, et

Fondé dans l'autorisation accordée au gouvernement par l'article 15 du premier acte additionnel de la charte constitutionnelle de la monarchie :

Je décrète ce qui suit :

Article premier.

Est approuvé le règlement de l'exercice de la chasse.

Article 2.

Est annulée toute législation contraire.

Le ministre des Affaires de la Marine et d'Outremer est chargé de son exécution.

Palais, le 2 juin 1909.

Le Roi,

Manoel da Ferra Pereira Vianna.

RÈGLEMENT
de l'exercice du droit de chasse dans la province de Mozambique.

CHAPITRE PREMIER.

Dispositions générales.

ARTICLE PREMIER.

Pour tout ce qui concerne les effets du présent règlement, le mot *chasse* signifie l'acte de capturer, blesser, tuer ou détruire, avec ou sans l'aide de chiens ou d'autres animaux dressés à ces fins, les animaux non domestiqués ou vivant à l'état sauvage; et désigne aussi les animaux qui peuvent être chassés, ou leurs dépouilles, telles que chair, peaux, plumes, os, dents, cornes, et encore les nids et œufs des oiseaux non domestiqués.

ARTICLE 2.

Les animaux qui peuvent être chassés se divisent en deux groupes :

a) Animaux nuisibles, soit aux individus de l'espèce humaine, soit aux animaux qui aident l'homme, dont la chasse est permise à n'importe quelle époque de l'année, sans limitation de nombre et sans nécessité de permis.

b) Animaux utiles, soit qu'ils servent à l'alimentation, soit qu'ils fournissent à l'industrie des matières premières, soit qu'ils rendent des services à l'homme ou soit qu'ils soient inoffensifs, et dont la chasse n'est permise que dans les termes de ce règlement.

§ 1. Le chien chasseur, le lion, le léopard, la panthère, le lynx, le loup, l'hyène, le crocodile, les couleuvres, les

serpents, les lézards, les cynocephales et les grands oiseaux de proie appartiennent au premier groupe.

§ 2. Appartiennent au second groupe :

a) les perdrix, les cailles, les *batardas*, les tourterelles, les poules faisanes, les poules d'eau, les canards, les canards sauvages, les hérons, les héronneaux, les pigeons, les chouettes, les grues, les autruches, les marabouts, etc.

b) les lièvres, les lapins, les sangliers, les différentes espèces d'antilopes, les éléphants, les buffles, les rhinocéros, les hippopotames, les zèbres, les loutres, les cerfs, les civettes, les animaux dont la peau est utilisée par l'industrie, les insectivores, les dugongs, etc.

c) Les animaux inoffensifs, tels que les *manatins*, les petits félins, les petits quadrumanes, les chéloines, etc.

§ 3. Les Gouverneurs des districts peuvent faire entrer provisoirement dans le premier groupe quelques-uns des animaux appartenant au second, lorsque de par leur abondance ils deviennent nuisibles.

Article 3.

La chasse se divise encore en *chasse ordinaire*, laquelle comprend les animaux qui peuvent être chassés sans limitation de nombre, et en *chasse spéciale*, laquelle comprend les animaux qui ne peuvent être chassés qu'en nombre restreint, ou dont la chasse peut être défendue pendant un délai de temps plus ou moins long dès qu'il y a danger de disparition d'une espèce quelconque.

§ 1. Appartiennent à la première catégorie :

a) les animaux féroces ou nuisibles indiqués dans le § 1er de l'article précédent;

b) les perdrix, les cailles, les tourterelles, les canards, les canards sauvages, les narcejas, les pigeons, les butors;

c) les lièvres, les lapins et d'autres petits animaux.

§ 2. Appartiennent à la seconde catégorie :

a) les autruches, les marabouts, les hérons, les héronneaux, les batardas, les poules faisanes, les poules d'eau, les grues;

b) les éléphants, les rhinocéros, les hippopotames, les buffles, les zèbres, les cerfs, les sangliers *(wart-hog, n'giri)*, les loutres, les civettes *(Viverra civetta*, Screib), les colobus, et tous les singes de peau à fourrure, les insectivores, les dugongs et les antilopes, surtout les espèces des genres *Addax*, *Aepicerus*, *Ammodorcas*, *Antidorcas*, *Bubalis*, *Cephalophus*, *Cervicapra*, *Cobus*, *Connochoetes*, *Darcotragus*, *Dumaliscos*, *Gazella*, *Hippotragus Litochranius*, *Madoqoa*, *Nanotragus*, *Oribia*, *Oreotragus*, *Orix*, *Pelea*, *Raphicerus*, *Strepsicerus*, *Taurotragus* et *Tragelaphus*, dont quelques-uns sont indiqués dans la liste des animaux qui fait partie du présent règlement;

c) les animaux mentionnés dans l'alinéa *c)* du § 2 de l'article 2.

ARTICLE 4.

Les Gouverneurs des districts doivent employer tous les moyens à leur portée pour compléter et améliorer les listes des animaux de l'article précédent, en y faisant figurer tous les animaux qui n'y sont pas et qui existent dans la province, et en indiquant les noms par lesquels ils sont plus connus. Les Gouverneurs peuvent aussi porter d'une catégorie à l'autre les animaux indiqués dans les listes — excepté l'éléphant et d'autres animaux qui doivent être protégés en raison de leur rareté — lorsque les circonstances le conseillent, et ils peuvent encore défendre d'une manière absolue la chasse de n'importe quels animaux utiles, s'ils deviennent rares et s'il y a danger de disparition de l'espèce.

§ unique. Les modifications, amplifications et défenses auxquelles se rapporte cet article n'auront d'effet légal que trente jours après leur publication dans le *Bulletin Officiel* et leur approbation par le Gouverneur Général.

Article 5.

Il est absolument défendu de chasser les animaux suivants :

1° Les vautours, les serpentaires, les hiboux, le *pica-bois (buphaga, rhinoceros-bird)*, les girafes et le gnou à queue blanche *(White-tailed gnu* ou *Black Wildebeest-Connochoetes gnu)*;

2° Tous les animaux jeunes mentionnés à l'alinéa *b*) du § 2 de l'article 3 et spécialement l'éléphant;

3° La femelle de l'éléphant;

4° Les femelles des animaux mentionnés à l'alinéa *b*) du § 2 de l'article 3, lorsqu'elles sont accompagnées de leurs petits.

§ 1. La disposition du n° 2 concernant l'éléphant, est enfreinte toutes les fois que l'on trouve une dent d'un poids inférieur à 5 kilogrammes ou un morceau quelconque d'ivoire reconnu comme faisant partie d'une dent de telles conditions, en possession de chasseurs, de leur suite, d'indigènes ou de commerçants, si ces derniers ne prouvent efficacement que la dent ou le morceau d'ivoire a été importé par mer.

§ 2. L'infraction aux dispositions de cet article est passible d'une amende variable entre 25,000 et 450,000 reis; le maximum de l'amende est toujours appliqué lorsqu'il s'agit de l'éléphant et dans les autres cas la valeur et la rareté des animaux déterminent son montant.

ARTICLE 6.

Il est défendu d'attraper ou de détruire les nids et œufs des oiseaux non domestiques, à l'exception de ceux des oiseaux de proie, ainsi que de vendre ou d'exposer en vente ces nids ou œufs, sous peine d'une amende de 25,000 reis.

ARTICLE 7.

Il est défendu de chasser du 1er novembre au 30 avril de l'année suivante.

§ 1. La période de défense peut être modifiée par les Gouvernements locaux, lesquels peuvent également défendre ou permettre la chasse de certaines espèces d'animaux pendant toute l'année.

§ 2. Une modification quelconque de la période de défense ne peut entrer en vigueur que trente jours après sa publication dans le *Bulletin Officiel* de la Province.

§ 3. Il n'y a pas de période de défense pour la chasse des animaux mentionnés dans le § 1 de l'article 2 et de tous animaux sauvages qui sont pris à détruire les cultures ou les jardins, étant à charge, cependant, du chasseur de prouver le fait.

§ 4. La contrevention au présent article est passible d'une amende variable entre 50,000 et 200,000 reis.

ARTICLE 8.

Il est défendu de chasser oiseau ou animal, à l'exception de ceux du § 1 de l'article 2, sur les zones de terrain déclarées chasses de l'Etat.

§ 1. Seul le Gouverneur Général de la Province peut autoriser la chasse de certaines espèces d'animaux dans les chasses de l'Etat, après avis favorable du Gouverneur du district respectif.

§ 2. Toute personne prise à chasser dans les chasses de l'Etat, ou que l'on prouve y avoir chassé, sans le permis mentionné au § précédent, encourra une amende variable entre 100,000 et 300,000 reis.

ARTICLE 9.

Sont considérés comme terrains de chasse de l'Etat :

1º Dans le district de Lourenço-Marquès, la zone limitée par le fleuve Maputa, depuis la frontière jusqu'à Salamanga, par une ligne droite depuis ce point jusqu'à Porto Henrique, par une autre ligne droite jusqu'à l'entrée de l'Umbeluzi et par la ligne de frontière jusqu'au fleuve Maputo ; la région limitée par le fleuve Sabié jusqu'à son embouchure, par le fleuve Incomati depuis l'embouchure du Sabié jusqu'à l'affluence du fleuve Incoluane, par le cours de ce fleuve et par la route du Bilene jusqu'àu fleuve Limpopo, par le cours de ce fleuve jusqu'à la frontière et par la ligne de frontière jusqu'à l'entrée du Sabié ; la région de Inhatumbo, dans les terres du roitelet Madendella, dans les M'chopes la région de Simbirri, dans les terres de Macuacua ; les bois des terres de Macumbira, Machaila et Mochobolli, à Guijà, et de Sazangana, dans les terres de Charro, Chatane et Macoacimba de Chicuala-Cuala ;

2º Dans le district de Inhambane, la circonscription de Panda ;

3º Dans le district de Zambèze, le domaine emphytéotique Mucuba-Muno, dans l'administration de Maranja da Costa et la partie du domaine emphytéotique Massingire limitée à l'Ouest par le fleuve Chire, à l'Est par le domaine emphytéotique, au Nord par les fleuves Nhampoata et Missongue, et au Sud par la limite sud des

terres des *inhacuauas* M'pomba, Chatengo, Muandina et Changata;

4º Dans le district de Tete, les bois compris entre les fleuves Mussanguez et Panhame, au Sud du fleuve Zambèze, et les bois du domaine emphytéotique Mahembe, au Nord du même fleuve.

§ 1. Le Gouverneur général de la Province peut, par lettre patente publiée dans le *Bulletin Officiel*, ajouter d'autres zones réservées à celles indiquées, corriger les limites des zones actuelles, ou lever la défense qui pèse sur elles, en tout ou en partie, suivant les circonstances.

§ 2. La défense absolue de chasser dans une région déterminée ou une espèce ou groupe d'animaux, ainsi que toutes autres restrictions ou défenses, quoique promulguées postérieurement, n'accordent point de droits à une réclamation, restitution ou indemnité quelconques.

Article 10.

On considère comme chasses particulières les propriétés murées ou fermées d'une façon efficace; le droit d'y chasser est permis, seulement, dans les termes du présent règlement, au propriétaire ou aux personnes y autorisées par celui-ci.

CHAPITRE II.

Des armes de chasse et des auxiliaires.

Article 11.

Dans la chasse n'est permis que l'emploi des armes suivantes :

1º Fusils ou carabines de tout calibre ou système;

2º Zagaies, harpons et autres armes des Cafres;

3º Lacs, filets, pièges et fossés.

§ 1. Il est rigoureusement défendu d'employer d'autres instruments ou procédés de chasse produisant la mort des animaux en grande quantité, sauf quand il s'agit de la destruction des animaux mentionnés dans le § 1 de l'article 2.

§ 2. Dans le nombre des procédés de chasse auxquels se rapporte le paragraphe antérieur sont comprises les battues; le mot *battue* signifie le siège fait par les chasseurs, avec ou sans l'aide de chiens.

§ 3. L'emploi des armes indiquées dans le nº 3 n'est permis que dans la chasse des animaux mentionnés au le § 1 de l'article 2 et dans la chasse des oiseaux de petite taille, ou dans la capture d'animaux vivants destinés aux jardins zoologiques ou à d'autres buts scientifiques spéciaux, moyennant autorisation des Gouverneurs des districts.

§ 4. La contravention aux dispositions de cet article est passible d'une amende variable entre 50,000 et 200,000 reis.

Article 12.

Les indigènes ne peuvent chasser qu'avec les armes à feu, que les lois et règlements en vigueur ou ceux à venir leur permettent d'acquérir et de posséder.

§ 1. L'indigène attrapé à chasser avec une arme à feu différente de celles auxquelles se rapporte cet article sera puni de trois mois de prison et l'arme lui sera saisie.

§ 2. Toute personne ayant prêté à un indigène une arme à feu pour chasser, différente de celles permises par cet article, encourt une amende de 50,000 reis, accompagnée de la saisie de l'arme.

§ 3. Exception est faite aux dispositions de cet article pour la chasse des animaux mentionnés dans le § 1 de l'article 2.

ARTICLE 13.

Toute personne munie d'un permis de chasse peut se faire accompagner d'indigènes, comme aides, mais il est absolument défendu à ceux-ci de faire usage d'une arme quelconque, sous peine pour le porteur du permis d'une amende de 50,000 reis.

ARTICLE 14.

L'emploi de chiens pour la chasse n'est permis qu'aux personnes munies d'un des permis de chasse du présent règlement.

ARTICLE 15.

Toute personne ayant des chiens d'une espèce quelconque en dehors du rayon des municipalités est tenue de payer une taxe annuelle de 2,000 reis.

§ 1. Dans les villes et villages où le permis de posséder des chiens est obligatoire, ce sont les taxes de permis en vigueur qui seront payées, lesquelles, cependant, ne peuvent être inférieures à celle établie dans cet article.

§ 2. Le permis de posséder des chiens en dehors du rayon des municipalités sera délivré par les autorités indiquées dans les alinéas *b*), *c*), *d*) et *f*) de l'article 29; à ces autorités revient, à titre de gratification, 10 p. c. des taxes payées.

§ 3. Il est défendu aux indigènes de posséder plus d'un chien, pour lequel ils auront à payer la taxe établie dans cet article.

§ 4. On n'accordera de permis que pour les animaux ayant été inspectés, dans les termes de l'article 32 du règlement provisoire d'hygiène animale du 5 mars 1908.

§ 5. Le Gouverneur Général, lorsque les circonstances le conseillent, peut altérer la taxe du permis, soit l'aug-

menter ou la diminuer, dans toute la Province ou dans un district quelconque.

§ 6. La contravention aux dispositions de cet article et du précédent est passible d'une amende de 50,000 reis, dont 10 p. c. revient aux autorités qui délivrent le permis de posséder des chiens. Les indigènes seront punis d'une peine de trois mois de prison avec travaux forcés; les chiens des indigènes ou autres qui ne possèdent pas de permis seront abattus.

Article 16.

Aux fins du présent règlement sont considérés comme indigènes les individus de couleur noire qui ne se distinguent pas de par leur éducation et leurs mœurs du commun de leur race.

CHAPITRE III.

Des permis.

Article 17.

Personne ne peut chasser sans être muni d'un permis ordinaire écrit (modèle A) ou d'un permis spécial (modèle B) dont il s'agit dans les articles 37 et 42, sous peine d'une amende variable entre 50,000 et 500,000 reis.

Article 18.

Sont dispensés du permis de chasse :

a) les autorités qui, dans les termes de ce règlement, sont compétentes pour délivrer des permis de chasse, les commandants militaires et les chefs de postes militaires, les commandants de canonnières, les agents de l'autorité, effectifs remplaçants, dans le Domaine emphytéotique de la Couronne auquel ils appartiennent, les chefs des

missions catholiques portugaises et les fonctionnaires de l'État en général lorsqu'ils se trouvent accidentellement dans l'intérieur en commission de service public;

b) les propriétaires, locataires, fermiers ou régisseurs de propriétés pour chasser les animaux sauvages qui sont attrapés à détruire ou à endommager ces propriétés;

c) les indigènes qui chassent seulement au moyen de lacs ou de pièges, des oiseaux de petite taille;

d) les chefs de missions scientifiques.

§ 2. Tout le monde peut chasser sans permis les animaux indiqués dans le § 1 de l'article 2.

ARTICLE 18.

Toute personne non munie d'un permis peut en cas de défense légitime tuer des animaux sauvages, à charge, cependant, pour elle, de prouver qu'elle se trouvait dans ces conditions, afin de ne pas encourir l'amende qui devrait lui être imposée du fait de ne pas posséder de permis.

ARTICLE 19.

Les individus désignés dans les alinéas *a)* et *d)* du § 1 de l'article 17 ne peuvent chasser dans les conditions y spécifiées qu'afin de pourvoir aux besoins de leur subsistance; il leur est absolument défendu de chasser pour d'autres buts ou de capturer les animaux indiqués dans le § 2 de l'article 3 et ceux qui à l'avenir y seront compris, à moins qu'ils n'obtiennent un permis spécial du Gouverneur du district, dans lequel seront désignés le nombre et l'espèce des animaux qu'ils sont autorisés à chasser.

§ unique. La contravention aux dispositions de cet article sera passible de l'amende fixée à l'article 17, outre l'action disciplinaire qui éventuellement peut avoir lieu.

ARTICLE 20.

Les individus auxquels se rapporte l'alinéa *a)* du § 1 de l'article 17, peuvent avoir à leur service un indigène qui leur procure le gibier dont ils ont besoin pour l'alimentation : et les individus de l'alinéa *d)* du susdit paragraphe peuvent avoir plusieurs indigènes dans le même but, moyennant autorisation spéciale du Gouverneur Général ou des Gouverneurs de district.

ARTICLE 21.

Les colons blancs pauvres et les indigènes pourront obtenir des chefs d'administration respectifs des permis annuels gratuits de chasser pour leur propre compte les animaux des alinéas *b)* et *c)* du § 1 de l'article 3 ou tous les autres qui à l'avenir y seraient compris, non seulement quand ils en auront besoin pour leur subsistance.

§ unique. Le secrétariat du Gouvernement du district sera informé à la fin de chaque mois des permis délivrés dans les termes de cet article ; le Gouverneur peut annuler les permis qu'il ne juge pas convenables ou nécessaires.

ARTICLE 22.

Il ne sera pas délivré des permis de chasse aux mineurs de dix-huit ans.

ARTICLE 23.

Les permis de chasse sont personnels et intransmissibles et ne sont valables que dans le district ou dans la circonscription administrative où ils ont été délivrés.

§ unique. Tout individu pris à chasser muni d'un permis qui ne lui appartient pas ou dans un district ou dans une circonscription différente de celle pour laquelle le permis lui a été délivré, sera passible d'une amende égale au triple de la taxe du permis.

ARTICLE 24.

Le chasseur est tenu de présenter son permis à toute réquisition d'un agent de l'autorité.

§ unique. A défaut de présentation, le chasseur sera passible d'une amende de 30,000 reis ou de l'amende prévue à l'article 17 s'il ne prouve, endéans le plus bref délai, qu'il possède ce permis.

ARTICLE 25.

Tout individu qui aura perdu son permis de chasse pourra obtenir un duplicata, moyennant le payement d'une taxe de 3,000 reis.

ARTICLE 26.

Le permis de chasse peut être refusé pour des raisons d'ordre public ou lorsqu'il y a un inconvénient à l'accorder; le motif du refus doit être déclaré à la requête de l'intéressé.

§ unique. Du refus du permis on peut interjeter recours au Gouverneur Général de la Province si l'arrêt émane des Gouverneurs des districts, et à ceux-ci, si l'arrêt émane des autres autorités ou individus compétents.

ARTICLE 27.

Le permis de chasse peut être annulé par ordre du Gouverneur du district si le porteur a commis des infractions graves au règlement ou pour des raisons d'ordre public, sans que de ce chef il lui soit dû une indemnité quelconque.

§ unique. Pour les mêmes raisons l'usage du permis peut être provisoirement suspendu par les autorités et les personnes désignées dans les articles 29 et 31, dont com-

munication doit être faite immédiatement au Gouverneur du district qui rendra une décision définitive.

ARTICLE 28.

Le permis de chasse ne peut être accordé qu'aux individus munis préalablement d'un permis de port d'armes.

ARTICLE 29.

Les permis ordinaires de chasse sont délivrés :

a) Par les Gouverneurs des districts;

b) Par les administrateurs des circonscriptions dans les districts de Lourenço-Marquès et Inhambane;

c) Par l'intendant du Chinde, par le résident de Chilomo, par l'administrateur de Maganja da Costa, par les capitaines commandants du Haut et Bas Molocué, dans le district de Zambèze;

d) Par le résident dans les terres de Angonia et par les commandants militaires dans le district militaire de Tete;

e) Par les employés de la Compagnie de Zambèze renseignés comme tels aux Gouverneurs des districts de Zambèze et de Tete;

f) Par les capitaines commandants dans le district de Mozambique.

ARTICLE 30.

Les permis spéciaux de chasse sont délivrés uniquement par les Gouverneurs des districts et par le directeur en Afrique de la Compagnie du Zambèze.

ARTICLE 31.

Les attributions conférées par ce règlement aux Gouverneurs des districts, sont à charge du commissaire de police dans le district de Lourenço-Marquès.

ARTICLE 32.

Les employés de la Compagnie de Zambèze autorisés à délivrer des permis de chasse doivent être assermentés.

ARTICLE 33.

Toute demande de permis de chasse doit être remise dans les secrétariats et bureaux des autorités ou individus compétents à ces fins, accompagnée de la quittance de la taxe respective, faute de quoi elle n'aura pas de suite.

ARTICLE 34.

Les permis ordinaires de chasse donnent droit à chasser seulement les animaux désignés aux alinéas *b*) et *c*) du § 1 de l'article 3 et ceux qui à l'avenir y seront compris.

§ unique. La contravention à cet article est passible d'une amende variable entre 200,000 et 600,000 reis.

ARTICLE 35.

Le permis ordinaire de chasse est annuel, peut être délivré à toute époque, mais prend toujours fin le 31 décembre.

§ unique. Ce permis est valable sur tout le district où il a été délivré.

ARTICLE 36.

Les taxes des permis ordinaires de chasse sont les suivantes :

Pour les individus résidant dans la Province, 15,000 reis

Pour les non résidants, 30,000 reis.

§ 1. Tant dans les permis ordinaires que dans les permis spéciaux, sont considérés comme *résidants* tous les individus qui à la date de la demande du permis résident depuis six mois au moins, dans la Province.

§ 2. Dans les taxes des permis ordinaires ou spéciaux n'est pas compris le timbre dû ni l'émolument de 500 reis revenant au bureau qui délivre le permis.

ARTICLE 37.

Les permis spéciaux donnent droit à chasser les animaux désignés au § 2 de l'article 3, sous les restrictions indiquées dans le présent règlement et toutes celles qui à l'avenir seront décrétées ou déterminées par le Gouverneur Général de la Province par lettre patente publiée dans le *Bulletin Officiel*.

§ unique. Le permis spécial comporte tous les droits du permis ordinaire.

ARTICLE 38.

Le permis spécial doit indiquer :

1° La région où la chasse est permise ;

2° Les espèces d'animaux et le nombre respectif de chacune qu'il est permis de chasser ;

3° Le délai de durée.

§ unique. La contravention aux dispositions du permis de chasse est passible d'une amende variable entre 300.000 et 600.000 reis.

ARTICLE 39.

Les Gouverneurs des districts, conformément aux dispositions de la Convention internationale de Londres du 19 mai 1900, détermineront annuellement le nombre maximum et les espèces des animaux désignés au § 2 de l'article 3 que les porteurs de permis spécial peuvent chasser chaque mois.

§ 1. La détermination du nombre et des espèces d'animaux dont il est question dans cet article sera faite

dans les districts de Zambèze et Tete, d'accord avec le directeur en Afrique de la Compagnie du Zambèze.

§ 2. Les déterminations des Gouverneurs des districts seront soumises à l'approbation du Gouverneur Général et publiées au *Bulletin Officiel.*

ARTICLE 40.

Le porteur d'un permis spécial est tenu de présenter préalablement son permis au chef de la circonscription administrative, du commandement militaire, de la capitainerie etc. où il compte chasser ; il est tenu également, lorsqu'il s'absente, de présenter un rapport des animaux tués (modèle C), qui doit être visé par le chef susdit aux fins de lui garantir la propriété des dépouilles des susdits animaux.

§ 1. Ce rapport sera présenté à l'autorité ou à l'individu qui aura délivré le permis, endéans les 15 jours qui suivent la fin du délai du permis.

§ 2. Toute contravention à cet article ou toute déclaration fausse seront passibles d'une amende de 100.000 reis, outre l'amende fixée à l'article 38.

ARTICLE 41.

Les permis spéciaux sont généraux et restreints, de première et de seconde classe.

§ 1. Les permis généraux sont valables sur tout le district où ils ont été délivrés, à l'exception des zones réservées.

§ 2. Les permis restreints ne sont valables que sur l'aire d'une circonscription administrative, d'un commandement militaire, d'une capitainerie, d'un domaine emphytéotique de la Couronne, à l'exception des zones réservées.

§ 3. Les permis de première classe donnent droit à chasser tous les animaux du § 1 de l'article 3, à l'exception de ceux dont la chasse est défendue aux termes de l'article 4.

§ 4. Les permis de deuxième classe donnent droit à chasser seulement l'éléphant, le rhinocéros, le buffle, le zèbre, l'hippopotame, l'élan, le coudou, et les autres animaux que les Gouverneurs des districts peuvent joindre à ceux-ci, suivant l'article 39.

Article 42.

Les taxes des permis spéciaux sont les suivantes :

1° Permis généraux de 1re classe :

Pour les individus résidant dans la province, 60.000 reis;

Pour les non résidants, 120.000 reis.

2° Permis généraux de 2e classe :

Pour les individus résidant dans la Province, 30.000 reis;

Pour les non résidants, 60.000 reis.

3° Permis restreints de 1re classe :

Pour les individus résidant dans la Province, 40.000 reis;

Pour les non résidants, 80.000 reis.

4° Permis restreints de 2e classe :

Pour les individus résidant dans la Province, 15.000 reis;

Pour les non résidants, 30.000 reis.

§ unique. Le Gouverneur Général de la Province peut altérer annuellement les taxes des permis, non seulement de chasse ordinaire mais de chasse spéciale, en harmonie avec les taxes des pays voisins et en raison de circonstances dignes d'être prises en considération.

ARTICLE 43.

Les porteurs de permis de recherches minières qui désirent obtenir un permis ordinaire de chasse ont simplement à suppléer la différence entre ces deux taxes.

ARTICLE 44.

Les souches des permis délivrés sont conservées dans les archives des bureaux chargés de délivrer ces permis. Ces bureaux tiendront également un registre spécial des permis, où seront mentionnées toutes les occurrences relatives à chaque permis, amendes à charge du détenteur, etc.

§ unique. Une note extraite mensuellement des souches et des registres sera envoyée au secrétariat du Gouvernement, accompagnée des feuilles de remise des sommes perçues pour les taxes de permis, amendes et autres recettes.

CHAPITRE IV.

De la Surveillance.

ARTICLE 45.

La surveillance et la police du droit de chasse incombent aux autorités et individus suivants :

a) Maires de l'arrondissement ou de la circonscription, intendants, résidents, capitaines de port, chefs des postes de surveillance, commandants militaires et chefs de poste, commandants de cavalerie indigène, agents de police, gardes champêtres et employés de la Compagnie du Zambèze ;

b) Commissions de chasse ;

c) Commandants des canonnières ;

d) Agents de l'autorité dans les Domaines de la Couronne;

e) Douaniers;

f) Chefs et commis-chefs des gares de chemin de fer.

§ unique. Les chefs et commis-chefs des gares de chemin de fer sont compétents pour saisir tout gibier tué ou capturé en contravention au règlement présent, soit en transit, soit présenté à l'expédition dans les gares.

Article 46.

Dans les cas de soupçon ou de dénonciation de contravention, les autorités susmentionnées peuvent procéder à toutes perquisitions domiciliaires et visites des colis et bagages du contrevenant soupçonné, saisir les dépouilles des animaux qui semblent avoir été chassés en contravention au règlement et dresser le procès verbal respectif aux fins de procédure ultérieure.

Article 47.

Les douaniers, les agents de l'autorité dans les Domaines de la Couronne, les chefs des postes militaires, les commandants de cavalerie indigène, les agents de police, les gardes champêtres, les chefs et commis-chefs des gares de chemin de fer et tous ceux qui auront dénoncé les contraventions au règlement toucheront un tiers des amendes qui à la suite de leur intervention ou de leur dénonciation auront été perçues.

Article 48.

Le Gouverneur Général de la Province peut prendre pour chaque district toutes autres mesures générales ou spéciales qu'il juge nécessaires dans le but d'une surveillance et d'une police plus étroites du droit de chasse.

CHAPITRE V.

Des Pénalités.

ARTICLE 49.

Les pénalités applicables aux individus qui se vouent à la chasse peuvent être, outre celles dont ils sont passibles aux termes des dispositions des lois générales, les suivantes :

1° Cassation du permis de chasse ;

2° Amendes ;

3° Saisie et confiscation des armes et du produit de la chasse.

ARTICLE 50.

La cassation du permis a lieu dans le cas prévu à l'article 27 ou lorsque son porteur aura commis trois infractions punissables par le règlement. Outre la perte du permis et le payement de l'amende, l'individu passible de cette peine ne peut obtenir uu autre permis durant cinq ans dans toute la province.

La peine d'amende sera appliquée dans les cas prévus aux articles 5, 6, 7, 8, 11, 12, 13, 14, 15, 17, 19, 23, 24, 34, 39 et 40.

La peine de saisie et de confiscation des armes et du produit de la chasse est appliquée dans les mêmes cas où est appliquée l'amende et conjointement avec celle-ci.

§ 1. Lorsque le contrevenant ne possède pas de biens suffisants et libres de toute charge pour le payement de l'amende, celle-ci est remplacée par la peine de prison équivalant à l'amende de 1,000 à 1,500 reis par jour.

§ 2. Toute peine d'emprisonnement, en vertu des dispositions du règlement, ne peut jamais dépasser un an.

§ 3. Lorsque les infractions sont commises par des indigènes, les amendes seront remplacées par la peine de travail gratuit pour compte du Gouvernement ou des communes, durant une période de trois à douze mois.

§ 4. Les amendes définitivement établies par le règlement peuvent être imposées par les autorités et individus mentionnés à l'article 29, en présence du procès verbal qui aura été dressé.

§ 5. Les amendes variables ne peuvent être appliquées que par le Gouverneur du district en face du procès verbal des autorités et individus mentionnés au paragraphe précédent.

§ 6. Le Gouverneur du district fixera la peine d'amende ou de prison, dans les limites établies à l'article, dont les dispositions ont été enfreintes, en tenant compte de l'importance de la faute, de ses conséquences et des circonstances aggravantes ou atténuantes qui l'accompagnent.

§ 7. Dans les cas de récidive, la peine sera toujours aggravée, et les amendes et la prison peuvent s'élever jusqu'au triple des maximums fixés par le règlement.

Article 51.

Les étrangers qui désirent obtenir un permis de chasse sur tout le territoire de la Province doivent justifier d'un garant qui réponde du payement de toute amende qui puisse leur être imposée, sans quoi le permis ne leur sera pas délivré.

§ unique. Tout individu non résidant dans la Province pris à chasser sans permis, sera immédiatement arrêté et ne sera mis en liberté que lorsqu'il aura payé le montant de l'amende.

ARTICLE 52.

Lorsque l'autorité compétente aura fixé l'importance de l'amende, le contrevenant sera immédiatement assigné en payement endéans les huit jours à compter du jour où il aura reçu l'assignation.

§ 1. Le payement peut être fait entre les mains de l'employé chargé de l'assignation, lequel peut, en échange, en délivrer quittance.

§ 2. Les amendes qui n'auront pas été payées dans le délai susdit seront recouvrées par voie exécutive.

§ 3. L'exécution peut se faire, indépendamment de toute autre formalité, aussitôt écoulé le délai de huit jours.

§ 4. Lorsqu'il n'y a pas moyen d'obtenir le payement d'une amende, soit par l'assignation, soit par l'exécution, le Gouverneur du district fixera le nombre de jours de prison qui doit remplacer la peine d'amende et contre le delinquant sera immédiatement délivré, sans plus de formalités, mandet d'arrêt.

§ 5. Les indigènes qui contreviendront au présent règlement seront immédiatement arrêtés; le Gouverneur du district statuera ensuite, aux termes du § 3 de l'article 50, sur ce qu'il y a lieu de faire à leur sujet.

ARTICLE 53.

Des amendes imposées suivant les termes du § 4 de l'article 50 il y aura recours au Gouverneur du district, et des amendes appliquées en vertu du § 5 du susdit article il y aura recours au Gouverneur Général de la Province; le recours n'a point d'effet suspensif dans les deux cas.

ARTICLE 54.

Les armes et les engins de chasse aînsi que les dé-

pouilles des animaux, si elles ont de la valeur, seront vendus publiquement dans le siège du district.

§ unique. Le gibier vivant ou tué qui aura été saisi sera remis à un établissement charitable, s'il est bon pour l'alimentation. Lorsque, cependant, la saisie a eu lieu à une grande distance de l'établissement charitable ou lorsque le gibier a peu de valeur et ne convient pas à cet établissement, celui qui aura fait la saisie procédera à la distribution parmi les individus nécessiteux de l'endroit le plus proche.

CHAPITRE VI.

Dispositions relatives aux animaux nuisibles.

Article 55.

Les individus qui auront chassé un animal quelconque parmi ceux indiqués au § 1 de l'article 2 ou qui auront attrapé des œufs de crocodile, de serpents venimeux et de pythons auront droit à un prix en argent, non supérieur à 20,000 reis, qui sera déterminé pour chaque espèce d'animaux par un tarif publié dans le *Bulletin Officiel*.

§ unique. Le droit au prix est constaté sur présentation de l'animal tué ou capturé ou de sa dépouille, aux autorités compétentes pour délivrer les permis ordinaires de chasse, lesquelles remettront à l'intéressé un certificat qui devra être présenté à la commission de chasse du district ou, à son défaut, à l'autorité chargée du fonds de chasse.

Article 56.

Seules la commission de chasse ou l'autorité qui la remplace sont compétentes pour apprécier le droit au prix et

pour l'accorder en harmonie avec le tarif et jusqu'à concurrence du fonds de chasse.

§ unique. Celui qui acquiert le droit à un prix et ne le touche pas, manque de fonds, ne perd pas ce droit et recevra une indemnité aussitôt qu'il y en ait.

ARTICLE 57.

Les animaux tués ou capturés, auxquels se rapporte le § unique de l'article 55, ou leurs dépouilles seront envoyés au Musée de Lourenço-Marquès, ou vendus publiquement; le montant de la vente constitue la recette du fonds de chasse.

§ unique. Lorsque les animaux ou leurs dépouilles, qui auront donné droit à un prix, ne peuvent être utilisés, la commission de chasse ou l'autorité qui la remplace prendront toutes mesures pour qu'ils ne puissent servir de justification de droit à un autre prix.

CHAPITRE VII.

Des commissions de chasse.

ARTICLE 58.

Dans le siège de chaque district de la Province peut être créée une commission de chasse présidée par le maire et composée, en plus, de trois ou quatre membres, choisis par le Gouverneur du district, parmi les individus demeurant dans la commune depuis un an et qui possèdent le plus de connaissances sur les sujets que la commission a charge d'étudier et de traiter. Un des membres remplira les fonctions de secrétaire et l'autre celles de trésorier.

§ unique. La durée des fonctions des membres des commissions est de deux ans; cependant, un membre peut être exonéré avant ce délai ou renommé après l'expiration

de ce terme. si le Gouverneur du district ou le Gouverneur Général le jugent utile.

ARTICLE 59.

Les commissions de chasse ont pour mission de :

1° Promouvoir par tous moyens utiles l'exécution du présent règlement et proposer toutes modifications destinées à le perfectionner ;

2° Solliciter des autorités supérieures toutes mesures nécessaires à la conservation de la chasse, à une meilleure surveillance du règlement et à la punition des abus et irrégularités ;

3° Donner leur avis sur tous les cas spécialement déterminés dans le règlement, qui doivent être résolus par le Gouverneur du district ;

5° Solliciter et recueillir des autorités et particuliers tous les renseignements possibles sur la chasse en général, sur les époques de reproduction, sur les espèces existantes dans le district ; organiser les statistiques et études sur la chasse, etc. ;

6° Percevoir tous les fonds résultant de l'exécution de ce règlement et en faire le dépôt à la trésorerie de la mairie à l'ordre du président ;

7° Apprécier le droit aux prix dont il est question dans le chapitre VI et accorder ces prix.

§ 1. Les commissions de chasse peuvent correspondre entre elles et avec les autorités de la Province sur les matières de leur compétence ; cette correspondance spéciale est considérée comme officielle.

§ 2. Les réunions ordinaires des commissions auront lieu, au moins, une fois chaque mois et extraordinairement toutes les fois que le président ou les membres en feront la convocation.

ARTICLE 60.

Dans les districts où il n'est pas possible d'organiser la commission de chasse, les fonctions qui lui incombent seront remplies par le maire du siège du district.

ARTICLE 61.

Les fonds de chasse sont constitués par :

1° le montant des taxes des permis délivrés ;

2° le montant des amendes, déduction faite de la part qui revient à ceux qui ont opéré la saisie ou qui ont dénoncé la contravention ;

3° le produit de la vente des armes et engins de chasse et dépouilles des animaux saisis ;

4° le montant des taxes des permis de chiens, délivrés par les autorités indiquées au § 2 de l'article 50 ;

5° toutes autres recettes provenant de l'exécution du règlement présent.

ARTICLE 62.

Le fonds de chasse est destiné à faire face à toutes les dépenses administratives des commissions de chasse, au payement des prix du chapitre VI et surtout à l'organisation d'une surveillance spéciale que le Gouverneur Général de la Province peut créer dans les limites permises par le fonds de chasse.

§ unique. Les trésoriers des commissions de chasse ou de maire doivent envoyer mensuellement au Gouverneur du district respectif un état des recettes encaissées et des dépenses faites pour compte du fonds de chasse.

CHAPITRE VIII.

Dispositions spéciales relatives aux districts de Zambèze et de Tete.

ARTICLE 63.

Le décret du 19 avril 1894 ayant accordé à la Compagnie du Zambèze le droit exclusif de la chasse de l'éléphant et en général du gros gibier sur le territoire de ses concessions, il devra lui être remis, tant que durent ces concessions, deux tiers de la recette de chasse perçue dans les districts de Zambèze et de Tete, comprenant le montant des permis, le produit net des amendes et le produit de la vente des armes, engins et dépouilles des animaux saisis.

ARTICLE 64.

La Compagnie du Zambèze contribuera au fonds de chasse avec vingt pour cent des recettes qui lui reviennent suivant l'article précédent.

ARTICLE 65.

Les employés de la Compagnie du Zambèze autorisés à délivrer des permis de chasse et à verbaliser sont tenus de déposer dans la caisse du district respectif, à la fin de chaque mois, les sommes qu'ils auront perçues, accompagnées d'un duplicata sur lequel quittance leur en sera donnée.

ARTICLE 66.

La liquidation des sommes qui doivent être remises à la Compagnie de Zambèze sera toujours faite jusqu'à la fin du mois qui suit celui pendant lequel les recettes ont été perçues.

Palais, le 2 juin 1909.

MANOEL DA FERRA TEREIRA VIANNA.

Liste des animaux auxquels se rappporte l'article 3, § 2, alinéa

Nom portugais	Noms indigènes
Cabrito do mato................	Musagogo................. Shipeka................. Ngala................. Mhunte, Cassenja, Rumpsa (? Ingasono (?)................. Impunge.................
Capricornio....................	Nhlango, Nsengo ou Poyo........
Gazella ou cabra do mato........	?
Gazella..........................	Mbabala, Mbanala............. Mpala, Suare, Nsuala.......... ?
Inyala..........................	Nyala, Bô................
Cabra brava....................	?
Egocero negro...................	Mpalapala, Mpala-Mpala, Pala-Pal Palavi.................
Egocero vermelho ou antilope russo......................	Mtagaisi................
Cana..........................	Mpofo, Tuca, Umpofo...........
Coudou........................	Ntsongololo (o macho).......... Ntsababalala (a femea).......... Machavalala (?). Ngousa (?)......
Cobo de crescente..............	Piva..................
Caama ou Bubal.................	Mzanze, Goudonga..............
Vacca brava....................	Nhumbo................

…lement du droit de chasse dans la province de Mozambique.

Nom anglais ou allemand	*Désignation scientifique*
…pspringer....................	Oreotragus saltator.
…bi.........................	Ourebia scoparia.
…inbuck ou Steinbok...........	Raphicerus campestris.
…sbok........................	Nanotragus melanotis.
…iker........................	Cephalophus grimmi.
…edbuck......................	Cervicapra arundinum.
?	Tragelaphus criptus.
…shbuck......................	Tragelaphus sylvaticus.
…llah........................	Aepycerus melampus.
…ringbuck ou Springbok.........	Antidorcas enchore ou Gazella enchore.
…yala Busbuck.................	Tragelaphus angasi.
…msbock ou Gemsbuck...........	Orix gazella.
…ble antelope ou Harris-buck.....	Hippotragus niger.
…oan antelope, Bastard Gemsbock, Bastard Eland................	Hippotragus equinus.
…land........................	Taurotragus orix.
…udu	Strepciserus kudu.
…Vaterbuck....................	Cobus ellipsiprymmis.
…assabye, Bastard, Hartebeest, Blesbuck ou Blesbok.............	Damaliscus lunatus.
…Blue Wildebeest...............	Connochoetes taurinus.

Souche de permis ordinaire de chasse.

N°.........

DISTRICT DE......................

(a) ....

Le .... 19..... a été délivré à .... de nationalité .... et résidant à .... permis ordinaire de chasse sur la zone du district, valable pendant l'année courante.

Il a payé pour ce permis :

Taxe. . . . .
Timbre. . . . .
Emoluments. . .

Total. . . . .

Le .... *(c).*

S.........

Taxe. . . . .
Timbre. . . . . .
Emoluments. .

Total. . . . . .

Signalements caractéristiques :

Taille 1m..........
Cheveux..........
Yeux..........
Nez..........
Bouche..........
Visage..........
Teint..........

Signalements particuliers :

MODÈLE A.

Gouvernement du district de.................

(a)..........

PERMIS ORDINAIRE DE CHASSE

N°.........

Par le présent ...., de nationalité .... et résidant à .... est autorisé à chasser sur la zone de ce district, pendant l'année courante, tous les animaux sauvages mentionnés aux alinéas *b)* et *c)* du 1er § de l'article 3 *(b)* du règlement du droit de chasse.

Le .... 19.....

Le .... *(c).*

S..........

(d) (Signature du porteur.)

S..........

N°.........

Souche de permis spécial de chasse.

DISTRICT DE ....

Le .... 19..... a été délivré à .... de nationalité.......... et résidant à .... un permis de chasse *(a)* de .... classe, spécialement des animaux ci-dessous désignés, valable sur la zone de .... pendant le délai de ....

Il a payé pour ce permis :

Taxe..........
Timbre........
Emoluments...

Total.....

Désignation des animaux	Quantité	Observations

Le Gouverneur,

S...........

Taxe........
Timbre......
Emoluments..

Total.....

Signalements caractéristiques :

Taille 1m..........
Cheveux..........
Yeux..........
Nez..........
Bouche..........
Visage..........
Teint..........

Signalements particuliers :

MODÈLE B.

Gouvernement du district de ....

PERMIS SPÉCIAL DE CHASSE

(a).......... CLASSE.......... N°..........

Par le présent est autorisé ...., de nationalité .... et résidant à ...., à chasser sur la zone de *(b)*....... pendant le délai de..... tous les animaux sauvages mentionnés aux alinéas *b)* et *c)* du 1er § de l'article 3 *(c)*......... du règlement de chasse et spécialement les animaux mentionnés au 2e § du susdit article *(c)* .... ci-dessous désignés.

Désignation des animaux qu'il est autorisé à chasser.	Quantité	Observations

Le .... 19.....

(d) (Signature du porteur.)

S..........

Le Gouverneur,

S..........

(a) Générale ou restreinte. *(b)*. District, circonscription, commandement, etc. *(c)* Ou ceux mentionnés aux listes publiées postérieurement. *(d)* Si le porteur ne sait pas écrire, il est tenu de présenter sa photographie, laquelle sera collée sur le permis.

GOUVERNEMENT DU DISTRICT DE ....

Registre de chasse spéciale à laquelle se rapporte l'article 40 du règlement du droit de chasse.

Localité	Espèces	Sexe	Nombre	Date			Observations
				Jour	Mois	Année	

Je déclare que le présent registre est le rapport fidèle et exact des animaux tués par moi dans la zone de (a)

CAMEROUN

CAMEROUN

ORDONNANCE

du Gouverneur de Cameroun du 4 mars 1908, relative à la chasse dans le Protectorat de Cameroun.

En vertu de l'article 15 de la loi du Protectorat du 10 septembre 1900, il est arrêté ce qui suit moyennant abrogation : *a)* de l'ordonnance du Gouverneur Impérial de Cameroun du 29 novembre 1892, concernant la chasse à l'éléphant et à l'hippopotame; *b)* de l'ordonnance du Gouverneur Impérial de Cameroun des 25 février 1900 et 8 novembre 1905, relative à la création d'enceintes (1) pour éléphants :

(1) Espace marqué par des branches cassées ou autrement et qui indique, en le limitant, l'endroit où est la reposée de la bête qu'on se propose de chasser. *(Nouveau Larousse illustré.)*

KAMERUN

VERORDNUNG

des Gouverneurs von Kamerun, betr. die Jagd im Schutzgebiet Kamerun, vom 4. März 1908.

Auf Grund des § 15 des Schutzgebietsgesetzes vom 10. September 1900 wird unter Aufhebung der Verordnung des Kaiserlichen Gouverneurs von Kamerun, betreffend die Ausübung der Jagd auf Elefanten und Flusspferde, vom 29. November 1892 und der Verordnung des Kaiserlichen Gouverneurs von Kamerun, betreffend das Einkreisen von Elefanten, vom 25. Februar 1900/8. November 1905 verordnet, was folgt :

A. — *Dispositions générales valables pour les Européens et les indigènes.*

ARTICLE PREMIER.

Pour autant que les articles ci-après n'en disposent autrement, le droit de chasse est subordonné à la délivrance d'un permis.

ARTICLE 2.

Le Gouverneur peut interdire temporairement ou définitivement la chasse, la mise à mort ou la capture de gorilles ou autres animaux dont l'intérêt de la science exige la conservation de l'espèce.

Est en outre interdite toute espèce de chasse dans les parties du Protectorat indiquées ou encore à indiquer par le Gouverneur comme réserves. Les autorités locales peuvent interdire temporairement la chasse à l'éléphant et à l'hippopotame dans certaines parties du Protectorat,

---

A. — *Allgemeine, für Europäer und Farbige gültige Bestimmungen.*

§ 1.

Zur Ausübung der Jagd bedarf es der Lösung eines Jagdscheins, soweit nicht die nachfolgenden Paragraphen anderweite Bestimmungen enthalten.

§ 2.

Die Jagd, das Erlegen und Fangen von Gorillas und anderen Tieren, bei denen für Erhaltung der Art ein wissenschaftliches Interesse vorliegt, kann vom Gouverneur zeitweilig oder dauernd verboten werden.

Ferner ist jede Art der Jagd verboten in den Gebietsteilen, welche vom Gouverneur als « Schongebiet » erklärt worden sind oder noch erklärt werden. Für Elefanten und Flusspferde können die Lokalbehörden, sofern die Gefahr der Ausrottung dieser

lorsque la disparition de ces espèces d'animaux est à craindre. Dans des cas de ce genre, l'approbation ultérieure du Gouverneur doit être demandée.

ARTICLE 3.

En ce qui concerne les éléphants, les hippopotames, les rhinocéros, les girafes, les buffles, les antilopes et les gazelles sont interdites :

a) La chasse, la mise à mort intentionnelle et la capture d'animaux non adultes. Sont considérés comme tels les éléphants dont une défense de constitution normale n'atteint pas le poids de 2 kilogrammes;

b) La chasse, la mise à mort et la capture de femelles.

Le Gouverneur peut autoriser des dérogations aux articles 2 et 3, lorsqu'il s'agit de capturer ou de tuer dans un but scientifique ou de domestication ou afin de prévenir des dégâts.

Tierarten vorliegt, die Jagd in bestimmten Gebietsteilen zeitweilig verbieten. In solchen Fällen ist nachträglich die Genehmigung des Gouverneurs einzuholen.

§ 3.

Bezüglich der Elefanten, Flusspferde, Rashörner, Giraffen, Büffel, Antilopen und Gazellen ist verboten :

a) die Jagd, das vorsätzliche Erlegen und Fangen von nicht ausgewachsenen Tieren. Als nicht ausgewachsen gelten Elefanten, bei welchen ein normal ausgebildeter Stosszahn ein geringeres Gewicht als 2 kg. besitzt;

b) die Jagd, das Erlegen und Fangen von weiblichen Tieren.

Ausnahmen zu §§ 2 und 3 kann der Gouverneur gestatten, wenn es sich um Fang oder Erlegung zu wissenschaftlichen Zwecken, zur Zähmung oder um Verhütung von Wildschaden handelt.

ARTICLE 4.

Est interdit l'emploi d'engins et de moyens qui sont de nature à amener la destruction de tout un troupeau; à moins d'autorisation spéciale du Gouverneur, il est surtout interdit de chasser le gibier en créant des enceintes, de le capturer dans de grands filets et de le tuer au moyen de poison. Ces dispositions ne s'appliquent pas à la destruction d'animaux nuisibles.

ARTICLE 5.

Le permis de chasse est libellé au nom du porteur; il est personnel et valable pour l'année pour laquelle il est délivré. Le permis peut être retiré en cas d'abus constaté.

Sur demande, est délivré à des compagnies ou à des particuliers un permis B, qui les autorise à avoir un chasseur indigène chargé de pourvoir à la fourniture de viande.

ARTICLE 6.

Trois espèces de permis de chasse sont délivrés.

Le permis A coûte 100 marcs et est valable pour une

---

§ 4.

Verboten ist die Anwendung von Vorrichtungen und Mitteln, die geeignet sind, die Vernichtung ganzer Rudel herbeizuführen; insbesondere ohne ausdrückliche Genehmigung des Gouverneurs die Ausübung der Jagd durch Einkreisen (Einfenzen, Einbrennen) das Fangen in grossen Netzen und das Erlegen von Wild unter Anwendung von Gift. Diese Bestimmungen gelten nicht für das Erlegen von Raubwild.

§ 5.

Der Jagdschein lautet auf den Namen des Inhabers, ist unübertragbar und gilt auf die Dauer des Kalenderjahres, für welches er ausgestellt ist. Im Falle erwiesenen Missbrauchs kann der Jagdschein wieder entzogen werden.

Gesellschaften oder Einzelpersonen wird auf Antrag ein Jagd-

pièce de gibier des espèces suivantes : Éléphants, hippopotames, rhinocéros, girafes ou autruches.

Il ne peut être délivré plus de trois permis de chasse A pour une année et à une seule personne.

Le permis B coûte 25 marcs et est valable pour toutes les espèces de gibier, sauf pour celles mentionnées pour le permis A.

Le permis C coûte 5,000 marcs et est valable pour toutes les espèces de gibier.

La délivrance d'un permis de chasse ne dispense pas de l'observation des dispositions des articles 2 et 3.

Article 7.

La taxe du permis doit être payée immédiatement et n'autorise à chasser que la personne qui en est le propriétaire. La chasse par des chasseurs au service d'un autre chasseur n'est permise que dans des cas tout à fait exceptionnels. Pour chaque chasseur de ce genre doit être payée une taxe annuelle de 3,000 marcs. L'autorisation est accordée par le Gouverneur.

---

schein nach Ausgabe B ausgestellt, welcher die Genannten befugt, einen farbigen Jäger zum Zwecke der Fleischbesorgung zu halten.

§ 6.

Es werden drei Arten von Jagdscheinen ausgestellt.

Ausgabe A kostet 100 Mark und gilt für ein Stück Wild folgender Gattungen : Elefanten, Flusspferde, Rashörner, Giraffen oder Strausse.

Die Lösung für mehr als drei Jagdscheinen, Ausgabe A, für ein Kalenderjahr und einen Inhaber ist nicht zulässig.

Ausgabe B kostet 25 Mark und gilt für alle Wildarten, mit Ausnahme der unter A genannten.

Ausgabe C kostet 5,000 Mark und gilt für sämtliche Wildarten.

Die Bestimmungen der §§ 2 und 3 werden durch die Erteilung eines Jagdscheins nicht berührt.

Les dispositions relatives à l'introduction au Cameroun d'armes à feu et de munitions restent en vigueur.

ARTICLE 8.

Les postes de district impériaux et les stations sont compétents pour délivrer des permis B. Les permis A et C ne sont délivrés que par le Gouvernement.

ARTICLE 9.

La délivrance d'un permis de chasse est refusée aux personnes :

a) qui au cours des cinq dernières années ont été punies pour infraction à l'ordonnance sur la chasse ou à la propriété ;

b) dont le maniement imprudent des armes est un danger pour la sécurité publique.

La délivrance d'un permis C peut être refusée.

---

§ 7.

Die Jagdscheingebühr ist sofort zu entrichten und berechtigt lediglich zur persönlichen Ausübung der Jagd. Die Ausübung der Jagd durch Jäger, welche im Dienste eines anderen stehen, wird nur ganz ausnahmsweise gestattet. Für jeden derartigen Jäger ist eine Gebühr von 3,000 Mark pro Jahr zu entrichten. Die Genehmigung wird durch den Gouverneur erteilt.

Die Bestimmungen über die Einfuhr von Schusswaffen und Munition in Kamerun werden hierdurch nicht berührt.

§ 8.

Zur Ausstellung von Jagdscheinen, Ausgabe B, sind die Kaiserlichen Bezirksämter und Stationen befugt. Jagdscheine, Ausgabe A und C, werden nur vom Gouvernement ausgestellt.

§ 9.

Die Ausstellung eines Jagdscheins ist zu versagen Personen :

a) welche in den letzten fünf Jahren wegen Vergehens gegen die Jagdverordnung oder das Eigentum bestraft worden sind ;

ARTICLE 10.

Pendant que le chasseur se livre à la chasse, il doit toujours avoir sur lui le permis et le présenter sur toute réquisition. La surveillance est exercée par les fonctionnaires blancs de l'administration de district et des forêts.

ARTICLE 11.

Celui qui perd son permis et peut prouver qu'il en a possédé un, paye 3 marcs pour la délivrance d'un duplicata.

ARTICLE 12.

L'autorité qui délivre les permis peut exiger le dépôt d'un cautionnement de 1,000 marcs des demandeurs de permis qui n'habitent pas le Protectorat d'une façon permanente.

Ce cautionnement tient lieu de garantie pour toutes les

---

b) von denen eine unvorsichtige Führung der Waffe oder eine Gefährdung der öffentlichen Sicherheit zu besorgen ist.

Die Ausstellung eines Jagdscheins nach Formular C kann verweigert werden.

§ 10.

Der Jäger hat bei Ausübung der Jagd den Jagdschein stets bei sich zu führen und auf Verlangen vorzuzeigen. Zur Kontrolle sind die weissen Beamten der Bezirks- und Forstverwaltung befugt.

§ 11.

Wer seinen Jagdschein verliert und nachweisen kann, dass er einen solchen besessen hat, bezahlt für Austellung eines Duplikats 3 Mark.

§ 12.

Von Bewerbern um einen Jagdschein, die nicht im Schutzgebiet ihren dauernden Wohnsitz haben, kann die Hinterlegung einer

amendes quelconques et les frais de la procédure criminelle.

ARTICLE 13.

Il est permis de tuer et de capturer sans permis de chasse des animaux nuisibles et des reptiles.

ARTICLE 14.

L'autorité locale compétente doit être informée immédiatement de la mise à mort d'un éléphant, d'un hippopotame, d'un rhinocéros, d'une girafe ou d'une autruche.

ARTICLE 15.

Lorsque le chasseur renonce à la poursuite d'un animal blessé, son droit d'appropriation de cet animal s'éteint.

L'expédition de gens armés pour la poursuite est interdite.

Sicherheit bis zur Höhe von 1,000 Mark durch die ausstellende Behörde gefordert werden.

Diese Sicherheit haftet für etwa verwirkte Geldstrafen und die Kosten des Strafverfahrens.

§ 13.

Das Töten und Fangen von Raubtieren und Reptilien ist auch ohne Jagdschein erlaubt.

§ 14.

Von der Erlegung eines Elefanten, Flusspferdes, Rashorns, einer Giraffe oder eines Strausses ist die zustandige Lokalbehörde unverzüglich zu benachrichtigen.

§ 15.

Gibt der Jagdberechtigte die Verfolgung eines krankgeschossenen Wildes auf, so erlischt sein Aneignungsrecht an dem betreffenden Stück Wild.

ARTICLE 16.

Aux fins de protéger des plantations en danger, il est permis aux propriétaires de laisser tuer des éléphants, des hippopotames ou des rhinocéros à l'intérieur du territoire de ces plantations.

Aux fins de protéger des fermes courant un danger, l'autorité locale compétente peut, à la demande des intéressés, autoriser la destruction d'éléphants, d'hippopotames et de rhinocéros.

La délivrance d'un permis n'est pas exigée dans les cas visés par les alinéas 1 et 2 de cet article.

ARTICLE 17.

La destruction doit se faire en épargnant autant que possible les jeunes animaux et les femelles et seulement dans les limites exigées pour le but à atteindre.

Das Entsenden von bewaffneten Beauftragten zur Verfolgung ist nicht statthaft.

§ 16.

Zum Schutze gefährdeter Pflanzungen ist es den Besitzern gestattet, innerhalb des Gebiets der Pflanzung Elefanten, Flusspferde oder Rashörner abschiessen zu lassen.

Zum Schutze gefährdeter Farmen kann auf Antrag der Interessenten die zuständige Lokalbehörde das Abschiessen von Elefanten, Flusspferden und Rashörnern verfügen.

Die Lösung eines Jagdscheins ist in den Fällen des Absatzes 1 und 2 nicht erforderlich.

§ 17.

Das Abschiessen hat unter möglichster Schonung der jungen und der weiblichen Tiere und nur soweit zu geschehen, als der Zweck des Abschiessens es erfordert.

ARTICLE 18.

Dans le cas où des chasseurs non munis d'un permis C tuent des éléphants et des hippopotames conformément à l'article 16, § 1, il y a à payer au fisc du Protectorat une taxe de 20 p. c. de la valeur de l'ivoire.

Les défenses des éléphants et des hippopotames tués conformément à l'article 16, § 2, par des chasseurs non munis de permis C deviennent la propriété du fisc.

B. — *Dispositions spéciales pour les indigènes.*

ARTICLE 19.

La chasse sans permis est autorisée aux indigènes dans les limites du territoire de leur tribu, à l'exception de la chasse à l'éléphant, à l'hippopotame, au rhinocéros, à la girafe et à l'autruche. Pour le surplus, les dispositions de la présente ordonnance leur sont également applicables.

---

§ 18.

Werden nach § 16 Absatz 1 von nicht mit Jagdschein (Ausgabe C) versehenen Jägern Elefanten und Flusspferde erlegt, so ist eine Gebühr von je 20 v. H. des Wertes des erlegten Elfenbeins im Schutzgebiet an den Fiskus zu zahlen.

Die Zähne der nach § 16 Absatz 2 von nicht mit Jagdschein (Ausgabe C) versehenen Jägern erlegten Elefanten und Flusspferde fallen dem Landesfiskus anheim.

B. — *Sonderbestimmungen für Farbige.*

§ 19.

Den eingeborenen ist innerhalb ihres Stammesgebiets die Ausübung der Jagd, mit Ausnahme auf Elefanten, Flusspferde, Rashörner, Giraffen und Strausse, ohne Jagdschein gestattet. Im übrigen unterliegen sie gleichfalls den Bestimmungen dieser Verordnung.

ARTICLE 20.

Par chasse dans le sens de ce chapitre ne s'entend que la chasse au moyen d'armes à feu. La chasse au javelot, à la flèche et à l'arc est en général permise aux indigènes sans permis.

C. — *Dispositions pénales et finales.*

ARTICLE 21.

Celui qui chasse dans les réserves déterminées par le Gouverneur est puni d'une amende de 5,000 marcs au maximum et, en cas d'insolvabilité, d'un emprisonnement de trois mois au plus, à fixer conformément aux articles 28 et 29 du code pénal de l'Empire.

Pour le surplus, les contraventions à cette ordonnance, pour autant qu'elles ne soient pas punissables d'après le code pénal de l'Empire, sont punies d'une amende de 1,000 marcs au maximum; dans le cas où ces amendes ne

---

§ 20.

Unter Jagd im Sinne dieses Abschnitts ist nur die Jagd mit Feurwaffen verstanden. Die Jagd mit Speer, Pfeil und Bogen ist den Farbigen allgemein und ohne Lösung eines Jagdscheins gestattet.

C. — *Straf- und Schlussbestimmungen.*

§ 21.

Wer in dem vom Gouverneur festgesetzten Schongebieten die Jagd ausübt, wird mit einer Geldstrafe bis zu 5000 Mark, im Falle des Unvermögens mit einer gemäss §§ 28, 29 des Reichsstrafgesetzbuchs festzusetzender Gefängnisstrafe bis zu drei Monaten bestraft.

Im übrigen werden Zuwiderhandlungen gegen diese Verordnung soweit sie nicht nach dem Reichstrafgetzbuch strafbar sind,

peuvent être recouvrées, elles seront remplacées par des peines d'emprisonnement conformément aux articles 28 et 29 du code pénal de l'Empire.

Les peines prévues par les ordonnances existantes sont applicables aux indigènes.

Indépendamment de la peine encourue, il sera procédé à la confiscation des fusils et engins employés à la chasse ainsi que des dépouilles illégales et des chiens, s'ils appartiennent ou non au condamné.

ARTICLE 22.

La présente ordonnance entrera en vigueur le 1er avril 1908.

Buea, le 4 mars 1908.

Le Gouverneur,
SEITZ.

---

nach Massgabe der §§ 28, 29 des Reichstrafgesetzbuchs in Haftstrafe umzuwandeln sind.

Gegen Farbige finden die nach den bestehenden Verordnungen zulässigen Strafmittel Anwendung.

Neben der verwirkten Strafe ist auf Einziehung der zur Jagd benutzten Gewehre, anderen Jagdgeräte sowie der unrechtmässigen Jagdbeute und Hunde zu erkennen, ohne Unterschied, ob sie dem Verurteilten gehören oder nicht.

§ 22.

Diese Verordnung tritt am 1. April 1908 in Kraft.

Buea, den 4 März 1908.

Der Gouverneur,
SEITZ.

PROCLAMATION

du Gouverneur de Cameroun du 6 mai 1908, relative à la chasse aux gorilles.

Conformément à l'article 2, alinéa 1 de l'ordonnance du 4 mars 1908, relative à la chasse dans le Protectorat de Cameroun, il est interdit, jusqu'à décision ultérieure, de tuer et de capturer des gorilles.

Sur demande préalable, il peut être dérogé à cette règle par le Gouverneur, conformément à l'article 3, alinéa 2 de l'ordonnance sur la chasse, pour autant qu'il s'agisse de capturer ou de tuer des animaux de cette espèce dans un but scientifique.

Buea, le 6 mai 1908.

Le Gouverneur Impérial.
SEITZ.

BEKANNTMACHUNG.

des Gouverneurs von Kamerun, betr. die Jagd auf Gorillas, vom 6. Mai 1908.

Auf Grund des § 2 Absatz 1 der Verordmung, betreffend die Jagd im Schutzgebiet Kamerun, vom 4. März 1908, wird die Jagd auf Gorillas sowie das Erlegen und Fangen von Gorillas bis auf weiteres verboten.

Ausnahmen können gemäss § 3 Absatz 2 der Jagdverordnung auf vorheriges Ansuchen durch den Gouverneur gestattet werden, sofern es sich um den Fang oder die Erlegung zu wissenschaftlichen Zwecken handelt.

Buea, den 6. Mai 1908.

Der Kaiserliche Gouverneur,
SEITZ.

PROCLAMATION

du Gouverneur de Cameroun du 18 novembre 1909, relative à la destruction et à la capture de touracos dans le district de Buea.

Conformément à l'article 2, alinéa 1 de l'ordonnance du 4 mars 1908 (*Amtsblatt* de 1908, n° 2, p. 11), relative à la chasse dans le Protectorat de Cameroun, la chasse, la destruction et la capture de touracos est interdite pendant deux ans dans le district de Buea à partir du 1er janvier 1910.

Le Gouverneur peut, sur demande, autoriser des dérogations à cette disposition, en vertu de l'article 3, alinéa 2 de l'ordonnance sur la chasse, pour autant qu'il s'agisse de la destruction ou de la capture dans des buts scientifiques.

Buea, le 18 novembre 1909.

Le Gouverneur Impérial,
J. A. Hansen.

BEKANNTMACHUNG

des Gouverneurs von Kamerun, betr. Verbot des Erlegens und Fangens von Turakos im Bezirk Buea, vom 18. November 1909.

Auf Grund des § 2 Absatz 1 der Verordnung, betr. die Jagd im Schutzgebiet Kamerun vom 4. März 1908 (*Amtsblatt* 1908, Nr. 2, S. 11) wird die Jagd, das Erlegen und Fangen von Turakos im Bezirk Buea vom 1. Januar 1910 ab auf die Dauer von zwei Jahren verboten.

Ausnahmen können gemäss § 3 Absatz 2 der Jagdverordnung auf vorheriges Ansuchen durch den Gouverneur gestattet werden, sofern es sich um den Fang oder die Erlegung zu wissenschaftlichen Zwecken handelt.

Buea, den 18. November 1909.

Der Kaiserliche Gouverneur,
J. A. Hansen.

ORDONNANCE

du Gouverneur de Cameroun du 24 décembre 1910 (Deutsch. Kol. Bl. *de 1911, p. 158), sur la modification de l'ordonnance sur la chasse dans le Protectorat de Cameroun du 4 mars 1908.*

En exécution de l'article 15 de la loi sur les protectorats (*Reichs-Gesetzbl.* de 1900, p. 813), combinée avec le décret du chancelier de l'Empire du 27 septembre 1903 (*Kol. Bl.* p. 509), il est arrêté ce qui suit pour modification de l'ordonnance sur la chasse dans le Protectorat de Cameroun du 4 mars 1908 (*Amtsbl.* p. 11, *Kol. Bl.*, p. 784 et ss.) :

Article premier.

Après la première phrase de l'article 5 de l'ordonnance, il est ajouté : « Les permis de chasse modèles A1 et A2 sont valables pour un an à partir de la date de la délivrance. »

VERORDNUNG

des Gouverneurs von Kamerun, betr. Abänderung der Verordnung betr. die Jagd im Schutzgebiet Kamerun, vom 4. März 1908, vom 24. Dezember 1910.

Auf Grund des § 15 des Schutzgebietsgesetzes (*Reichs- Gesetzbl.* 1900, S. 813) in Verbindung mit § 5 der Verfügung des Reichskanzlers vom 27. September 1903 (*Kol. Bl.*, S. 509) wird zur Abänderung der Verordnung, betreffend die Jagd im Schutzgebiet Kamerun, vom 4. März 1908 (*Amtsbl.* S. 11, *Kol. Bl.* S. 784 ff.) folgendes verordnet :

§ 1.

In § 5 der Verordnung wird hinter dem ersten Satz eingefügt : Jagdscheine Ausgabe A1 und A2 gelten auf die Dauer eines Jahres vom Tage der Ausstellung ab.

ARTICLE 2.

Les deux premiers paragraphes de l'article 6 de l'ordonnance sont remplacés par les dispositions suivantes :

« Il est délivré quatre espèces de permis de chasse.

» Le permis modèle A1 coûte 300 marcs et est valable pour un éléphant.

» Le permis modèle A2 coûte 100 marcs et est valable pour un exemplaire des espèces suivantes : hippopotames, rhinocéros, girafes ou autruches. »

ARTICLE 3.

La deuxième phrase de l'article 8 de l'ordonnance est remplacée par la disposition suivante :

« Les permis de chasse modèles A1, A2 et C sont délivrés par le Gouverneur ; le Gouverneur peut charger d'autres fonctionnaires de la délivrance de ces permis. »

---

§ 2.

Die beiden ersten Absätze des § 6 der Verordnung werden durch folgende Bestimmungen ersetzt :

Es werden vier Arten von Jagdscheinen ausgestellt.

Ausgabe A1 kostet 300 *M* und gilt für einen Elefanten.

Ausgabe A2 kostet 100 *M* und gilt für ein Stück folgender Gattungen : Flusspferde, Rashörner, Giraffen oder Strausse.

§ 3.

Der zweite Satz des § 8 der Verordnung wird durch folgende Bestimmung ersetzt :

Jagdscheine Ausgabe A1, A2 und C werden vom Gouverneur ausgestellt; der Gouverneur kann andere Dienststellen zur Ausstellung solcher Scheine ermächtigen.

ARTICLE 4.

A l'article 9 de l'ordonnance, les mots « est à refuser » sont remplacés par ceux-ci : « peut être refusé ».

ARTICLE 5.

La présente ordonnance entrera en vigueur le 1er janvier 1911.

Les permis de chasse modèle A déjà délivrés pour l'année 1911 sont valables comme permis modèle A2; ils peuvent cependant être restitués contre remboursement de la taxe payée.

Buea, le 24 décembre 1910.

Le Gouverneur Impérial,
GLEIM.

---

§ 4.

In § 9 der Verordnung werden im Eingange die « Worte ist zu versagen » ersetzt durch die Worte « kann versagt werden ».

§ 5.

Diese Verordnung tritt am 1. Januar 1911 in Kraft.

Die bereits für das Kalenderjahr 1911 gelösten Jagdscheine Ausgabe A gelten als Jagdscheine Ausgabe A2, können aber gegen Erstattung der gezahlten Gebühr zurückgegeben werden.

Buea, den 24. Dezember 1910.

Der Kaiserliche Gouverneur,
GLEIM.

AFRIQUE ORIENTALE ALLEMANDE

AFRIQUE ORIENTALE ALLEMANDE

ORDONNANCE SUR LA CHASSE

du 5 novembre 1908, pour l'Est-Africain allemand.

ARTICLE PREMIER.

Au sens de la présente ordonnance, il faut entendre par « chasse » à l'intérieur des réserves de gibier déclarées (art. 13), la chasse à tous les animaux qui peuvent être tués ou capturés d'après l'usage du pays et, en dehors des réserves, la chasse aux animaux repris aux articles 2 et 3, pour autant que ces animaux soient considérés comme étant sans maître d'après les dispositions légales.

ARTICLE 2.

Est interdite la chasse aux chimpanzés, à l'autruche,

DEUTSCHE OST-AFRICA

JAGDVERORDNUNG

für Deutsch-Ostafrika, vom 5. November 1908.

§ 1.

Unter Jagd im Sinne dieser Verordnung ist innerhalb der zu Wildreservaten erklärten Gebiete (§ 13) die Jagd auf alle nach Landesgebrauch jagdbaren Tiere, ausserhalb der Wildreservate die Jagd auf die in den nachstehenden §§ 2, 3 aufgeführten Tiere zu verstehen, sofern diese Tiere nach den gesetzlichen Bestimmungen als herrenlos zu betrachten sind.

§ 2.

Verboten ist die Jagd auf Schimpansen, desgleichen die Jagd

au percnoptère (poule de Pharaon), au serpentaire (oiseau-secrétaire) et aux petits hiboux; il est également interdit de dénicher ces oiseaux et de détruire leurs œufs.

Dans des buts scientifiques et d'élevage, le Gouverneur peut autoriser, moyennant certaines conditions à arrêter par lui, la capture et la destruction d'un certain nombre de ces animaux ainsi que l'enlèvement de leurs œufs.

ARTICLE 3.

Un permis est exigé pour la chasse aux animaux suivants :

Classe I : Toutes les espèces d'antilopes, y compris le gnou (cheval-cerf), à l'exclusion de l'élan antilope, toutes les espèces de gazelles, les buffles, les colobes, les marabouts (espèce de cigognes);

Classe II : L'éléphant, l'élan antilope, la girafe, le rhinocéros, le zèbre.

Le Gouverneur peut modifier cette liste par proclamation.

---

auf Strausse, Aasgeier, Schlangengeier (Sekretäre) und kleinere Eulen sowie das Wegnehmen und Beschädigen der Eier dieser Vögel.

Zu wissenschaftlichen und Zuchtzwecken kann der Gouverneur unter von ihm festzusetzenden Bedingungen das Fangen und Töten einer Bestimmten Anzahl dieser Tiere sowie das Wegnehnen von Eiern gestatten.

§ 3.

Zu Jagd auf folgende Tiere bedarf es eines Jagdscheins :

Klasse I : Alle Antilopenarten, einschliesslich des Gnu, ausschliesslich der Elenantilope, alle Gasellenarten, Büffel, Stummelaffe (Colobus), Marabu;

Klasse II : Elefant, Elenantilope, Giraffe, Rashorn, Zebra.

Der Gouverneur ist befugt, das vorstehende Verzeichnis auf den Wege öffentlicher Bekanntmachung abzuändern.

ARTICLE 4.

La taxe du permis de chasse est fixée :

1. A 3 R. lorsque la chasse se fait dans un district déterminé au moyen de fusils à baguette ordinaires, tels qu'ils sont vendus dans les postes officiels ou au moyen d'une carabine de chasse à plomb (permis pour fusil à baguette ou carabine de chasse);

2. A 25 R. lorsque la chasse doit se faire aux animaux de la classe I (art. 3), dans un district administratif déterminé, au moyen de fusils se chargeant par la culasse (permis de district);

3. A 50 R. lorsque la chasse doit avoir lieu aux animaux de la classe I (art. 3), dans tout le Protectorat au moyen de fusils se chargeant par la culasse (petit permis);

4. A 750 R. lorsque la chasse se fait aux animaux des classes I et II (art. 3), au moyen de fusils se chargeant par la culasse (grand permis);

5. A 5 R. lorsque la chasse se fait aux animaux de la

---

§ 4.

Die Gebühr für den Jagdschein beträgt :

1. 3 Rp., wenn die Jagd mittels eines gewöhnlichen Borderladers wie sie von den amtlichen Stellen verkauft werden, oder mittels einer Schrotflinte in einem bestimmten Bezirk ausgeübt werden soll (Borderlader- oder Schrotflinten-Jagdschein);

2. 25 Rp., wenn die Jagd mittels Hinterladerbüchse auf Tiere der Klasse I (§ 3) in einem bestimmten Verwaltungsbezirk ausgeübt werden soll (Bezirks-Jagdschein);

3. 50 Rp., wenn die Jagd mittels Hinterladerbüchse auf Tiere der Klasse I (§ 3) im ganzen Schutzgebiete ausgeübt werden soll (kleiner Jagdschein);

4. 750 Rp., wenn die Jagd mittels Hinterladerbüchse auf Tiere der Klassen I und II (§ 3) ausgeübt werden soll (grosser Jagdschein);

classe I (art. 3), au moyen de fusils se chargeant par la culasse et un jour déterminé pendant les cinq jours à compter de la délivrance (permis d'un jour).

Les personnes non domiciliées dans le Protectorat doivent payer une taxe de 200 francs pour le petit permis.

La chasse au moyen de fusils à baguette perfectionnés ou de carabines à balle est assimilée à la chasse au moyen de fusils se chargeant par la culasse.

Article 5.

Les permis sont délivrés par les autorités administratives locales.

Sauf le permis d'un jour, ils sont valables pendant un an à partir du jour de leur délivrance.

Tous les permis, à l'exception de ceux délivrés pour fusils à baguette, pour carabines à plomb et pour le district, donnent le droit de chasser dans toute l'étendue du Protectorat.

---

5. 5 Rp., wenn die Jagd mittels Hinterladerbüchse auf Tiere der Klasse I (§ 3) an einen bestimmten Tag innerhalb fünf Tagen, vom Tage der Ausstellung ab gerechnet, ausgeübt werden soll (Tagesjagdschein).

Personen, welche nicht im Schutzgebiet ansässig sind, haben für den kleinen Jagdschein eine erhöhte Gebühr von 200 Rp. zu entrichten.

Die Jagd mit vervollkommneter Borderladerbüchse oder einer für Kugelschuss eingerichteten Schroflinte ist der Jagd mit Hinterladerbüchse gleichgestellt.

§ 5.

Die Jagdscheine werden von den örtlichen Verwaltungsbehörden ausgestellt.

Ihre Gültigkeitsdaner beträgt — abgesehen vom Tagesjagdschein — ein Jahr vom Tage der Ausstellung an gerechnet.

Le permis pour le district n'est délivré qu'aux personnes domiciliées dans le district; le permis d'un jour n'est délivré qu'exceptionnellement dans des circonstances spéciales dont est juge l'autorité administrative locale et seulement pour les cinq jours suivant celui de la délivrance.

Le permis autorisant la chasse au moyen de fusils se chargeant par la culasse autorise également la chasse au moyen de toute arme à tirer.

Article 6.

Le chasseur doit être porteur du permis au moment de la chasse et le présenter sur réquisition aux fonctionnaires exerçant la surveillance.

La surveillance incombe aux autorités administratives locales et à leurs délégués dans le district.

Les personnes qui ont perdu leur permis payent un

Sie berechtigen — mit Ausname des Borderlader — oder Schrotflinter- sowie des Bezirks-Jagdscheins — zur Ausübung der Jagd im ganzen Schutzgebiet.

Der Bezirks-Jagdschein wird nur an Bezirkseingesessene, der Tagesjagdschein, welcher nur ausnahmsweise auf Grund besonderer Verhältnisse nach Ermessen der örtlichen Verwaltungsbehörde ausgestellt wird, nur für die fünf auf den Tag der Ausstellung folgenden Tage erteilt.

Auf Grund der Jagdscheine, welche zur Ausübung der Jagd mittels Hinterladerbüchse berechtigen, ist die Jagd mit jeder Schusswaffe gestattet.

§ 6.

Der Jäger hat den Jagdschein bei der Ausübung der Jagd bei sich zu führen und den die Kontrolle ausübenden Beamten auf Verlangen vorzuzeigen.

quart de la taxe, au maximum 3 R., pour la délivrance d'un duplicata.

ARTICLE 7.

La délivrance de tout permis peut être refusée lorsque le demandeur a été puni dans les cinq années précédentes pour infraction à la propriété, à l'ordonnance sur la chasse ou à l'ordonnance du 7 mai 1906 relative à la circulation publique dans le Protectorat de l'Est-Africain allemand; il en est de même lorsqu'il y a lieu de craindre de sa part un danger pour la sécurité publique.

Le grand permis peut être refusé lorsqu'il a déjà été délivré autant de permis qu'une augmentation du nombre de chasseurs serait de nature à mettre en péril l'existence du gibier. Le permis de chasse au fusil à baguette et à la carabine de chasse, et le petit permis peuvent être refusés dans un district pour le même motif aux personnes non domiciliées dans ce district.

Die Kontrolle liegt den örtlichen Verwaltungsbehörden und deren Beauftragten innerhalb ihres Bezirks ob.

Personen, welche ihren Jagdschein verloren haben, bezahlen für Ausstellung eines Duplikats ein Viertel der Jagdscheingebühr, höchstens aber 3 Rp.

§ 7.

Die Ausstellung eines jeden Jagdscheins kann verweigert werden, wenn die um Ausstellung nachsuchende Person innerhalb der vorausgegangenen fünf Jahre wegen Vergehens gegen das Eigentum, die Jagdverordnung oder die Verordnung, betreffend den öffentlichen Verkehr im deutsch-ostafrikanischen Schutzgebiet, vom 7. März 1906 (L. G. Nachtr. IV, Nr. 29, *Kol. Bl.* 1906, S. 217 ff.) bestraft ist, oder von ihr eine Gefährdung der öffentlichen Sicherheit zu besorgen ist.

Die Ausstellung des grossen Jagdscheins kann verweigert

Le permis peut être retiré par décision des autorités compétentes, lorsque la personne qui a le droit de chasse

a) en abuse,

b) a été condamnée pour contravention à l'ordonnance sur la chasse ou à celle du 7 mars 1906 relative à la circulation publique dans le Protectorat de l'Est-Africain allemand.

Appel peut être interjeté auprès du Gouverneur contre la décision portant refus ou retrait du permis ; cet appel doit avoir lieu dans un délai de trois mois à dater de la notification de la décision.

Article 8.

Une taxe de 150 R. doit être payée à l'autorité compétente pour chaque éléphant tué ou capturé au plus tard trois mois après la mise à mort ou la capture de l'animal.

---

werden, wenn bereits so viel grosse Jagdscheine aus gegeben sind, dass durch eine Vermehrung der Zahl der Jagdberechtigten der Bestand des Wildes gefährdet werden würde. Aus demselben Grunde kann in einem Verwaltungsbezirk die Ausstellung der Borderlader- oder Schrotflinten-Jagdscheins sowie die Ausstellung des kleinen Jagdscheins an im Schutzgebiet nicht ansässige Personen verweigert werden.

Der Jagdschein kann durch Verfügung der zuständigen Behörde entzogen werden, wenn die zur Jagd berechtigte Person

a) mit demselben Missbrauch treibt;

b) wegen Vergehens gegen die Jagdverordnung oder die Verordnung, betreffend den öffentlichen Verkehr im deutsch-ostafrikanischen Schutzgebiet, vom 7. März 1906 verurteilt wird.

Gegen die Verfügung, durch welche die Erteilung des Jagdscheins abgelehnt oder der Jagdschein entzogen wird, ist binnen einer Frist von drei Monaten, welche mit dem Tage der Zustellung

Le district où l'éléphant a été tué ou capturé doit être indiqué au moment du payement de la taxe.

Au lieu de payer la taxe, le chasseur peut fournir à l'autorité une défense de l'éléphant tué, à la condition que cette défense pèse au moins 10 kilogrammes.

ARTICLE 9.

Toutes les défenses d'éléphants sont considérées comme provenant de la chasse, soit que le propriétaire fournisse la preuve qu'elles proviennent d'éléphants non tués à la chasse ou d'éléphants vivants qui les ont perdues.

ARTICLE 10.

Les défenses d'éléphants pesant à l'état brut moins de 5 kilogrammes seront confisquées. Exception est faite pour les défenses brisées qui, dans leur état normal, pèsent plus de 5 kilogrammes.

---

der Verfügung beginnt, Beschwerde an das Gouvernement zulässig.

§ 8.

Für jeden erlegten oder gefangenen Elefanten ist spätestens drei Monate, nachdem der Elefant erlegt oder gefangen ist, ein Schussgeld von 150 Rp. an die zuständige Behörde zu entrichten.

Bei Bezahlung des Schussgeldes ist anzugeben, in welchem Bezirk der Elefant erlegt oder gefangen ist.

Es steht dem Jäger frei, an Stelle der Gebühr einen Zahn des erlegten Elefanten an die Behörde abzuliefern, vorausgesetzt, dass der abgelieferte Zahn mindestens 10 kg. wiegt.

§ 9.

Alle Elefantenzähne gelten als in Ausübung der Jagd erbeutet, es sei denn, dass der Besitzer den Nachweis führt, dass sie von Elefanten herrühren, die nicht infolge Ausübung der Jagd veren-

Ne sont pas confisquées les défenses de moins de 5 kilogrammes pour lesquelles il est prouvé, au plus tard le 1er juillet 1909, qu'elles proviennent d'animaux tués avant le 1er janvier 1909. La preuve peut être faite devant toute autorité administrative locale.

Les défenses d'un poids inférieur non soumises à confiscation ne peuvent être livrées au commerce qu'après avoir été poinçonnées par l'autorité compétente.

ARTICLE 11.

La capture d'animaux est assimilée à la chasse au moyen de fusils se chargeant par la culasse.

ARTICLE 12.

Celui qui veut capturer des animaux vivants de la classe II dans un but de domestication, d'élevage ou d'exportation doit se munir, en dehors du permis de chasse, d'une autorisation spéciale.

---

det sind, oder dass sie von lebenden Elefanten verloren worden sind.

§ 10.

Unverarbeitete Elefantenzähne, die ein geringeres Gewicht als 5 kg. besitzen, unterliegen der Einziehung. Ausgenommen sind Bruchzähne, welche in unbeschädigtem Zustand mehr als 5 kg. wiegen würden.

Der Einziehung sind nicht unterworfen Zähne mit einem Gewicht unter 5 kg., für welche bis spätestens 1. Juli 1909 der Nachweis erbracht ist, dass sie von Tieren herrühren, die vor dem 1. Januar 1909 erlegt sind. Der Nachweis kann bei jeder örtlichen Verwaltungsbehörde erbracht werden.

Untergewichtige Zähne, die der Einziehung nicht unterliegen, dürfen erst in den Handel gebracht werden, nachdem sie von der zuständigen Behörde durch Abstempelung kenntlich gemacht sind.

Le Gouverneur à la faculté d'indiquer à certaines personnes et pour un temps déterminé des territoires pour la capture exclusive d'animaux; cette autorisation est chaque fois subordonnée à des conditions arrêtées de commun accord et au payement de taxes spéciales.

Sur les territoires ainsi désignés il ne peut être chassé sans le consentement de celui qui a le droit de capturer des animaux.

ARTICLE 13.

Afin de protéger le gibier, le Gouverneur a la faculté de déclarer cantons de réserve certaines régions déterminées.

Toute chasse est interdite dans les cantons de réserve.

ARTICLE 14.

Dans le cas d'accroissement excessif de certaines espèces

---

§ 11.

Der Tierfang ist der Jagd mittels Hinterladerbüchse gleichgestellt.

§ 12.

Wer jagdbare Tiere der Klasse II zwecks Zähmung, Züchtung oder Ausfuhr in lebendem Zustand einfangen will, bedarf hierzu ausser dem Jagdschein einer besonderen Erlaubnis.

Der Gouverneur ist befugt, einzelnen Personen auf bestimmte Zeit bestimmte Flächen zum ausschliesslichen Tierfang unter jedesmal zu vereinbarenden Bedingungen und gegen Entrichtung besonderer Abgaben zu überweisen.

Auf den überwiesenen Flächen darf gegen den Willen des Tierfangberechtigten nicht gejagt werden.

§ 13.

Der Gouverneur ist befugt, zum Zwecke des Wildschutzes bestimmte Flächen zu Wildreservaten zu erklären.

In den Wildreservaten ist jede Ausübung der Jagd verboten.

d'animaux dans les cantons de réserve. le Gouverneur peut, moyennant certaines conditions à arrêter, autoriser des personnes à capturer ou à tuer un nombre déterminé de ces animaux en vue de diminuer la quantité de gibier.

ARTICLE 15.

Un permis de chasse n'est pas exigé pour tuer le gibier qui a passé sur des terrains cultivés ou exploités, pour autant que le but, celui d'éviter des dommages, demande cette destruction. L'usager peut tuer ces animaux aussi bien que les personnes chargées par lui de le faire.

La destruction des animaux doit être notifiée immédiatement à l'autorité administrative locale qui peut exiger la livraison des dépouilles (défenses, cornes, peaux, plumes, etc.).

---

§ 14.

Bei Ueberhandnehmen einzelner Tierarten in den Wildreservaten ist der Gouverneur befugt, einzelnen Personen das Fangen oder Töten einer bestimmten Anzahl jener Tiere zwecks Herabminderung des Wildstandes unter jedesmal festzusetzenden Bedingungen zu gestatten.

§ 15.

Eines Jagdscheins bedarf es nicht zum Abschuss von Wild, welches auf bebautes oder sonst in Nutzung genommenes Land übergetreten ist, sofern der Zweck, Schaden zu verhüten, den Abschuss erfordert. Zum Abschuss sind sowohl der Nutzungsberichtete als auch die von ihm damit beauftragten Personen befugt.

Von dem Abschuss ist den zuständigen örtlichen Verwaltungsbehörde alsbald Mitteilung zu machen, welche die Herausgabe der Jagdbeute (Zähne, Gehörne, Felle, Federn usw.) verlangen kann.

Diese Bestimmung gilt auch dann, wenn das bebaute oder sonst

Cette disposition est également valable lorsque le terrain cultivé ou exploité se trouve dans un canton de réserve ou dans un territoire réservé conformément à l'article 12, alinéa 2 à la capture d'animaux dans un but professionnel.

ARTICLE 16.

Sans le consentement de l'usager, il ne peut être chassé sur des terrains cultivés, exploités ou indiqués clairement comme propriété privée.

Sur des terrains clôturés complètement il ne peut être chassé qu'avec l'autorisation de l'usager.

Un terrain doit être considéré comme étant complètement clôturé, lorsque la clôture empêche le gibier d'y entrer ou d'en sortir.

ARTICLE 17.

La permission de l'autorité administrative locale est nécessaire pour la chasse au moyen de filets et de lacets.

---

in Benutzung genommenes Land innerhalb eines Wildreservats oder einer gemäss § 12 Absatz 2 dem gewerbsmässigen Tierfang vorbehaltenen Fläche liegt.

§ 16.

Auf angebauten oder sonst in Benutzung genommenen oder als Privateigentum deutlich gekennzeichneten Flächen darf gegen den Willen des Nutzungsberechtigten nicht gejagt werden.

Auf völlig eingefriedigten Flächen darf nur mit Genehmigung des Nutzungsberichteten gejagt werden.

Als völlig eingefriedigt ist eine Fläche anzusehen, wenn durch die Einfriedigung ein Wechseln des Wildes verhindert wird.

§ 17.

Zur Ausübung der Jagd mittels Netzen und Schlingen bedarf es der Erlaubnis der örtlichen Verwaltungsbehörde.

ARTICLE 18.

En cas de famine ou lorsqu'il s'agit de prévenir des dommages considérables occasionnés par le gibier, l'autorité administrative locale peut autoriser ceux qui sont atteints à chasser sans permis les animaux des classes I et II (art. 3) pendant un temps déterminé.

ARTICLE 19.

Le Gouverneur se réserve le droit de prendre des dispositions pour les périodes pendant lesquelles la chasse à certains animaux doit être interdite.

La chasse est interdite en temps prohibé.

ARTICLE 20.

Des primes peuvent être payées, après disposition ultérieure du Gouverneur, pour la destruction d'animaux nuisibles ainsi que pour la récolte des œufs de reptiles nuisibles.

---

§ 18.

In Fällen von Hungersnot oder zur Verhütung von erheblichem Schaden durch Wild ist die örtliche Verwaltungsbehörde befugt, den davon Betroffenen die Jagd auf Tiere der Klassen I und II (§ 3) während einer bestimmten Zeitdauer ohne Jagdschein freizugeben.

§ 19.

Der Gouverneur behält sich vor, Anordnungen wegen etwa erforderlich werdender Schonzeiten bezüglich einzelner jagdbaren Tiere zu treffen.

Die Ausübung der Jagd während der Schonzeit ist verboten.

§ 20.

Für die Erlegung schädlicher Tiere sowie für das Sammeln der Eier schädlicher Reptilien können nach näherer Anordnung des Gouverneurs Prämien gezahlt werden.

ARTICLE 21.

Les contraventions aux dispositions de la présente ordonnance sont punies d'un emprisonnement de trois mois ou d'une amende de 450 R. au maximum, pour autant qu'une autre peine ne soit stipulée ci-après.

Sera puni d'un emprisonnement de trois mois au maximum ou d'une amende de 5,000 R. au plus, séparément ou cumulativement, celui qui, sans y être autorisé :

a) se livre à la chasse des animaux dénommés dans l'art. 2 ou dans l'art. 3, classe II;

b) chasse dans les cantons de réserve déterminés par le Gouvernement dans un but de protection du gibier.

Est puni d'une amende de 100 R. au maximum ou d'emprisonnement celui qui n'est pas porteur de son permis au moment où il se livre à la chasse ou ne le présente pas sur réquisition à l'autorité de surveillance.

Les peines stipulées dans la décision du chancelier de

---

§ 21.

Zuwiderhandlungen gegen die Bestimmungen dieser Verordnung werden mit Gefängnis bis zu drei Monaten oder mit Geldstrafe bis zu 450 Rp. bestraft, sofern nicht nachstehend eine andere Strafe angedroht ist.

Mit Gefängnis bis zu drei Monaten oder mit Geldstrafe bis zu 5,000 Rp. allein oder in Verbindung miteinander wird bestraft wer unbefugt

a) die Jagd auf die in § 2 oder in § 3 in Klasse II benannten Tiere ausübt;

b) in den vom Gouvernement zum Zweck des Wildschutzes bestimmten Wildreservaten jagt.

Mit Geldstrafe bis zu 100 Rp. oder Haft wird bestraft, wer seinen Jagdschein bei Ausübung der Jagd nicht bei sich führt oder auf Verlangen der Aufsichtsbehörde nicht vorzeigt.

Gegen Eingeborene und die ihnen rechtlich gleichgestellten

l'Empire du 22 avril 1896 sont applicables aux indigènes et à ceux qui leur sont légalement assimilés.

En dehors de la peine encourue, il peut être procédé à la confiscation des dépouilles de chasse illégales ainsi que des lacets, filets, pièges et autres engins utilisés par le contrevenant, sans distinction s'ils appartiennent ou non au condamné.

ARTICLE 22.

La présente ordonnance entrera en vigueur le 1er janvier 1909. A la même date seront abrogées : 1° l'ordonnance sur la chasse et la circulaire relative à sa mise en vigueur ainsi que l'arrêté de publication du 1er juillet 1903; 2° la circulaire du 15 novembre 1903 relative à la protection de la propriété contre les animaux nuisibles; 3° la proclamation du 3 juin 1904 relative au payement de taxes sur l'exportation de cornes; 4° l'ordonnance du 23 septembre 1904 concernant la taxe pour hippopotames

---

Farbigen finden die nach der Verfügung des Reichskanzlers vom 22. April 1896 zulässigen Strafmittel Anwendung.

Neben der verwirkten Strafe kann auf Einzeihung der Jagdgeräte, den unrechtmässigen Jagdbeute sowie der von dem Täter benutzten Schlingen, Netze, Fallen und anderen Vorrichtungen erkannt werden, ohne Unterschied, ob sie den Verurteilten gehören oder nicht.

§ 22.

Die vorstehende Verordnung tritt am 1. Januar 1909 in Kraft. Die Jagdschutzverordnung, der Runderlass, betreffend die Einführung der Jagdschutzverordnung, und die Bekanntmachung zur Jagdschutzverordnung, sämtlich vom 1. Juni 1903, der Runderlass, betreffend Schutz des Eigentums gegen Raubtiere, vom 15. November 1903, die Bekanntmachung, betreffend Anrechnung von Schussgeldern Ausfuhrzoll für Gehörne, vom 3. Juni 1904, die Verordnung, betreffend Schussgeld für erlegte

tués; 5° la proclamation du 15 juillet 1905 relative à la modification de l'art. 14 de l'ordonnance sur la chasse; 6° l'ordonnance et la circulaire du 23 novembre 1900; 7° la circulaire du 24 juin 1902 ainsi que la proclamation du 24 septembre 1904 relatives à l'exportation de défenses d'éléphants en dessous du poids.

Dar-es-Salam, le 5 novembre 1908.

Le Gouverneur Impérial,
BARON V. RECHENBERG.

Flusspferde, vom 23. September 1904 und die Bekanntmachung, betreffend Abänderung des § 14 der Jagdschutzverordnung, vom 15. Juli 1905, die Verordnung und der Runderlass vom 23. November 1900, der Runderlass vom 24. Juli 1902 sowie die Bekanntmachung vom 24. September 1904, betreffesd ffie Ausfuhr untergewichtiger Elfenbeinzähne, werden mit den gleichen Tage aufgehoben.

Daressalam, den 5. November 1908.

Der Kaiserliche Gouverneur,
FREIHERR V. RECHENBERG.

MESURES D'EXÉCUTION

du 5 novembre 1908, de l'ordonnance sur la chasse pour l'Est-Africain allemand.

Article premier.

Règlement de la taxe d'un permis à l'occasion de la délivrance d'un nouveau.

Si le propriétaire d'un permis de district ou d'un petit permis se fait délivrer un permis plus cher pendant la validité, la taxe payée pour le premier vient en déduction de celle à payer pour le nouveau permis. Il en est ainsi lorsque le second permis, portant la même date, n'a pas une durée plus longue que le premier. Il n'est jamais tenu compte de la taxe payée pour le permis d'un jour (article 4, nº 5).

AUSFUHRUNGSBESTIMMUNGEN

zur Jagdverordnung für Deutsch-Ostafrika, vom 5. November 1908.

Artikel 1 zu § 4.

Anrechnung von Jagdscheingebühr bei Lösung eines neuen Jagdscheins.

Löst sich der Inhaber eines Bezirks- oder eines kleinen Jagdscheins während dessen Gültigkeit einen höheren, so ist auf Antrag die für den ersten Schein gezahlte niedrigere Gebühr auf die höhere des zweiten anzurechnen. Dies hat zu geschehen, wenn für den letzteren Jagdschein keine längere Dauer — also dasselbe Ausstellungsdatum — wie für den ersten Jagdschein beansprucht wird. Die für den Tagesjagdschein (§ 4 Z. 5) gezahlte Gebühr wird niemals angerechnet.

Article 2.

Désignation de défenses d'éléphants n'ayant pas le poids prescrit.

Pour la désignation des défenses d'éléphants qui n'ont pas le poids prescrit et qui ont été récoltées avant la mise en vigueur de l'ordonnance, il est stipulé qu'en dehors de la reconnaissance par un poinçonnage officiel, un certificat écrit de l'autorité peut servir de preuve, lorsque ce certificat est solidement collé ou attaché à la défense. En cas de vente de la défense, le certificat doit être repris comme preuve par l'acheteur.

Article 3.

Réserves de gibier.

Moyennant abrogation de la proclamation du 1er juin 1903 (*Journal col.* de 1903, p. 355 et ss.; *Journal off.* de

---

Artikel 2 zu § 10.

Kenntlichmachung untergewichtiger Elefantenzähne.

Wegen Kenntlichmachung derjenigen unterwichtigen Elefantenzähne, welche vor Inkrafttreten der Verordnung erlegt worden sind, wird bestimmt, dass ausser der Kenntlichmachung durch behördliche Abstempelung auch eine schriftliche Bescheinigung der Behörde als Nachweis gelten kann, wenn die Bescheinigung dem Zahn durch Ankleben oder auf andere geeignete Weise fest angefügt ist. Beim Verkauf des Zahnes ist die Bescheinigung vom Käufer als Nachweis mit zu übernehmen.

Artikel 3 zu § 13.

Wildreservate.

Unter Aufhebung der Bekanntmachung, betreffend « Jagdreservate », vom 1. Juni 1903 (*Kol. Bl.* 1903, S. 355 f.; L. G. II

1903, nº 14), les territoires indiqués ci-après sont déclarés « réserves de gibier » jusqu'à décision ultérieure, conformément à l'article 13 de l'ordonnance sur la chasse du 5 novembre 1908 :

1. District de Kilwa (voir feuille F 6, carte 1 : 300,000e):
Limite septentrionale : le fleuve Matandu ;
Limite orientale : le fleuve Singa ;
Limite méridionale : la route de Kilwa-Liwale ;
Limite occidentale : la rivière Liwale ;

2. District de Mohoro (voir la carte de l'expédition Nyassa II) :
Limite méridionale : le fleuve Rufiyi des rapides de Pangani jusqu'à Mroka ;
Limite orientale : la route de Thomsen de Mroka-Behobeho ;
Limite septentrionale : Ulambobach et la limite du district ;
Limite occidentale : le fleuve Sumbasi.

Nr. 98, *Amtl. Anz.* 1903, Nr. 14) werden auf Grund des § 13 der Jagdverordnung vom 5. November 1908 hiermit die nachfolgend bezeichneten Gebiete bis auf weiteres als « Wildreservate » erklärt.

1. Bezirk Kilwa (s. Bl. F 6, Karte 1 : 300.000) :
Nordgrenze : Matandu-Fluss ;
Ostgrenze : Singa-Fluss ;
Südgrenze : Strasse Kilwa-Liwale ;
Westgrenze : Liwale-Bach.

2. Bezirk Mohoro (s. Karte Nyassa-Expedition II) :
Südgrenze : Rufiyi-Fluss von den Pangani-Schnellen bis Mroka ;
Ostgrenze : Thomsenstrasse von Mroka-Behobeho ;
Nordgrenze : Ulambobach und die Bezirksgrenze ;
Westgrenze : Sumbasi-Fluss.

3. Bezirk Bagamojo Morogoro (s. Bl. D. 5, Karte 1 : 300.000) :
Südgrenze : Tame und Wami-Fluss ;

3. District de Bagamojo-Morogoro (voir feuille D 5, carte 1 : 300,000e) :

Limite méridionale : les fleuves Tame et Wami;

Limite orientale : le fleuve Lukinguru;

Limite septentrionale : la rivière Mseleko-Kamangira jusqu'à l'embouchure;

Limite occidentale : de Kamangira vers le sud, le versant occidental des monts Nguru et le fleuve Mdjonga, Mto-ya-mawe (Ukindobach), jusqu'au village Mto-ya-mawe, la route Hermann-Böhmer-Stuhlmann jusqu'à Mswero-kwa-Mkirira.

La chasse dans cette réserve est néanmoins libre sur le territoire limité comme suit :

A l'ouest et au nord par le chemin conduisant du village Komssanga (Wami) par Mafleta vers Diongoja jusqu'à son intersection avec le fleuve Mdjonga;

Au sud et à l'ouest par le chemin conduisant du village Komssanga (Wami) par Kigobe, Kissara, Msente vers Turiani jusqu'à son point d'intersection avec le fleuve

---

Ostgrenze : Lukinguru-Fluss;

Nordgrenze : Mseleko-Bach — Kamangira bis Mündung;

Westgrenze : Von Kamangira nach Süden, Ostabhang des Nguru-Gebirges und Mdjonga-Fluss, Mto ya mawe (Mkindobach), bis zum Dorf Mto-ya-mawe, Strasse Herrmann-Böhmer-Stuhl, mann bis Mswero-kwa-Mkirira.

Innerhalb dieses Reservates ist die Jagd jedoch in dem Gebiet frei, das, wie folgt, begrenzt wird :

Im Osten und Norden durch der vom Dorf Komssanga (Wami) über Mafleta nach Diongoja führenden Weg bis zu seinem Schnittpunkt mit dem Mdjonga-Fluss;

Im Süden und Westen durch den vom Dorfe Komssanga (Wami) über Kigobe, Kissara, Msente nach Turiani führenden Weg bis zu dessen Schnittpunk mit dem Liwale-Fluss, von da ab vom Liwale-Fluss bis zur Einmündung des Mdjonga-Flusses, von

Liwale; de là à l'embouchure du fleuve Mdjonga, de ce point par le fleuve Mdjonga jusqu'à son point d'intersection avec le chemin Komssanga—Mafleta—Diongoja.

4. District de Wilhelmstal (v. carte de Baumann, feuille N. W.) :

Limite occidentale : le fleuve Pangani du point sud des Monts Pare jusqu'à Marago-Opuni en amont;

Limite septentrionale : la limite du district vers Moschi, la ligne d'Opuni—Marago—Same;

Limite orientale : une ligne parallèle à la route Mombo—Same à une distance de 5 kilomètres à l'ouest de celle-ci.

5. District de Mahenge (voir la carte de Riepert 1 : 200.000e) :

Limite septentrionale : Grand Ruaha;

Limite orientale : Le fleuve Rufiyi;

Limite méridionale : Le fleuve Ulanga;

Limite occidentale : Kdatu et la rivière Msolwe.

---

da ab durch den Mdjonga-Fluss bis zu dessen Schnittpunkt mit dem Weg Komssanga — Mafleta — Diongoja.

4. Bezirk Wilhelmstal (s. Baumannsche Karte, N. W. Blatt :

Westgrenze : Pangani-Fluss vom Südpunkt des Pare-Gebirges bis Marago-Opuni aufwärts;

Nordgrenze : Bezirksgrenze gegen Moschi, Linie Opuni — Marago — Same;

Ostgrenze : Eine Linie, die der Strasse Mombo — Same mit einem Abstand von 5 km. westlich parallel läuft.

5. Bezirk Mahenge (s. Kiepertsche Karte 1 : 2.000.000) :

Nordgrenze : Grosser Ruaha;

Ostgrenze : Rufyi-Fluss;

Südgrenze : Ulanga-Fluss;

Westgrenze : Ort Kdatu und Msolwe-Bach.

6. District Iringa-Mahenge (voir la carte Riepert 1 : 200,000e et le plan spécial de la station d'Iringa) : Région de Lupembe et Massagati :

Limite méridionale et orientale : le fleuve Ruhudje;

Limite septentrionale : le fleuve Ruaha-Ryera;

Limite occidentale : la rivière Udeka et une ligne de sa source vers le sud jusqu'à Ruhudje.

7. District d'Iringa (voir la feuille 4 de la carte 1 : 300.000e) :

Limite méridionale : le petit fleuve Ruaha à partir d'Iringa jusqu'à l'embouchure du fleuve Ibofue;

Limite orientale : la crête supérieure des monts Yamulenge ou Merenge et des monts Ifiamba;

Limite nord-ouest : à partir d'Iringa. la crête supérieure des monts Mkingongi-Kengimono et Matanaganga.

8. District de Mpapua : (voir la carte de Riepert 1 : 200,000e) :

Limite occidentale : le ruisseau Kirambo, à partir du village Mvuni coulant vers le sud dans le fleuve Kisigo;

---

6. Bezirk Iringa-Mahenge (s. Kiepertsche Karte 1 : 2.000.000 und Spezialskizze der Station Iringa) : Landschaft Lupembe und Massagati.

Süd- und Ostgrenze : Ruhudje-Fluss;

Nordgrenze : Ruaha-Ryera-Fluss;

Westgrenze : Udeka-Bach und eine Linie von dessen Quelle direkt südlich bis zum Ruhudje.

7. Bezirk Iringa (s. Bl. 4 der Karte 1 : 300.000) :

Südgrenze : Kl. Ruaha-Fluss von Iringa bis zur Einmündung des Ibofue;

Ostgrenze : Höchster Kamm der Yamulenge- oder Merenge-Berge und der Ifiamba-Berge;

Nordwestgrenze : Von Iringa, Kamm der Mkingongi-Kengimono- und Matanaganga-Berge.

Limite septentrionale : la ligne de Mvuni — Wota — Rudege;

Limite orientale : le ruisseau de Rudege coulant vers le sud dans le Ruaha;

Limite méridionale : les fleuves Kisigo et Ruaha.

9. District de Langenburg (voir la carte de Riepert 1 : 200,000e) :

Limite septentrionale : le fleuve Kibira;

Limite orientale : le lac Nyassa;

Limite méridionale : le fleuve Ssongwe;

Limite occidentale : le pied occidental des monts Kavolo à partir de l'embouchure du ruisseau Tshiya (voir la carte Riepert 1 : 150,000e) dans le Songwe vers le nord jusqu'à Kibira.

Sont abrogées les interdictions de la chasse à l'éléphant décrétées jusqu'à présent conformément à l'article 1er de l'ordonnance sur la chasse du 1er juin 1903, savoir :

dans le district de Moschi (Proclamation du 27 mai 1903,

---

8. Bezirk Mpapua (s. Kiepertsche Karte 1 : 2.000.000) :

Westgrenze : Bach Kirambo, vom Dorf Mvuni nach Süden in den Kisigo-Fluss fliessend;

Nordgrenze : Linie Mvuni — Wota — Rudege;

Ostgrenze : Bach von Rudege nach Süden in den Ruaha fliessend;

Südgrenze : Kisigo- und Ruaha-Fluss.

9. Bezirk Langenburg (s. Kiepertsche Karte 1 : 2.000.000) :

Nordgrenze : Kibira-Fluss;

Ostgrenze : Nyassa-See;

Südgrenze : Ssongwe-Fluss;

Westgrenze : Westfuss der Kavalo-Berge von der Einmündung des Tshiya-Baches (s. Kiepertsche Karte 1 : 150.000) in den Ssongwe nach Norden bis zum Kibira.

Journal officiel de 1903, n° 14 combinée avec la décision gouvernementale du 15 juin 1908, *ibid.*, n° 9230/08);

dans le district Mpapua (Proclamation du 2 mars 1907, *Journal officiel* de 1907, n° 4);

dans le district Usumbura, Sultanat d'Urundi (Proclamation du 8 février 1908, *Journal officiel* de 1908, n° 4).

Article 4.

Primes pour la destruction d'animaux nuisibles.

Des primes peuvent être accordées jusqu'à concurrence des sommes indiquées ci-dessous pour la destruction des animaux nuisibles et pour la récolte des œufs des reptiles nuisibles ci-après :

Die bisher auf Grund des § 1 der Jagdschutz-Verordnung vom 1. Juni 1903 erlassenen Verbote der Elefantenjagd, nämlich :

im Bezirk Moschi (Bekanntmachung vom 27. Mai 1903, *Amtl. Anz.* 1903, Nr. 14, in Verbindung mit der Gouvernementsverfügung vom 15. Juni 1908, I.-Nr. 9230/08);

im Bezirk Mpapua (Bekanntmachung vom 2. März 1907, *Amtl. Anz.* 1907, Nr 4.);

im Bezirk Usumbura, Sultanat Urundi (Bekanntmachung vom 8. Februar 1908, *Amtl. Anz.* 1908, Nr. 4)

werden aufgehoben.

Artikel 4 zu § 20.

Prämien für schädliche Tiere.

Für die Erlegung nachgenannter Tiere bzw. für das Sammeln von Eiern schädlicher Reptilien können Prämien bis zu dem hierunter angeführten Höchstsatz gezahlt werden :

Le lion	15	Roupies.
Le léopard	7	»
La civette *(Ginsterkatze)*	2	»
Le chat musqué	2	»
L'hyène	3	»
Le sanglier	3	»
L'oryctérope	1	»
Le porc-épic	3	»
Le cercopithèque *(Tumbili)*	½	»
Le Papion	1	»
Le *Puffotter*	1	»
Les pythons	1	»
Les crocodiles	5	»
Pour un œuf des trois reptiles nommés en dernier lieu	10	heller.

Le montant de la prime est arrêté tous les ans pour

	Höchstsatz:	
Löwe	15	Rupien
Leopard oder Gepard	7	»
Ginsterkatze	2	»
Zibetkatze	2	»
Hyänenhund	3	»
Wildschwein	3	»
Erdferkel	1	»
Stachelschwein	3	»
Graue Meerkatze *(Tumbili)*	½	»
Hundsaffe	1	»
Puffotter	1	»
Speischlange	1	»
Krokodil	5	»
Für ein Ei der drei zuletzt genannten Reptilien	10	Heller

Die Höhe der Prämie wird für jeden einzelnen Bezirk alljähr-

chaque district par l'autorité administrative locale compétente avec l'approbation du Gouvernement.

Dar-es-salam, le 5 novembre 1908.

Le Gouverneur Impérial.
BARON DE RECHENBERG.

---

lich von der zuständigen örtlichen Verwaltungsbehörde mit Genehmigung des Gouvernements festgesetzt.

Daressalam, den 5. November 1908.

Der Kaiserliche Gouverneur,
FREIHERR V. RECHENBERG.

TABLE DES MATIÈRES

www.ingramcontent.com/pod-product-compliance
Lightning Source LLC
Chambersburg PA
CBHW031445210326
41599CB00016B/2120